"十四五"普通高等院校计算机基础教育系列教材

Office 办公软件高级应用

翟　悦　于林林　秦　放◎主　编

王立娟　郭　杨　何丹丹　王震峡　郑晓琳◎副主编

刘　霜◎参　编

中国铁道出版社有限公司

CHINA RAILWAY PUBLISHING HOUSE CO., LTD.

内 容 简 介

本书是培养大学生计算机应用能力的公共基础课程教材，全书共分 7 章，系统介绍了 Office 2016 办公软件的基础知识，包括常用组件 Word 2016、Excel 2016、PowerPoint 2016 的使用，以及相关综合案例。

本书以提高学生办公软件的应用能力为宗旨，在内容编写上侧重于应用，在简明扼要地介绍办公软件基础知识的基础上，通过大量的实例、综合案例与技巧的讲解，使读者对所学内容融会贯通，具有很强的实用性和可操作性。

本书内容丰富、结构清晰、图文并茂、语言简练，适合作为普通高等院校计算机基础课程的教材，也可作为非计算机专业的教材以及各类培训机构的培训教材，还可作为 Office 办公软件初学者的自学用书。

图书在版编目（CIP）数据

Office 办公软件高级应用/翟悦，于林林，秦放主编. —北京：中国铁道出版社有限公司，2024.9（2024.12 重印）
“十四五”普通高等院校计算机基础教育系列教材
ISBN 978-7-113-31264-0

Ⅰ. ①O… Ⅱ. ①翟… ②于… ③秦… Ⅲ. ①办公自动化-应用软件-高等学校-教材 Ⅳ. ①TP317.1

中国国家版本馆 CIP 数据核字（2024）第 103076 号

书　　名：Office 办公软件高级应用
作　　者：翟　悦　于林林　秦　放

策　　划：霍龙浩　　　　编辑部电话：（010）83527746
责任编辑：张松涛　彭立辉
封面设计：刘　颖
责任校对：安海燕
责任印制：赵星辰

出版发行：中国铁道出版社有限公司（100054，北京市西城区右安门西街 8 号）
网　　址：https://www.tdpress.com/51eds
印　　刷：北京鑫益晖印刷有限公司
版　　次：2024 年 9 月第 1 版　2024 年 12 月第 2 次印刷
开　　本：787 mm×1 092 mm 1/16　印张：19.75　字数：502 千
书　　号：ISBN 978-7-113-31264-0
定　　价：53.00 元

前　言

党的二十大报告强调："教育是国之大计、党之大计。培养什么人、怎样培养人、为谁培养人是教育的根本问题。育人的根本在于立德。"本书在编写过程中全面贯彻落实立德树人的教育理念，培养学生掌握当下流行的计算机办公软件操作能力。无论目前学习还是将来工作，办公自动化软件的应用无疑都是学生应用最广泛的知识技能之一。本书主要介绍 Office 2016 办公软件的操作技术与技巧。

本书针对普通高等院校计算机基础教育的教学要求系统地介绍了 Office 2016 办公软件的基础知识及 Word 2016、Excel 2016、PowerPoint 2016 三个常用组件的使用，在内容编写上侧重于应用，在简明扼要地介绍办公软件基础知识的同时，重点介绍办公软件的应用技巧，并用案例将知识点进行串联，尤其是书中的"温馨提示""小技巧"等栏目更加体现了实例与技巧的融会贯通，有助于提高学生学习兴趣、增强学生动手能力。此外，本书结合国家计算机等级考试的需求，引入了二级考试真题案例，为提升学生二级考试通过率奠定了基础。

本书共分 7 章。第 1 章介绍办公自动化及办公软件的基础知识，包括办公自动化的组成、办公软件的功能、常用的办公软件及应用组件；第 2 章介绍 Word 2016 文字处理软件的使用，包括 Word 基本操作、Word 文档编辑与美化、Word 文档的图文混排、Word 表格制作及 Word 文档特殊版式编排等；第 3 章介绍 Excel 2016 电子表格处理软件的使用，主要包括 Excel 基本操作、Excel 表格编辑与美化、Excel 数据计算与管理、Excel 图表分析等；第 4 章介绍 PowerPoint 2016 演示文稿制作软件的使用，主要包括 PowerPoint 幻灯片制作、PowerPoint 幻灯片设置、PowerPoint 幻灯片的编辑与美化，以及 PowerPoint 幻灯片的放映与输出等；第 5～7 章分别针对 Word、Excel、PowerPoint 提供配套综合案例，以方便学生练习。

为了适应教学的需要，本书提供了丰富的案例素材等资源，读者可以到中国铁道出版社有限公司教育资源数字化平台免费下载，网址为 https://www.tdpress.com/51eds/。

本书由具有多年从事办公软件课程教学经验的教师编写，翟悦、于林林、秦放任主编，王立娟、郭杨、何丹丹、王震峡、郑晓琳任副主编，参加编写和讨论的还有刘霜等。具体编写分工：秦放编写第 1 章，郭杨、刘霜编写第 2 章，何丹丹编写第 3 章，翟悦和王立娟编写第 4 章，郑晓琳编写第 5 章，于林林编写第 6 章，王震峡编写第 7 章，全书由王立娟统稿。本书在编写过程中得到中国铁道出版社有限公司和编者所在学校的大力支持与帮助，在此表示衷心的感谢。

由于编者水平有限，加之时间仓促，书中难免存在疏漏与不妥之处，敬请专家与读者批评指正。

编　者

2024 年 3 月

目　录

第 1 章　Office 2016 办公软件概述

随着现代科学技术的发展，当今社会已进入信息时代。办公自动化技术作为处理、传递信息的重要手段之一，已被越来越多的大中小企业所使用，其在加强企业经营管理，提高企业综合素质，增加企业竞争能力，促进企业数字化转型等方面发挥着越来越重要的作用。

本章主要介绍与办公软件相关的一些基础知识、Office 2016 的安装与卸载方法、Office 2016 常用组件、Office 2016 组件启动与退出，以及 Office 2016 通用界面等。

1.1　办公自动化概述

1.1.1　办公自动化的定义及特点

1. 办公自动化的定义

办公自动化（office automation，OA）是利用计算机技术、通信技术、自动化技术等，借助各种先进的办公设备对办公业务进行处理，实现办公活动的科学化、自动化的综合性学科。办公自动化在不同时期有不同的定义标准。

目前，国内较为常用的是 20 世纪 80 年代中期在第一次全国办公自动化规划讨论会上提出的定义：办公自动化是利用计算机等先进的科学技术，不断使人们的一部分办公业务活动物化于人以外的各种现代化的办公设备中，并由这些设备与办公人员构成服务于某种目的的人机信息处理系统。其目的是尽可能充分利用信息资源，提高生产率、工作效率和质量，辅助决策，求取更好的效果以达到既定目标。

2. 办公自动化的特点

办公自动化是将现代化办公和计算机网络功能结合起来的一种新型的办公方式，是信息化社会最重要的标志之一，是提高日常办公效率和质量的有效途径。办公自动化具有以下特点：

（1）办公自动化是一门综合多种技术的新兴学科

办公自动化是当前新技术革命中一个非常活跃和具有很强生命力的技术应用领域，是信息化社会的产物。办公自动化涉及行为科学、社会学、系统科学、管理科学等多种学科，以计算机、通信、自动化等作为支撑技术，是一门多学科相互交叉、相互渗透的系统科学。办公自动化的出现不仅使信息的生成、收集、存储、加工、传输和输出方式发生了巨大的变化，也极大地扩展了办公手段，使得办公管理更加科学化、自动化。

（2）办公自动化是一个人机结合的信息系统

办公自动化充分体现了人、计算机和信息资源三者的关系：“人”是决定因素，是信息加工过程的设计者、指挥者和成果享用者；“机”是指各种办公设备，是信息加工的手段和工具，是实现办公自动化的条件；“信息”是被加工的对象。三者的结合实现了办公人员智力劳动的自动化、电子化、专业化，充分利用了信息，最大限度降低了劳动强度，提高了办公效率和质量。

（3）办公自动化是办公信息一体化的处理过程

办公自动化利用现代信息技术手段，把基于不同技术的办公设备（如计算机、传真机、电话、扫描仪等）组合在一个系统中，处理各种形式的信息（如文字信息、语言信息、数据信息、图像信息、图形信息等），使办公室真正具有综合处理信息的功能。例如，通过磁盘等存储设备可以存储办公室中的档案、文件等信息，通过语言接收系统可以接收自然语言，通过数据库系统可以实现数据的管理，通过打印机等设备可以输出文字或图像，通过图形图像终端可以接收处理图形图像信息等。此外，办公自动化采用大容量、高密度的信息存储设备，使得大量的信息可以得到安全、可靠的保存。

（4）办公自动化可提高办公效率和质量为目标

办公自动化将许多独立的办公职能一体化，提高了信息化程度，通过网络，组织机构内部的人员可以跨越时间、地点协同工作。通过网络，信息的传递更加快捷，从而极大地扩展了办公手段，实现了办公的高效率，同时传统的、需要大量人工进行处理的内容，都被计算机等现代设备所取代，使得现代办公管理更加有序，办公质量也更高。

1.1.2 办公自动化系统组成

办公自动化系统由硬件设备和软件设备组成。其中，硬件设备是指办公自动化系统中的实际装置和设备，而软件是指用于运行、管理、维护和应用开发计算机所编制的计算机程序。

计算机硬件设备可分为计算机设备、通信设备、办公机械设备三大类。计算机设备包括各类大中小型计算机和微型计算机、计算机网络控制器、图文处理设备、多功能工作站等；通信设备包括各种电话、传真机、局域网、自动交换机等；办公机械设备包括复印机、打印机、绘图仪、扫描仪、硬盘、光盘存储器、高速油印机、投影仪、速印机、多功能一体机等。

计算机软件设备可分为系统软件和应用软件两大类。系统软件包括操作系统、语言翻译程序等；应用软件包括支持软件（如数据库管理系统）、通用软件（如文字处理系统、图像处理系统）和专用软件（如电子邮件、决策支持等专用系统）。

1. 硬件设备

办公自动化硬件设备是现代工作和生活中不可或缺的高科技产品，利用这些办公设备，可以大幅提高人们的工作效率。下面对存储设备、扫描仪、打印机、复印机、传真机和多功能一体机等常用设备进行介绍。

（1）存储设备

存储设备主要指外部存储设备（简称外存），外存容量大、成本低、存取速度慢，可用于存放需要长期保存的程序和数据。当存放在外存中的程序和数据需要处理时，必须先将它们读到内存中才能进行处理，常用的存储设备有硬盘、光盘、U 盘等。

① 硬盘：又称硬磁盘驱动器，是计算机系统中最主要的外部存储设备。就像仓库一样，内部存放着计算机中所有的数据。

硬盘是由硬盘驱动器、硬盘控制器和硬盘片组成。存储容量大，相对价格低，但存储速度较慢，一般用来存放大量暂时不用的程序和数据。随着计算机的飞速发展，硬盘也由低存储容量几十兆字节发展到 40 GB、160 GB、250 GB、500 GB、1 TB 甚至更大。

② 光盘：读取速度快，可靠性高，使用寿命长，携带方便，以前大量的软件、数据、图片、影像资料等都是利用光盘存储。常见的光盘有 CD、VCD 和 DVD 等。

③ U 盘：可以直接插在主板 USB 端口上进行读/写的外存储器。它具有存储容量大、体积小、保存信息可靠、移动存储等优点。

（2）扫描仪

扫描仪（scanner）是利用光电技术和数字处理技术，以扫描方式将图形或图像信息转换为数字信号的装置，通过捕获图像并将其转换成计算机可以显示、编辑、存储和输出的数字化输入设备。照片、文本页面、图纸、美术图画、照相底片，甚至纺织品、标牌面板、印制板样品等三维对象都可作为扫描对象。扫描仪主要分为以下几种：

① 平板式扫描仪：一般采用 CCD（电荷耦合器件）或 CIS（接触式感光器件）技术，凭借其价格低、体积小的优点得到广泛应用，目前已成为家庭及办公使用的主流产品，如图 1-1 所示。

图 1-1　平板式扫描仪

② 滚筒式扫描仪：感光器件是光电倍增管，相比 CCD 或者 CIS 来说，光电倍增管的性能更好。采用光电倍增管的扫描仪要比其他扫描仪贵，低档的也在几十万元左右。滚筒式扫描仪是专业印刷排版领域中应用最广泛的产品。

③ 馈纸式扫描仪：馈纸式扫描仪和平板式扫描仪最大的区别是，馈纸式扫描仪的光源及扫描器件是固定的，需要纸张运动才能扫描获得整页的图像，具有和打印机相似的自动送纸器。由于不需要扫描平台，馈纸式扫描仪可以做得很小，并且可以自动进纸，可以连续、高速地扫描多页文档。便携扫描仪、连续扫描多页文档的馈纸扫描仪和名片扫描仪都是馈纸扫描仪。名片扫描仪如图 1-2 所示。

④ 底片扫描仪：扫描透明胶片，其光学分辨率很高，在 1 000 dpi 以上。现在，有些平板式扫描仪也有底片扫描功能。总的来说，底片扫描仪仍应用于专业领域。

⑤ 3D 扫描仪：所生成的文件是一系列描述物体三维结构的坐标数据，将这些数据输入 3ds Max 软件中可将物体的 3D 模型完整地还原出来。3D 扫描仪组主要用于 3D 建模、3D 游戏制作等。

⑥ 其他：除上述扫描仪外，还有一些经常见到但是很难将其与扫描仪联系起来的扫描仪，如笔式扫描仪、超市条码扫描仪等。笔式扫描仪如图 1-3 所示。

图 1-2 名片扫描仪

图 1-3 笔式扫描仪（扫描笔）

（3）打印机

打印机（printer）是一种精密仪器，它涉及光、机、电、材料等多个学科，是计算机的输出设备之一，用于将计算机处理结果打印在相关介质上。目前最常见的有三类：针式打印机、喷墨打印机、激光打印机。

① 针式打印机：也称撞击式打印机，依靠打印针击打色带在打印介质上形成色点的组合来实现规定字符和图像。现在的针式打印机普遍是 24 针打印机。所谓针数，是指打印头内的打印针的排列和数量。针数越多，打印的质量就越好。

针式打印机曾在打印市场占据了很长一段时间的主导地位，但由于打印精度低、噪声大、速度慢、很难实现彩色打印，导致它在竞争中逐渐失去了大部分市场份额。但是，它独有的使用费用低、可多页复制等特点，使其在银行存折打印、财务发票打印等专业领域占据主导地位。例如，用于 POS 机、ATM 机等设备上的微型针式打印机如图 1-4 所示；用于普通办公和财务机构的通用针式打印机如图 1-5 所示；专门用于银行、邮电、保险等服务部门柜台业务的票据针式打印机如图 1-6 所示。

图 1-4 微型针式打印机

图 1-5 通用针式打印机

图 1-6 票据针式打印机

② 喷墨打印机：利用打印头上的喷口将墨滴按特定的方式喷到打印介质上形成文字或图像。喷墨打印机打印质量较好、噪声小、打印成本逐年降低，是比较重要的一类打印设备。按照用途不同可分为普通喷墨打印机、数码照片打印机、便携式喷墨打印机、喷绘机等。

- 普通喷墨打印机：它是目前最常见的打印机，可以用来打印文稿、图形图像，也可以使用照片纸打印照片，如图 1-7 所示。

- 数码照片打印机：与普通型产品相比，具有数码读卡器，在内置软件的支持下，可以直接连接数码照相机及其数码存储卡，可以在没有计算机支持的情况下直接进行数码照片的打印，部分数码照片打印机还配有液晶屏，用户可直接通过液晶屏对数码存储卡中的照片进行一定的编辑、设置，如图 1-8 所示。

图 1-7　普通喷墨打印机

图 1-8　数码照片打印机

- 便携式喷墨打印机：指的是那些体积小、质量小（1 kg 以下）、方便携带，在没有外接交流电的情况下也能使用的产品，一般多与笔记本计算机配合使用，如图 1-9 所示。
- 喷绘机：它是大型打印机系列中的一种产品，就像打印机一样喷头在材料上喷出墨水。其最主要的特点就是打印幅面大，可支持多种打印介质；适用于专业数码打样、工程绘图、海报输出等工作，如图 1-10 所示。

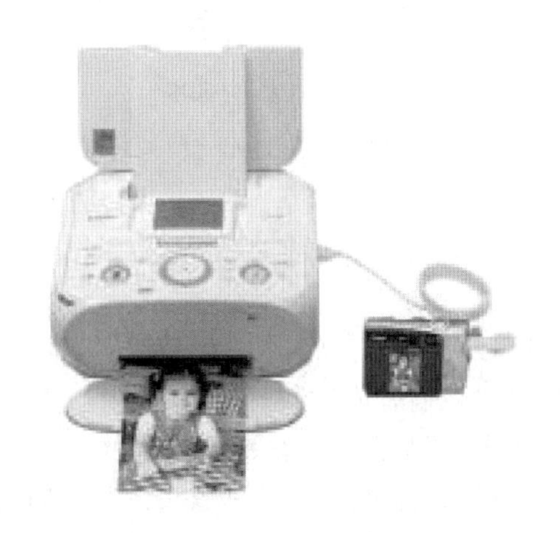

图 1-9　便携式喷墨打印机

图 1-10　喷绘机

③ 激光打印机：采用的是电子成像技术，其基本工作原理是由计算机传来二进制数据信息，经过一系列转换由激光扫描系统产生载有字符信息的激光束，激光束扫描感光鼓，将墨粉吸附到感光区域，再将墨粉转印到打印介质上，最后通过加热装置将墨粉熔化固定到打印介质上，如图 1-11 所示。

激光打印机兴起于 20 世纪 90 年代中期，凭借其打印速度快、成像质量高、噪声小、使用成本低、打印负荷量大等特点占据办公室打印设备的主流地位。

激光打印机的分类方法很多，从色彩上可以分为黑白、彩色两类；从激光器件上可以分为激光器型、LED（发光二极管）型两大类（目前市场上大部分都是激光器型的）；从打印速度上可以划分为低速、中速、高速三大类【低速激光打印机的打印速度在 30 ppm（每分钟打印的面数）以下；中速激光打印机的打印速度在 40～120 ppm，高速激光打印机的打印速度在 130～300 ppm】。

（4）复印机

复印机（copier）是从书写、绘制或印刷的原稿得到等倍、放大或缩小的复印品的设备。复印机与传统的铅字印刷、蜡纸油印、胶印等的主要区别是无须经过其他制版等中间手段，而能直接从原稿获得复印品，复印的速度快，操作简便，如图 1-12 所示。

图 1-11 激光打印机

图 1-12 复印机

按照工作原理不同，可将复印机分为模拟复印机和数码复印机。

① 模拟复印机：生产和应用的时间已经较长，其原理是通过曝光、扫描将原稿的光学模拟图像通过光学系统直接投射到已被充电的感光鼓上产生静电潜像，再经过显影、定影等步骤来完成复印。

② 数码复印机：与模拟复印机相比是一次质的飞跃，类似于一台扫描仪和一台激光打印机的组合体，首先通过 CCD 传感器对通过曝光、扫描产生的原稿的光学模拟图像信号进行光电转换，然后将经过数字技术处理的图像信号输入到激光调制器，调制后的激光束对被充电的感光鼓进行扫描，在感光鼓上产生由点组成的静电潜像，再经过显影、转印、定影等步骤来完成复印过程。

由于数码复印机采用了数字图像处理技术，使其可以进行复杂的图文编辑，可一次扫描，多次复印，大幅提高了复印机的复印能力、复印质量，降低了使用中的故障率。

按照复印技术不同，可将复印机分为光化学复印机、热敏复印机和静电复印机。

① 光化学复印机：有直接影印、蓝图复印、重氮复印、染料转印和扩散转印等方法。直接影印法用高反差相纸代替感光胶片对原稿进行摄影，可增幅或缩幅；蓝图复印法是复印纸表面涂有铁盐，原稿为单张半透明材料，两者叠在一起接受曝光，显影后形成蓝底白字图像；重氮复印法与蓝图复印法相似，复印纸表面涂有重氮化合物，曝光后在液体或气体氮中显影，产生深色调的图像；染料转印法是原稿正面与表面涂有光敏乳剂的半透明负片合在一起，曝光后经液体显影

再转印到纸张上；扩散转印法与染料转印法相似，曝光后将负片与表面涂有药膜的复印纸贴在一起，经液体显影后负片上的银盐即扩散到复印纸上形成黑色图像。

② 热敏复印机：将表面涂有热敏材料的复印纸，与单张原稿贴在一起接受红外线或热源照射。图像部分吸收的热量传送到复印纸表面，使热敏材料色调变深，即形成复印品。这种复印方法主要用于传真机接收传真。

③ 静电复印机：采用现在应用最广泛的复印技术，它是用硒、氧化锌、硫化镉和有机光导体等作为光敏材料，在暗处充上电荷接受原稿图像曝光，形成静电潜像，再经显影、转印和定影等过程完成复印。静电复印机按复印介质分类，可以分为直接式静电复印机和间接式静电复印机。直接式静电复印机使用专用的涂有光导层的复印纸，采用干法或湿法显影方式进行显影，最终图像直接定影在该纸上，不需要转印。这种复印机具有结构简单、性能稳定等优点，但具有纸厚、手感差、图像反差低等缺点。间接式静电复印机所使用的复印介质范围则比较广，普通纸、色纸、塑料薄膜等均可，同样也可采用干法或湿法显影方式进行显影。间接式已成为静电复印的主流和发展方向。

按照用途不同，可将复印机分为家用型复印机、办公型复印机、便携式复印机和工程图纸复印机等。

① 家用型复印机价格比较低廉，一般兼有扫描仪、打印机的功能，打印方式主要以喷墨打印为主。

② 办公型复印机是最常见的复印机，基本上是以 A3 幅面的产品为主。

③ 便携式复印机的特点是小巧，它的最大幅面一般只有 A4，质量较小。

④ 工程图纸复印机最大的特点是幅面大，一般可以达到 A0 幅面，是用于复印大型工程图纸的复印机。

根据技术原理可分为模拟工程图纸复印机和数字工程图纸复印机。当然，还可按显影状态、显影方式、显影剂组成等分类，在此不再赘述。

（5）传真机

传真机（fax）（见图 1-13）利用扫描和光电变换技术，从发送端将文字、图像、照片等静态图像通过有线或无线信道传送到接收端，并在接收端以记录的形式重现原静止图像。传真机是集计算机技术、通信技术、精密机械与光学技术于一体的通信设备，其信息传送的速度快、接收的副本质量高，它不但能准确、原样地传送各种信息的内容，还能传送信息的笔迹，适于保密亲笔通信，具有其他通信工具无法比拟的优势，为现代通信技术增添了新的生命力，并在办公自动化领域占有极重要的地位，发展前景广阔。

按用途不同，可将传真机分为相片传真机、报纸传真机、气象传真机、彩色传真机、文件传真机。

① 相片传真机：是一种用于传送包括黑和白在内全部光密度范围的连续色调图像，并用照相记录法复制出符合一定色调密度要求的副本的传真机。

② 报纸传真机：是一种用扫描方式发送整版报纸清样，接收端利用照相记录方法复制出供制版印刷用的胶片的传真机。

③ 气象传真机：是一种传送气象云图和其他气象图表用的传真机，又称天气图传真机。

④ 彩色传真机：用于传送并复制彩色照片或彩色地图等。

⑤ 文件传真机：是一种以黑和白两种光密度级复制原稿的传真机。

（6）多功能一体机

多功能一体机就是一种具备打印、传真、复印、扫描等两项功能以上的机器，并且它的多项功能在同时工作时相互之间不会受影响，如图 1-14 所示。

图 1-13 传真机

图 1-14 多功能一体机

根据打印方式不同可分为激光多功能一体机和喷墨多功能一体机；根据主导功能不同可分为打印型一体机、复印型一体机、传真型一体机。根据产品涵盖的功能不同可分为三种功能一体机（打印、扫描、复印）、四种功能一体机（打印、扫描、复印、传真）。

2. 软件设备

软件设备包括系统软件和应用软件。

系统软件是指控制和协调计算机及外围设备，支持应用软件开发和运行的系统，是无须用户干预的各种程序的集合，主要功能是调度、监控和维护计算机系统；负责管理计算机系统中各种独立的硬件，使得它们可以协调工作。系统软件使得计算机使用者和其他软件将计算机作为一个整体，而不需要顾及底层每个硬件是如何工作的。在办公自动化系统软件中最重要且最基本的就是操作系统，它是最底层的软件，它控制所有计算机运行的程序并管理整个计算机的资源，是计算机裸机与应用程序及用户之间的桥梁。没有它，用户就无法使用某种软件或程序。常用的系统软件有 DOS 操作系统、Windows 操作系统、Mac OS X 操作系统、UNIX 操作系统和 Linux、NetWare 等操作系统。目前，Windows 操作系统是所有的办公自动化系统中应用最广泛的操作系统。

Windows 是微软公司推出的一系列操作系统。问世于 1985 年，起初仅是 MS-DOS 之下的桌面环境，其后续版本逐渐发展成为个人计算机和服务器用户设计的操作系统。Windows 操作系统可以在几种不同类型的平台上运行，如个人计算机、服务器和嵌入式系统等，其在个人计算机领域应用最为普遍。

应用软件是为满足用户不同领域、不同问题的应用需求而提供的软件。它可以拓宽计算机系统的应用领域，放大硬件的功能。应用软件是用户可以使用的各种程序设计语言，以及用各种程序设计语言编制的应用程序的集合。

1.2　办公软件概述

1.2.1　办公软件的定义及特点

1. 办公软件的定义

办公软件是可以进行文字处理、表格制作、幻灯片制作、图形图像处理、简单数据库处理等方面工作的软件。在数字化高速发展的今天，小到会议记录，大到社会统计，处处都会用到办公软件。微软的 Office 系列软件是办公软件的代表。

2. 办公软件的特点

办公软件具有开放性、易用性、健壮性、严密性和实用性等特点。

① 开放性：开放性是办公软件的大势所趋，只有具备开放性的办公软件，才能与其他信息化平台进行整合集成，帮助用户打破信息孤岛、应用孤岛和资源孤岛。

② 易用性：指软件理解、学习、操作、管理的难易程度。最近几年，随着办公软件市场的热度上升，办公软件的易用性也受到前所未有的关注。作为成熟办公软件的重要标志，易用性成为评价软件质量的重要标准，甚至成为某些用户选型的关键要素。办公软件的功能虽然越来越强大，操作却越来越简单，这是行业的发展趋势。

③ 健壮性：指软件对于规范要求以外的输入情况的处理能力，如软件在输入错误、磁盘故障、网络过载或有意攻击情况下，能否不死机、不崩溃，这就是该软件的健壮性。健壮性是衡量软件好坏的重要标准，办公软件必须具有良好的健壮性，才能实现系统的长期稳定。

④ 严密性：现代办公要求企业既要有统一的信息平台，又要让员工有独立的信息空间，因此，软件不仅要实现“用户、角色和权限”上的三维管控，还必须同时实现信息数据上的大集中与小独立的和谐统一，也就是必须实现“用户、角色、权限、数据”的四维管控，实现信息数据上的整体集中和相对独立。

⑤ 实用性：指软件以用户满意的方式实现用户价值的能力，即软件功能满足用户需求，具有很强的使用价值；同时使用过程中，也能对企业经济效益的增长起到直接的影响或对工作起到积极的促进作用，能为拥有者创造经济效益。实用性是对所有应用软件的一致要求，OA 系统的应用必须符合使用企业的具体情况，将应用落到实处，真正实现科学有效的现代化管理。

1.2.2　办公软件的功能

办公软件已经广泛应用到社会各行各业的管理和控制中，它改变了传统的工作方式，给人们带来了全新的办公和管理理念。

1. 文字处理功能

文字处理是办公软件最基本的功能，利用该功能可完成对中西文的输入、编辑、修改、复制和输出等操作。

2. 数据处理功能

办公活动的中心任务是处理信息，它涉及大量的数据与文件，是办公软件的基本功能之一。数据处理包括数据的采集、整理、计算、分类、汇总、排序等操作。同时根据不同的需要还可对处理后的数据进行统计、分析以满足用户需要。

3. 文件处理功能

文件处理指的是对已编辑好的文件进行整体处理，包括文件的复制、转存、输入/输出、传输和归档等操作。用办公软件处理文件、档案可以做到高效率、省工时、实用性强、标准化高。

4. 声音处理功能

声音处理是对声音信息进行收集、转换、存储、识别等操作。声音处理功能包括声音输入和声音输出，即声音识别技术和声音合成技术，在文字输入、个人文件保密与鉴别等方面，声音识别起着重要的作用。

5. 图像处理功能

对图像的处理主要包括去除噪声、增强、复原、分割、提取特征等操作。例如，将签字、照片、指纹等输入计算机处理识别真假，将模糊的图片经过处理后变得清晰而能识别等。

6. 网络通信功能

网络通信指人们可以利用网络互相通信，并实现资源共享。网络通信包括电子邮递和电子会议。电子邮递是指利用网络将声音、数据、文字、图像等综合信息从一个地方传输到另外一个或多个地方；电子会议是指在网络的支持下，以某种通信手段实现在不同的地方同时举行会议，如在线交流、电话会议、电视会议。

7. 行政管理功能

行政管理主要是使用办公软件处理日常办公事务，如编制日程安排和工作计划、协调各种会议，防止会议与日常行政事务工作冲突，制订各种备忘录提醒，或处理重大事项的日程表，还包括对各种会议及办公设施、资源的合理调度以求得最佳使用效率。

1.2.3 办公软件的应用

随着科技浪潮的推动和互联网的蓬勃发展，办公软件已经触及了企业生产、管理及个人生活的方方面面。办公软件的最大优点是把很多重复烦琐的数据计算和统计工作都交给计算机来做，以前需要多人一周甚至数月完成的工作，通过预先设置好的程序和方法单击几下按钮就能得到结果，节省了大量的人力和时间；通过数据的分析可以预测生产和需求要素的发展趋势，能为企业带来巨大的经济效益。

1. 在商业领域的应用

商业领域是应用计算机较早的领域之一，现在世界上大多数企业都对计算机有很强的依赖性，因为它们要靠计算机系统来维持自己的正常运转。在商业领域，很多重复计算和统计的工作都可以通过软件来完成，节省了人力资源和时间成本；从完善管理体系角度可以把流程和模式固化下来，从而减少每次手工操作出错的可能性；从销售角度看，通过办公软件的多项功能可以对已有数据进行准确分析，预测生产销售需求和市场趋势；从办公和人力资源角度来看，应用主流办公应用软件可以保持平台和文件的通用性。

2. 在教育领域的应用

随着多媒体进入教育领域，教育系统就更加离不开办公软件，如教师可以使用多媒体课件将文字、声音、图形、图像、动画、视频等多种信息集合与整合，并按照教学设计的要求，有机地组合后显示在屏幕上，丰富学生的学习内容，使其获得多重感官刺激，提高学习效率和学习效果，也可以实现师生之间和教师之间的资源互换。现代化的办公系统还可以处理很多日常繁杂、容易出错的工作，如学校学生信息的统计、学校教职工工资预算等，为教育领域带来方便，既节省了时间，又提高了效率。

3. 在政府执政领域的应用

计算机办公软件的运用对政府办公水平和效率有很大的改善。政务上网以后，可以在网上向公众公开政府部门的有关资料、档案、日常活动等，用户可以通过办公平台查询政务信息，并与政府之间通过平台进行沟通，相关事务处理请求通过办公软件转给政府工作人员，政府工作人员可以通过办公自动化系统进行政务处理并对政务查询信息系统进行更新。这样，政府与公众之间相互交流更加方便，并且可以在网上行使对政府官员的监督权力。

4. 在科研领域的应用

计算机在科研领域一直占有很重要的地位，第一台计算机就是为科研而研制出来的。现在很多实验室都用计算机来监视与模拟或收集实验中的科研数据，用软件对这些数据进行统计、分析和相应处理。在许多科研工作中，计算机对数据的统计和分析都离不开办公软件。用计算机办公软件进行数据分析和数据整合进一步推动了科研领域的发展，为我国航天航空领域数据计算也带来了诸多好处。

1.2.4 办公软件的发展

1. 国外办公软件发展

1979 年，MicroPro 公司推出 WordStar，这是一套早期的文书处理器软件，一经推出就以其强大的文字编辑功能征服了用户。由于 WordStar 的普及和推广，办公效率大幅提高，促进了全世界办公文秘人员的办公自动化进程。同年，VisiCalc 电子表格软件上市，VisiCalc 的出现，将 Apple II 从业余爱好者手中的玩具变成了炙手可热的商业工具，从而引发了真正的 PC 革命。

1983 年，Lotus Software（莲花软件公司）推出的 Lotus 1-2-3，具有强大的电子数据表（spreadsheet）功能、图形集成功能、简易数据库功能，推出后迅速征服个人计算机的 VisiCalc 用户。

同年，微软发布 Word For DOS 1.0，这是一个里程碑式的软件产品，技术领先。Word 从底层开始就是图形界面设计，是第一套可在计算机屏幕上显示粗体、斜体，能显示特殊符号的文字处理软件，并支持鼠标和激光打印机。

同年 10 月，SSI 发布 WordPerfect 3.0 for DOS。

1990 年，微软公司完成了 Word 的 Windows 平台 1.0 版本开发，图形用户界面成为软件标准。微软凭借其在操作系统上的地位，也建立了在办公软件上的权威，使得其办公软件（包括文字处理 Word、电子表格处理 Excel、演示文稿制作 Power Point）迅速占领了办公软件市场。

此后，微软又发布了多个 Office 版本，不断巩固其办公软件市场的地位。如 1993 年，微软把 Word 6.0 和 Excel 5.0 集成在 Office 4.0 套装软件内，使其能相互共享数据，极大地方便了用户的使用。1999 年，Microsoft Office 2000 中文版正式发布。这个版本全面面向 Internet 设计，强化了 Web 工作方式，运用了突破性的智能化中文处理技术，是办公处理软件的代表产品。

2011 年，微软推出了基于云的办公软件订阅服务——Office 365。这一创新举措改变了办公软件的传统销售模式，使得用户可以通过订阅方式获得持续的软件更新和技术支持。

2013 年，移动办公逐步兴起。2013 年 1 月微软发布了 Office 2013，并推出了移动应用版本，使得用户可以在手机和平板计算机上进行办公操作。同年 4 月，MobiSystems 发布 Office Suite 7.1，该软件具备跨平台兼容性，可以应用于智能手机、平板计算机、计算机等多种设备，并兼容多种操作系统。

2015 年以后，办公软件更加注重人工智能和协作功能的融合。微软在 Office 2016 及后续版本中加入了智能助手功能，能够根据用户的使用习惯和场景提供个性化的建议和帮助。同时，办公软件还加强了多人协作功能，支持实时编辑、评论和共享，提高了团队协同工作的效率。

除此之外，国外其他办公软件提供商如 Google 的 G Suite（包括 Google Docs、Sheets、Slides 等）和 LibreOffice 等也在不断发展壮大，为用户提供了更多的选择和可能性。

2．国内办公软件发展

虽然国内的办公软件起步晚于国外，但发展较为迅速。

1988 年，国内第一套文字处理软件 WPS 1.0 发布。

1989 年，发布金山 I 型汉卡及 WPS 1.0，填补了我国计算机文字处理的空白，并由它带动了整个汉卡产业。

1994 年，WPS 占领了中文文字处理市场 90%，微软 Word 4.0 同年进入中国市场。

2000 年，红旗公司自主研发了国内首家跨平台办公软件 RedOffice。

2001 年，永中 Office 通过国家信息产业部测试小组评测；同年，由多位专家（包括多位院士）组成的鉴定委员会一致认为："永中 Office 是一款拥有自主知识产权的大型集成办公软件，它的整体技术达到了该领域的国际先进水平，并在数据对象储藏库、Office 三大应用之间的集成、统一数据和文件格式、统一用户界面、跨平台等方面做出了创新。" 2002 年，永中 OfficeV1.0 正式发布。

2004 年，依托复旦大学教学科研力量，成立上海协达软件科技有限公司，获得双软认证；同年，研制成功国内首套基于 SOA 的协同办公软件。

2012 年，上海协达推出中国第一套云计算应用的社会化电子商务套件。

目前，国产办公软件已经发展得很成熟，总体上已具备良好的可用性与实用性，在功能上和当前国际主流办公软件相当，在应用方面有所创新，可以更好地满足用户日常办公学习的需求，帮助用户提高工作效率。

国产软件在功能上接近于国外软件，但在价格上却远远优于国外办公软件，如 WPS Office，个人版永久免费，企业版的价格仅仅是微软的几分之一。国产办公软件还有一些国外办公软件所不具备的特点，例如，永中 Office 便以非常直观的方式，提供了数学、物理、化学公式编辑器和各类图形符号库，几乎包括了所有中小学教学常用的图文符号，更加方便实用。

此外，国外的办公软件几乎不提供售后服务，国产软件可以通过提供持续优质的服务赢得用户。在售后服务方面，国产办公软件企业可以提供快速响应的本土化服务，构筑起比国外软件企业更强大的服务体系。

国内办公软件的需求已经十分旺盛，但需要长期良性发展，在用户的产品需求上应该做得更加细致，根据不同群体开发相对应的版本，或者提供不同的服务提升增值潜力。

1.2.5 常用办公软件

1．Microsoft Office

Microsoft Office 是一套由微软公司开发的办公软件套装，它为 Microsoft Windows、Windows Phone、

Apple Macintosh、iOS 和 Android 操作系统而开发。与办公室应用程序一样，它包括联合的服务器和基于互联网的服务。2007 版以后的 Office 称为 Office System 而不叫 Office Suite，反映出它们也包括服务器的事实。其应用非常广泛，从品牌 PC，到政府、企业、家庭，微软的 Office 软件无处不在。

2. WPS Office

WPS Office 是由金山软件股份有限公司自主研发的一款办公软件套装，可以实现办公软件最常用的文字、表格、演示等多种功能。WPS Office 包含 WPS 文字、WPS 表格、WPS 演示三大功能模块，与微软的 Word、Excel、PowerPoint 一一对应，应用 XML 数据交换技术，无障碍兼容 docx、xlsx、pptx 等文件格式，可以直接保存和打开 Word、Excel 和 PowerPoint 文件，也可以用 Microsoft Office 轻松编辑 WPS 系列文档。

3. RedOffice

红旗公司自主研发的 RedOffice 系列是国内首家跨平台的办公软件，包括文字处理、电子表格、演示文稿、绘图工具、网页制作和数据库等功能，并且还有少数民族语言版本。RedOffice 办公软件还针对政府办公的特点，提炼了适合系统集成的应用接口，能够完美地嵌入各种电子政务系统中，以满足政府办公的各种需求。

4. 永中 Office

永中 Office 是由江苏无锡永中软件有限公司开发的在一套标准的用户界面下集成了文字处理、电子表格和简报制作三大应用的办公软件；基于创新的数据对象储藏库专利技术，有效解决了 Office 各应用之间的数据集成共享问题。永中 Office 可以在 Windows、Linux 和 Mac OS 等多个不同操作系统上运行。

虽然各种办公软件都具有自己的优势和特点，但是微软的 Microsoft Office 从办公软件体系的完整性、支持移动平台的全面性、产品的稳定性、用户使用的广泛性、办公协同的高效性来说都非常有优势，本书选用 Microsoft Office 2016（以下简称 Office 2016）进行讲解。

1.3　Office 2016 概述

1.3.1　Office 2016 简介

Office 最初出现于 20 世纪 90 年代早期，是一个推广名称，指一些以前曾单独发售的软件的合集。Office 的历史主流版本如下：

① Office 3.0（Word 2.0c、Excel 4.0a、PowerPoint 3.0、Mail），发行于 1993 年 8 月 30 日。

② Office 4.0（Word 6.0、Excel 4.0、PowerPoint 3.0），发行于 1994 年 1 月 17 日。

③ Office 7.0/95（Word 95 等），发行于 1995 年 8 月 30 日，但未广泛使用。

④ Office 97：发行于 1996 年 12 月 30 日，这是一套集办公应用和网络技术于一体的产品，使用户能够以更新和更好的方式完成工作。

⑤ Office 2000：发行于 1999 年 1 月 27 日，是第三代办公处理软件的代表产品，可以作为办公和管理的平台，用于提高用户的工作效率和决策能力，它融合了当时最先进的 Internet 技术，具有更强大的网络功能；Office 2000 中文版针对汉语的特点，增加了许多中文方面的新功能，如中文断词、中文校对、简繁体转换等。

⑥ Office XP：发行于 2001 年 5 月 31 日，在易用性、实用性和协同工作等方面做了诸多的改进，使微软公司在办公软件领域的领先地位更加巩固。

⑦ Office 2003：发行于 2002 年 11 月 17 日，可以更好地进行通信、创建和共享文档、使用信息和改进业务过程。

⑧ Office 2007：发行于 2006 年 11 月 30 日，全新设计的 Ribbon 窗口界面比以前版本的界面更美观大方，且该版本的设计比早期版本更完善、更能提高工作效率，界面也给人以赏心悦目的感觉。

⑨ Office 2010 企业版于 2010 年 5 月 12 日在美国纽约正式发布，除了支持 32 位 Windows XP（但不支持 64 位 Windows XP）系统，还支持 32 位和 64 位 Vista 及 Windows 7（企业版）。该软件还有家庭及学生版、家庭及商业版、标准版、专业版、专业高级版、学院版，此外还推出了 Office 2010 免费版本，其中仅包括 Word 和 Excel 应用。

⑩ Office 2016：2015 年 1 月 22 日，微软宣布推出 Office 2016。其中的“文件”选项卡已经是一种的新的面貌，用户操作起来更加高效。同时也提供了大量的新功能，为用户提供更良好的使用体验。

此后微软公司又陆续推出了新的版本，如 Office 2019、Office 2021、Office 2023 等。本书基于 Office 2016 版本进行讲解。

1.3.2 Office 2016 组成

Office 2016 中包括 Word、Excel、PowerPoint、Outlook、Access、InfoPath、OneNote、Publisher、Visio、Project、Lync、Sharepoint Designer 和 Sharepoint Workspace 等组件。这些组件分为集成组件和独立组件。所谓集成组件，是指 Office 2016 的安装包中包含的组件；独立组件是需要额外的安装包进行安装的组件，下面对常用的集成组件及独立组件进行简单说明。

1. 集成组件

（1）Word 2016

Word 2016 是一种图文编辑工具，为用户提供了用于创建专业而优雅的文档工具，帮助用户节省时间，并得到优雅美观的结果，主要用来创建、编辑、排版、打印文档，如信函、论文、报告和小册子等。作为 Office 套件的核心程序，Word 是最流行的文字处理程序，它提供了许多易于使用的文档创建工具，同时也提供了丰富的功能集供创建复杂的文档使用。

（2）Excel 2016

Excel 2016 是数据处理程序，主要用来创建表格、数据汇总、透视表和透视图等，常用于繁重计算任务的预算、财务、数据分析等工作。使用 Excel 可以执行计算、分析信息，并管理电子表格或网页中的数据信息列表与数据资料图表制作，可以给用户带来方便。

（3）PowerPoint 2016

PowerPoint 2016 是 Office 中的演示文稿程序，用户可以在投影仪或者计算机上进行演示，也可以将演示文稿打印出来，制作成胶片，以便应用到更广泛的领域。利用 PowerPoint 2016 不仅可以创建演示文稿，还可以在互联网上召开面对面会议、远程会议或在网上给观众展示演示文稿，其格式扩展名为 pptx；此外，也可以将其保存为 PDF 格式、图片格式、视频格式等。

（4）Outlook 2016

Outlook 2016 是邮件传输和协作客户端软件，可以用来发送和接收电子邮件，管理日程、联系人和任务，以及记录日记、安排日程、分配任务等，众多功能的集成使得 Outlook 成为许多商业用户眼中完美的客户端。

Outlook 2016 适用于 Internet（SMTP、POP3 和 IMAP4）、Exchange Server 或任何其他基于标准的、支持消息处理应用程序接口（MAPI）的通信系统（包括语音邮件）。Outlook 2016 基于 Internet 标准，支持目前最重要的电子邮件、新闻和目录标准，包括 LDAP、MHTML、NNTP、MIME 和 S/MIME、vCalendar、vCard，完全支持 HTML 邮件。

（5）Access 2016

Access 2016 是由微软发布的关系数据库管理系统，它是将数据库引擎的图形用户界面和软件开发工具结合在一起的一个数据库管理系统。软件开发人员和数据架构师可以使用 Access 开发应用软件，高级用户可以用它来构建软件应用程序。

（6）InfoPath 2016

InfoPath 2016 是企业级搜集信息和制作表单的工具，将很多界面控件集成在该工具中，为企业开发表单搜集系统提供了极大的方便。IT 人员可以利用 InfoPath 为企业开发小型的信息系统。

（7）OneNote 2016

OneNote 2016 是一种数字笔记本，是一个收集笔记和信息的程序，并提供了强大的搜索功能和易用的共享笔记本：搜索功能使用户可以迅速找到所需的内容；共享笔记本使用户可以更加有效地管理信息超载和协同工作。其设计理念就是“随心所欲地获取、组织和再利用笔记”。它会让用户感觉就像装订成册的记事本一样，不仅可以想记就记，还可以将转载的资料自动加上资料来源的注释。

（8）Publisher 2016

Publisher 2016 是桌面出版应用软件，也就是出版物制作程序，用来创建新闻稿和小册子等专业品质出版物及营销素材。利用 Publisher 2016 可以轻松创建个性化和共享范围广泛且具有专业品质的出版物和市场营销材料，还可以轻松地采用各种出版物类型来传达消息，从而节省时间和费用。无论是创建小册子、新闻稿、明信片、贺卡还是电子邮件新闻稿，都可以提供高质量的工作成果，而不需要具有图形设计经验。

2. 独立组件

（1）Visio 2016

Visio 2016 是一款便于 IT 和商务专业人员就复杂信息、系统和流程进行可视化处理、分析和交流的软件。使用具有专业外观的 Office Visio 2016 图表，可以促进对系统和流程的了解，深入了解复杂信息并利用这些知识做出更好的业务决策。

Visio 2016 可以帮助创建具有专业外观的图表，以便理解、记录和分析信息、数据、系统和过程。大多数图形软件程序依赖于艺术技能。当使用 Visio 时，以可视方式传递重要信息就像打开模板、将形状拖放到绘图中以及对即将完成的工作应用主题一样轻松。

（2）Project 2016

Project 2016 是项目管理软件程序，软件设计的目的在于协助项目经理发展计划，为任务分配资源、跟踪进度、管理预算和分析工作量。Project 2016 不仅可以快速、准确地创建项目计划，而且可以帮助项目经理实现项目进度以及成本的控制、分析和预测，使项目工期大幅缩短，资源得到有效利用，提高经济效益。Project 2016 用户可以使用工作组规划器，视资源日程排定视图，能够通过某种方式与日程交互，这在 Project 较早版本中无法实现。使用“工作组规划器”视图，可以一目了然地看到工作组成员的工作情况并可以在人员之间移动任务，还可以查看和分配未分配的工作、查看过度分配问题，以及查看任务名称和资源名称，这些全部在一个高效视图中进行。

（3）Lync 2016

Lync 2016 是企业整合沟通平台（前身为 Communications Server），跨越 PC、电话、Web 等其他移动设备，只需一个身份标识，就可以随时随地与员工、客户、合作伙伴以及供应商流畅沟通。Lync 2016 可让每一次沟通都变成真正的面对面会议，因为任何互动都可能包含视频和音频会议、应用程序和桌面共享、通信和电话。Lync 2016 支持 SharePoint 和 Exchange，可降低终端用户采用这一产品的难度。即使不在办公室，人们也可通过各种设备与他人保持互联，并且以新的方式管理沟通和呼叫。

（4）SharePoint Designer 2016

SharePoint Designer 2016 是继 FrontPage 之后推出的新一代网站创建工具，并提供了更加与时俱进的制作工具，可在 SharePoint 平台上建立引人入胜的 SharePoint 网站，快速构建启用工作流的应用程序和报告工具。所有这些都在一个 IT 管理环境中进行。它具有全新的视频预览功能，包括新媒体和一个 Silverlight 的内容浏览器 Web 部件。微软内嵌了 Silverlight 功能（一种工具，用于创建交互式 Web 应用程序）和全站支持 AJAX 功能，让企业用户很方便地给网站添加丰富的多媒体和互动性体验。

（5）SharePoint Workspace 2016

SharePoint Workspace 的前身是 Office Groove，是微软 2005 年收购 Groove 公司后，对 Office 产品线增加的产品，主要用于协同办公；同时加强了和 SharePoint Server 的结合，为企业用户提供基于微软 SharePoint 平台的工作流扩展。SharePoint Workspace 2016 可以帮助企业用户轻松完成日常工作中诸如文档审批、在线申请等业务流程，同时提供多种接口，实现后台业务系统的集成。

1.4 中文版 Office 2016

1.4.1 Office 2016 的安装与卸载

使用软件之前，首先要将软件移植到计算机中，此过程为安装；如果不想使用此软件，可以将软件从计算机中清除，此过程为卸载。

1. 计算机配置要求

安装 Office 2016 时，计算机硬件和软件的配置要求见表 1-1。

表 1-1 安装 Office 2016 的软硬件配置要求

处理器	1 GHz 或更快且兼容 x86 或 x64 架构的处理器，并采用 SSE2 指令集
内存	1 GB RAM(32 位）、2 GB RAM(64 位）
硬盘	3.0 GB 的可用磁盘空间
显示器	具有图形硬件加速功能的 DirectX 10 兼容显卡，且屏幕分辨率达到 1 024×576 像素
操作系统	Windows 7、Windows 8、Windows 10、Windows 11、Windows Server 2008 R2 或 Windows Server 2012 等
浏览器	Microsoft Internet Explorer 8.0 及以上
其他要求	使用互联网功能时需要连接到互联网；如果是非商业用途，需要使用 Microsoft 账户登录

2. 安装 Office 2016

计算机配置达到要求后就可以安装 Office 2016 软件。不同版本的 Office 2016 的安装方法大体相同，通常双击 Office 2016 的安装文件，等待系统自动安装即可。下面介绍具体操作方法。

① 运行安装程序，系统将自动解压缩文件，并在弹出的对话框中显示“即将准备就绪”，如图 1-15 所示。

② 解压完成后将开始自动安装，如图 1-16 所示。

图 1-15 “即将准备就绪”界面

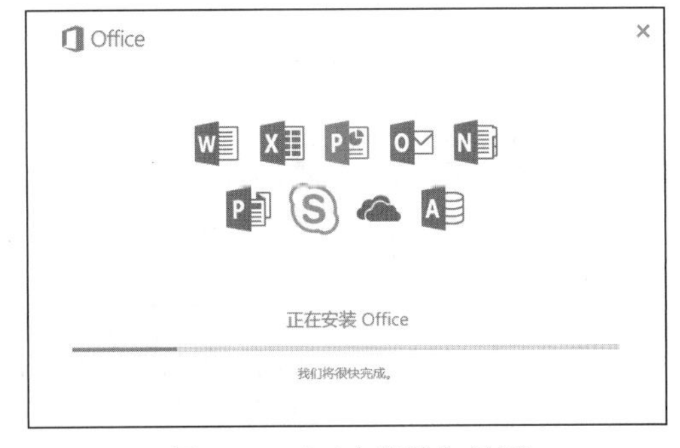

图 1-16 “正在安装”界面

③ 当其中一项组件安装完成可用时，图标会自动从“不可用”变为“可用”亮色图标。完成后在对话框中单击“关闭”按钮即可。

◎温馨提示

安装 Office 2016 的过程中不需要选择安装的位置以及需要安装哪些组件，默认安装所有组件。

3. 修复 Office 2016

安装 Office 2016 后，有时使用 Office 的过程中出现异常情况，如果不能正常启动或者自动关闭，可对其进行修复操作。修复 Office 2016 的操作步骤如下：

① 选择“开始”→“Windows 系统”→“控制面板”命令，如图 1-17 所示。

② 在“控制面板”窗口依次单击“程序”→“程序和功能”超链接，单击“更改”按钮，选择“Microsoft Office 专业增强版 2016-zh-cn”选项，单击“更改”按钮，如图 1-18 所示。

图 1-17 选择“控制面板”

图 1-18 选择要修复的选项

③ 在弹出的“Office”对话框中选中“快速修复”单选按钮，然后单击“修复”按钮，如图1-19所示。此处若选中“联机修复”单选按钮，可对Office 2016进行修复安装，但需要链接Internet。

④ 上一步骤中，单机“修复”按钮后，弹出如图1-20所示对话框。

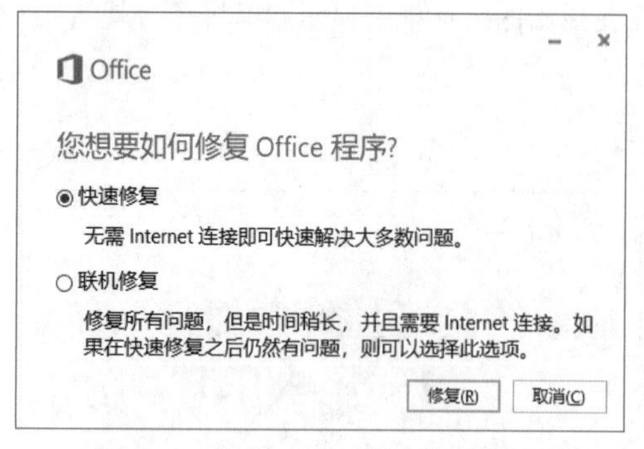

图1-19 选择Office程序修复方式

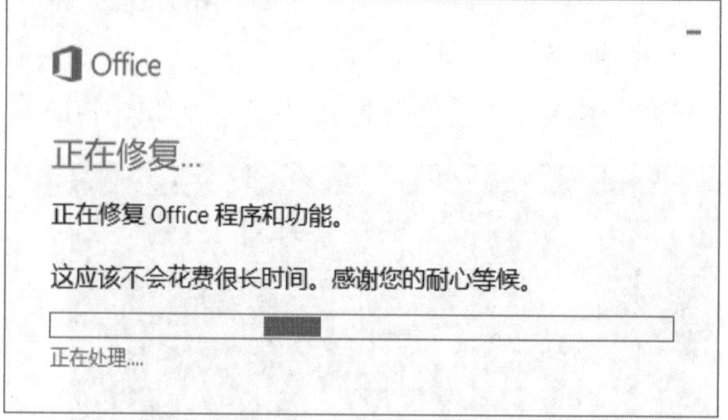

图1-20 “正在修复”对话框

⑤ 系统完成修复后，弹出“修复完成”对话框，如图1-21所示。

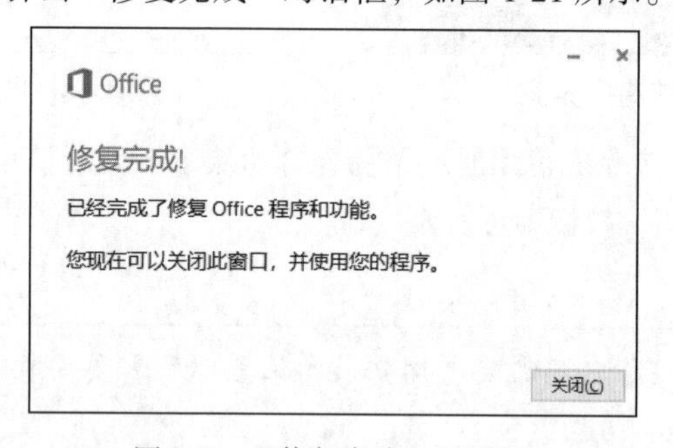

图1-21 “修复完成”对话框

4．卸载Office 2016

① 不需要Office 2016时，可以将其卸载。打开“程序和功能”对话框，选择“Microsoft Office专业增强版2016 -zh-cn”选项，单击“卸载”按钮，如图1-22所示。

② 在弹出的对话框中单击“卸载”按钮即可卸载Office 2016，如图1-23所示。

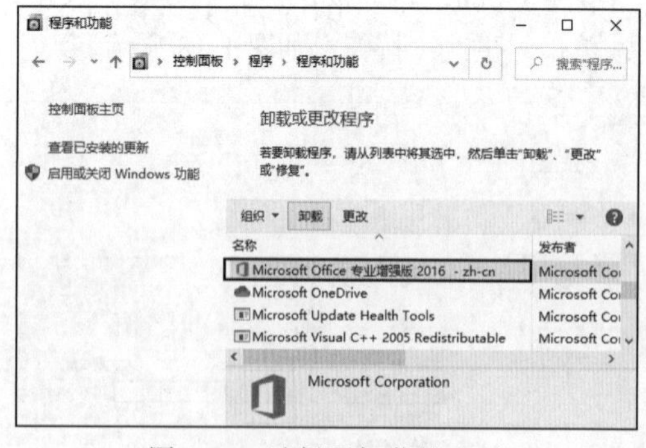

图1-22 选择要卸载的选项

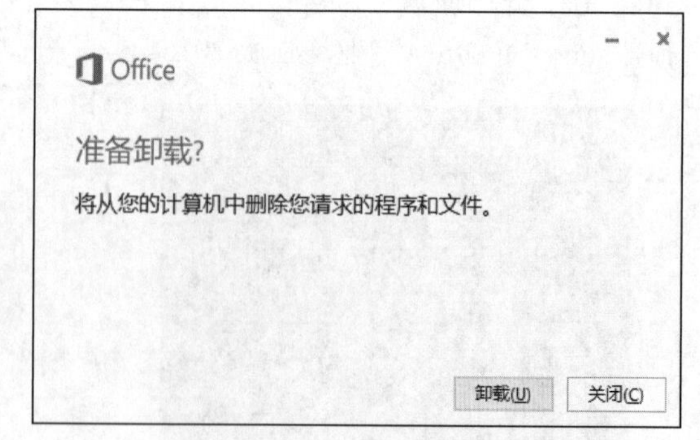

图1-23 “准备卸载”对话框

③ 系统开始卸载Office 2016所有程序组件，并在对话框中显示卸载进度，如图1-24所示。

④ 卸载完成后，在弹出的对话框中告知用户卸载成功，单击“关闭”按钮，如图1-25所示。

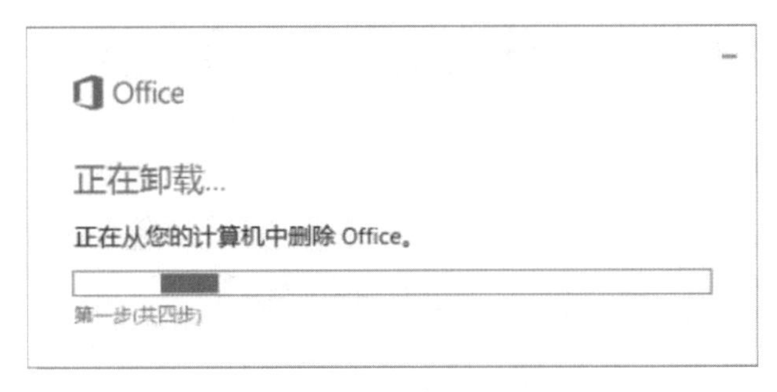

图 1-24 “正在卸载”对话框

图 1-25 “卸载完成”对话框

1.4.2 Office 2016 常用组件简介

在 Office 2016 应用程序中包含多个功能组件，其应用范围几乎涉及办公自动化的各个领域。下面简单了解一下常用组件的功能。

1. Word 2016

Word 2016 是一款非常出色的文字处理软件，主要用来进行文本的输入、排版、打印等工作。它既能够制作出简单的商务办公文档和个人文档，也能满足专业人士制作各种高级复杂的文档，例如各种杂志和出版物的编排。使用 Word 2016 既可以轻松地完成工作，也可以大幅提高企业的办公效率，如图 1-26 所示。

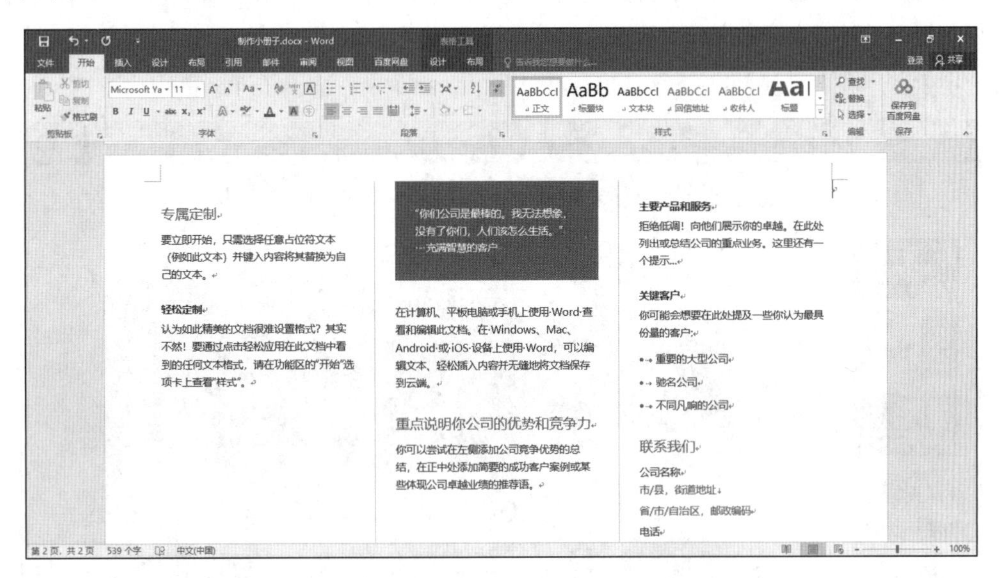

图 1-26 Word 2016 窗口

2. Excel 2016

Excel 2016 是一款专业的电子表格处理软件，既能制作出各种适用于不同行业领域的专业表格，也能对数据进行复杂的数学和统计运算，并能通过图形化的方式对数据进行多样化的展示，如图 1-27 所示。

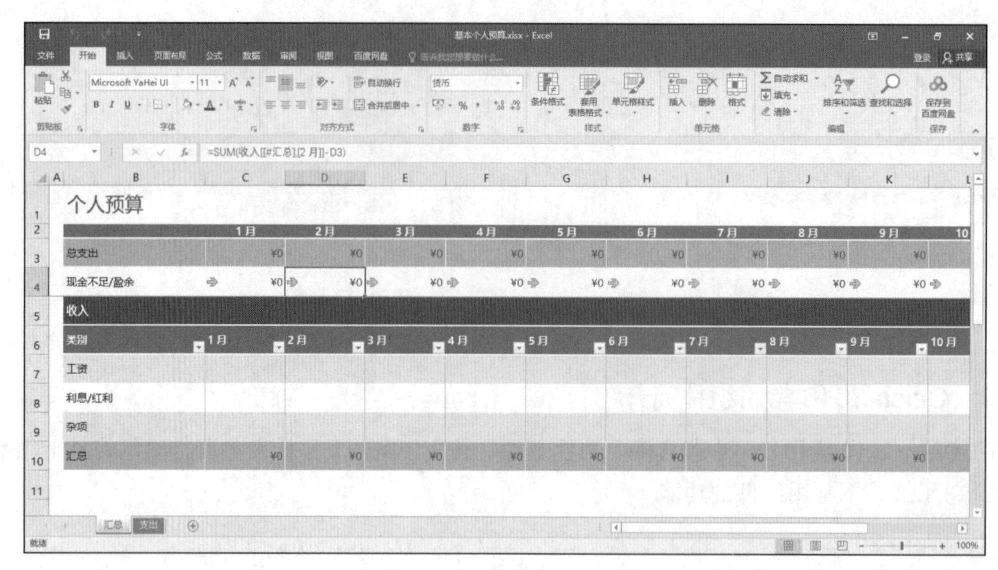

图 1-27　Excel 2016 窗口

3．PowerPoint 2016

PowerPoint 2016 是一款用于制作演示文稿的应用程序，主要用来制作各类幻灯片和演示文稿，特别是从事商务活动的一些用户，经常使用它来配合完成工作报告、产品介绍等商户活动。使用它可以制作出各种集文字、图像、声音、动画等一体的演示文稿，其强大的功能深受广大用户喜爱，如图 1-28 所示。

图 1-28　PowerPoint 2016 窗口

4．Access 2016

Access 2016 是一款用于数据库管理的应用程序，使用它可以创建各种类型的数据库，如办公数据库、人力资源数据库、产品销售数据库等，如图 1-29 所示。

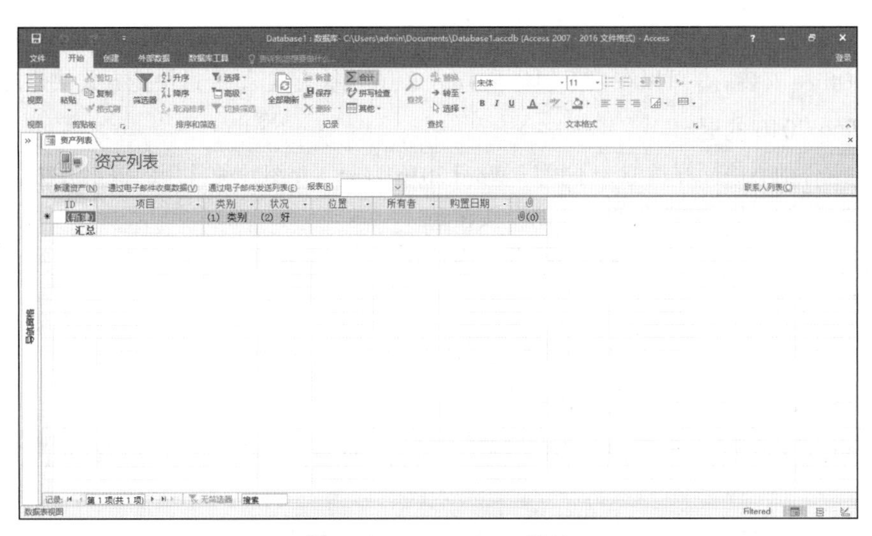

图 1-29 Access 2016 窗口

5．Outlook 2016

Outlook 2016 是一款主要用于邮件收发管理的客户端软件。该软件还集成了日程管理和联系人管理两大主要功能模块。使用 Outlook 2016 可方便又快速地管理与他人的通信，如图 1-30 所示。

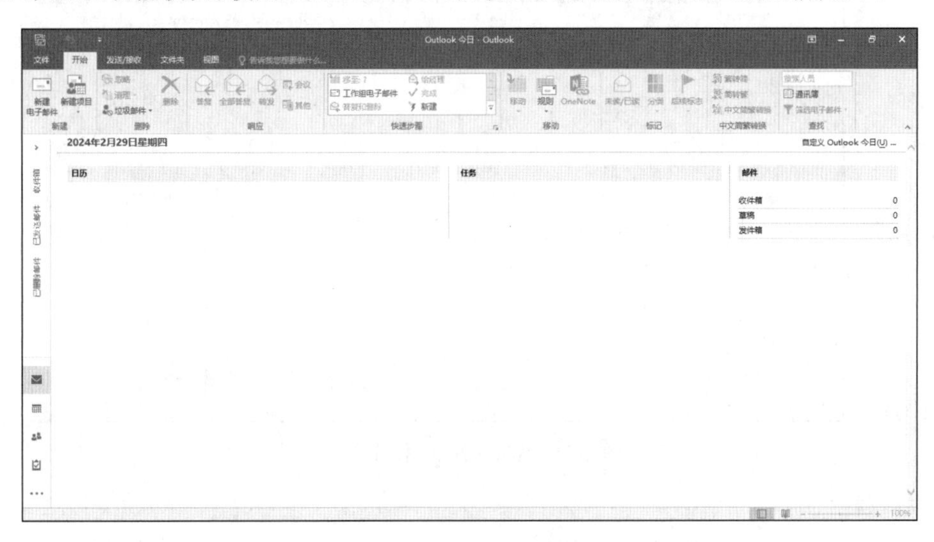

图 1-30 Outlook 2016 窗口

1.4.3 Office 2016 的启动与退出

成功安装 Office 2016 软件之后，就可以启动各组件。Office 2016 各组件的启动和退出大同小异，掌握一个组件的启动和退出操作，就可以轻松掌握其他组件。

1．Office 2016 的启动

启动 Office 2016 各组件的方法类似，下面以 Word 2016 为例，介绍几种常用的启动方法。

① 系统启动后，依次选择“开始”→“所有应用”→Microsoft Office→Microsoft Word 2016 命令。

② 右击系统桌面，在弹出的快捷菜单中选择“新建”→“Microsoft Word 文档”命令。

③ 当 Office 安装后，可以在桌面创建“Word 2016 快捷方式”，通过快捷方式快速启动 Word。

2．Office 2016 的退出

关闭各组件的方法同样类似，下面以 Word 2016 为例，介绍几种常用的退出方法。

① 单击文档标题栏右上角的“关闭”按钮 ×。

② 右击文档标题栏，在弹出的快捷菜单中选择“关闭”命令。

③ 选择“文件”→“退出”命令。

④ 在 Word 2016 工作界面中按【Alt+F4】组合键。

1.4.4 Office 2016 通用界面介绍

Office 2016 常用组件的工作界面都很相似，熟悉一种组件的操作界面就可以掌握其他组件的界面操作。

Office 2016 的工作界面由“文件”选项卡、快速访问工具栏、标题栏、功能区、编辑区、状态栏等组成，如图 1-31 所示。

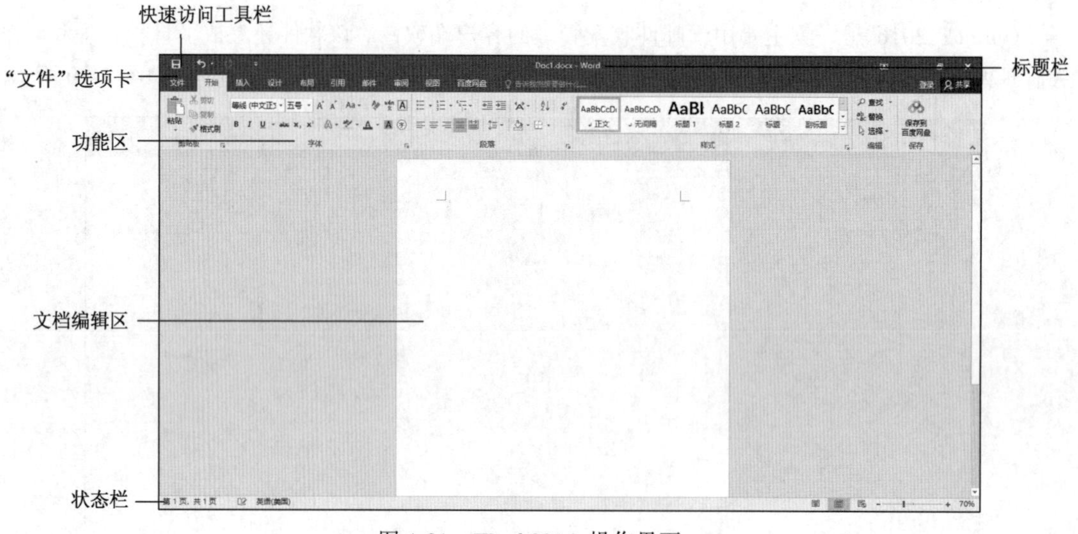

图 1-31 Word 2016 操作界面

1．标题栏

标题栏位于工作窗口的顶端，主要用于显示组件名称、文档名称以及右上角的窗口控制按钮。控制按钮从左到右依次包括“功能区显示选项”按钮、“最小化”按钮或“最大化”按钮、“向下还原”按钮和“关闭”按钮 ×。

2．“文件”选项卡

利用“文件”选项卡可对文档进行新建、打开、保存、打印、共享、导出、关闭等基本操作。

3．快速访问工具栏

为了提高软件的操作效率，会将一些常用的操作用图标的形式排列在快速访问工具栏中，例如希望从 Word 中保存文档，可以直接“单击快速访问工具栏”中“保存”按钮。

◎温馨提示

因为快速访问工具栏的长度有限，所以部分工具按钮会隐藏起来，可以通过“自定义快速访问工具栏”按钮找到其他相关命令按钮，如图 1-32 所示。

图 1-32 快速访问工具栏

4. 功能区

默认情况下，功能区由开始、插入、设计、布局、引用、邮件、审阅、视图及帮助 9 个选项卡组成。每个选项卡中又包含多个选项组，同类别的操作命令通常集中在同一个选项组中。

5. 编辑区

编辑区位于操作界面的中心位置，是主要的工作区域。用户在此区域中可进行文档的录入、编辑，图片、图形、表格的插入与美化等操作。

6. 状态栏

状态栏位于操作界面的最下方，主要用于显示当前文件的状态信息。例如，Word 中会显示当前页码、总的页数及当前光标位置的信息等，还可以通过右侧的缩放比例来调整窗口的显示比例。

习 题

1. 什么是办公自动化？
2. 办公自动化有哪些主要特点？
3. 简述办公自动化系统的组成。
4. 什么是办公软件？
5. 办公软件主要有哪些功能？
6. 常用的办公软件有哪些？
7. 简述 Office 2016 的组成。

第 2 章 Word 2016 文字处理

Microsoft Office 2016 简体中文版是微软（中国）有限公司在 2015 年 9 月 22 日发布的智能商务办公软件，具备全新的安全策略，在密码、权限、邮件等方面都有更好的控制。Office 2016 的办公平台适用于各种办公需求，它以其强大的功能和体贴入微的设计深受广大用户的欢迎。

作为 Office 办公软件的核心程序，Word 是最流行的文字处理软件之一。本章将循序渐进地介绍 Word 2016 文档的基本操作、文本格式设置、表格制作、图文并茂的排版方式等，使读者能够熟练掌握 Word 2016 的常用功能，并能运用到实际工作中。

2.1 Word 2016 的基本操作

文字的排版是 Word 2016 最重要的功能，掌握 Word 的基本操作是学习 Word 的基础，只有充分地熟悉这些基本操作后，才可以进一步学习 Word 的高级操作。

2.1.1 Word 文档的基本操作

Word 文档的基本操作主要包括文档的新建、保存、打开、关闭操作。

1．新建文档

使用 Word 处理文档之前，首先需要创建一个新的 Word 文档保存所要处理的内容。新建空白文档的方法主要有以下几种：

① 启动 Word 2016 后，系统会自动打开一个名为“文档 1”的空白文档。

② 单击“快速访问工具栏”中的下拉按钮，在弹出的下拉列表中选择“新建”选项后，单击“新建”按钮。

③ 按【Ctrl+N】组合键创建一个新的空白文档。

④ 选择“文件”→“新建”命令，在右侧选择“空白文档”选项。

⑤ 利用模板向导新建文档，选择“文件”→“新建”命令，在右侧“可用模板”列表框中选择需要的模板，单击“创建”按钮。

◎温馨提示

如图 2-1 所示，“可用模板”列表框中有多个模板，用户可以通过模板创建出各种类型的文档，从而节约设计时间，提高工作效率。

小练习：通过模板创建个人简历文档。

图 2-1 可用模板列表框

2．保存文档

文档编辑完毕后，需要做好保存工作，避免因断电、死机或系统自动关闭等情况造成不必要的损失，同时在需要的时候，不必重复编辑。保存文档分为以下几种情况：

（1）保存新建文档

如果当前需要保存的文档是未命名的新建文档，则需要进行以下操作：

① 选择“文件”→“保存”命令，或单击“快速访问工具栏中”的“保存”按钮，弹出“另存为”对话框，如图 2-2 所示。

② 在“此电脑”下拉列表中选择需要将文档保存的位置。

③ 在“文件名”文本框中输入文档的名称。

④ 在“保存类型”下拉列表中确定文档保存的类型，通常情况不需要修改。

⑤ 单击“保存”按钮，即可保存。

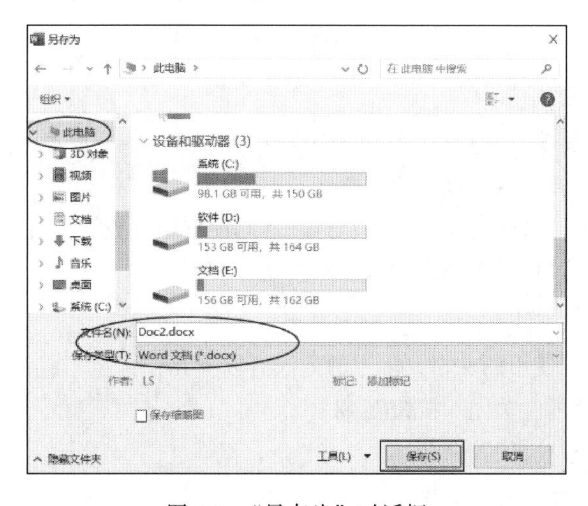

图 2-2 “另存为”对话框

（2）保存已有文档

如果当前编辑的是已命名的文档，则只需要选择“文件”→“保存”命令，或在“快速访问工具栏”中单击“保存”按钮，也可通过按【Ctrl+S】组合键执行保存操作。

（3）保存更名文档

如果要把当前已命名的文档进行更名保存操作，则需要选择“文件”→“另存为”命令，在弹出的“另存为”对话框中进行操作。

◎温馨提示

在编辑文档时，有时会出现突然断电、计算机重启等意外情况，建议使用“自动保存”功能，以减少数据的丢失。可选择“文件”→“选项”命令，打开“Word 选项”对话框，切换到“保存”选项卡，选中“保存自动恢复信息时间间隔”复选框，并在后面的时间区域设置自动保存文档的时间间隔。设置完毕，单击“确定”按钮即可，如图 2-3 所示。

图 2-3 “Word 选项”对话框

3. 打开文档

打开文档的操作很简单，主要有以下几种方法：

① 在操作系统中，直接双击该文档的图标。

② 选择“文件”→“打开”命令，在“打开”对话框中寻找需要打开的文档。

③ 在“快速访问工具栏”中单击“打开”按钮。

4. 关闭文档

关闭文档是关闭当前使用的文档，常用的方法有以下几种：

① 单击窗口右上角的“关闭”按钮 。

② 选择“文件”→“关闭”命令。

③ 按【Alt+F4】组合键关闭文档。

2.1.2 Word 2016 视图模式

Word 的视图模式是指文档的显示模式，Word 2016 提供了五种不同的视图模式，应用于不同的场合，可以通过“视图”选项卡来选择，或者通过窗口右下方的视图功能区来切换。

1．页面视图

页面视图是一种常规的视图方式，在页面视图下，文档将按照与实际打印效果最接近的方式显示。页面中的页眉、页脚、页边距、图片等都会显示其正确的位置，使用页面视图可以对文档进行最后的检查和修改。

2．Web 版式视图

Web 版式视图显示文档在浏览器中的外观，图形位置与在 Web 浏览器中的位置一致。Web 版式下不能在文档中插入页码，该视图适用于发送电子邮件和创建网页。

3．阅读视图

阅读视图可以方便用户对文档进行阅读和评论，在该视图下，文档的内容显示就像一本翻开的书，并将两页显示在一个版面上，常规工具栏和页眉页脚都会被隐藏，只显示“阅读版式”和“审阅”工具栏。

4．大纲视图

使用大纲视图可以非常方便地查看文档的结构，主要用于显示、修改、创建文档的大纲，用户可以通过“+”标记展开或折叠文档。

5．草稿视图

草稿视图可以显示完整的文字格式，但是简化了页面的布局，如页面边距、页眉、页脚、分栏和图片等对象都不会在草稿视图中显示，因此草稿视图非常适用于文字的录入和编辑。

2.1.3　Word 2016 文本的基本操作

文字编排是 Word 最重要的功能，当创建好 Word 文档，并熟悉 Word 操作界面后，就可以输入文档的内容，并能对其进行编辑操作。文本的操作主要包括文本的输入、删除、选取、移动、复制、查找、替换等操作。

1．输入文本

输入文本是 Word 中最基本的工作，用户可以在新建文档中找到一个闪烁的光标，这个光标位置称为插入点。启动输入法便可在插入点后进行输入操作。

（1）输入中文/英文

用户可以调整输入法来切换中/英文输入，如图 2-4 所示。

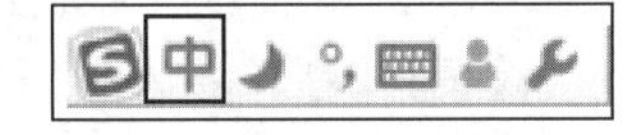

图 2-4　中/英文输入法切换

◎温馨提示

- 中/英文状态下的标点符号是不同的，可以通过输入法切换，如图 2-5 所示。
- 如果输入错误，可以按【Backspace】键删除。
- 按【Enter】键可以使插入点移动到下一行行首。
- 按空格键可以插入一个空格。
- 按【Caps Lock】键可以切换英文大/小写输入。

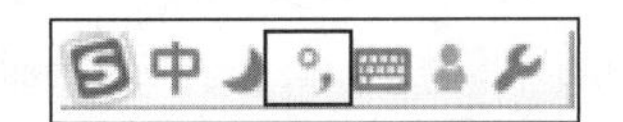

图 2-5　中/英文标点符号切换

（2）输入符号/特殊符号

在 Word 中除了可以插入文字以外，还可以插入一些符号、国际通用字符及一些特殊符号。单击“插入”选项卡“符号”命令组中的“符号”按钮，在其下拉列表中选择“其他符号”即可弹出“符号”对话框。特殊符号输入可以通过“子集”来实现，如图 2-6 和图 2-7 所示。

图 2-6 “符号”选项卡

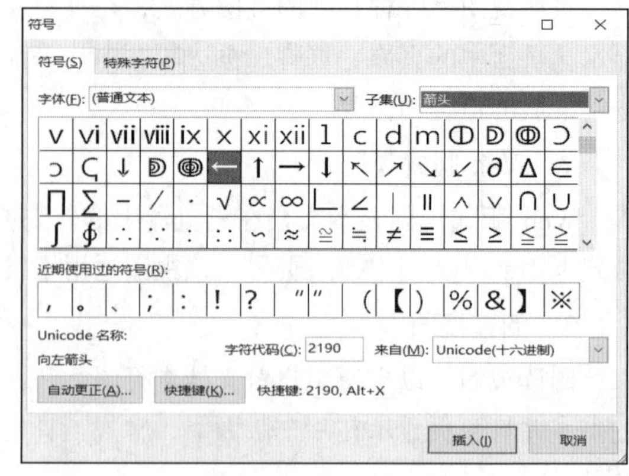

图 2-7 “特殊字符”选项卡

◎温馨提示

Word 文本的输入可以分为两种模式：“插入”和“改写”。“插入”是指字符在光标处写入，光标后的所有字符依次后移。“改写”是指字符从光标开始处在已有的字符上改写。用户可以通过【Insert】键实现两种模式的切换。

◎小技巧

- 使用 Word 时，在一行的开始位置连续输入 3 个以上的“-”号后，按【Enter】键，会出现一条水平分隔线。在一行的开始位置连续输入 3 个以上的“=”号后，按【Enter】键，会出现一条双直线。在一行的开始位置连续输入 3 个以上的“*”后，按【Enter】键，会出现一条虚线。
- 有时写完一篇文档，有必要在文档末尾插入系统的当前日期或时间，可按【Alt+Shift+D】组合键来插入系统日期，而按【Alt+Shift+T】组合键则插入系统当前时间。

利用 Word 创建“××校训”文档并保存，如图 2-8 所示。

【案例 2-1】

操作步骤如下：

① 启动 Word 2016，新建空白文档。

② 在插入点处输入文本，注意中 / 英文和大 / 小写的切换。

③ 拼音录入可通过“符号”子集中的“国际音标扩充”进行插入。

④ ☺、🕮、❥等符号可通过在“符号”选项卡的“字体”下拉列表中选择 Wingdings 或 Webdings，并在列表框中选择一种符号插入。

⑤ 文本输入完毕后，选择“文件”→“保存”命令，在弹出的对话框中输入文件名便可保存文档。

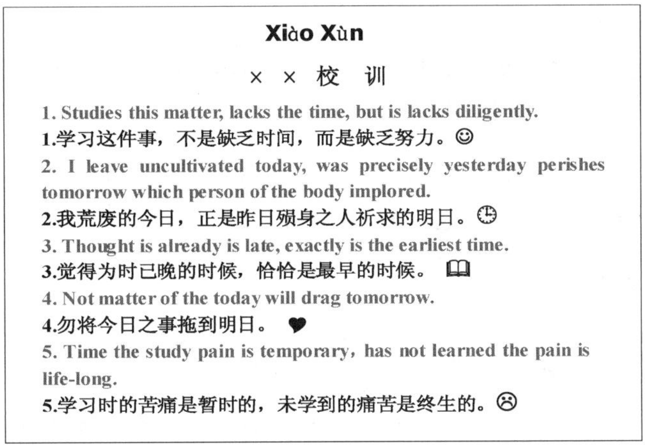

Xiào Xùn

× × 校　训

1. Studies this matter, lacks the time, but is lacks diligently.
1.学习这件事，不是缺乏时间，而是缺乏努力。☺
2. I leave uncultivated today, was precisely yesterday perishes tomorrow which person of the body implored.
2.我荒废的今日，正是昨日殒身之人祈求的明日。🕒
3. Thought is already is late, exactly is the earliest time.
3.觉得为时已晚的时候，恰恰是最早的时候。📖
4. Not matter of the today will drag tomorrow.
4.勿将今日之事拖到明日。♥
5. Time the study pain is temporary, has not learned the pain is life-long.
5.学习时的苦痛是暂时的，未学到的痛苦是终生的。☹

图 2-8　输入文字

2. 选取文本

在 Word 中，如果要对文本进行修改和编辑，必须先选取文本，选取本文通常使用鼠标选取，也可使用键盘选取，某些时候还可以采用鼠标和键盘相结合的方式选取。

（1）鼠标选取文本

① 用拖动法选取文本，把鼠标指针移动到所要选定文本的开始处，按住鼠标左键不放，拖动鼠标直到目的处释放即可选中文本，并且选择的文本会高亮显示。

② 将鼠标指针移动到一行的最左侧，当指针变为↗时单击，即可选择一行。

③ 将鼠标指针移动到一行的最左侧，当指针变为↗时双击，即可选择整个段落。

④ 将鼠标指针移动到一行的最左侧，当指针变为↗时三击，即可选择整篇文本。

（2）键盘选取文本

使用键盘选取文本时，首先需要把光标移动到所选文本的开始处，然后使用按键进行具体操作。表 2-1 所示为常用键盘选取文本的快捷键。

表 2-1　常用键盘选取文本的快捷键

快　捷　键	功　　能
Shift + ↑	选取到上一行同一位置的所有文本
Shift + ↓	选取到下一行同一位置的所有文本
Shift + ←	选取光标位置左侧的一个字符
Shift + →	选取光标位置右侧的一个字符
Shift +Home	选取到所在行的行首
Shift + End	选取到所在行的行尾
Shift + PageUp	选取光标位置到上一页之间的文本
Shift +PageDown	选取光标位置到下一页之间的文本
Ctrl+Shift+Home	选取到文档的开始处
Ctrl+Shift+End	选取到文档的结束处
Ctrl+A	选取整个文档

（3）鼠标结合键盘选取

鼠标结合键盘选取文本主要用于选取多个不连续的文本，用户可选取一段文本，按住【Ctrl】键，再拖动鼠标选取其他文本，即可同时选中不连续的文本。

◎小技巧

按住【Alt】键的同时在文本上拖动可选择矩形文本。

3．删除、复制和移动文本

可以对不合适或出错的文本进行删除操作，对需要重复出现的文本进行复制操作，对放置位置不合适的文本进行移动操作。

（1）文本的删除

先选定需要删除的文本，然后可执行以下不同的删除操作：

① 按【Backspace】键删除文本插入点左侧的一个字符。

② 按【Delete】键删除文本插入点右侧的一个字符。

③ 按【Ctrl+Backspace】组合键删除文本插入点左侧的一个字符。

④ 按【Ctrl+Delete】组合键删除文本插入点右侧的一个字符。

⑤ 选定所要删除的文本，单击“开始”选项卡中的“剪切”按钮。

（2）文本的复制

当用户需要输入与前面某部分内容相同的文本时，可以使用复制方法，复制方法主要有以下几种：

① 选择需要复制的文本，切换到“开始”选项卡，在“剪贴板”命令组中单击“复制”按钮；然后，将插入点移到目标位置，单击“粘贴”按钮。

② 选择需要复制的文本，按【Ctrl+C】组合键，将插入点移到目标位置，按【Ctrl+V】组合键。

③ 选择需要复制的文本，同时按住【Ctrl】键和鼠标左键，移动鼠标指针到目标位置释放【Ctrl】和鼠标左键即可。

（3）文本的移动

文本的移动与复制的区别在于复制后原先的文本还存在，而移动后原位置的文本已不存在。移动文本主要有以下几种方法：

① 选择需要移动的文本，切换至“开始”选项卡，在“剪贴板”命令组中单击“剪切”按钮，然后将插入点移到目标位置，单击“粘贴”按钮。

② 选择需要移动的文本，按【Ctrl+X】组合键，将插入点移到目标位置，按【Ctrl+V】组合键。

③ 选择需要移动的文本，按住鼠标左键将其拖至目标位置。

4．文本的查找与替换操作

查找与替换是文字处理中非常有用的功能。在一些长文档中查找某一特定内容时，或者需要将文档中某些文本更换时，手工修改可能会出现一些遗漏。Word 2016 提供了强大的查找和替换功能，可以帮助用户既准确又方便地完成工作。

【案例 2-2】查找“××校训”文档中一共有几处“今日”，并将“××校训”文档中所有的“是”字替换为“否”字。

操作步骤如下：

① 切换至“开始”选项卡，在“编辑”命令组中单击“替换”按钮，或按【Ctrl+H】组合键打开“查找和替换”对话框，如图 2-9 所示。

图 2-9　“查找和替换”对话框

② 切换至“查找”选项卡，在“查找内容”文本框输入“今日”，单击“查找下一处”按钮，如图 2-10 所示。单击按钮后，Word 将从光标处开始查找，找到内容后文字会呈反色显示。

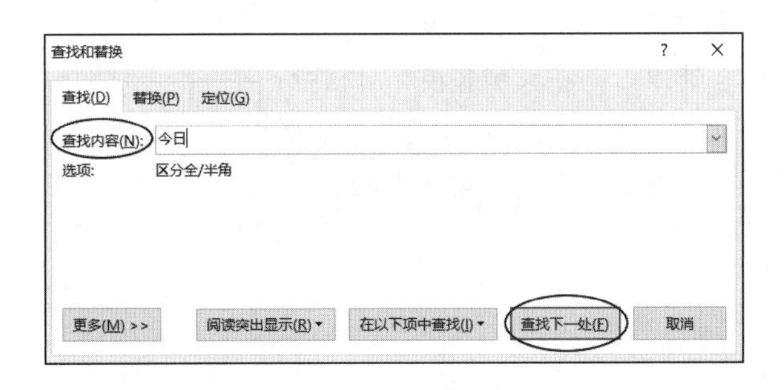

图 2-10　查找“今日”操作

③ 切换至“替换”选项卡，在“查找内容”文本框输入“是”，在“替换为”文本框输入“否”，单击“全部替换”按钮（见图 2-11），即可替换文档中所有查找到的内容。

图 2-11　替换“是”操作

◎温馨提示

- 可按【Esc】键取消正在进行的搜索工作。
- 在“替换”选项卡中，单击“更多”按钮可进入“替换”的高级设置，如设置替换内容为某种特定的格式等。在“查找”选项卡中，也可进行同样的设置，如区分大小写等。

5．文本的撤销与恢复操作

进行文本输入和修改时，Word 会记录所进行过的操作，可通过“撤销”和“恢复”功能迅速纠正错误。

（1）撤销操作

可通过“撤销”功能将错误的操作撤销，常用的方法如下：

① 单击“快速访问工具栏”中的“撤销”按钮，可取消最近一次的操作，多次单击，可依次从后到前取消多次操作。

② 按【Ctrl+Z】组合键快速撤销。

（2）恢复操作

若想恢复被撤销的操作，可以使用“恢复”功能。常用的方法如下：

① 单击“快速访问工具栏”中的“恢复”按钮，只有执行过撤销操作后，恢复选项才会生效。

② 按【Ctrl+Y】组合键快速撤销。

◎小技巧

批量清除文档中的空行时，可进行如下操作：

- 按【Ctrl+H】组合键弹出“查找和替换”对话框。
- 在“查找内容”文本框中输入“^p^p”,在“替换为”文本框中输入“^p”。
- 单击“全部替换”按钮后，单击“确定”按钮。

2.1.4 上机练习

1．新建文档

新建 Word 文档并输入文本，如图 2-12 所示。

要求：

① 给文档添加标题“鱼需要喝水吗”，按空格键使标题居中。

② 将段落中的“海水”全部改为“淡水”。

③ 在多种视图模式下浏览文档。

④ 将文档命名为“鱼”，保存在桌面上。

> 由于海水鱼类血液和体液的浓度高于周围的海水，水分就从外界经过鱼鳃半渗透性薄膜的表皮，不断地渗透到鱼体内，因此，海水鱼类不管体内是否需要水分，水总是不间断地渗透进去。所以海水鱼类不仅不需要喝水，而且还经常不断地将体内多余的水分排除出去，否则，鱼体还有被胀裂的危险。

图 2-12　输入文本

2．编辑公式

公式编辑器是 Word 的特色功能之一，使用它可以在屏幕上非常直观地编辑公式。练习编辑以下公式：

（提示：转换至“插入”选项卡，在“符号”命令组中单击“公式”按钮）

$$x_{1,2}=\frac{-b\pm\sqrt{b^2-4ac}}{2a}$$

2.2　设置 Word 2016 文档格式

在学习了 Word 2016 文档的基本操作后，本节将深入讲解如何对 Word 文档的格式进行设置，这些设置主要包括字符设置、段落设置、特殊排版方式、页面设置等，通过这些巧妙的设置，可以使文档的样式更加美观。

2.2.1 设置字符格式

给字符设置格式，可以使内容重点突出，文档更加美观，增加可读性，这里提到的“字符”包括汉字、字母、数字、符号等。在 Word 2016 中，默认输入的字符都是“宋体”“五号”，可以通过字符格式设置改变字符的样式。字符格式主要包括字体、字号、形状、颜色及一些字符动态的效果，设置字符格式主要通过“开始”选项卡中的“字体”命令组或“字体”对话框两种方式来完成。

1. 使用“字体”对话框设置字符格式

使用“字体”对话框能够全面完成字符格式的设置，首先选择好需要设置格式的文本，切换至“开始”选项卡，单击“字体”命令组右下方的对话框启动器按钮，在弹出的“字体”对话框中进行操作即可。“字体”对话框有两个选项卡，可以进行不同的字符类型设置。

（1）设置字体

“字体”选项卡的设置功能如图 2-13 所示。

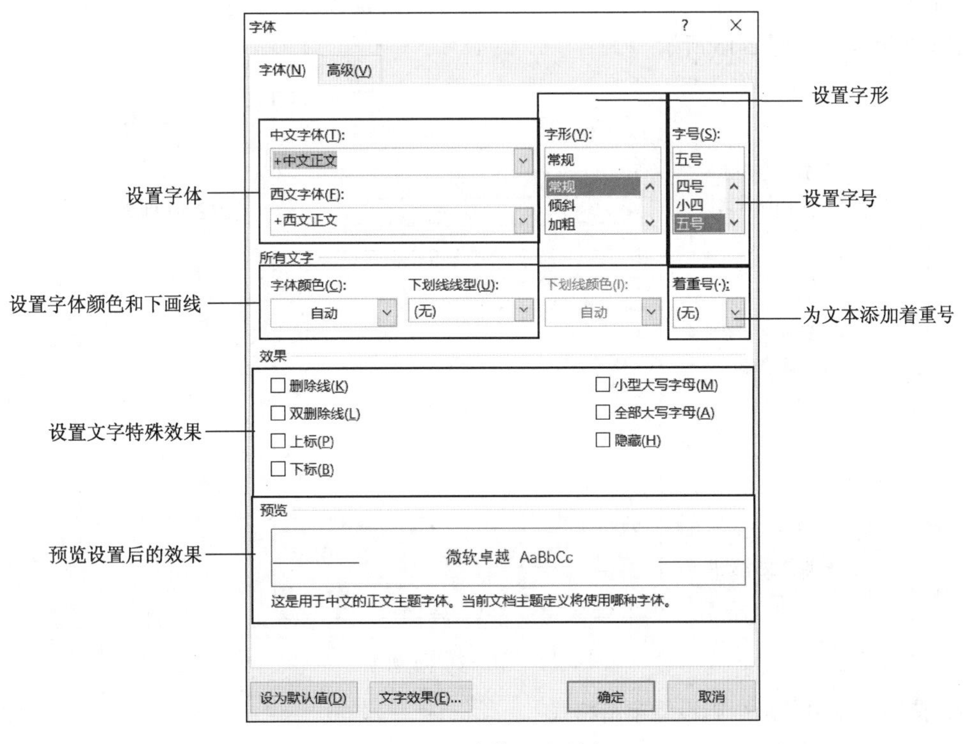

图 2-13 “字体”选项卡

◎小技巧

- 如果要设置的文档中既有中文也有西文，可在“中文字体”下拉列表中设置中文字体，在“西文字体”下拉列表中设置西文字体，如图 2-14（a）所示。
- 如果需要的字号大于初号（72 磅），可以在“字号”文本框中输入所需的字号值，字号值的范围为 1～1 638 磅，如图 2-14（b）所示。
- 可以按【Ctrl+[】和【Ctrl+]】组合键以 1 磅为单位减小或增大字号。

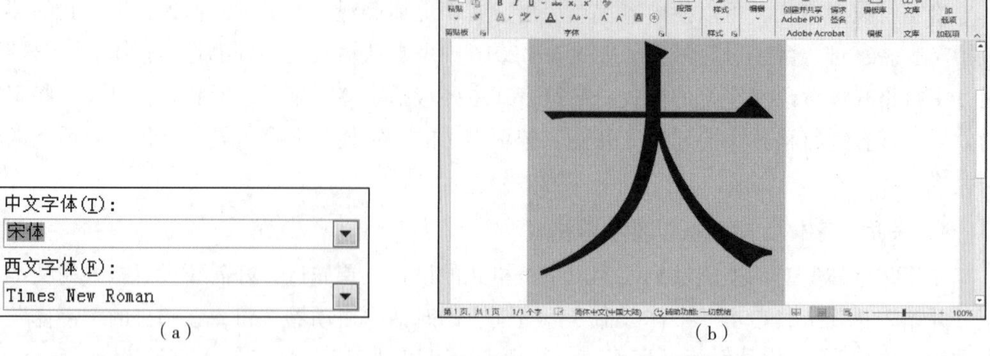

（a） （b）

图 2-14 设置字体、字号

（2）设置字符间距

“高级”选项卡主要用来设置文档中字与字的距离，默认状态下字符间距是标准间距。“高级”选项卡的主要功能如图 2-15 所示。

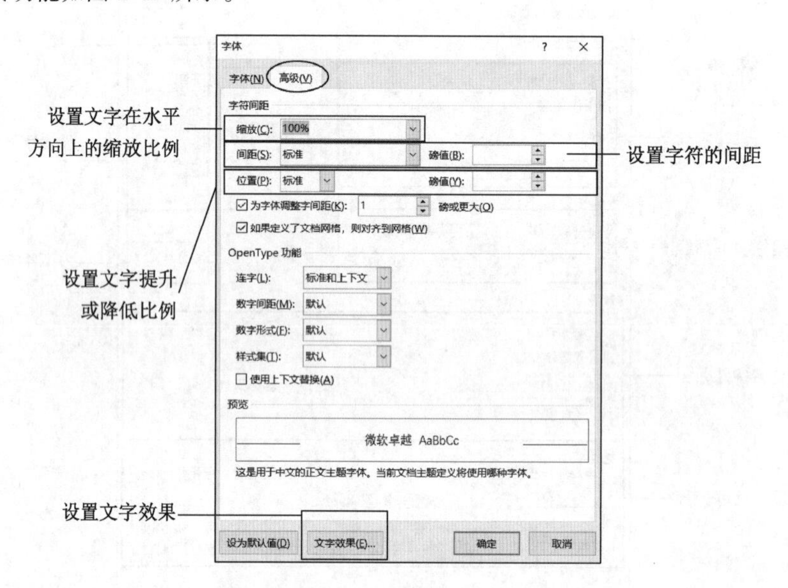

图 2-15 “高级”选项卡

2. 使用“字体”命令组设置字符格式

使用“字体”命令组设置字符格式是一种方便快捷的方式，其常用功能如图 2-16 所示。

① 字体下拉列表：字体是指文字的外观，Word 2016 提供了多种可选择的字体，可在下拉列表中选择字体样式。“宋体”为默认的输入字体。

② 字号下拉列表：字号是文字的大小，可在下拉列表中选择字体的大小。“五号”为默认字号。

③ “字符颜色”下拉列表：单击 A 按钮，可以选择字体颜色，也允许用户自定义颜色。

④ 设置字形：字形包括加粗、倾斜、下画线、边框、底纹等特殊外观。

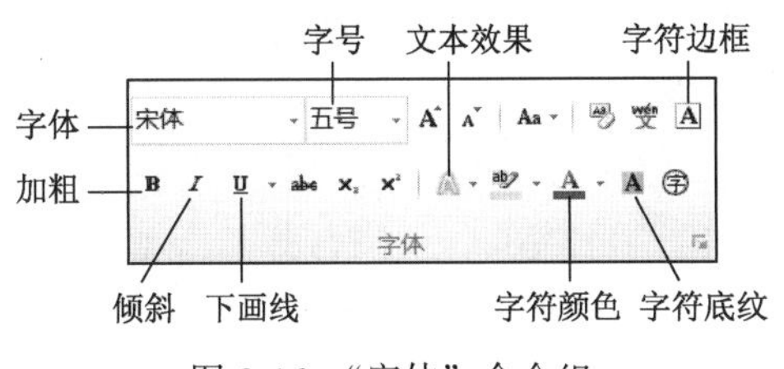

图 2-16　“字体”命令组

【案例 2-3】新建文档“云计算”，如图 2-17 所示。设置文档格式如下：

① 将标题“云计算”设置为三号、黑体、绿色、加粗。

② 将正文中第一段文本设置为四号、楷体、倾斜、红色。

③ 将正文中第二段文本添加蓝色下画线，并使字符间距加宽 2 磅。

④ 给正文最后一段文本添加着重号。

操作步骤如下：

① 启动 Word，单击“新建”按钮，新建名为“云计算”的文档，输入本文内容，如图 2-17 所示。

② 选取标题“云计算”，切换至“开始”选项卡，在“字体”命令组中单击右下方的对话框启动器，弹出“字体”对话框，选择“字体”选项卡。在“中文字体”下拉列表中选择“黑体”，在“字形”下拉列表中选择“加粗”，在“字号”下拉列表中选择“三号”，在“字体颜色”下拉列表中选择“绿色”，如图 2-18 所示。

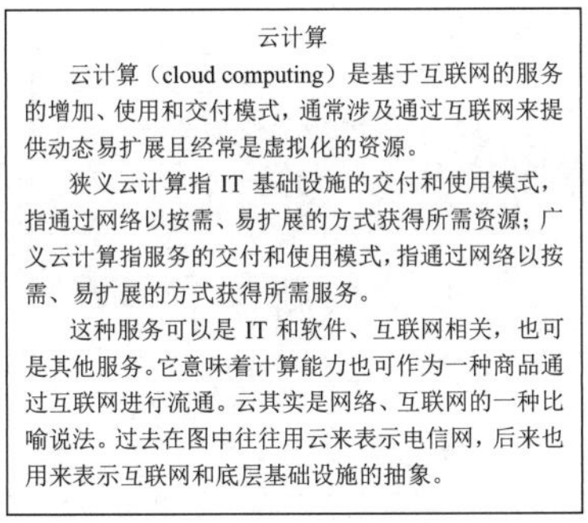

云计算

云计算（cloud computing）是基于互联网的服务的增加、使用和交付模式，通常涉及通过互联网来提供动态易扩展且经常是虚拟化的资源。

狭义云计算指 IT 基础设施的交付和使用模式，指通过网络以按需、易扩展的方式获得所需资源；广义云计算指服务的交付和使用模式，指通过网络以按需、易扩展的方式获得所需服务。

这种服务可以是 IT 和软件、互联网相关，也可是其他服务。它意味着计算能力也可作为一种商品通过互联网进行流通。云其实是网络、互联网的一种比喻说法。过去在图中往往用云来表示电信网，后来也用来表示互联网和底层基础设施的抽象。

图 2-17　“云计算”文档

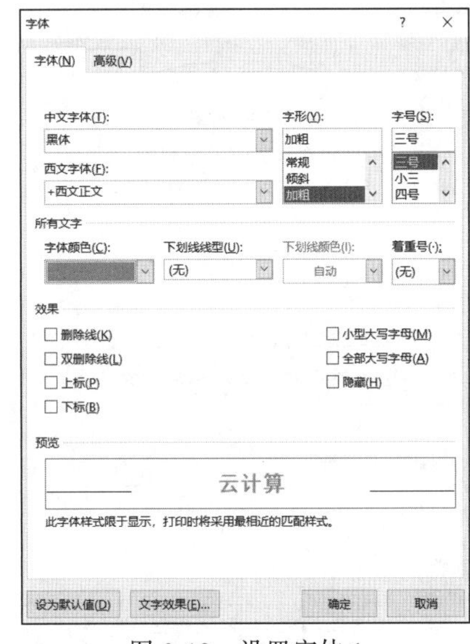

图 2-18　设置字体 1

◎温馨提示

当字符格式设置完毕后，可以将现有的格式复制到其他字符上，而不必重复进行设置。复制格式所用的工具是“开始”选项卡“剪贴板”命令组中的“格式刷”按钮。

选择要复制格式的区域，然后单击“格式刷”按钮，鼠标指针呈现刷子状，将鼠标指针移动到套用格式的文字上，按住左键拖动，刷一遍文字，则被刷过的文字会自动套用格式。

③ 选取正文的第一段文字，切换至“开始”选项卡，在“字体”命令组中单击右下方的对话框启动器按钮，弹出“字体”对话框，选择“字体”选项卡，在“中文字体”下拉列表中选择“楷体”，在“字形”下拉列表中选择“倾斜”，在“字号” 下拉列表中选择“四号”，在“字体颜色”下拉列表中选择“红色”，设置完毕后，单击“确定”按钮，如图 2-19 所示。

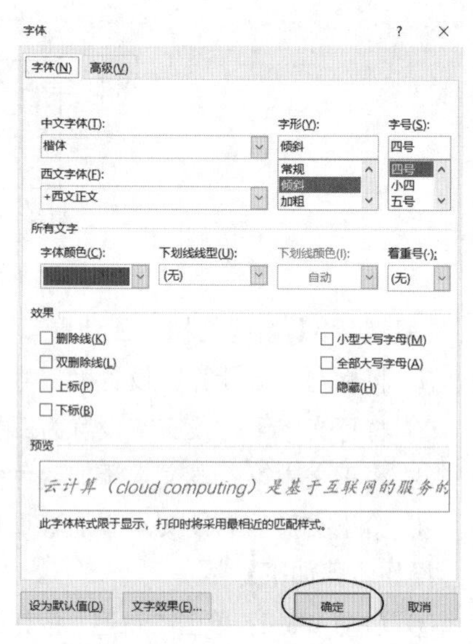

图 2-19 设置字体 2

④ 选取正文第二段文字，切换至“开始”选项卡，在“字体”命令组中单击右下方的对话框启动器按钮，弹出“字体”对话框，选择“字体”选项卡，在“下画线线型”下拉列表中选择任意下画线；在“下画线颜色”下拉列表中选择蓝色，如图 2-20 所示。切换至“高级”选项卡，在“间距”下拉列表中选择“加宽”，在“磅值”处输入“2 磅”，设置完毕后，单击“确定”按钮，如图 2-21 所示。

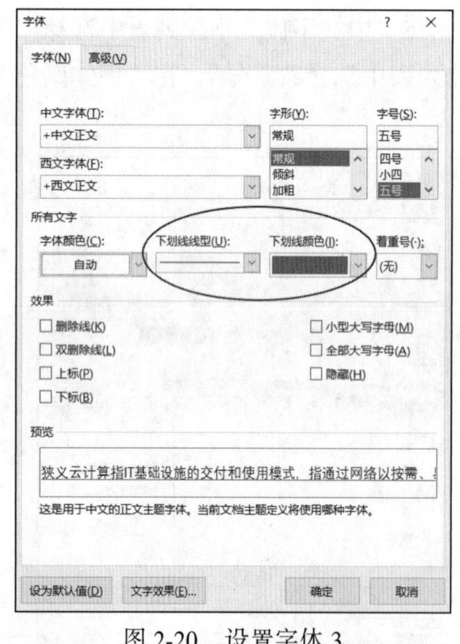

图 2-20 设置字体 3

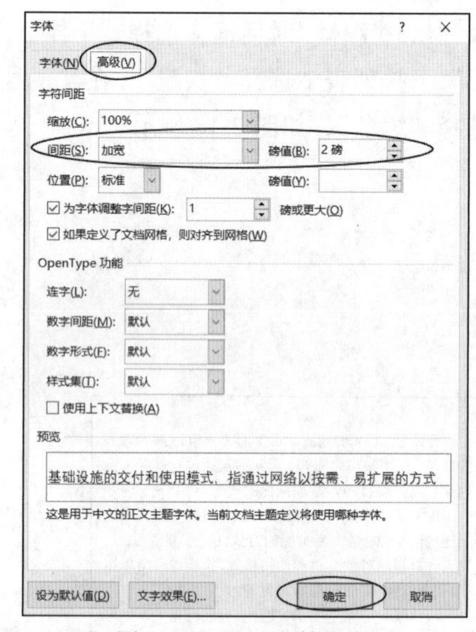

图 2-21 设置字符间距

◎温馨提示

本例中设置字体格式也可通过字体快捷工具栏进行快速设置。

⑤ 选取正文的第三段文字，切换至“开始”选项卡，在“字体”命令组中单击右下方的对话框启动器按钮，弹出“字体”对话框，选择“字体”选项卡，在“着重号”下拉列表中选择着重号“·”，设置完毕后，单击“确定”按钮。

⑥ 文档“云计算”设置完毕，单击“保存”按钮，最终效果如图 2-22 所示。

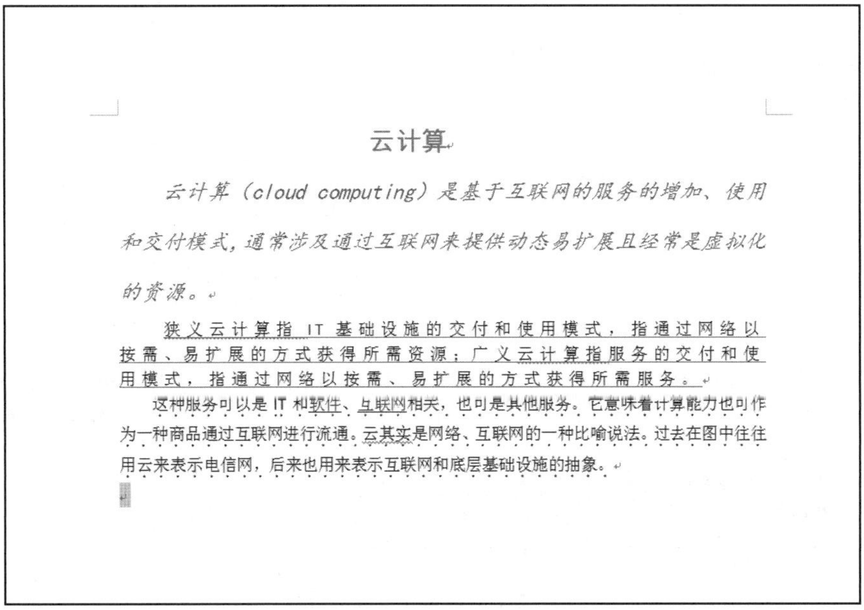

云计算
云计算（cloud computing）是基于互联网的服务的增加、使用和交付模式，通常涉及通过互联网来提供动态易扩展且经常是虚拟化的资源。
狭义云计算指 IT 基础设施的交付和使用模式，指通过网络以按需、易扩展的方式获得所需资源；广义云计算指服务的交付和使用模式，指通过网络以按需、易扩展的方式获得所需服务。
这种服务可以是 IT 和软件、互联网相关，也可是其他服务。它意味着计算能力也可作为一种商品通过互联网进行流通。云其实是网络、互联网的一种比喻说法。过去在图中往往用云来表示电信网，后来也用来表示互联网和底层基础设施的抽象。

图 2-22　文档最终效果

2.2.2　设置段落格式

在一篇文档中，除了可以对字符格式进行设置外，还可以对组成文档的段落进行格式设置，使文档的结构更加清晰，层次分明。

在 Word 中，段落的格式设置主要包括段落对齐、段落缩进、段落间距设置等。

1. 设置段落对齐

段落对齐是指文档边缘的对齐方式，Word 2016 提供了五种段落对齐方式：“左对齐”、“居中”、“右对齐”、“两端对齐”和“分散对齐”，默认为“两端对齐”。设置段落对齐主要有三种方法。

方法一：选择需要对齐的段落，或将鼠标指针放置在段落中，转换至“开始”选项卡，在“段落”命令组中单击右下方的对话框启动器按钮，弹出“段落”对话框，选择“缩进和间距”选项卡，在“对齐方式”下拉列表中选择对齐方式，如图 2-23 所示。五种对齐方式的效果如图 2-24 所示。

段落
缩进和间距(I)
换行和分页(P)
中文版式(H)
常规
对齐方式(G):
两端对齐
左对齐
居中
右对齐
两端对齐
分散对齐
大纲级别(O):
默认情况下折叠(E)
缩进
左侧(L):
0 字符
右侧(R):
0 字符
特殊(S):
(无)
缩进值(Y):
对称缩进(M)
如果定义了文档网格，则自动调整右缩进(D)
间距
段前(B):
0 行
段后(F):
0 行
行距(N):
单倍行距
设置值(A):
不要在相同样式的段落间增加间距(C)
如果定义了文档网格，则对齐到网格(W)
预览
制表位(T)...
设为默认值(D)
确定
取消

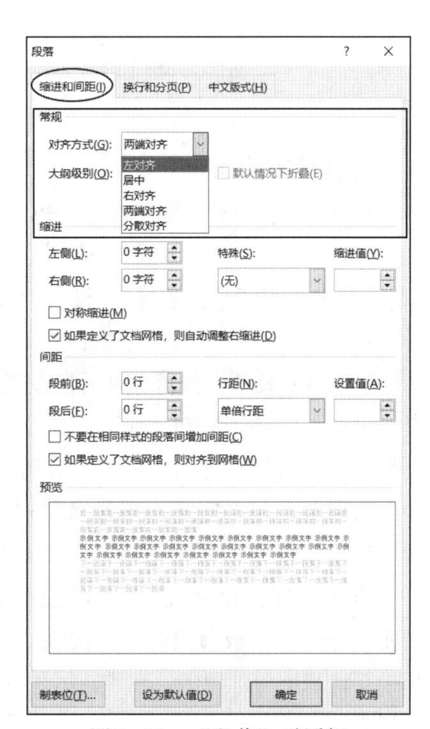

图 2–23　“段落”对话框

方法二：使用“段落”命令组中的“对齐”按钮，如图 2-25 所示。

方法三：使用组合键设置段落对齐。按【Ctrl+E】组合键可设置居中对齐，按【Ctrl+R】组合键可设置右对齐，按【Ctrl+J】组合键可设置两端对齐。

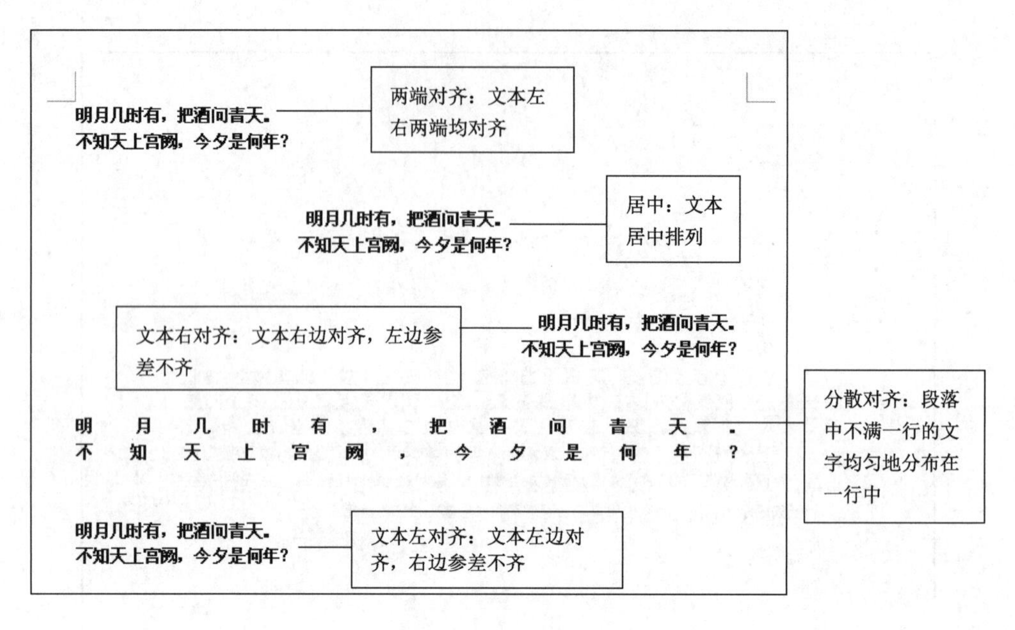

图 2-24　五种对齐方式的效果

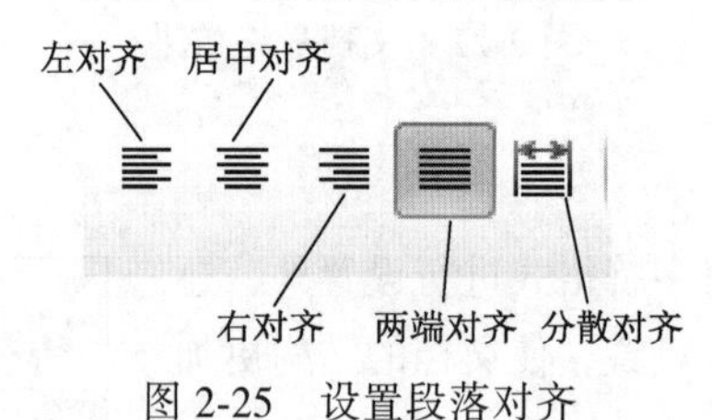

图 2-25　设置段落对齐

2. 设置段落缩进

段落缩进是指段落两边与页边距之间的距离，Word 2016 提供了四种缩进方式，分别为“左缩进”、“右缩进”、“首行缩进”和“悬挂缩进”。设置“段落缩进”主要有两种方法：

方法一：使用“段落”对话框设置“段落缩进”。切换至“开始”选项卡，在“段落”命令组中单击右下方的对话框启动器按钮，弹出“段落”对话框，选择“缩进和间距”选项卡，在“缩进”区域可以进行设置，如图 2-26 所示。四种缩进方式所代表的含义如图 2-27 所示。

方法二：使用水平标尺设置“段落缩进”。在 Word 2016 中水平标尺默认被隐藏，可以通过如下操作将其显示出来。切换至“视图”选项卡，在“显示”命令组中选中“标尺”复选框。

利用文档窗口的水平标尺可以快速地设置段落缩进，单击并拖动标尺上相应的滑块即可完成操作，如图 2-28 所示。

图 2-26　设置段落缩进

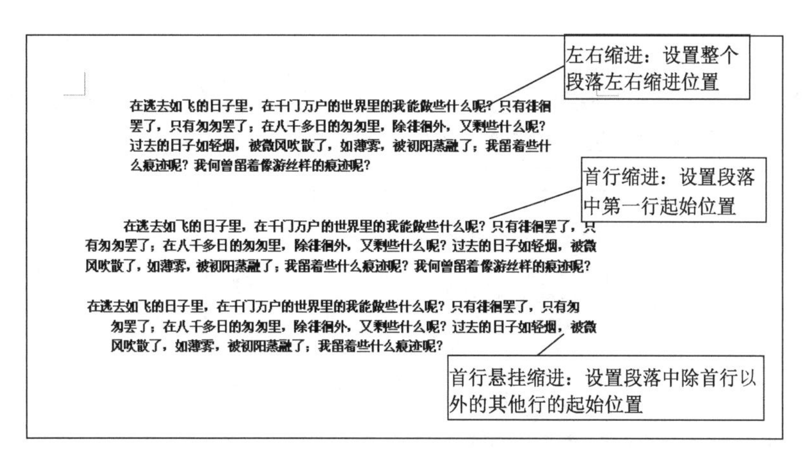

图 2-27　段落缩进样式

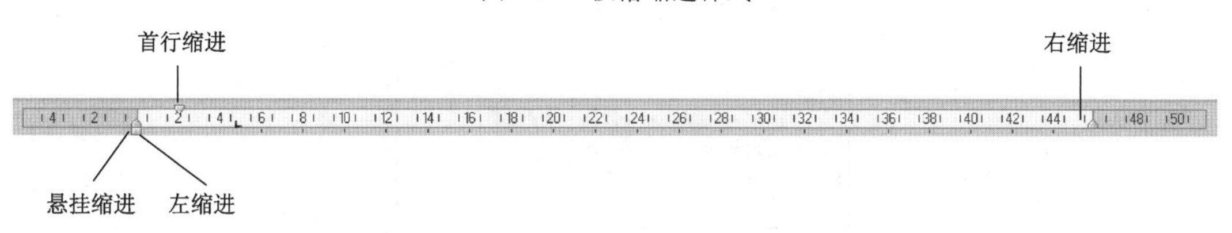

图 2-28　水平标尺

◎小技巧

如果想使用水平标尺实现更精确的缩进，可以按住【Alt】键的同时拖动鼠标左键，标尺上会显示出较精确的缩进数值。

方法三：使用“页面布局”选项卡。切换至“页面布局”选项卡，在“段落”命令组的“段前”和“段后”微调框中进行调整，如图 2-29 所示。

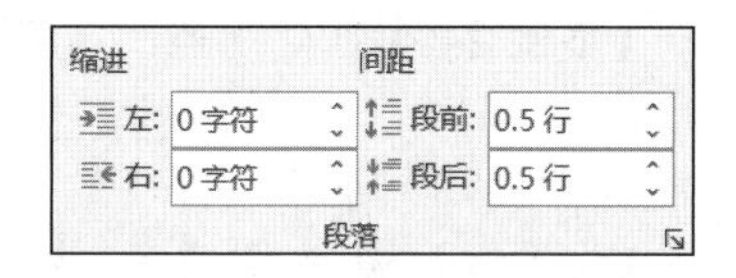

图 2-29　“段落”命令组

3. 设置段间距和行间距

合理设置段与段之间、行与行之间的距离，会让文档有整齐美观之感。

（1）设置行间距

行间距是指段落中行与行之间的距离，设置行间距的具体方法如下：

在“开始”选项卡的“段落”命令组中单击右下方的对话框启动器按钮，弹出“段落”对话框，选择“缩进和间距”选项卡，在“行距”下拉列表中选择相关选项，并可在“设置值”处填入具体的数值，如图 2-30 所示。

（2）设置段间距

段间距决定了段与段之间的距离，通过“缩进和间距”选项卡的“间距”区域，在“段前”“段后”中即可完成设置，如图 2-30 所示。“段前”即段落的第一行和上一段最后一行之间的距离，“段后”即段落最后一行和下一段第一行之间的距离。

◎小技巧

可通过快捷键设置常用行间距，如【Ctrl+1】组合键可设置单倍行距，【Ctrl+2】组合键可设置 2 倍行距，按【Ctrl+5】组合键可设置 1.5 倍行间距。

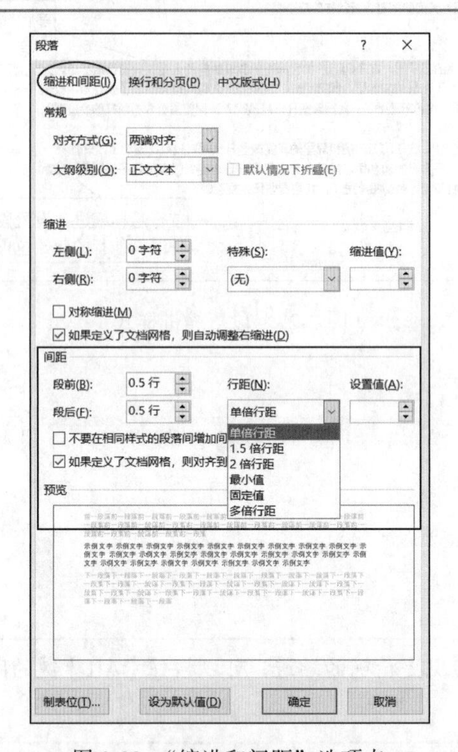

图 2-30 "缩进和间距"选项卡

【案例 2-4】新建文档"乌镇"，如图 2-31 所示。设置文档格式如下：

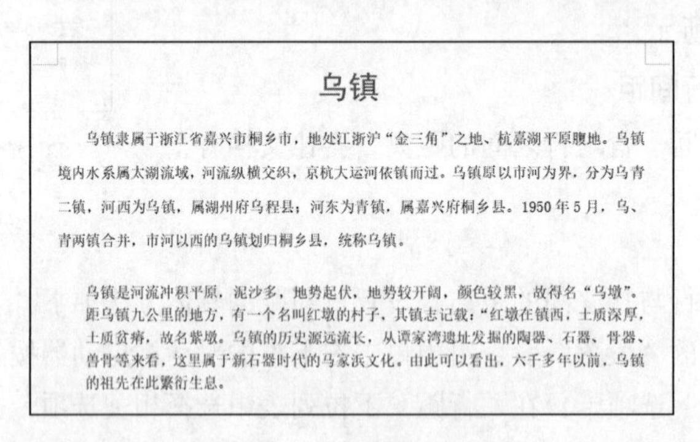

乌镇

乌镇隶属于浙江省嘉兴市桐乡市，地处江浙沪"金三角"之地、杭嘉湖平原腹地。乌镇境内水系属太湖流域，河流纵横交织，京杭大运河依镇而过。乌镇原以市河为界，分为乌青二镇，河西为乌镇，属湖州府乌程县；河东为青镇，属嘉兴府桐乡县。1950 年 5 月，乌、青两镇合并，市河以西的乌镇划归桐乡县，统称乌镇。

乌镇是河流冲积平原，泥沙多，地势起伏，地势较开阔，颜色较黑，故得名"乌墩"。距乌镇九公里的地方，有一个名叫红墩的村子，其镇志记载："红墩在镇西，土质深厚，土质贫瘠，故名紫墩。乌镇的历史源远流长，从谭家湾遗址发掘的陶器、石器、骨器、兽骨等来看，这里属于新石器时代的马家浜文化。由此可以看出，六千多年以前，乌镇的祖先在此繁衍生息。

图 2-31 "乌镇"文档

① 将标题"乌镇"设置为二号、黑体、红色、并设置为"居中对齐"。

② 将正文中第一段文本设置 1.5 倍行距，段前段后 0.5 行，并且首行缩进 2 字符。

③ 将正文中最后一段文本左缩进 2 字符，行间距为单倍行距，段前段后 1 行。

操作步骤如下：

① 启动 Word，单击"新建"按钮，新建一个名为"乌镇"的文档，输入内容，如图 2-31 所示。

② 选取标题“乌镇”，切换至“开始”选项卡，在“段落”命令组中单击右下方的对话框启动器按钮，弹出“段落”对话框，选择“缩进和间距”选项卡，在“对齐方式”下拉列表中选择“居中”，设置完毕后，单击“确定”按钮，如图 2-32 所示。

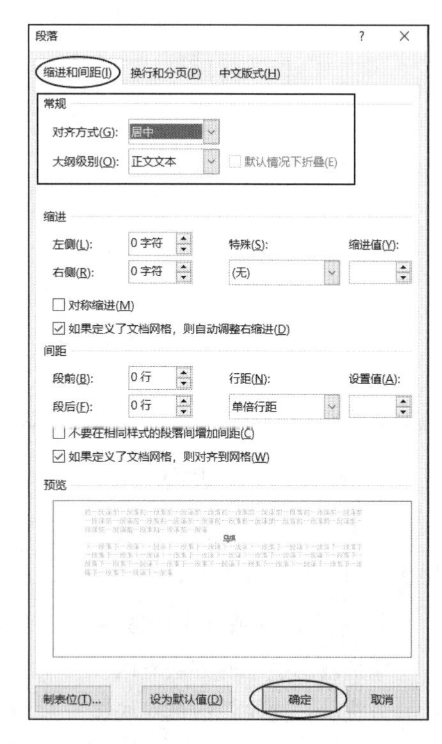

图 2-32　设置居中对齐

③ 选取标题“乌镇”，在“字体”命令组的“字体”下拉列表中选择“黑体”，在“字号”下拉列表中选择“二号”，在“颜色”下拉列表中选择“红色”。

④ 选中第一段文本，右击，选择“段落”命令，弹出“段落”对话框，选择“缩进和间距”选项卡，在“行距”下拉列表中选择“1.5 倍行距”，“段前”“段后”处调整至“0.5 行”，并在“特殊”下拉列表中选择“首行”，“磅值”调整为“2 字符”，设置完毕后，单击“确定”按钮，如图 2-33 所示。

⑤ 选中最后一段文本，右击，选择“段落”命令，弹出“段落”对话框，选择“缩进和间距”选项卡，在“行距”下拉列表中选择“单倍行距”，“段前”“段后”处调整至“1 行”，并在“缩进”区域设置“左侧”为“2 字符”，设置完毕后，单击“确定”按钮，如图 2-34 所示。

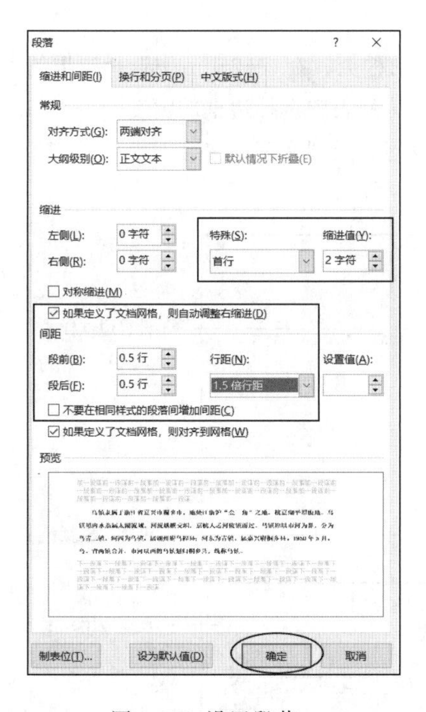

图 2-33　设置段落 1

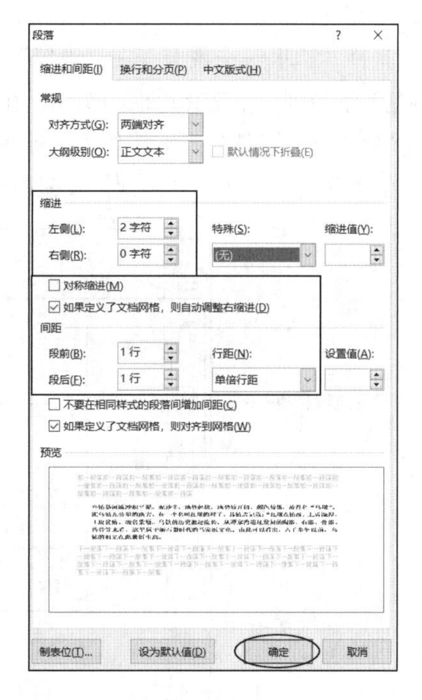

图 2-34　设置段落 2

⑥ 文档“乌镇”设置完毕，单击“保存”按钮，文档最终效果如图 2-35 所示。

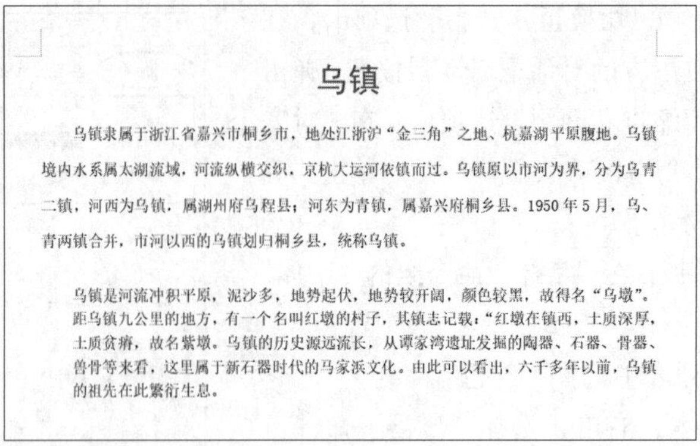

乌镇

乌镇隶属于浙江省嘉兴市桐乡市，地处江浙沪“金三角”之地、杭嘉湖平原腹地。乌镇境内水系属太湖流域，河流纵横交织，京杭大运河依镇而过。乌镇原以市河为界，分为乌青二镇，河西为乌镇，属湖州府乌程县；河东为青镇，属嘉兴府桐乡县。1950 年 5 月，乌、青两镇合并，市河以西的乌镇划归桐乡县，统称乌镇。

乌镇是河流冲积平原，泥沙多，地势起伏，地势较开阔，颜色较黑，故得名“乌墩”。距乌镇九公里的地方，有一个名叫红墩的村子，其镇志记载：“红墩在镇西，土质深厚，土质贫瘠，故名紫墩。乌镇的历史源远流长，从谭家湾遗址发掘的陶器、石器、骨器、兽骨等来看，这里属于新石器时代的马家浜文化。由此可以看出，六千多年以前，乌镇的祖先在此繁衍生息。

图 2-35 “乌镇”最终效果

2.2.3 设置边框与底纹

在 Word 文档中，可以对一些重要的段落文字或页面添加边框和底纹，可使文档重点突出，层次分明，版面美观大方。

1. 设置段落或文字边框

添加段落边框的方法有两种：

方法一：使用“边框与底纹”对话框。

① 选取需要设置边框的段落或文字。

② 切换至“设计”选项卡，在“页面背景”命令组中单击“页面边框”按钮，弹出“边框和底纹”对话框。

③ 选择“边框”选项卡，在“设置”中选择边框的种类，在“样式”中选择边框的形状，在“颜色”下拉列表中选择边框的颜色，在“宽度”下拉列表中选择边框的宽度。

④“应用于”下拉列表中选择边框应用范围是“段落”或“文字”。

⑤ 设置完毕后，单击“确定”按钮即可，如图 2-36 所示。

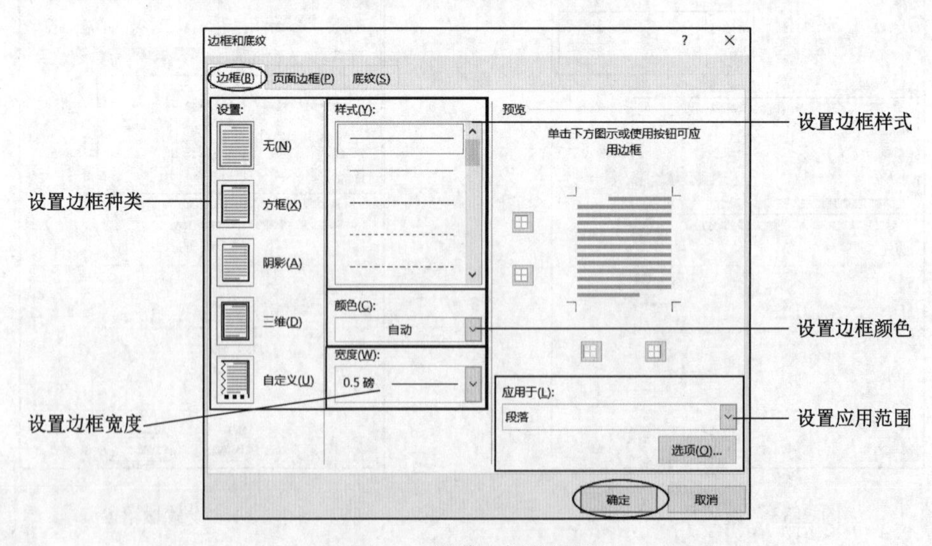

图 2-36 段落边框的设置

方法二：通过“段落”命令组

① 选取需要设置边框的段落或文字。

② 切换至“开始”选项卡，在“段落”命令组中单击“边框”下拉按钮，在弹出的下拉列表中选择所需的边框，单击即可完成设置。

2. 设置页面边框

对整个页面添加边框的操作步骤如下：

① 将插入点置于页面中，切换至“设计”选项卡，在“页面背景”命令组中单击“页面边框”按钮，弹出“边框和底纹”对话框。

② 在“页面边框”选项卡“设置”区域选择边框的类型；在“样式”列表框中选择边框的样式；在“颜色”和“宽度”下拉列表中选择边框的颜色和宽度；在“艺术型”下拉列表中可选择艺术效果。

③ 选项卡右侧有“预览”区域，设置完毕后，单击“确定”按钮，如图 2-37 所示。

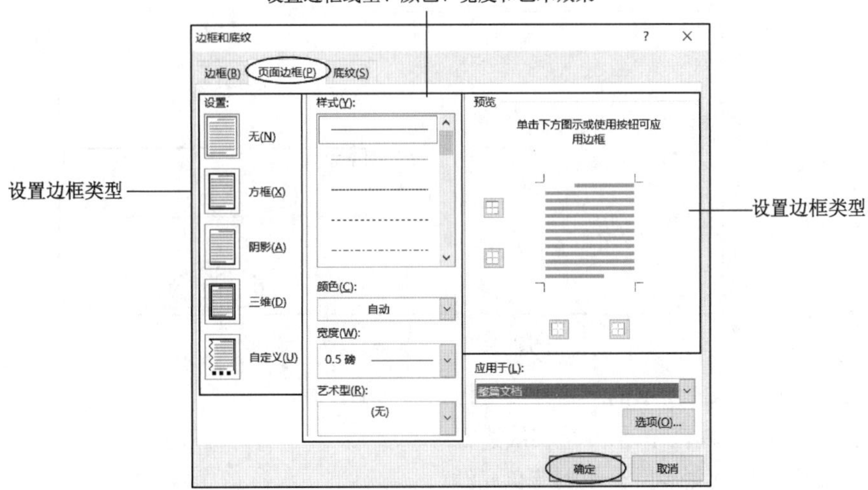

图 2-37　设置页面边框

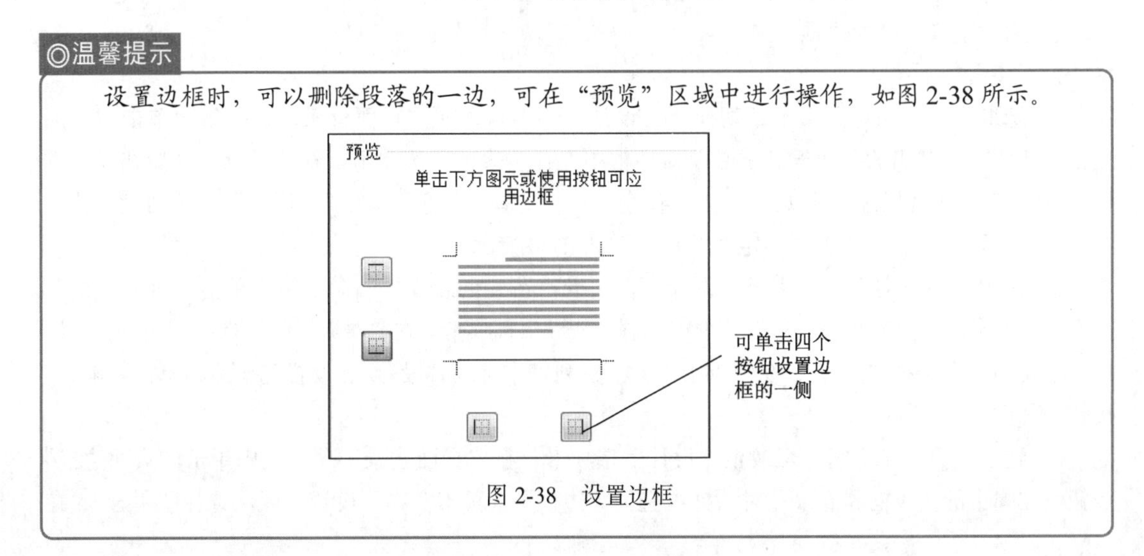

◎温馨提示

设置边框时，可以删除段落的一边，可在“预览”区域中进行操作，如图 2-38 所示。

图 2-38　设置边框

3．设置底纹

设置底纹包括文字、段落或整篇文档的底纹。操作步骤如下：

① 选取所要设置底纹的对象，切换至“开始”选项卡，在“段落”命令组中单击“边框”下拉按钮，在下拉列表中选择“边框和底纹”命令，弹出“边框和底纹”对话框。

② 选择“底纹”选项卡，在其中可完成底纹的各项设置。设置完毕后，单击“确定”按钮，如图 2-39 所示。

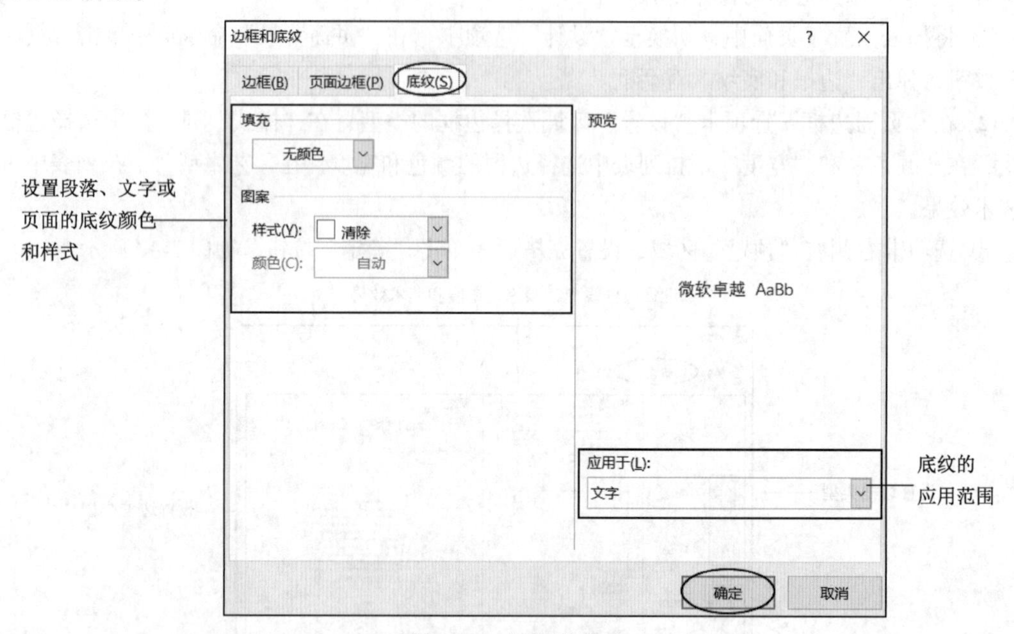

图 2-39 设置底纹

【案例 2-5】为图 2-35 所示的“乌镇”文档添加如下设置：

① 为标题文字“乌镇”添加红色实线边框。

② 给正文中第一段文本加上 20%蓝色底纹。

③ 给正文中最后一段文本加上线宽为 3 磅的蓝色阴影双实线边框。

④ 给整个文档添加边框。

操作步骤如下：

① 选取标题“乌镇”文本，切换至“设计”选项卡，在“页面背景”命令组中单击“页面边框”按钮，在弹出的“边框和底纹”对话框中选择“边框”选项卡。在“设置”区域选择“方框”，在“样式”区域选择“实线”，在“颜色”区域选择“红色”，在“应用于”下拉列表中选择“文字”，设置完毕后，单击“确定”按钮，如图 2-40 所示。

② 选中第一段文字，切换至“设计”选项卡，在“页面背景”命令组中单击“页面边框”按钮，在弹出的“边框和底纹”对话框中选择“底纹”选项卡。在“填充”区域选择蓝色，在“样式”下拉列表中选择“20%”，在“应用于”下拉列表中选择“段落”，设置完毕后，单击“确定”按钮，如图 2-41 所示。

③ 选中最后一段文字，切换至“设计”选项卡，在“页面背景”命令组中单击“页面边框”按钮，在弹出的“边框和底纹”对话框中选择“边框”选项卡。在“设置”区域选择“阴影”，在

“样式”区域选择“双实线”，在“颜色”区域选择“蓝色”，在“线宽”下拉列表中选择“3.0 磅”，在“应用于”下拉列表中选择“段落”，设置完毕后，单击“确定”按钮，如图 2-42 所示。

④ 切换至“设计”选项卡，在“页面背景”命令组中单击“页面边框”按钮，在弹出的对话框中选择“页面边框”选项卡，任意设置一个边框，单击“确定”按钮。

⑤ 设置完毕，单击“保存”按钮，文档最终效果如图 2-43 所示。

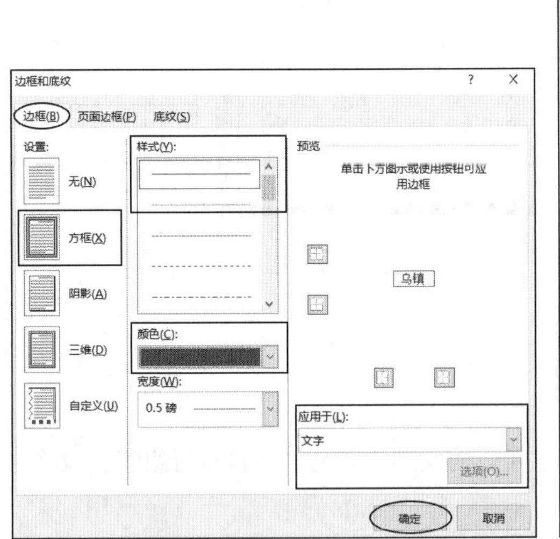

图 2-40　设置标题边框

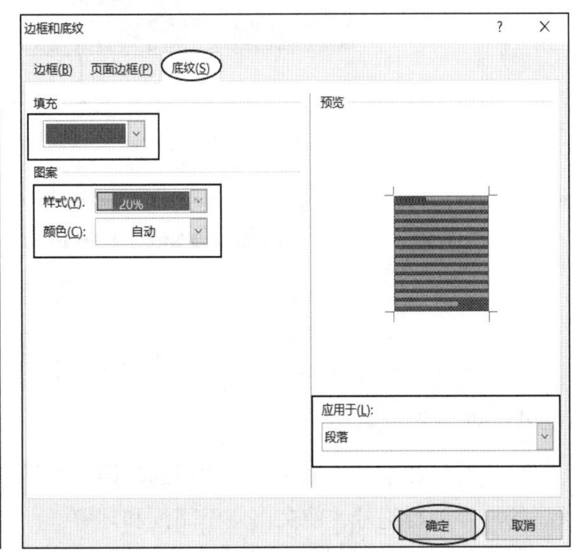

图 2-41　设置段落底纹

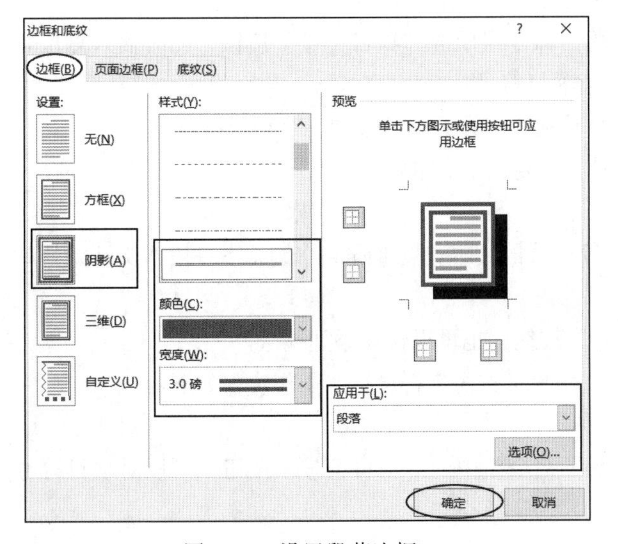

图 2-42　设置段落边框

◎温馨提示

如果想清除已经设置好的底纹，在“底纹”选项卡中选择“无填充颜色”即可。

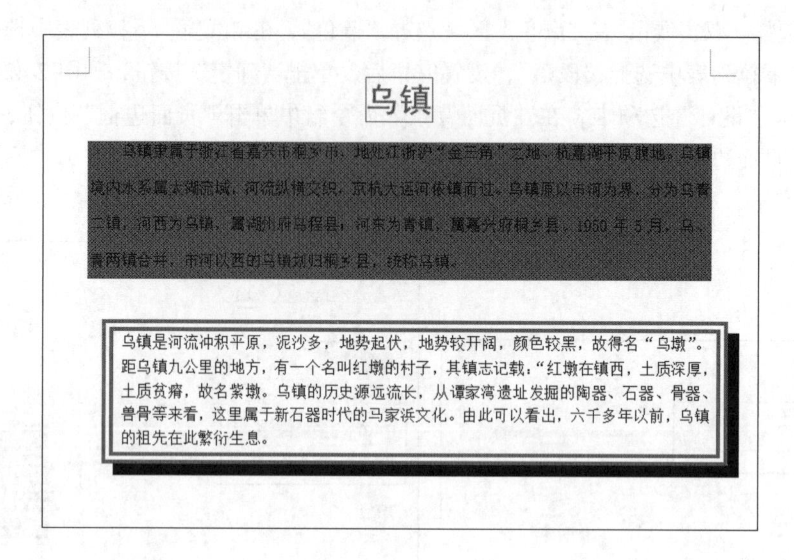
乌镇

乌镇隶属于浙江省嘉兴市桐乡市，地处江浙沪“金三角”之地、杭嘉湖平原腹地。乌镇境内水系属太湖流域，河流纵横交织，京杭大运河依镇而过。乌镇原以市河为界，分为乌青二镇，河西为乌镇，属湖州府乌程县；河东为青镇，属嘉兴府桐乡县。1950 年 5 月，乌、青两镇合并，市河以西的乌镇划归桐乡县，统称乌镇。

乌镇是河流冲积平原，泥沙多，地势起伏，地势较开阔，颜色较黑，故得名“乌墩”。距乌镇九公里的地方，有一个名叫红墩的村子，其镇志记载：“红墩在镇西，土质深厚，土质贫瘠，故名紫墩。乌镇的历史源远流长，从谭家湾遗址发掘的陶器、石器、骨器、兽骨等来看，这里属于新石器时代的马家浜文化。由此可以看出，六千多年以前，乌镇的祖先在此繁衍生息。

图 2-43　文档最终效果

2.2.4　项目符号和编号的应用

项目符号和编号是 Word 中常用的功能，使用它可以对文档中并列的项目进行组织，或将有顺序的内容进行编号，使文档便于阅读和理解。

（1）Word 2016 添加“项目符号”的方法

① 将插入点移动到需要添加项目符号的位置。

② 切换至“开始”选项卡，单击“段落”命令组中的“项目符号”按钮，此时插入点位置会出现一个黑色圆点●，该黑色圆点就是一个项目符号。

③ 输入一行后，按【Enter】键，就会自动在第二行开始处添加一个项目符号。

④ 输入完毕后，删除最后一个项目符号，恢复正常文本输入状态。

（2）Word 2016 添加“编号”的方法

① 如果在文档中输入“1”“A”“(1)”等样式的文本，按【Enter】键，下一段本文开始处就会自动添加“2”“B”“(2)”等编号样式。

② 使用“快速访问工具栏”中的“编号”按钮，也可以快速添加编号。

Word 2016 提供了多种项目符号和编号，用户可按需自行设置。操作步骤如下：

① 选定需要设置符号或编号的段落。

② 切换至“开始”选项卡，单击“段落”命令组中的“项目符号”按钮，可以对项目符号进行设置，如图 2-44 所示。

③ 单击编号，可完成相应的编号设置。

④ 可以在“定义新项目符号”对话框中完成更多的选择，如图 2-45 所示。

⑤ 设置完毕后，单击“确定”按钮即可。

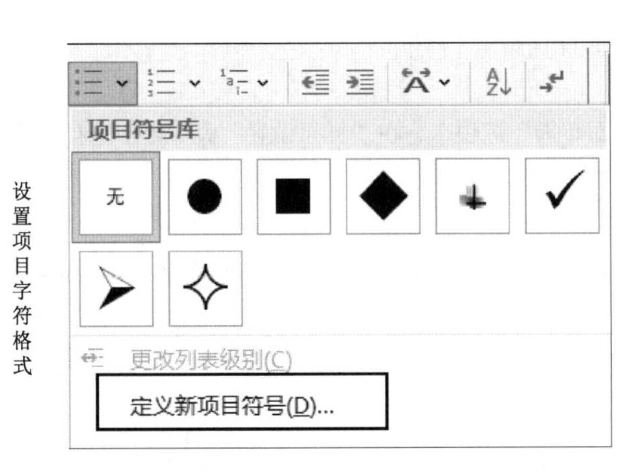

图 2-44　设置项目符号

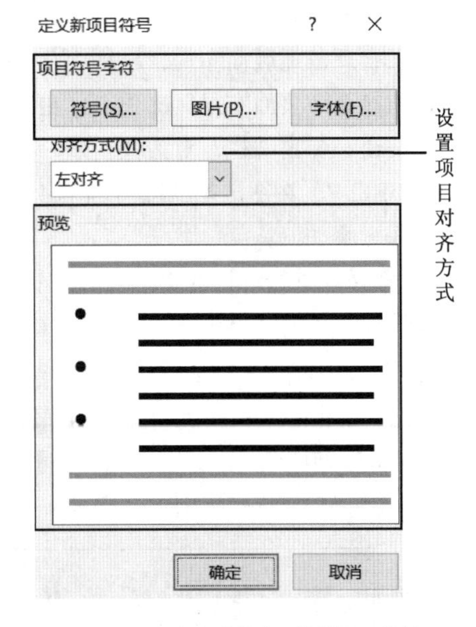

图 2-45　“定义新项目符号”对话框

◎小技巧

如果需要结束自动创建的项目符号或编号，可以连续按两次【Enter】键。

【案例 2-6】打开“乌镇”原文档，为文档中两个段落添加项目符号。

操作步骤如下：

① 选择正文文本。

② 选择“段落”选项卡中的“项目符号”命令，单击第二个项目符号，即完成项目符号的添加，如图 2-46 所示。

③ 设置完毕后，单击“保存”按钮，文档最终效果如图 2-47 所示。

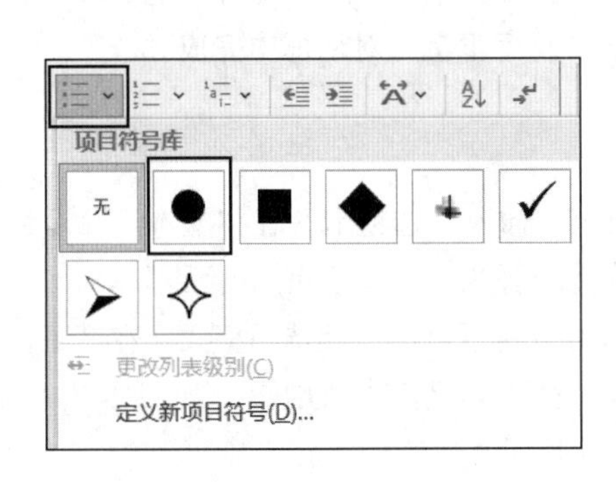

图 2-46　设置项目符号

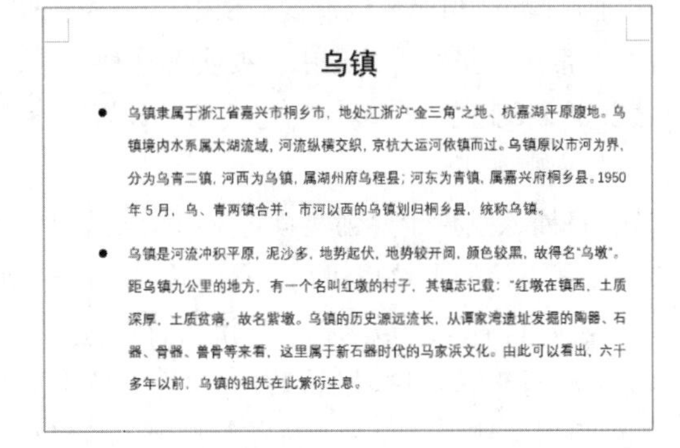

乌镇

- 乌镇隶属于浙江省嘉兴市桐乡市，地处江浙沪“金三角”之地、杭嘉湖平原腹地。乌镇境内水系属太湖流域，河流纵横交织，京杭大运河依镇而过。乌镇原以市河为界，分为乌青二镇，河西为乌镇，属湖州府乌程县；河东为青镇，属嘉兴府桐乡县。1950 年 5 月，乌、青两镇合并，市河以西的乌镇划归桐乡县，统称乌镇。
- 乌镇是河流冲积平原，泥沙多，地势起伏，地势较开阔，颜色较黑，故得名“乌墩”。距乌镇九公里的地方，有一个名叫红墩的村子，其镇志记载：“红墩在镇西，土质深厚，土质贫瘠，故名紫墩。乌镇的历史源远流长，从谭家湾遗址发掘的陶器、石器、骨器、兽骨等来看，这里属于新石器时代的马家浜文化。由此可以看出，六千多年以前，乌镇的祖先在此繁衍生息。

图 2-47　文档最终效果

2.2.5　特殊排版

Word 2016 提供了多种特殊的排版方式，如分栏排版、首字下沉与中文版式等。

1. 分栏排版

为了合理分配版面布局，报纸、杂志等出版物往往将页面分为多个栏目显示。给文档设置分栏可以切换至“页面布局”选项卡，在“页面设置”命令组中单击“分栏”下拉列表中的“更多分栏”按钮，弹出“栏”对话框。

【实例 2-7】在图 2-47 基础上完成分两栏的设置操作。

操作步骤如下：

① 选择要进行分栏的文本，切换至“页面布局”选项卡，在“页面设置”命令组中选择“分栏”下拉列表中的“更多分栏”命令，弹出“栏”对话框。

② 在“预设”区域选择“两栏”，如图 2-48 所示。

③ 设置完毕后，单击“确定”按钮，效果如图 2-49 所示。

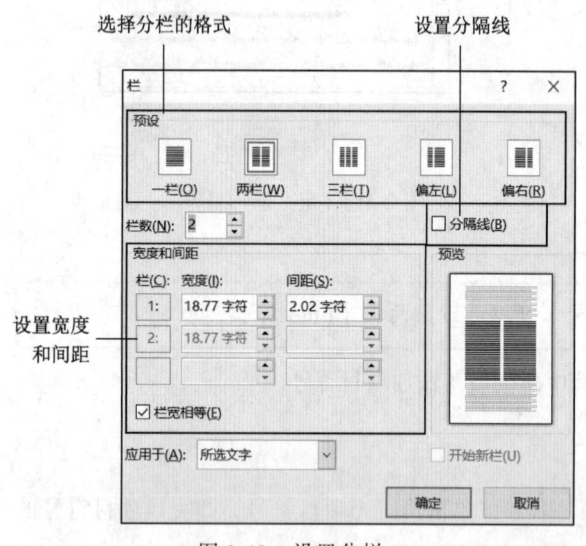

图 2-48 设置分栏

乌镇

- 乌镇隶属于浙江省嘉兴市桐乡市，地处江浙沪"金三角"之地、杭嘉湖平原腹地。乌镇境内水系属太湖流域，河流纵横交织，京杭大运河依镇而过。乌镇原以市河为界，分为乌青二镇，河西为乌镇，属湖州府乌程县；河东为青镇，属嘉兴府桐乡县。1950 年 5 月，乌、青两镇合并，市河以西的乌镇划归桐乡县，统称乌镇。
- 乌镇是河流冲积平原，泥沙多，地势起伏，地势较开阔，颜色较黑，故得名"乌墩"。距乌镇九公里的地方，有一个名叫红墩的村子，其镇志记载："红墩在镇西，土质深厚，土质贫瘠，故名紫墩。乌镇的历史源远流长，从谭家湾遗址发掘的陶器、石器、骨器、兽骨等来看，这里属于新石器时代的马家浜文化。由此可以看出，六千多年以前，乌镇的祖先在此繁衍生息。

图 2-49 最终效果

2. 首字下沉

“首字下沉”功能可以设置文档中第一个字的字号明显增大，并下沉数行显示，能够吸引读者的注意，常用在报纸、杂志中。要实现这种效果，可在“首字下沉”对话框中完成。

【实例 2-8】打开“乌镇”原文档，设置首字下沉。

操作步骤如下：

① 将插入点置于要创建首字下沉的段落中。切换至“插入”选项卡，在“文本”命令组中单击“首字下沉”下拉按钮，选择“首字下沉选项”命令，弹出“首字下沉”对话框。

② 在“位置”区域选择“下沉”，在“选项”区域可以对下沉的首字选择格式，在“下沉行数”文本框调整下沉占据的行数，在“距正文”文本框可设置首字距正文的距离，如图 2-50 所示。

③ 设置完毕后，单击“确认”按钮，效果如图 2-51 所示。

3. 中文版式

中文版式是 Word 2016 提供的一种特殊的排版方式，包括拼音指南、带圈字符、双行合并等排版。

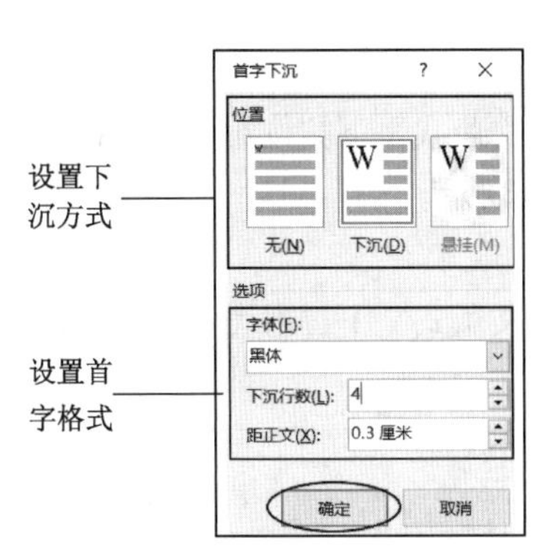

图 2-50　设置首字下沉

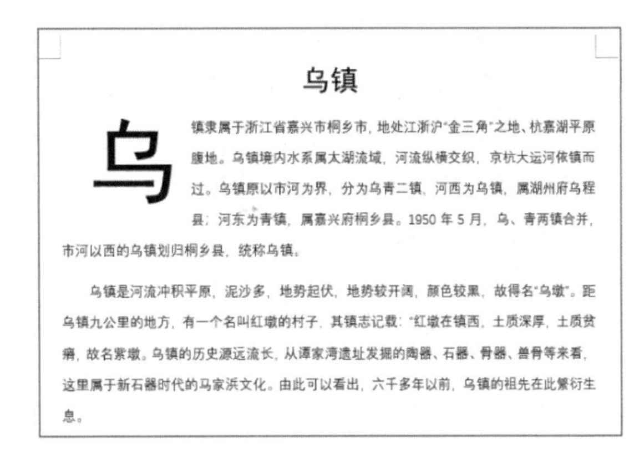

乌镇

乌镇隶属于浙江省嘉兴市桐乡市，地处江浙沪“金三角”之地、杭嘉湖平原腹地。乌镇境内水系属太湖流域，河流纵横交织，京杭大运河依镇而过。乌镇原以市河为界，分为乌青二镇，河西为乌镇，属湖州府乌程县；河东为青镇，属嘉兴府桐乡县。1950 年 5 月，乌、青两镇合并，市河以西的乌镇划归桐乡县，统称乌镇。

乌镇是河流冲积平原，泥沙多，地势起伏，地势较开阔，颜色较黑，故得名“乌墩”。距乌镇九公里的地方，有一个名叫红墩的村子，其镇志记载：“红墩在镇西，土质深厚，土质贫瘠，故名紫墩。乌镇的历史源远流长，从谭家湾遗址发掘的陶器、石器、骨器、兽骨等来看，这里属于新石器时代的马家浜文化。由此可以看出，六千多年以前，乌镇的祖先在此繁衍生息。

图 2-51　最终效果

（1）拼音指南

拼音指南可以对所选择的文本标上注音。操作步骤如下：

① 选择需要注音的文本，切换至“开始”选项卡，在“字体”命令组中单击“拼音指南”按钮。

② 弹出“拼音指南”对话框，完成相应设置，如图 2-52 所示。

③ 设置完毕后，单击“确定”按钮。

◎温馨提示

也可以通过输入法软件对文字进行注音。

（2）带圈字符

带圈字符是为了突出或强调某些文字而设置的。操作步骤如下：

① 选择需要被圈的文字。

② 切换至“开始”选项卡，在“字体”命令组中单击右下方上的“带圈字符”按钮，弹出“带圈字符”对话框，如图 2-53 所示。

图 2-52　设置拼音指南

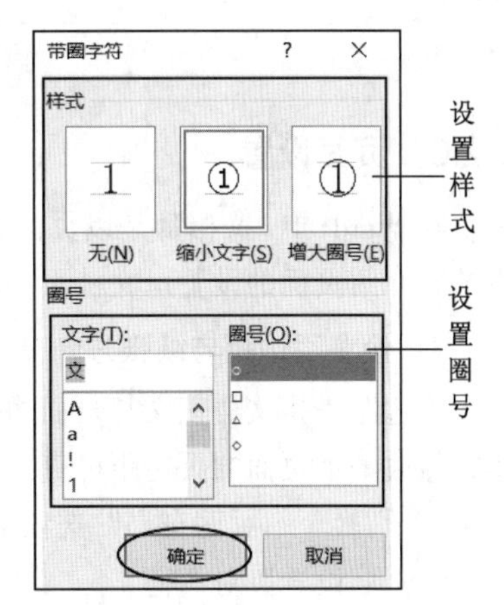

图 2-53　设置带圈字符

③ 设置完毕后，单击“确定”按钮。

（3）纵横混排、双行合一及合并字符

① 纵横混排：使文档中的内容以纵排和横排的方式排在一起。

切换至“开始”选项卡，在“段落”命令组中单击“中文版式”下拉按钮，在下拉列表中选择“纵横混排”命令，弹出“纵横混排”对话框，如图2-54所示。

② 双行合一：指在一行显示两行文字。

切换至“开始”选项卡，在“段落”命令组中选择“中文版式”下拉列表中的“双行合一”命令，弹出“双行合一”对话框，如图2-55所示。

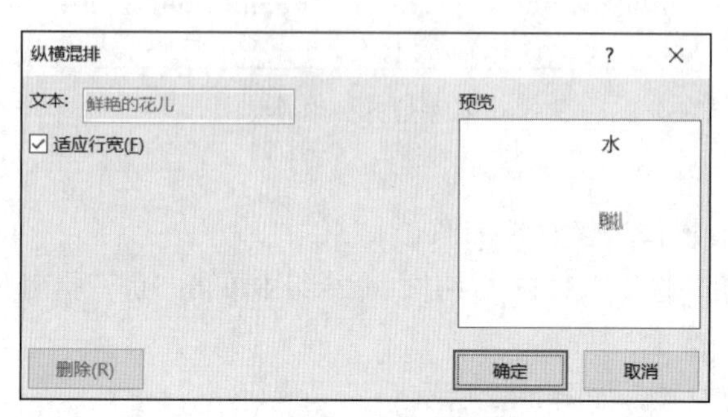

图2-54 设置纵横混排

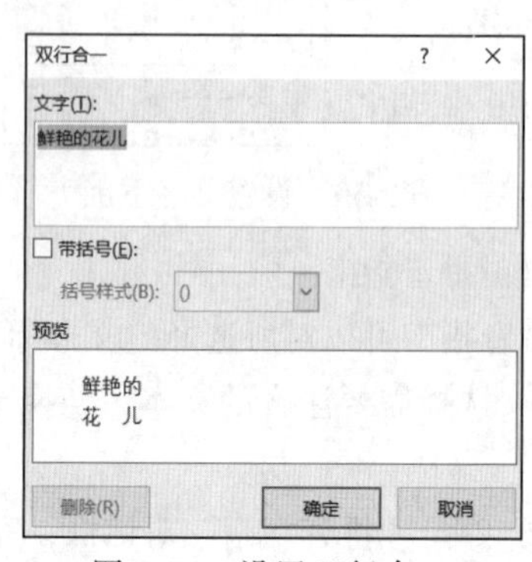

图2-55 设置双行合一

③ 合并字符：将多个字符用两行显示，合并成一个整体。

切换至“开始”选项卡，在“段落”命令组中选择“中文版式”下拉列表中的“合并字符”命令，弹出“合并字符”对话框，如图2-56所示。

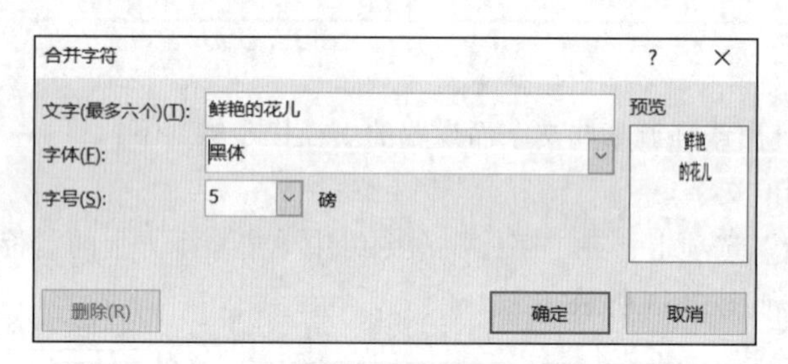

图2-56 设置合并字符

2.2.6 页面设置

在Word中，文档都是以页面为单位显示的。前面所学习的内容都是针对文档中内容的排版，本节将介绍页面的设置。文档页面的设置包括设置页面大小、纸张方向、页边距、页眉页脚等。

1. 设置页边距与纸张方向

页边距是指文档正文与页面边沿之间的距离，每个页面都有“上”“下”“左”“右”四个页边距，修改一个页面的页边距可直接影响整个文档的所有页。设置页边距的步骤如下：

① 切换至“页面布局”选项卡，在“页面设置”命令组中单击右下方的对话框启动器按钮，弹出“页面设置”对话框。

② 选择“页边距”选项卡，在“上”“下”“左”“右”文本框中可输入文本区域与页面边距的四个数值，在“纸张方向”区域可以指定当前页面的方向。

③ 如果需要装订线，还可以在“装订线”处设置数值和位置。

④ 在“预览”区域查看设置的效果。

⑤ 设置完毕后，单击“确定”按钮，如图 2-57 所示。

2. 设置纸张大小

纸张大小直接影响工作区的大小，Word 2016 默认采用 A4 纸张来显示工作区，可以根据实际情况调整纸张的大小。操作步骤如下：

① 切换至“页面布局”选项卡，在“页面设置”命令组中单击右下角的对话框启动器按钮，弹出“页面设置”对话框。

② 选择“纸张”选项卡，在“纸张大小”下拉列表中可以选择不同类型的标准纸张，也可以在“宽度”和“高度”文本框中自定义纸张大小。

③ 在“应用于”下拉列表中可选择纸张大小设置的应用范围，然后可在“预览”区域查看设置的效果。

④ 设置完毕后，单击“确定”按钮，如图 2-58 所示。

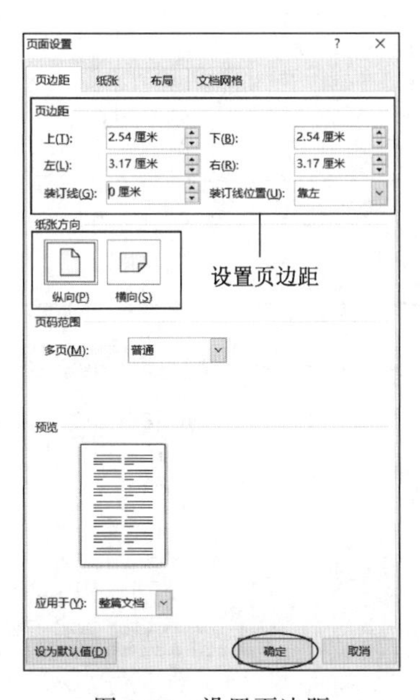

图 2-57 设置页边距

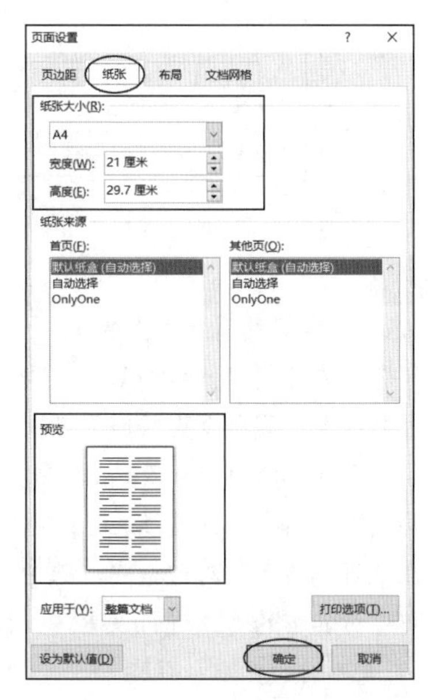

图 2-58 设置纸张大小

3. 设置页眉和页脚

页眉和页脚通常出现在文档的顶部和底部，用于显示一些文档的附加信息，如页码、章节名、作者名称等。创建页眉和页脚的操作步骤如下：

① 切换至“插入”选项卡，单击“页眉和页脚”命令组中的“页眉”或“页脚”下拉按钮即可进行操作。例如进行页眉操作时，可单击“转至页脚”按钮切换到页脚的编辑区，如图 2-59 所示。

② 在页眉和页脚编辑区内输入所需要的内容。图 2-60 所示为页眉编辑区。

③ 对输入的页眉和页脚同样可以进行字符设置、段落设置、边框与底纹的设置操作。

④ 页眉和页脚编辑完毕后，单击“页眉和页脚”工具栏中的“关闭”按钮，即可退出页眉页脚编辑区。

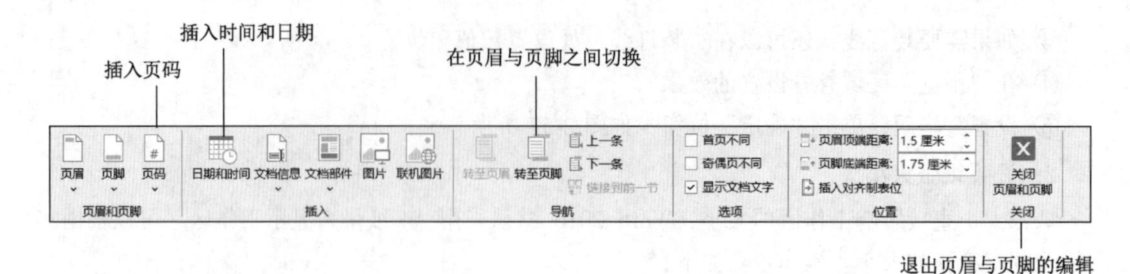

图 2-59 页眉操作

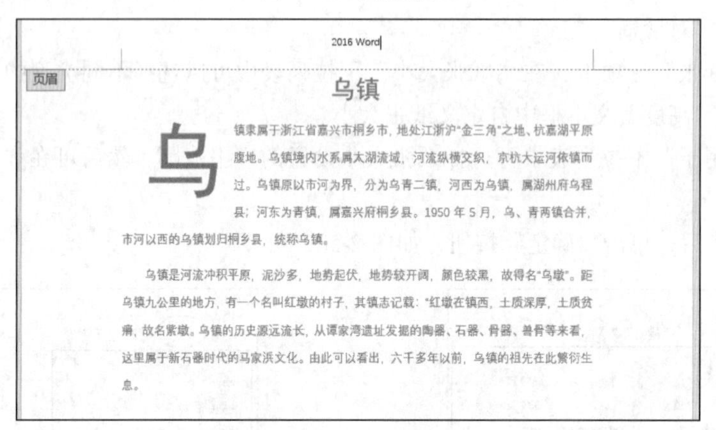

图 2-60 页眉编辑区

◎温馨提示

1. 编辑创建好的页眉和页脚

- 如果需要对创建好的页眉和页脚再次进行编辑，只需在页面中双击页眉和页脚区域即可。
- 如果需要删除页眉和页脚，只需要在页眉页脚区域选中所要删除的内容，按【Delete】键即可。
- 在"页码格式"对话框中，选中"包含章节号"复选框，即可对其下的选项进行设置，如图 2-61 所示。

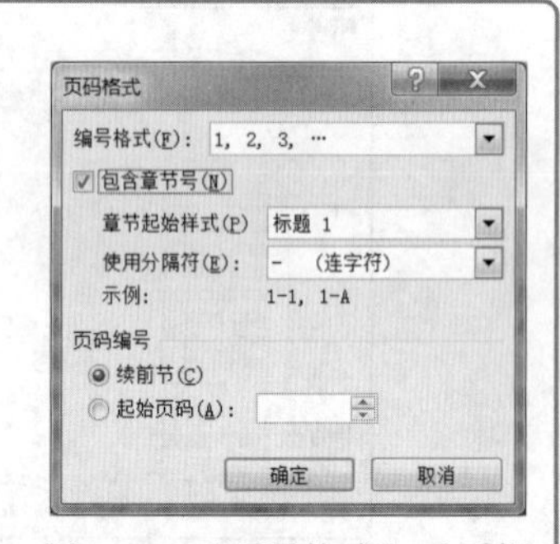

图 2-61 "页码格式"对话框

2. 创建不同的页眉和页脚

使用上述方法只能在整篇文档中创建同样的页眉和页脚，实际在许多杂志、书籍的版面中，不同的章节经常会出现不同的页眉和页脚。

- 在首页或奇偶页设置不同的页眉与页脚。操作步骤如下：
- 选择"插入"选项卡，在"页眉和页脚"选项卡的"选项"命令组中选中"首页不同"和"奇偶页不同"复选框，即可在文档的第一页或奇偶页创建不同的页眉与页脚，如图 2-62 所示。
- 不同的章节实现不同的页眉和页脚，需要使用"分节"才能实现。操作步骤如下：

将光标置于文档中需要分节的地方，切换至"页面布局"选项卡，在"页面设置"命令组中选择"分隔符"下拉列表中的"下一页"命令，即可为不同的章节设置不同的页眉和页脚，如图 2-63 所示。

图 2-62　设置首页或奇偶页眉页脚不同

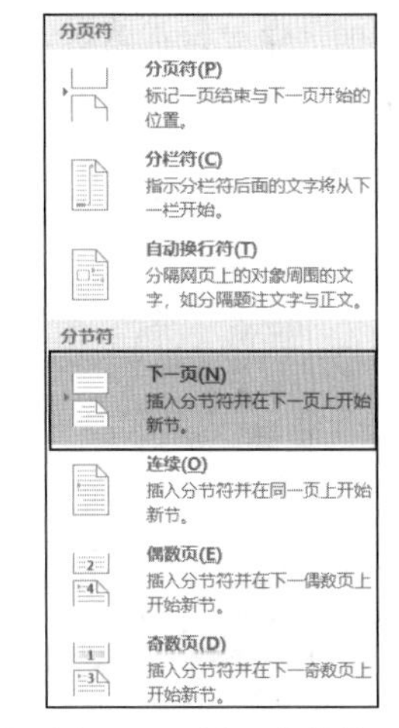

图 2-63　插入分节符

2.2.7　样式

所谓样式，就是一系列预先定义好的排版设置，在文档中，针对不同的标题、段落或文字应用不同的样式，能够快速改变文本的外观。当一段文本采用了预设置好的样式时，它就具有所有定义的格式，包括字体、字号、颜色等，省去了逐一修改的麻烦。

1. 应用样式

Word 2016 提供了几十种内置的样式，包括标题 1、标题 2、标题 3、段落、正文等，当选择文本并应用样式后，该样式所包含的所有格式即被应用于文本。操作步骤如下：

① 选中所要应用样式的文本或将光标置于需要应用样式的段落中。

② 切换至“开始”选项卡，在“样式”命令组中单击右下角的对话框启动器按钮，在打开的“样式”任务窗格中选择所需要样式，如图 2-64 所示。

2. 新建样式

如果 Word 2016 提供的样式不能满足用户的需求，用户还可以自定义样式。操作步骤如下：

① 在“开始”选项卡的“样式”命令组中单击右下角的对话框启动器按钮，在弹出的窗格中单击左下角的“新建样式”按钮，弹出如图 2-65 所示的对话框。

② 在“名称”文本框中输入所建样式的样式名，在“样式类型”下拉列表中选择“段落”样式或者“字符”样式。

③ 单击“格式”按钮，可以为新样式选择格式。设置完毕后，单击“确定”按钮，新建的样式即被添加到“样式”命组中。

3. 利用样式创建目录

目录的制作在长文档设计中被广泛应用，使用目录可以帮助用户迅速查找到文档中某部分的内容。Word 2016 具有自动编写目录的功能，最简单的方法是通过给文档中的章节标题设置样式，然后根据样式建立目录。

例如，可以对文档中所有的章节名设置为“标题一”样式，对所有小节名设置为“标题二”“标题三”样式，设置好文档中的章节、小节标题样式后，选择“引用”选项卡，在“目录”命令组中选择“目录”下拉列表中的“自定义目录”命令，弹出“目录”对话框，选择“目录”选项卡，即可完成对页码格式、标题显示级别等的设置，如图 2-66 所示。生成的目录格式如图 2-67 所示。

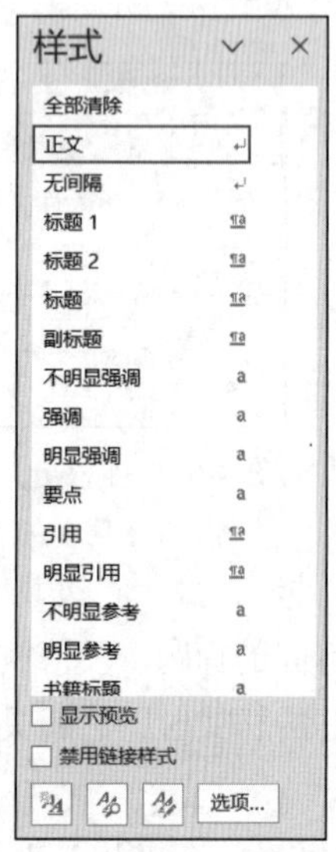

图 2-64 “样式”任务窗格

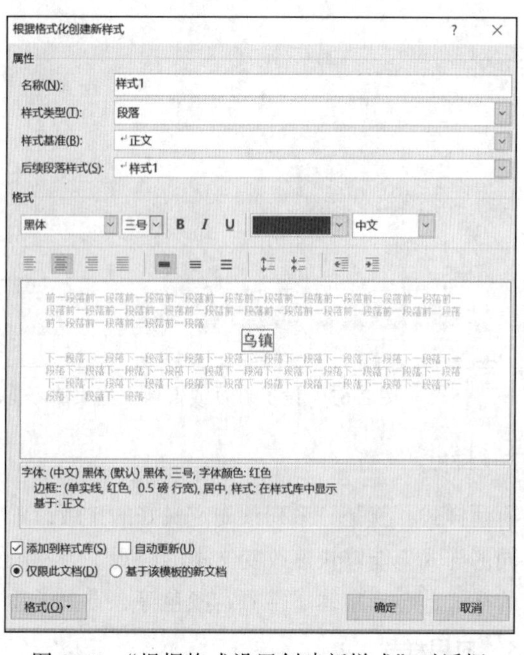

图 2-65 “根据格式设置创建新样式”对话框

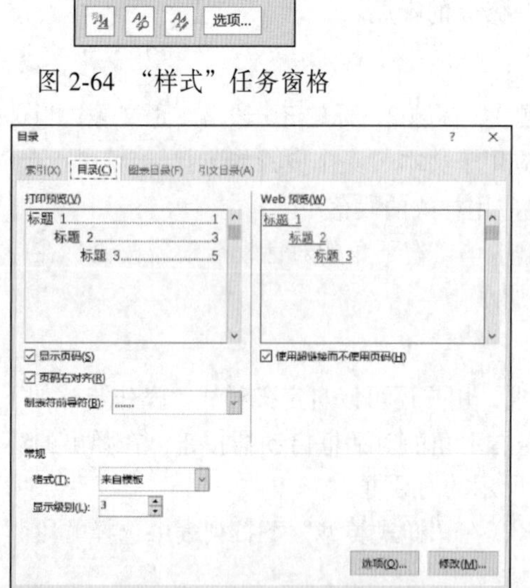

图 2-66 “目录”对话框

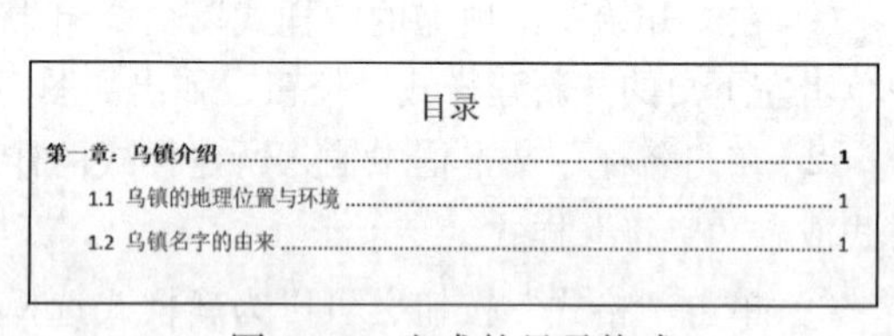

目录

第一章：乌镇介绍......1

1.1 乌镇的地理位置与环境......1

1.2 乌镇名字的由来......1

图 2-67 生成的目录格式

◎温馨提示

- 默认情况下，在目录中，按住【Ctrl】键的同时单击某一章节标题，即可链接到章节所在的位置。
- Word 2016 允许用户对文档设置一个启动密码，只有在输入正确的密码后，文档才能被查看或修改，增强了文档的安全性，选择“文件”→“信息”命令，单击“保护文档”按钮，选择“用密码进行加密”选项，即可设置文档密码，如图 2-68 所示。

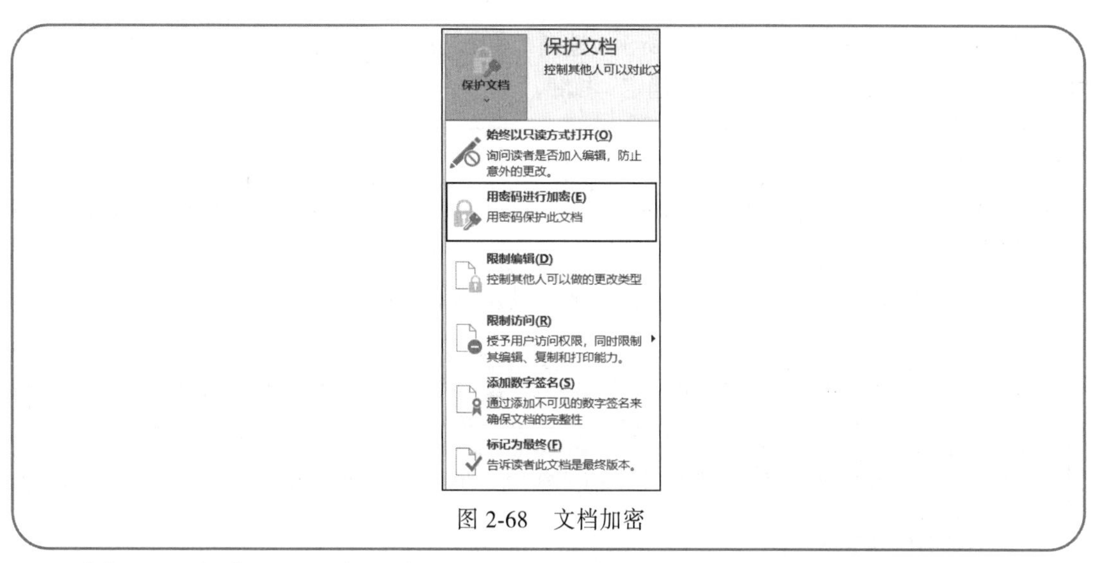

图 2-68　文档加密

【实例 2-9】新建 Word 文档，输入如图 2-69 所示的内容，并将文档按以下要求排版：

① 将标题“计算机的重要作用”设置为居中对齐，字符间距加宽 2 磅，字体设置为黑体、三号、加粗，并添加黄色底纹和 1.5 磅的蓝色双实线阴影边框。

② 将正文第一段落的行间距设置为 1.5 倍行距，段前段后 1 行，并设置首字下沉 2 行。

③ 将文档中“一、……”“二、……”“三、……”设置为“标题 1”样式；将“（一）……”“（二）……”设置“标题 2“样式，并给文档添加目录。

④ 把文档中的数字编号“1、2、3、4“更改为项目符号。

⑤ 添加页面页眉，页眉文字为“计算机的重要性”并居中对齐。

⑥ 设置页面纸张大小为宽 18 厘米、高 25 厘米，上、下、左、右页边距均为 3 厘米，并给页面添加双线蓝色边框。

操作步骤如下：

① 启动 Word，单击“新建”按钮，新建名为“计算机的重要作用”的文档，输入本文内容，如图 2-69 所示。

② 切换至“页面布局”选项卡，在“页面设置”命令组中单击右下角的对话框启动器按钮，弹出“页面设置”对话框。选择“页边距”选项卡，在“页边距”区域调整“上”“下”“左”“右”页边距均为 3 厘米，如图 2-70 所示。再打开“纸张”选项卡，在下拉列表中选择“自定义大小”，“宽度”为 18 厘米，“高度”为 25 厘米，如图 2-71 所示，设置完毕后，单击“确定”按钮。

③ 选择标题“计算机的重要作用”，切换至“开始”选项卡，在“段落”命令组中单击“居中”按钮。

④ 在“字体”命令组的“字体”下拉列表中选择“黑体”，在“字号”下拉列表中选择“三号”，单击“加粗”按钮；打开“字体”对话框，选择“高级”选项卡，在“间距”区域选择“加宽”，调整数值为“2 磅”，设置完毕后单击“确定”按钮，如图 2-72 所示。

⑤ 选择标题“计算机的重要作用”，切换至“设计”选项卡，在“页面背景”命令组中单击“页面边框”按钮，弹出“边框和底纹”对话框。选择“边框”选项卡，在“设置”区域选择“阴影”，在“样式”中选择“双实线”，“颜色”中选择“蓝色”，“宽度”中选择“1.5 磅”，“应用于”

下拉列表框中选择“文字”，如图 2-73 所示。选择“底纹”选项卡，在“填充”区域选择“黄色”，如图 2-74 所示。设置完毕后，单击“确定”按钮。

计算机的重要作用

计算机在现代社会中扮演着不可或缺的角色，其重要性贯穿各个领域，从个人日常生活到商业运营、科学研究、医疗保健、教育以及娱乐等方方面面。它们成为信息处理、存储和传递的核心引擎，推动着社会的数字化转型和技术的不断创新。

一、计算机的普及与发展

计算机已经成为现代社会不可或缺的一部分，它们的普及与发展对我们的生活产生了深远的影响。

二、计算机技术的影响

1. 计算机技术的发展推动了信息化时代的到来，改变了我们获取和传递信息的方式。

2. 计算机技术使得我们的生活变得更加数字化和便捷，从在线购物到远程办公，都为我们提供了更多选择和便利。

3. 计算机技术的应用大大提高了数据处理的效率，使得大规模数据的分析和管理成为可能，为各行各业提供了更多的发展机遇。

4. 人工智能技术的发展使得计算机具备了学习和推理的能力，为我们提供了更加智能和个性化的服务，如智能助手、语音识别等。

三、计算机科学的未来

（一）技术创新的前景

1. 量子计算技术的发展有望突破传统计算机的性能瓶颈，为解决复杂问题提供新的解决方案。

2. 生物计算技术的研究将使得计算机更加智能化，从而为生物医学领域的疾病诊断和治疗提供更有效的方法。

3. 智能物联网技术的发展将使得物品之间的互联变得更加智能和高效，为智能城市、智能交通等领域的发展提供新的动力。

4. 随着计算机技术的发展，信息安全问题日益突出，我们需要不断探索和完善信息安全技术，保护个人隐私和数据安全。

（二）教育与人才培养

1. 计算机科学的普及使得计算机教育变得越来越重要，我们需要加强对计算机知识和技能的培训，培养更多优秀的计算机人才。

图 2-69 输入内容

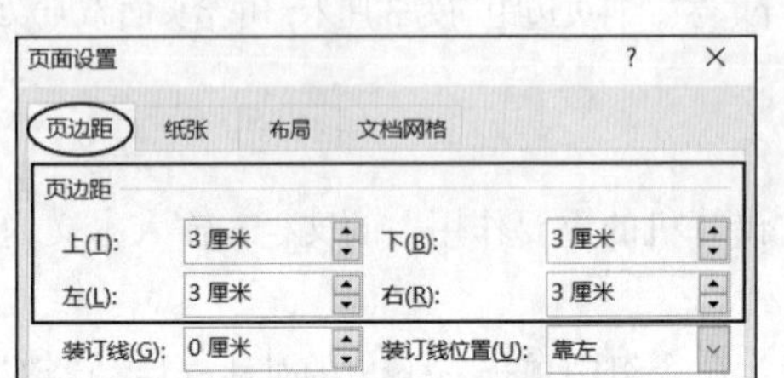

图 2-70 设置页边距

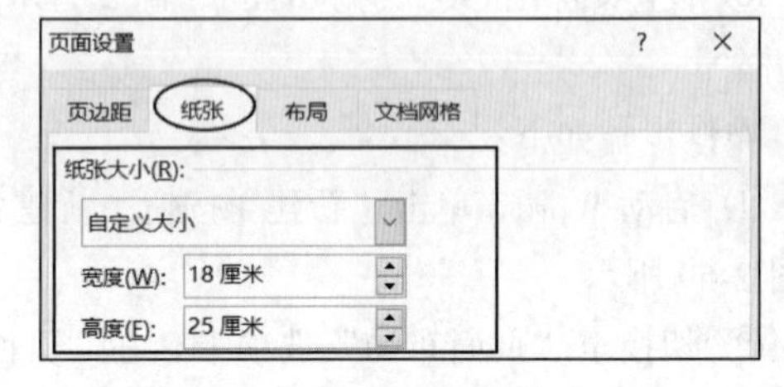

图 2-71 设置纸张大小

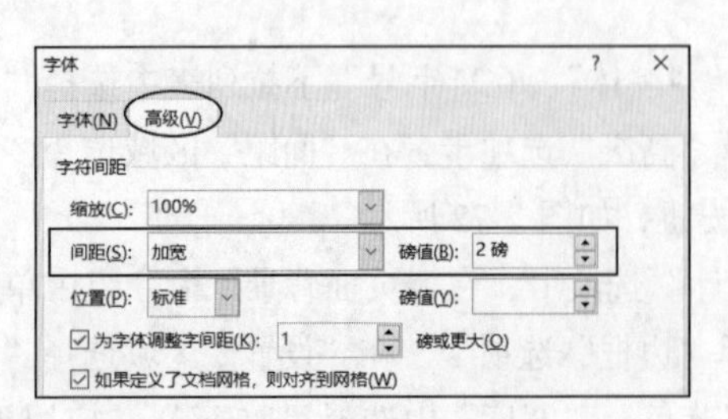

图 2-72 设置字符间距

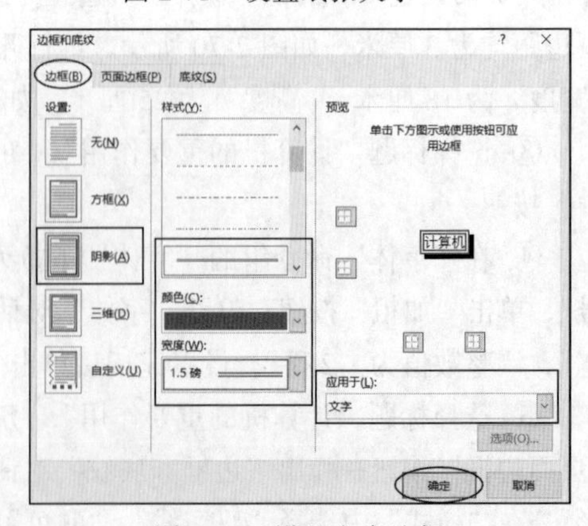

图 2-73 设置文字边框

⑥ 选中文档中第一段落，切换至“开始”选项卡，在“段落”命令组中单击右下角的对话框启动器按钮，弹出“段落”对话框，设置“段前”“段后”为“1 行”，“行距”设置为“1.5 倍行距”，如图 2-75 所示。设置完毕后，单击“确定”按钮。

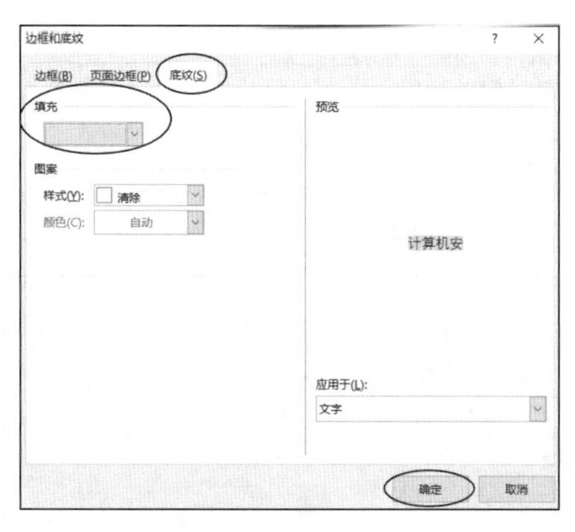

图 2-74　设置文字底纹

图 2-75　设置段落

⑦ 将光标置于第一段中，切换至“插入”选项卡，在“文本”命令组中单击“首字下沉”下拉列表中的“首字下沉选项”，弹出“首字下沉”对话框，设置“下沉行数”为“2 行”，设置完毕后，单击“确定”按钮，如图 2-76 所示。

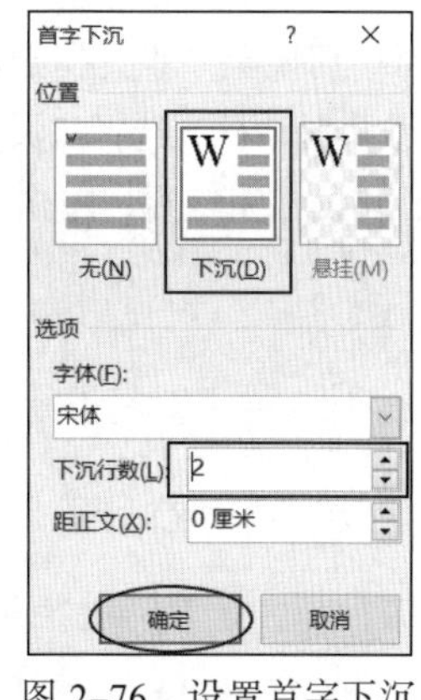

图 2-76　设置首字下沉

⑧ 先选中文档中“一、计算机的普及与发展”“二、计算机技术的影响“三、计算机科学的未来”三行文字，切换至“开始”选项卡，在“样式”命令组中选择“标题 1”，然后选中“（一）技术创新的前景”“（二）教育与人才培养的重点内容”两行文字，在“开始”选项卡“样式”命令组中选择“标题 2”。

⑨ 将光标置于文档标题上方，切换至“引用”选项卡，单击“目录”命令组中“目录”下拉列表中的“自定义目录”按钮，在弹出对话框的显示级别处调整到“2 级”，单击“确定”按钮，如图 2-77 所示。文档开始处即插入了目录，如图 2-78 所示。

⑩ 选中文档中所有带有“1、2、3、4”编号的段落并右击，选择“项目符号”命令，任意选择一种项目符号并单击，如图 2-79 所示。此时被选中的文本中，数字编号 1、2、3、4 即已更改为项目符号。

⑪ 切换至“插入”选项卡，在“页眉和页脚”命令组“页眉”下拉列表中选择“空白”，在页眉处输入“安全监督要求”，并单击“居中”按钮，使其居中对齐，设置完毕后，单击“关闭页眉和页脚”按钮，结果如图 2-80 所示。

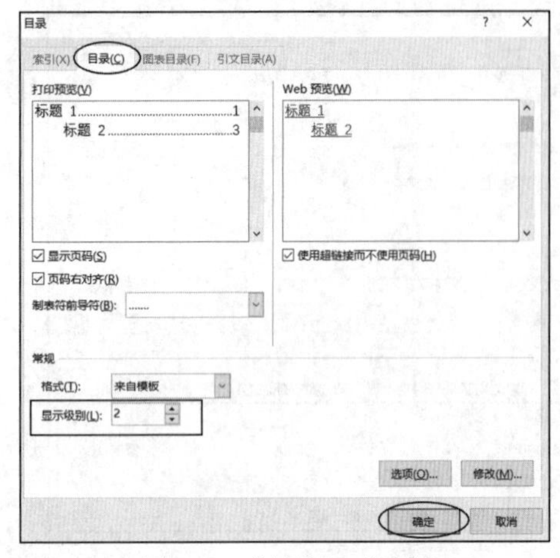

图 2-77 “目录”对话框

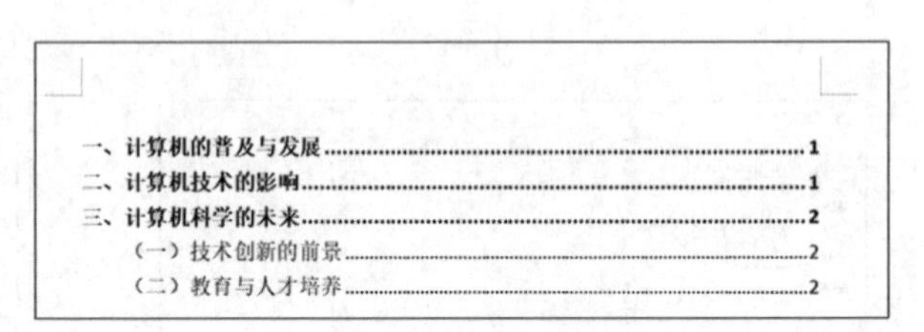

图 2-78 插入目录

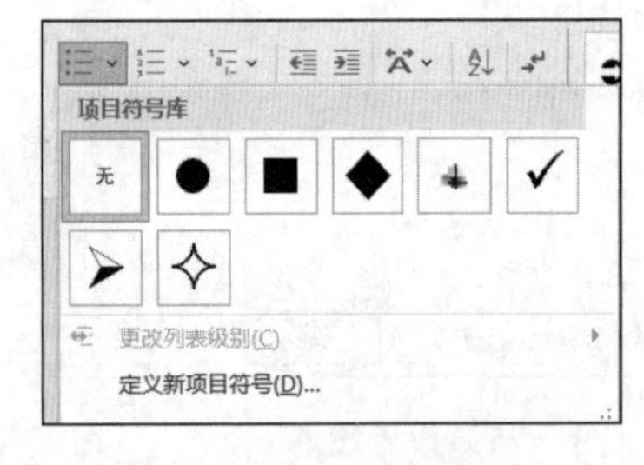

图 2-79 设置项目符号

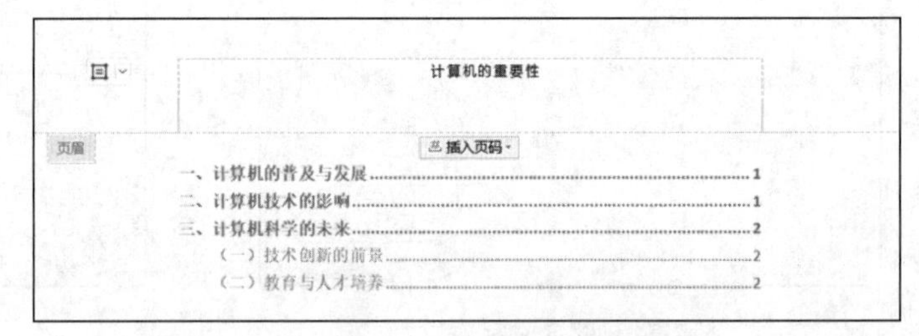

图 2-80 插入页眉

⑫ 切换至“设计”选项卡，在“页面背景”命令组中单击“页面边框”按钮，弹出“边框和底纹”对话框，选择“页面边框”选项卡，在“样式”区域选择“双线”，在“颜色”区域选择“蓝色”。设置完毕后，单击“确定”按钮，如图 2-81 所示。

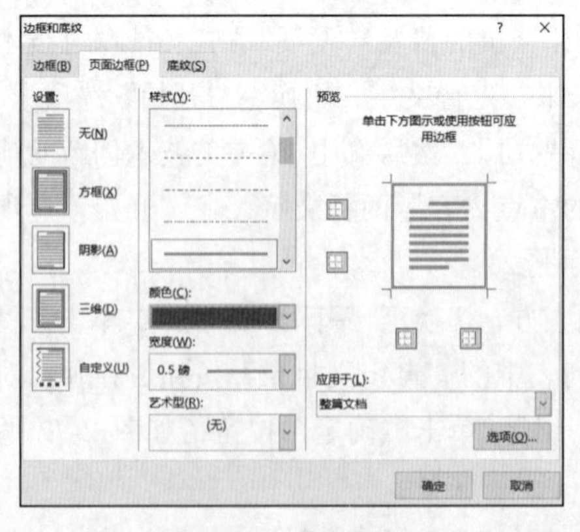

图 2-81 设置边框

⑬ 设置完毕后，单击“保存”按钮，文档最终效果如图 2-82 所示。

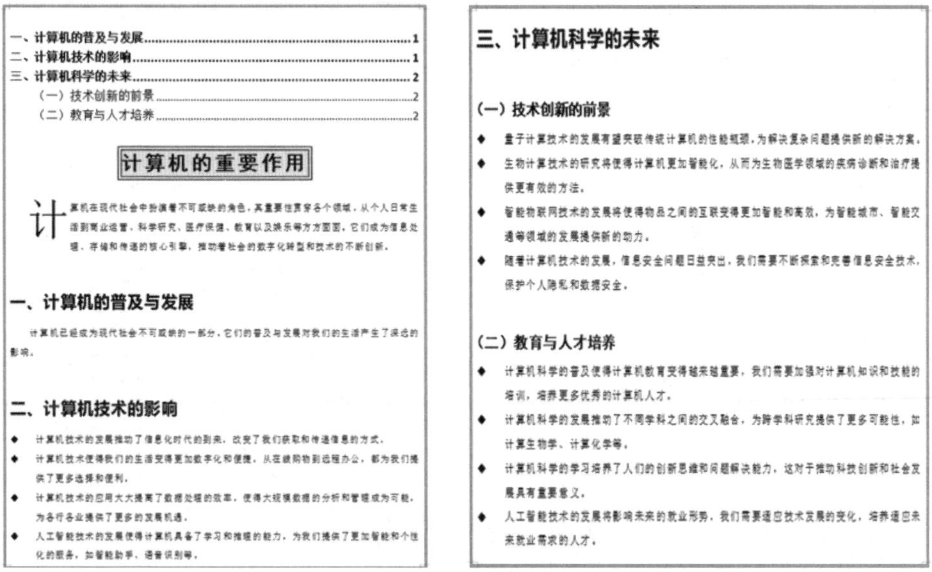

一、计算机的普及与发展......1
二、计算机技术的影响......1
三、计算机科学的未来......2
（一）技术创新的前景......2
（二）教育与人才培养......2

计算机的重要作用

计算机在现代社会中扮演着不可或缺的角色，其重要性贯穿各个领域，从个人日常生活到商业运营、科学研究、医疗保健、教育以及娱乐等方方面面，它们成为信息处理、存储和传递的核心引擎，推动着社会的数字化转型和技术的不断创新。

一、计算机的普及与发展

计算机已经成为现代社会不可或缺的一部分，它们的普及与发展对我们的生活产生了深远的影响。

二、计算机技术的影响

- 计算机技术的发展推动了信息化时代的到来，改变了我们获取和传递信息的方式。
- 计算机技术使得我们的生活变得更加数字化和便捷，从在线购物到远程办公，都为我们提供了更多选择和便利。
- 计算机技术的应用大大提高了数据处理的效率，使得大规模数据的分析和管理成为可能，为各行各业提供了更多的发展机遇。
- 人工智能技术的发展使得计算机具备了学习和推理的能力，为我们提供了更加智能和个性化的服务，如智能助手、语音识别等。

三、计算机科学的未来

（一）技术创新的前景

- 量子计算技术的发展有望突破传统计算机的性能瓶颈，为解决复杂问题提供新的解决方案。
- 生物计算技术的研究将使得计算机更加智能化，从而为生物医学领域的疾病诊断和治疗提供更有效的方法。
- 智能物联网技术的发展将使得物品之间的互联变得更加智能和高效，为智能城市、智能交通等领域的发展提供新的动力。
- 随着计算机技术的发展，信息安全问题日益突出，我们需要不断探索和完善信息安全技术，保护个人隐私和数据安全。

（二）教育与人才培养

- 计算机科学的普及使得计算机教育变得越来越重要，我们需要加强对计算机知识和技能的培训，培养更多优秀的计算机人才。
- 计算机科学的发展推动了不同学科之间的交叉融合，为跨学科研究提供了更多可能性，如计算生物学、计算化学等。
- 计算机科学的学习培养了人们的创新思维和问题解决能力，这对于推动科技创新和社会发展具有重要意义。
- 人工智能技术的发展将影响未来的就业形势，我们需要适应技术发展的变化，培养适应未来就业需求的人才。

图 2-82 最终效果

2.2.8 上机练习

1. 新建文档并排版（一）

新建 Word 文档，输入如图 2-83 所示的内容，并将文档按以下要求排版：

① 给文档添加标题“创业成功的六条原理”。将标题设置为红色、三号、楷体效果。

② 将正文中的“原理 1”～“原理 6”增加项目编号。

③ 将正文中“随着公司……”所在段落设置为分栏显示，栏数为 2。

④ 将文中最后一段的字体设置为小五楷体，并加粗显示。

⑤ 为文中倒数第二段设置 10%的绿色底纹。

⑥ 设置页边距上、下、左、右均为 2.8 厘米。

2. 新建文档并排版（二）

新建 Word 文档，输入如图 2-84 所示的内容，并将文档按以下要求排版：

① 将标题“邯郸学步”设置为居中对齐，字体设置为黑体、二号、蓝色、加粗，并添加红色双实线边框。

② 设置文档所有段落，段前段后为 0.5 行。

③ 设置正文第一段的首字下沉 3 行。

④ 对文档第二段正文进行分栏，栏数为 3。

⑤ 设置正文第四段所有文字为楷体、红色、倾斜，并设置黄色边框和 10%的绿色底纹。

⑥ 在正文最后一段的“学习一定要扎扎实实，”前插入文字“虽然这是个寓言，但是它说明了一个深刻的道理：”，设置字体颜色为紫色并加上着重号。

⑦ 将全文中所有的“燕国”两个字（不包括引号）设置为黑体、加粗、蓝色。

⑧ 将正文第三段落的行间距设置为 1.5 倍行距，首行缩进 0.85 厘米。

⑨ 设置页眉，页眉文字为“中国成语故事”并居中对齐。

⑩ 设置页面纸张大小为B5，上下左右页边距均为2.15厘米，并给页面添加美丽的边框。

某大学的一项研究,发现了六条指导创业成功的原理。
原理1.反复构造图景
原理2:抓住连续的机会成功
原理3:放弃自主独断
原理4:成为你竞争对手的恶梦
原理5:培育创业精神
原理6:靠团队配合而势不可挡
随着公司的发展和雇员人数的增多,一天接一天的日常工作会使人们看不到公司的主要目标。通过鼓励和协助团队合作,雇员把自己放在正确的努力方向上。需要不断剪裁调整团队,如规模、职责范围和它的组成等来适应眼下特定的情境。
把培训雇员的概念延展为横向培训。使雇员们熟悉公司、公司中其他人在做什么,这能够帮助雇员们看到他们在更大的情景中自己所适宜的地方。利用团队去减少扯皮,用团队去建立相互尊重,把团队建成一个人,给团队以反馈来证明你对团队的重视。

图2-83 输入文字

邯郸学步
这句成语出自《庄子·秋水》讲的一个寓言故事。
邯郸是春秋时期赵国的首都。那里的人非常注意礼仪，无论是走路、行礼，都很注重姿势和仪表。因此，当地人走路的姿势便远近闻名。
在燕国的寿陵地方，有个少年人很羡慕邯郸人走路的姿势，他不顾路途遥远，来到邯郸。在街上，他看到当地人走路的姿势稳健而优美，手脚的摆动很别致，比起燕国人走路好看多了，心中非常羡慕。于是他就天天模仿着当地人的姿势学习走路，准备学成后传授给燕国人。
但是，这个少年原来的步法就不熟练，如今又学上新的步法姿势，结果不但没学会，反而连自己以前的步法也搞乱了。最后他竟然弄到不知怎样走路才是，只好垂头丧气地爬回燕国去了。
学习一定要扎扎实实，打好基础，循序渐进，万万不可贪多求快，好高骛远。否则，就只能像这个燕国的少年一样，不但学不到新的本领，反而连原来的本领也丢掉了。

图2-84 输入文字

2.3 表格的使用

表格的使用是Word中的另一项重要应用，使用表格可以方便地对数据进行输入、管理和存储，如课程表、成绩表、财务报表等。Word 2016提供了强大的表格功能，包括表格的建立、编辑和对表格内容的操作。

2.3.1 创建表格

表格是由许多行和列交叉的单元格组成，每个单元格都可以独立操作，并可以输入内容和图片。Word 2016中主要有四种方法来创建表格。

1. 使用“插入表格”对话框

对于复杂的表格，可通过“插入表格”对话框来完成创建，不但可以准确地设置表格的行与列，还可以调整表格的列宽。操作步骤如下：

① 将光标定位在需要插入表格的位置，切换到“插入”选项卡，选择“表格”命令组“表格”下拉列表中的“插入表格”命令，弹出“插入表格”对话框，如图2-85所示。

② 在“表格尺寸”区域可设置所需要的行数和列数，例如，输入如图2-85所示的行数和列数。在“自动调整”区域可调整列宽。

③ 设置完毕后，单击“确定”按钮，即可生成如图2-86所示的表格。

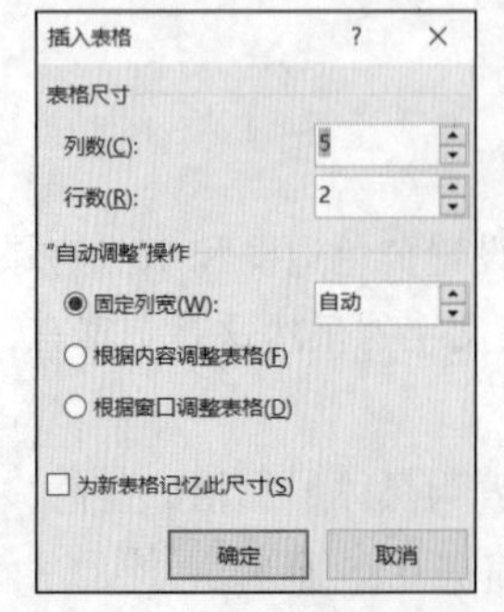

图2-85 “插入表格”对话框

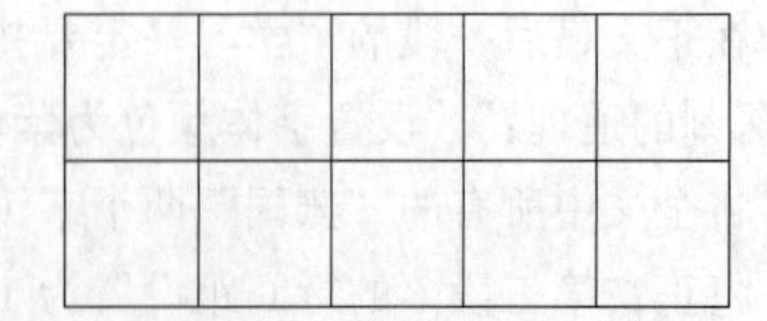

图2-86 2行5列的表格

2. 快速插入表格

单击“插入”选项卡中的“表格”按钮，用鼠标拖动相应的行数和列数，释放鼠标左键，即可完成插入，如图 2-87 所示。

◎温馨提示

> 这种方法最多只能创建 8 行 10 列的表格，而且插入的表格会占满当前页面的全部宽度，可以通过修改表格属性来设置表格的尺寸。

3. 手动绘制表格

实际应用中经常出现不规则的表格，可利用“绘制表格”命令手动绘制表格。切换至“插入”选项卡，选择“表格”命令组“表格”下拉列表中的“绘制表格”命令，鼠标变成铅笔状，即可在工作区绘制表格。

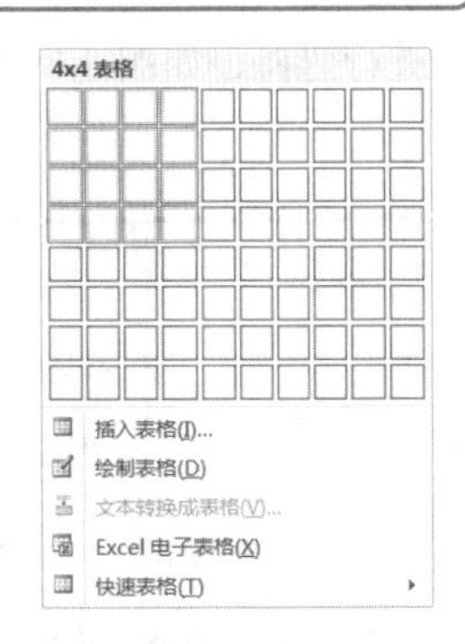

图 2-87　插入表格

4. 使用内置样式

为了方便用户进行表格编辑，Word 2016 中提供了一些简单的内置样式。切换至“插入”选项卡，选择“表格”命令组“表格”下拉列表中的“快速表格”命令，选择合适的内置样式即可。

2.3.2　编辑表格

编辑表格是指对创建的表格本身进行修改、修饰等操作，内容主要包括以下几部分：

1. 输入表格内容

表格创建完成后，需要向表格中输入内容，可单击需要输入文本的单元格，将光标定位到单元格中即可输入内容，对所输入内容进行格式化设置时，基本与对正文文本的操作相同。

2. 选定表格对象

Word 中进行任何编辑操作前都必须先选定对象，表格也一样。

① 选定一个单元格：将鼠标指针放到单元格左端，当鼠标指针变成➚形状时单击。

② 选定多个单元格：按住鼠标“左键”拖动需要选择的单元格。

③ 选定行或列：将鼠标指针移动至某一列的上边界或某一行的左边界，当鼠标指针变成⬇➚时单击。

④ 选定整个表格：按住鼠标左键拖动整个表格。

3. 插入、删除行、列和单元格

① 插入行、列和单元格：选定需要插入的位置，右击，在弹出的快捷菜单中选择“插入”菜单中的子命令即可。

② 删除行、列和单元格：选定需删除的位置，右击，在弹出的快捷菜单中选择“删除行”“删除列”或“删除单元格”命令。

4. 合并和拆分单元格

① 合并单元格：将多个单元格合并成一个单元格。选定需要合并的单元格，右击，在弹出

的快捷菜单中选择“合并单元格”命令。

② 拆分单元格：将一个单元格拆分成多个单元格。选定需要拆分的单元格，切换至“表格工具–布局”选项卡，单击“合并”命令组中的“拆分单元格”按钮，弹出“拆分单元格”对话框，如图 2-88 所示，输入要拆分成的行数和列数即可。

5. 设置单元格对齐方式

单元格对齐方式是指单元格中的内容在单元格内的位置。用户根据需求可以调整单元格对齐方式，选定操作对象，切换至“表格工具–布局”选项卡，在“对齐方式”命令组中可以根据需要进行选择，如图 2-89 所示。

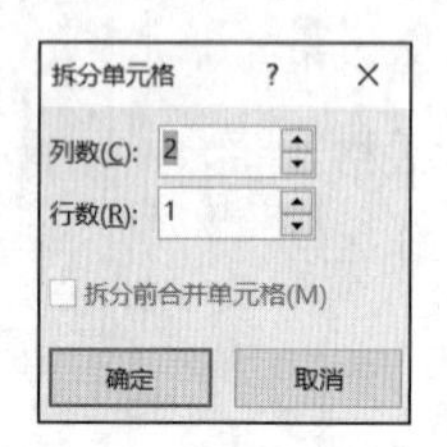

图 2-88 “拆分单元格”对话框

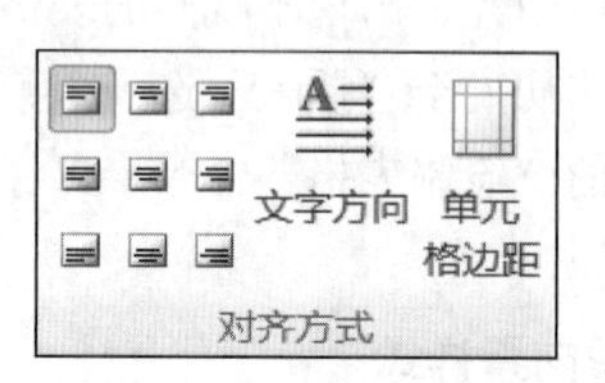

图 2-89 插入表格按钮

6. 设置表格属性

创建和编辑好表格后，往往需要对表格进行格式化设置，表格格式化可通过“表格属性”对话框来完成。右击表格，选择“表格属性”命令，弹出“表格属性”对话框，在其中可完成表格对齐方式、表格尺寸、表格行高和列宽等设置，如图 2-90 所示。

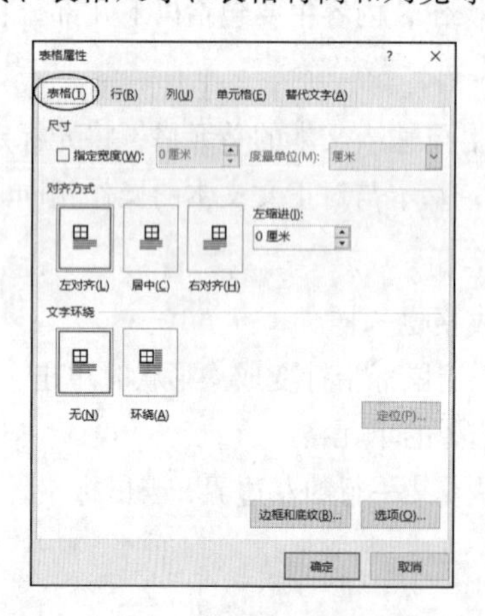

（a）设置对齐方式

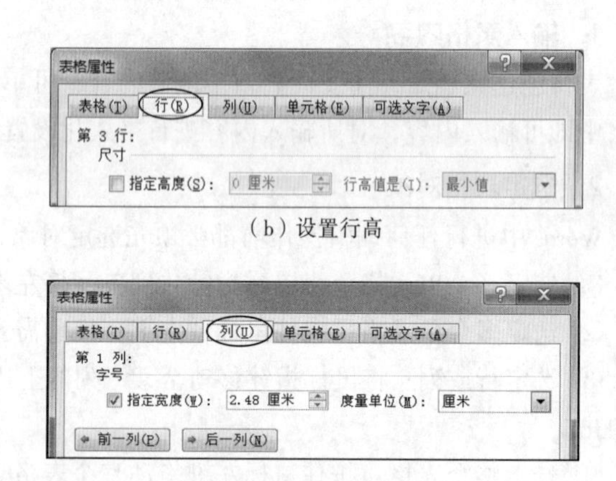

（b）设置行高

（c）设置列宽

图 2-90 表格属性设置

【案例 2-10】 使用 Word 创建“课程表”文档，并保存，效果如图 2-91 所示。

操作步骤如下：

① 启动 Word，单击“新建”按钮，新建名为“课程表”的文档。

② 切换至“插入”选项卡，在“表格”命令组中选择“表格”下拉列表中的“插入表格”命令，弹出“插入表格”对话框，设置“列数”为 6，“行数”为 7，如图 2-92 所示。设置完毕后，单击“确定”按钮，效果如图 2-93 所示。

课程表					
课程 星期 节数	星期一	星期二	星期三	星期四	星期五
第一节	数学	语文	政治	英语	体育
第二节	语文	数学	英语	数学	历史
第三节	英语	体育	语文	历史	语文
第四节	政治	政治	数学	政治	英语
第五节	地理	英语	地理	地理	数学
第六节	体育	历史	体育	体育	政治

图 2-91　课程表

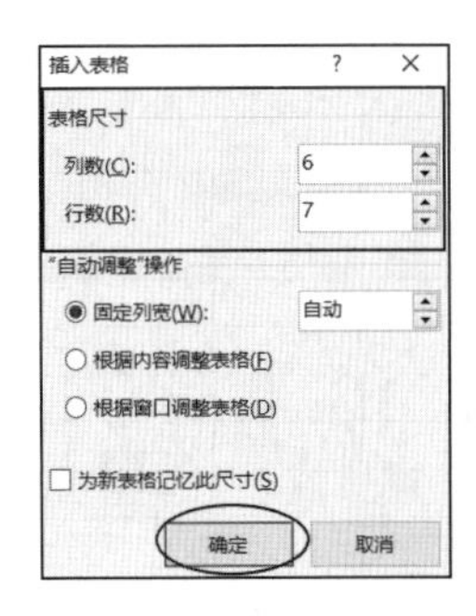

图 2-92　“插入表格”对话框

③ 将光标定位到第 1 行第 1 列的单元格中，利用分隔线将第一行调整到合适的位置。因为 Word 2016 中取消了“插入斜线表头”这项功能，因此需要自行设置。切换至“插入”选项卡，在“插图”命令组中，选择“形状”中的直线，其颜色设为黑色，按图添加即可，接着需要在第一条斜线右侧添加一个无边框的文本框，输入“星期”后，将右侧斜线设为“置于顶层”。中间区域输入“课程”，左侧输入“节数”，字体设为“宋体”，字号设为“六号”，设置完毕后，单击“确定”按钮，效果如图 2-94 所示。

图 2-93　插入表格

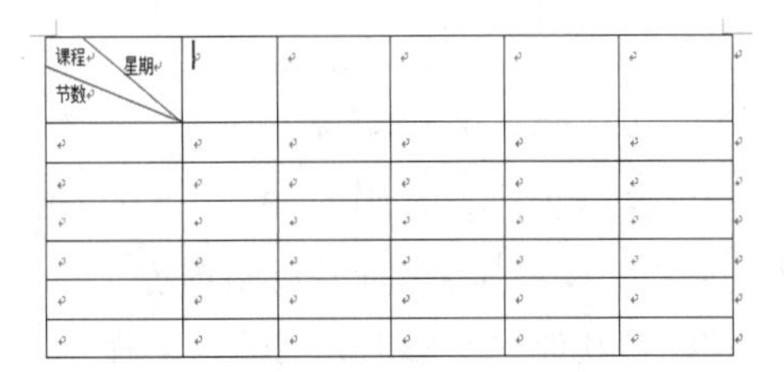

图 2-94　插入斜线

④ 将光标定位在第 1 行中的任意位置并右击，选择“插入”→“在上方插入行”命令（见图 2-95），即可在第一行的上方再插入一行。插入完毕后，效果如图 2-96 所示。

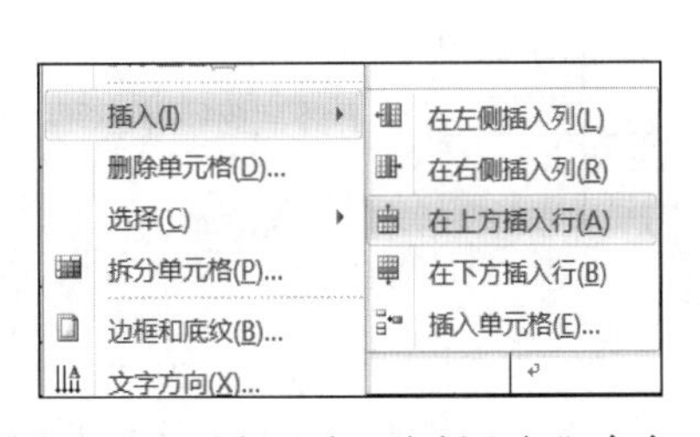

图 2-95　选择“在上方插入行”命令

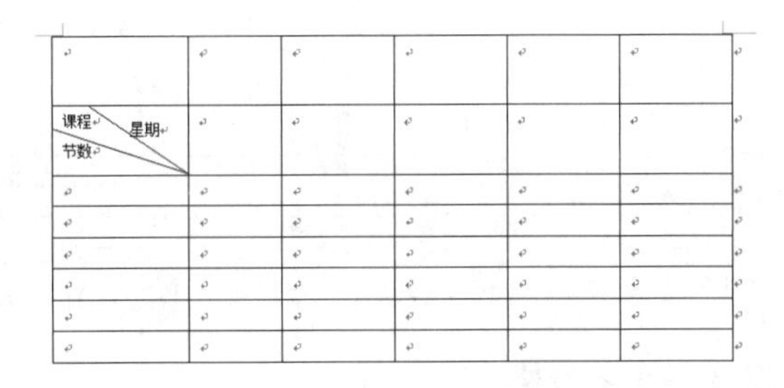

图 2-96　插入行

⑤ 将第 1 行全部选中并右击，选择“合并单元格”命令，将第 1 行所有单元格合并成一个，如图 2-97 所示。

⑥ 在合并后的单元格中输入“课程表”，设置字体为“华文新魏”“一号”“加粗”，并设置居中对齐，效果如图 2-98 所示。

⑦ 将光标定位在第 2 行第 2 列单元格中，输入“星期一”，设置字体为“华文行楷”“小四”“加粗”并右击，选择“单元格对齐方式”→“水平居中”，如图 2-99 所示。使用同样的方式，设置其他几个单元格的内容，并使用统一格式，效果如图 2-100 所示。

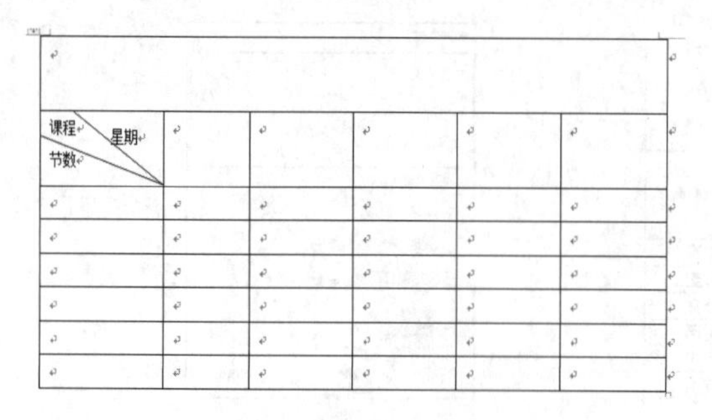

图 2-97 合并单元格

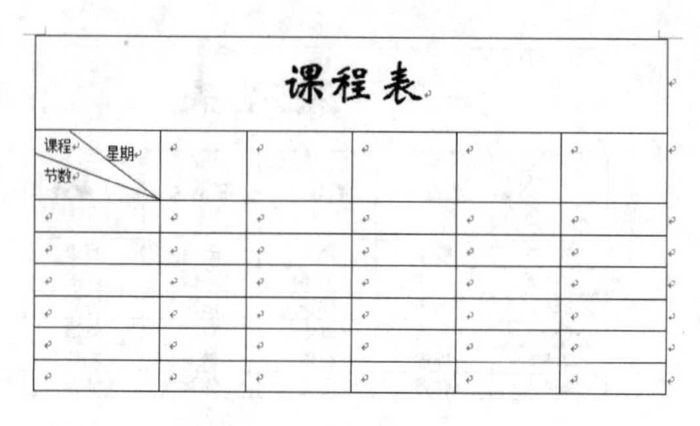

图 2-98 插入表头文字

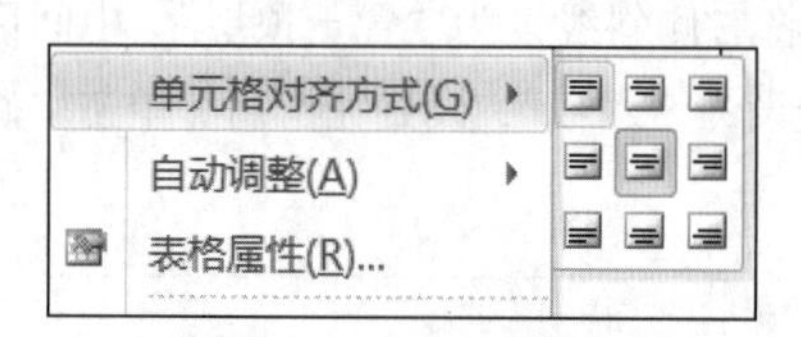

图 2-99 设置水平居中

图 2-100 输入“星期”

⑧ 在第 3 行第 1 列中，输入“第一节”，设为“楷体”“五号”“加粗”并居中对齐；使用同样的方式，设置其他几个单元格内容，并使用统一格式，效果如图 2-101 所示。

⑨ 在其他单元格中分别输入课程，设置字体为“黑体”“小四”并水平居中，最终效果如图 2-101 所示。

课程表					
课程 星期 节数	星期一	星期二	星期三	星期四	星期五
第一节					
第二节					
第三节					
第四节					
第五节					
第六节					

图 2-101 最终效果

2.3.3 美化表格

1. 表格边框和底纹

进行表格设计时，为了更好地突出表格的效果，常对表格的边框和底纹进行美化。选定需要美化的表格，选中整个表格，切换至“设计”选项卡，如图 2-102 所示。

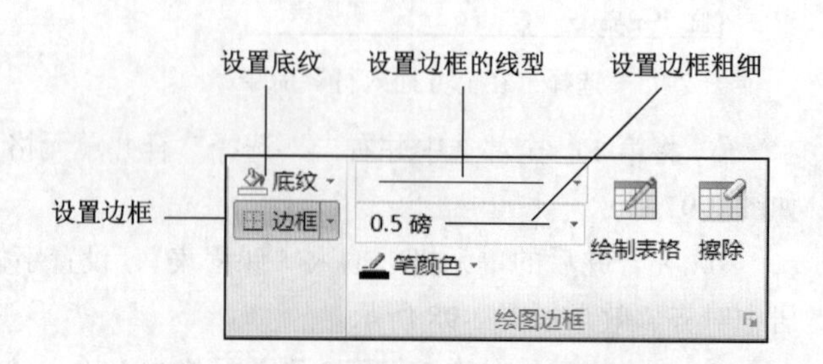

图 2-102 表格的表框和底纹设置

2. 套用表格样式

Word 2016 提供了多种已经设置好的表格格式，节约了用户设计的时间，选中表格，切换到“表格工具–设计”选项卡，单击“表格样式”命令组中的下拉按钮，即可以选择适用的样式，如图 2-103 所示。

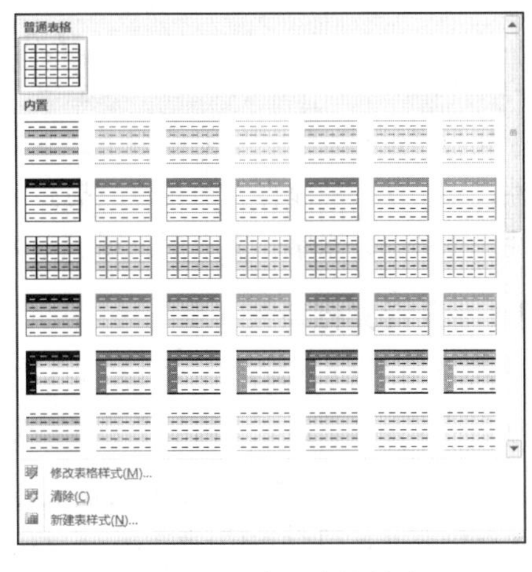

图 2-103　套用表格样式

【案例 2-11】 对创建的“课程表”进行美化设置。

操作步骤如下：

① 打开“课程表”文档，选中表格，在切换至“表格工具-设计”选项卡。

② 在“绘图边框”命令组的“笔样式”“笔画粗细”和“笔颜色”下拉列表中分别选择合适的线型、粗细和颜色，然后即可以在“课程表”中进行美化设置，如图 2-104 所示。

③ 将光标定位在需要填充底纹的单元格中，在“底纹”下拉列表中选择填充的颜色，即可完成单元格底纹的设置。

④ 设置完毕后，保存文档，最终效果如图 2-105 所示。

图 2-104　美化设置

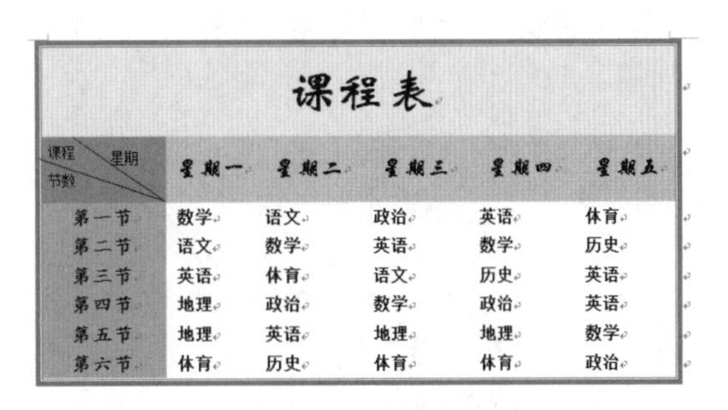

课程表

课程 星期 节数	星期一	星期二	星期三	星期四	星期五
第一节	数学	语文	政治	英语	体育
第二节	语文	数学	英语	数学	历史
第三节	英语	体育	语文	历史	英语
第四节	地理	政治	数学	政治	英语
第五节	地理	英语	地理	地理	数学
第六节	体育	历史	体育	体育	政治

图 2-105　最终效果

2.3.4　上机练习

创建“个人简历”文档，如图 2-106 所示。

个人简历

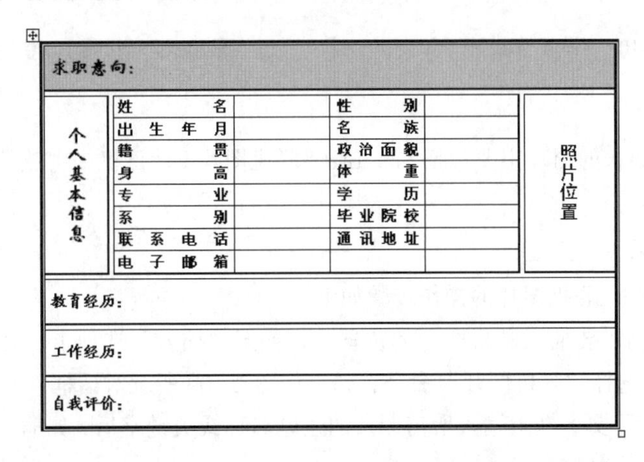

求职意向：					
个人基本信息	姓　名		性　别		照片位置
	出生年月		名　族		
	籍　贯		政治面貌		
	身　高		体　重		
	专　业		学　历		
	系　别		毕业院校		
	联系电话		通讯地址		
	电子邮箱				
教育经历：					
工作经历：					
自我评价：					

图 2-106　个人简历

2.4 图 文 并 茂

使用 Word 2016 不仅能够编辑文本，还可以在文档中插入图形，既能增强文档的直观性和美观性，还会使文档显得生动有趣，提高文档的说服力和感染力。Word 2016 中的插图大致可分为图片、图形、艺术字、文本框、图示等对象。

2.4.1 设置文档背景

Word 中，新建的空白文档默认背景为“无填充效果”（显示白色），用户可以根据实际情况更改文档的背景，增强文档的美观性。操作步骤如下：

① 切换到“设计”选项卡，在“页面背景”命令组的“页面颜色”下拉列表中选择合适的填充颜色即可，如图 2-107 所示。

② 当需要设置其他背景填充效果时，可在“页面颜色”下拉列表中选择“填充效果”命令，弹出如图 2-108 所示的对话框。

③ 在“渐变”“纹理”“图案”“图片”选项卡中可以设置不同的背景效果。

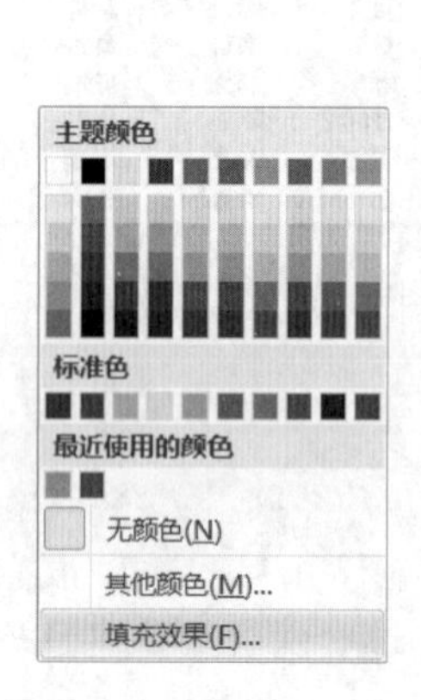

图 2-107 设置背景

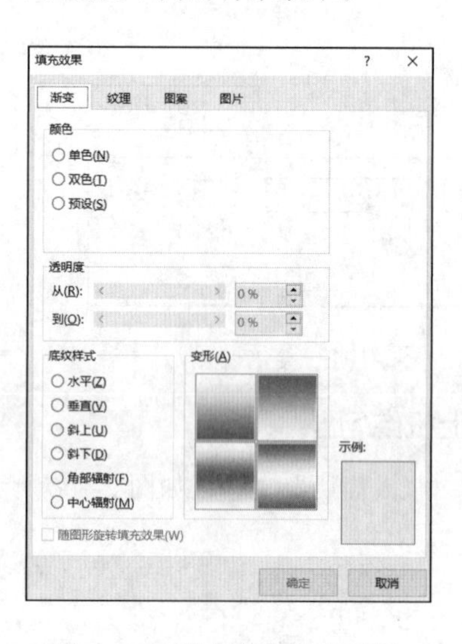

图 2-108 设置其他填充效果

2.4.2 插入图片

Word 2016 中，插入的图片主要包括 SmartArt、联机图片、计算机中存放的图片和从其他程序中导入的图片。

1. 插入联机图片

在 Word 文档中插入联机图片的操作步骤如下：

① 将光标定位到需要插入联机图片的位置，切换至“插入”选项卡，在“插图”命令组中单击“图片”按钮，选择“联机图片”命令，弹出如图 2-109 所示对话框。

② 在“搜索文字”文本框中输入所需图片的主题名称或关键字后，如输入“电脑”，单击“搜索”按钮，结果如图 2-110 所示。

图 2-109 插入图片

图 2-110 搜索图片

③ 搜索结束后，在“搜索结果”框中列出所有匹配的图片，单击其中任意一幅图片就可以将其插入文档中。

2. 插入来自文件的图片

Word 中还可以从计算机中其他位置选择图片插入，插入图片的常用格式有 bmp、gif、webp、jpg 等。操作步骤如下：

① 将光标定位到需要插入图片的位置，切换至“插入”选项卡，在“插图”命令组中单击“图片”按钮，弹出“插入图片”对话框，如图 2-111 所示。

图 2-111 插入来自文件的图片

② 选择存放的图片，单击“插入”按钮，即可完成图片插入。

3. 编辑图片

将图片插入文档后，可对其进行编辑操作，如复制、剪裁、移动、缩放图形、旋转、设置文字图片的环绕等。经常使用“图片格式”选项卡编辑图片，如图 2-112 所示。

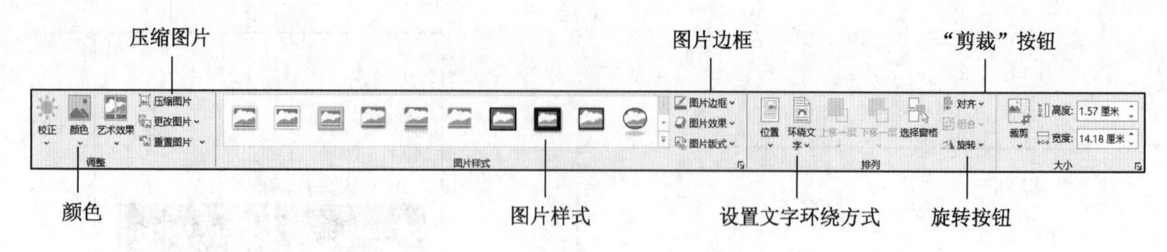

图 2-112 “图片格式”选项卡

（1）设置图片格式

切换至“图片格式”选项卡，在“图片样式”命令组中单击右下角的对话框启动器按钮，弹出“设置图片格式”窗格，如图 2-113 所示。在对话框中有“阴影”“映像”“柔化边缘”等选项，通过设置这些选项，可完成对图片的编辑操作。

（2）设置图片版式

图片版式是图片和周围文字之间的环绕方式，可在“布局”对话框中的“环绕文字”选项卡中设置图片版式，如图 2-114 所示。

① 嵌入型：默认的图片插入版式，将图片置于文本中插入点的位置，看作文本的一部分，与本文位于相同层。

② 四周型：文字环绕在图片边框的四周。

③ 紧密型：文字紧密环绕在图片自身的边缘而不是边框的周围。

④ 穿越型：类似四周型环绕，但是对于某些图片，会导致文字更紧密地环绕图片。

⑤ 上下型：图片在两行文字中间，旁边没有文字。

⑥ 浮于文字上方：取消了文本的环绕，使图片位于文字的上方，并遮住图片下的文字。

⑦ 衬于文字下方：取消了文本的环绕，使图片位于文字的下方，文字浮于图片之上。

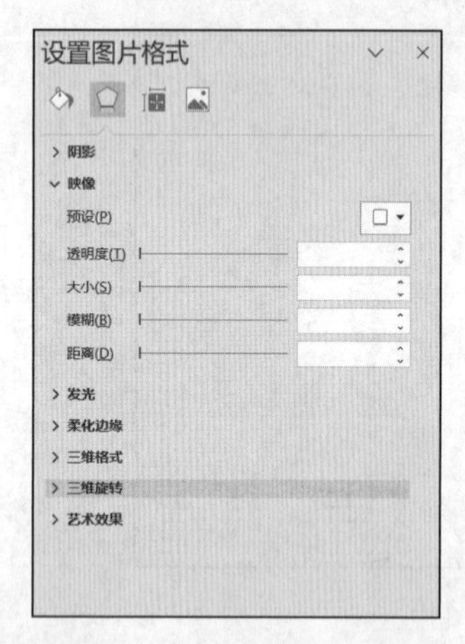

图 2-113 “设置图片格式”窗格

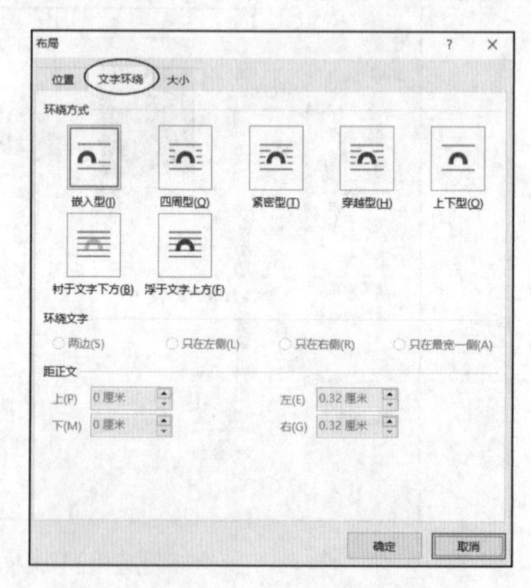

图 2-114 设置图片版式

【案例 2-12】制作关于介绍“西湖”的文档。

操作步骤如下：

① 启动 Word，单击“新建”按钮，新建一个名为“西湖”的文档，输入本文内容，如图 2-115 所示。

② 将光标定位到需插入图片的位置，切换至“插入”选项卡，在“插图”命令组中单击“图

片”按钮，弹出“插入图片”对话框。

③ 选择需要的图片，单击“插入”按钮，如图 2-116 所示。

西湖简介

西湖最早称武林水。《汉书・地理志》：“钱唐，西部都尉治。武林山，武林水所出，东入海，行八百三十里。”后又有钱水、钱唐湖、明圣湖、金牛湖、石涵湖、上湖、潋滟湖、放生池、西子湖、高士湖、西陵湖、龙川、销金锅、美人湖、贤者湖、明月湖诸般名称，但是只有两个名称为历代普遍公认，并见诸于文献记载：一是因杭州古名钱塘，湖称钱塘湖；一是因湖在杭城之西，故名西湖。最早出现的“西湖”名称，是在白居易的《西湖晚归回望孤山寺赠诸客》和《杭州回舫》这两首诗中。北宋以后，名家诗文大都以西湖为名，钱塘湖之名逐渐鲜为人知。而苏轼的《乞开杭州西湖状》，则是官方文件中第一次使用“西湖”这个名称。

图 2-115　输入文本

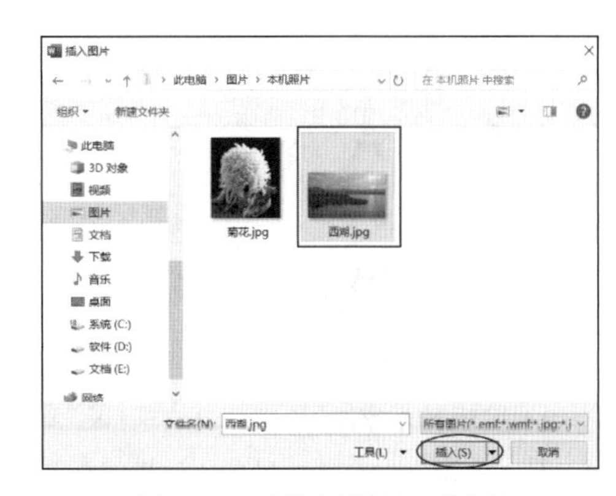

图 2-116　“插入图片”对话框

④ 单击“排列”命令组中的“环绕文字”按钮，在弹出的下拉列表中选择“紧密型环绕”，如图 2-117 所示。

⑤ 拖动图片至文档的适当位置，设置完毕后，单击“保存”按钮，最终效果如图 2-118 所示。

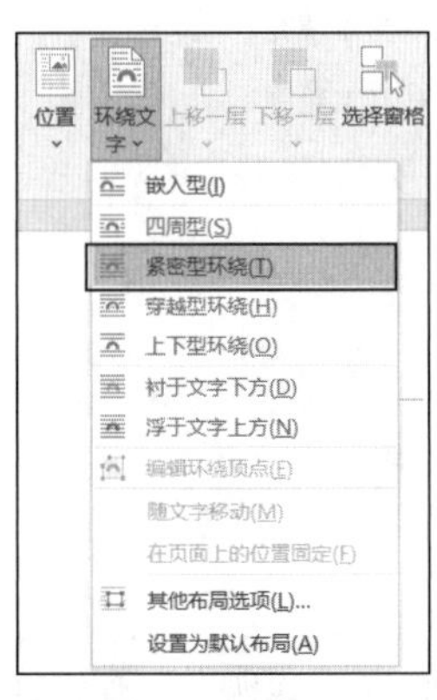

图 2-117　设置环绕类型

西湖简介

西湖最早称武林水。《汉书・地理志》：“钱唐，西部都尉治。武林山，武林水所出，东入海，行八百三十里。”后又有钱水、钱唐湖、明圣湖、金牛湖、石涵湖、上湖、潋滟湖、放生池、西子湖、高士湖、西陵湖、龙川、销金锅、美人湖、贤者湖、明月湖诸般名称，但是只有两个名称为历代普遍公认，并见诸于文献记载：一是因杭州古名钱塘，湖称钱塘湖；一是因湖在杭城之西，故名西湖。最早出现的“西湖”名称，是在白居易的《西湖晚归回望孤山寺赠诸客》和《杭州回舫》这两首诗中。北宋以后，名家诗文大都以西湖为名，钱塘湖之名逐渐鲜为人知。而苏轼的《乞开杭州西湖状》，则是官方文件中第一次使用“西湖”这个名称。

图 2-118　最终效果

2.4.3　插入艺术字

艺术字是具有特殊效果的文字，Word 2016 提供了艺术字工具，为用户增添了更加美观的文字效果。

1. 插入艺术字

操作步骤如下：

① 将光标定位到需要插入艺术字的位置，或选中需要设置为艺术字体的文字，切换至“插入”选项卡，在“文本”命令组中单击“艺术字”按钮，弹出“艺术字样式”列表框，如图 2-119 所示。

② 在列表框中选择一种艺术字样式，单击便插入一个应用了样式的艺术字文本框，如图 2-120 所示。

③ 在文本框中输入文字内容，即可完成插入艺术字操作。

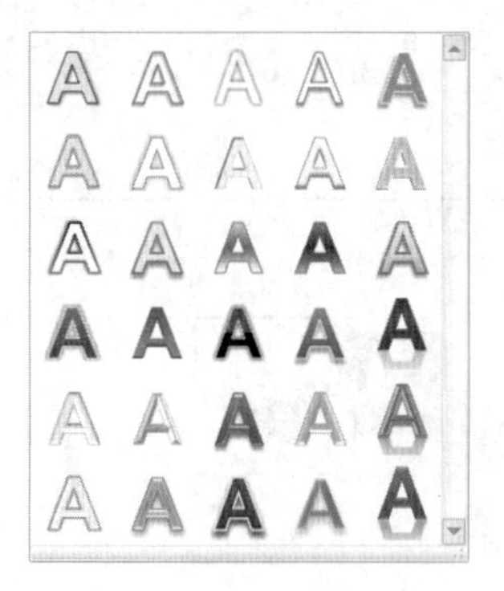

图 2-119　艺术字库

图 2-120　编辑艺术字

2．编辑艺术字

用户在创建艺术字效果后，如果对效果不满意，可对其重新修改样式。选中需要修改的文本，切换到“绘图工具–格式”选项卡，在“艺术字样式”命令组中进行修改（见图 2-121），或者单击右下角的对话框启动器按钮，在弹出的窗格中进行设置。

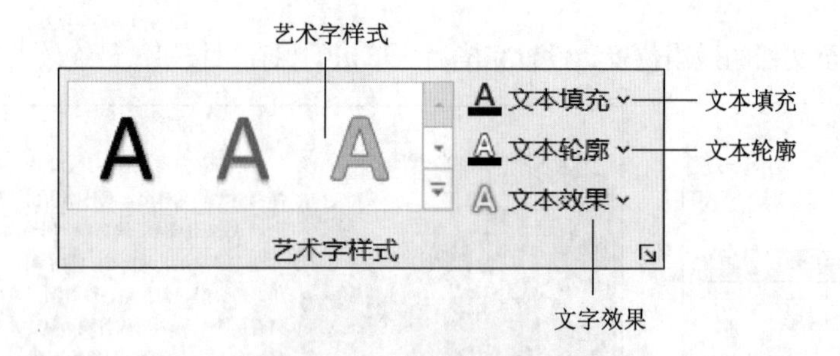

图 2-121　“艺术字样式”命令组

【案例 2-13】为“西湖”文档添加艺术字。

操作方法及步骤：

① 打开“西湖”文档，选中标题文字“西湖简介”，切换至“插入”选项卡，在“文本”命令组中单击“艺术字”按钮，弹出“艺术字样式”列表框，选择第 2 行第 2 种样式。

② 插入一个应用了样式的艺术字文本框，参见图 2-120。在艺术字文本框中输入文本“西湖简介”，选中该文本并右击，在弹出的快捷菜单中选择“字体”命令，弹出“字体”对话框，设置字体为“华文新魏”、40 号、加粗，单击“确定”按钮，效果如图 2-122 所示。

西湖简介

西湖最早称武林水。《汉书·地理志》：“钱唐，西部都尉治。武林山，武林水所出，东入海，行八百三十里。”后又有钱水、钱唐湖、明圣湖、金牛湖、石涵湖、上湖、潋滟湖、放生池、西子湖、高士湖、西陵湖、龙川、销金锅、美人湖、贤者湖、明月湖诸般名称，但是只有两个名称为历代普遍公认，并见诸于文献记载：一是因杭州古名钱塘，湖称钱塘湖；一是因湖在杭城之西，故名西湖。最早出现的“西湖”名称，是在白居易的《西湖晚归回望孤山寺赠诸客》和《杭州回舫》这两首诗中。北宋以后，名家诗文大都以西湖为名，钱塘湖之名逐渐鲜为人知。而苏轼的《乞开杭州西湖状》，则是官方文件中第一次使用“西湖”这个名称。

图 2-122　插入艺术字

③ 选中该文本，切换到“格式”选项卡，在“艺术字样式”命令组中单击“文本填充”下拉按钮，在弹出的列表框中选择橙色（见图 2-123），在“文本效果”中选择“转换”中的“倒 V 形”，最终效果如图 2-124 所示。

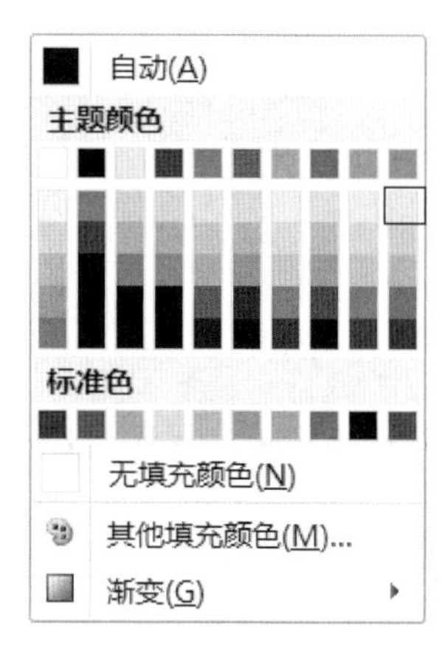

图 2-123　设置艺术字颜色

图 2-124　最终效果

2.4.4　形状的应用

Word 2016 提供了一套简易的绘图工具，可制作出简单的图形，如线条、箭头、流程图、连接符等。

在“插入”选项卡的“插图”命令组中单击“形状”按钮，在弹出的列表框中选择某种图形后（见图 2-125），在工作区拖动，即可绘制出相应的图形，如图 2-126 所示。

图 2-125　绘图工具列表框

图 2-126　笑脸图形

绘制好形状后，可对其进行编辑修改，切换至“格式”选项卡，在“形状样式”命令组中进行修改，或者单击“形状样式”命令组中右下角的对话框启动器按钮，弹出“设置形状格式”窗格，如图 2-127 所示。在该窗格中可以完成对图形填充、线条颜色、线型、阴影等设置。

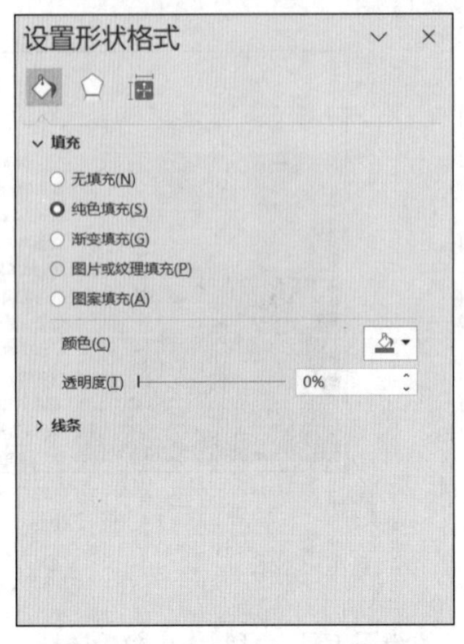

图 2-127 “设置形状格式”窗格

2.4.5 插入图表

在 Word 2016 中创建图表的方法非常简单，因为系统自带了很多图表类型，只需根据实际需要进行选择即可，如图 2-128 所示。

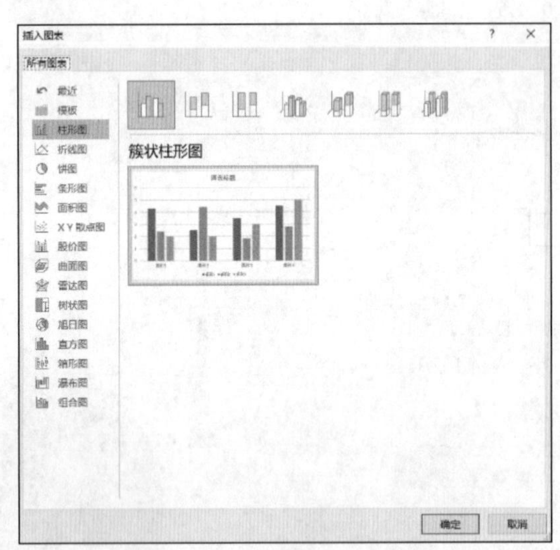

图 2-128 “插入图表”对话框

2.4.6 文本框的使用

文本框是一种可以移动、可以调整大小、可以添加文字或图片的图形容器，使用文本框可以使文档编辑更加灵活方便。

1. 绘制文本框

Word 2016 提供 44 种文本框样式，根据实际情况，在“文本框”下拉列表中选择即可。通常情况下，根据文本框中的文本排列方向，可以将文本框分为“横排”和“竖排”两种形式，可以在创建文本框的同时设置文本框中的文字方向。绘制文本框的方法很简单，选择“插入”选项卡“文本”命令组中的“文本框”下拉按钮，选择所需要的文本框，然后在工作区拖动绘制即可，如图 2-129 所示。

2. 编辑文本框

绘制完成后，在“格式”选项卡下对其进行设置，或者单击“艺术字样式”命令组右下角的对话框启动器按钮，在弹出的“设置形状格式”窗格中进行设置，可以完成对文本框大小、颜色、线条、填充等的设置，如图 2-130 所示。

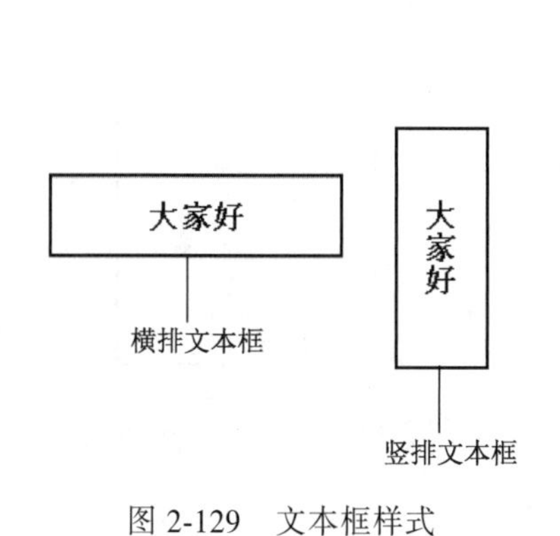

图 2-129　文本框样式

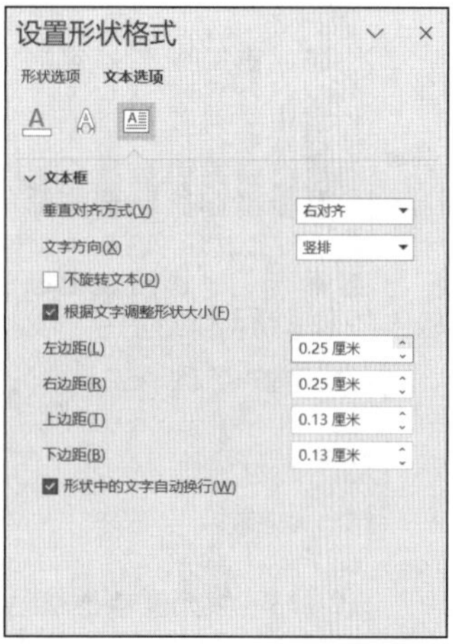

设置形状格式
形状选项　文本选项
文本框
垂直对齐方式(V)　右对齐
文字方向(X)　竖排
不旋转文本(D)
根据文字调整形状大小(F)
左边距(L)　0.25 厘米
右边距(R)　0.25 厘米
上边距(T)　0.13 厘米
下边距(B)　0.13 厘米
形状中的文字自动换行(W)

图 2-130　“设置形状格式”窗格

◎小技巧

选择一个文本框，按住【Shift】键的同时再选择其他文本框，单击“文本”命令组中的“创建连接”按钮，即可链接文本框。

◎温馨提示

为“西湖”文档添加文本框。

操作步骤如下：

① 打开“西湖”文档，将光标定位在空白处，单击“插入”选项卡“文本”命令组中的“文本框”按钮，在下拉列表中选择“绘制竖排文本框”命令，然后在工作区绘制一个“竖排文本框”，如图 2-131 所示。

② 单击文本框，输入文字“保护环境”，设置字体为三号、黑体、加粗，居中对齐，如图 2-132 所示。

③ 双击文本框，在“设计”选项卡“形状样式”命令组的“形状填充”下拉列表中选择“黄色”，如图 2-133 所示；在“排列”命令组中设置“四周环绕型”，如图 2-134 所示。

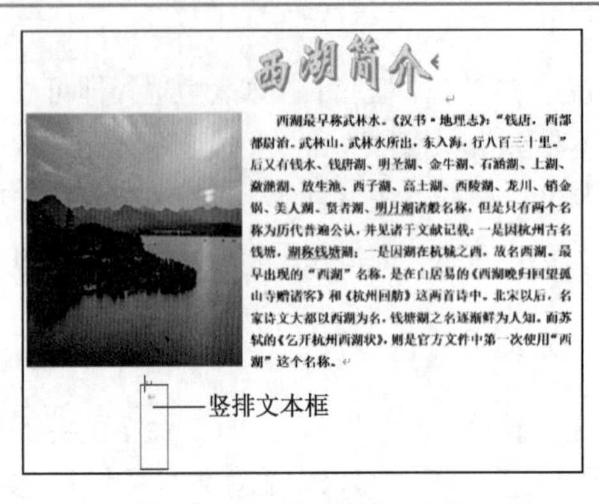

图 2-131　添加竖排文本框

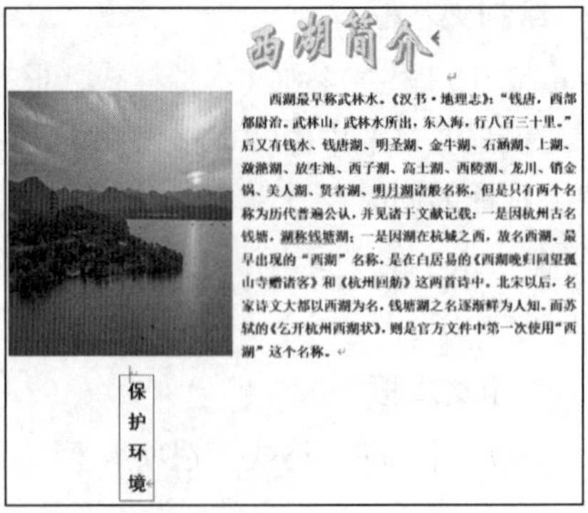

图 2-132　给文本框中添加文字

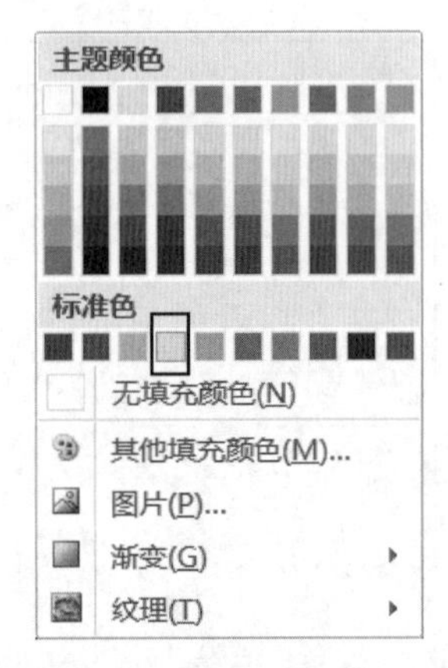

图 2-133　填充文本框颜色

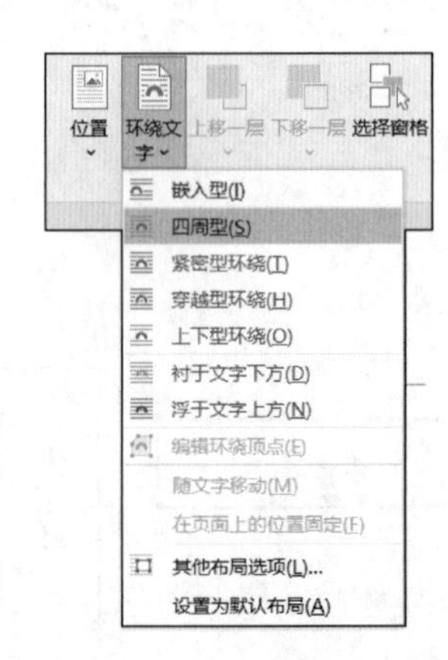

图 2-134　设置文本框版式

④ 移动文本框至文档右侧，最终效果如图 2-135 所示。

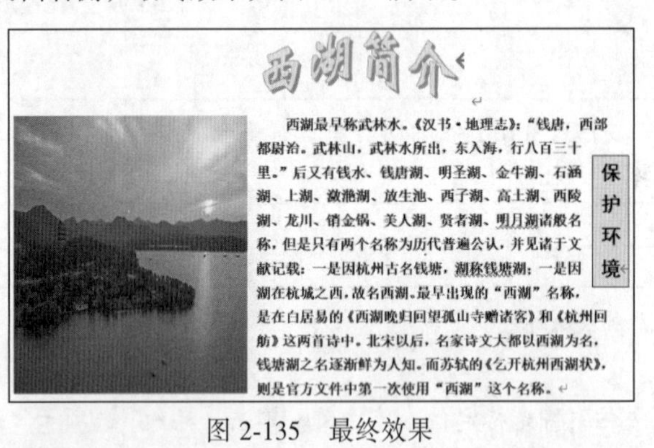

图 2-135　最终效果

2.4.7　插入 SmartArt 图形

编辑办公文档时，对于很多具有结构性的文本，经常使用 SmartArt 图形来表示。Word 2016 提供了几种专业的图形，方便用户使用。

1. 插入 SmartArt 图形

插入 SmartArt 图形的方法很简单，切换至“插入”选项卡，在“插图”命令组中单击 SmartArt

按钮，弹出如图 2-136 所示的对话框。用户可以根据实际需求选择合适的类型，单击“确定”按钮即完成插入，效果如图 2-137 所示。

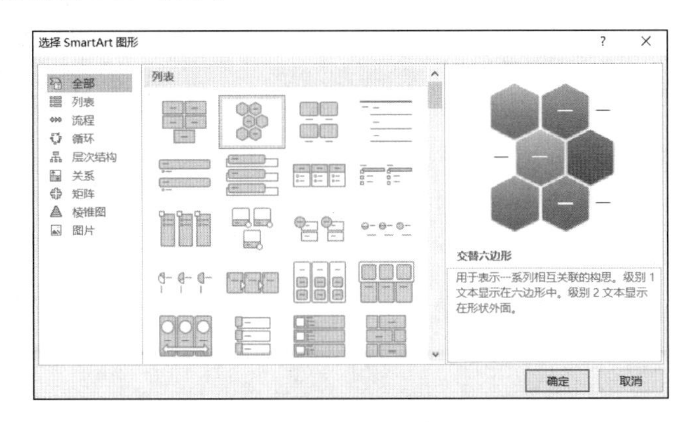

图 2-136　“选择 SmartArt 图形”对话框

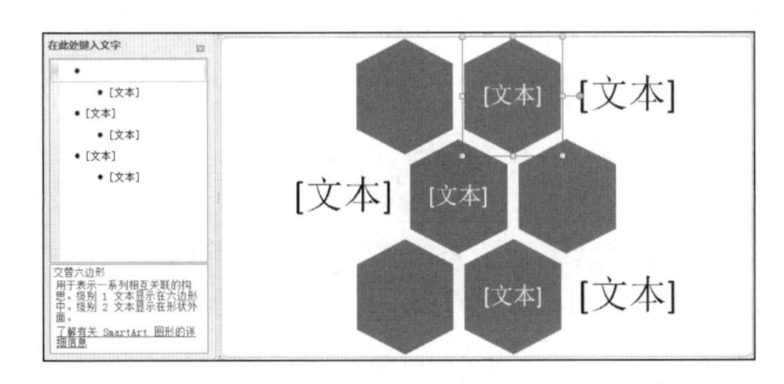

图 2-137　图形样式

2．编辑 SmartArt 图形

插入图形后，在“SmartArt 设计”选项卡中可以进一步对“图形”进行编辑和修改，如图 2-138 所示。

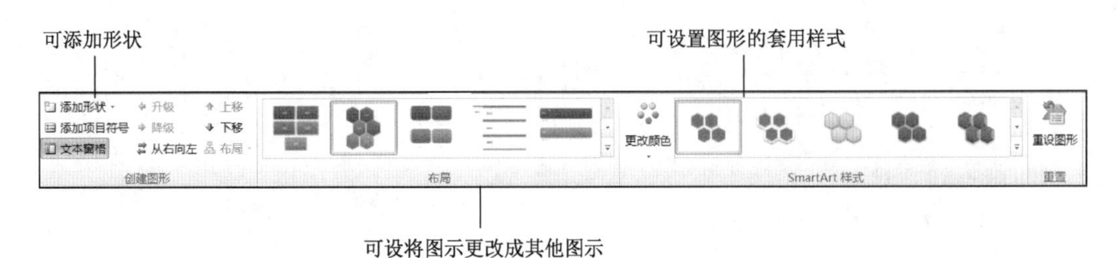

图 2-138　“设计”选项卡

【实例 2-14】制作一个学校机构组织图。

操作步骤如下：

① 启动 Word，单击“新建”按钮，新建一个空白文档，切换至“插入”选项卡，在“插图”命令组中单击 SmartArt 按钮，弹出“选择 SmartArt 图形”对话框。

② 选择“层次结构”中的“组织结构图”选项，如图 2-139 所示。

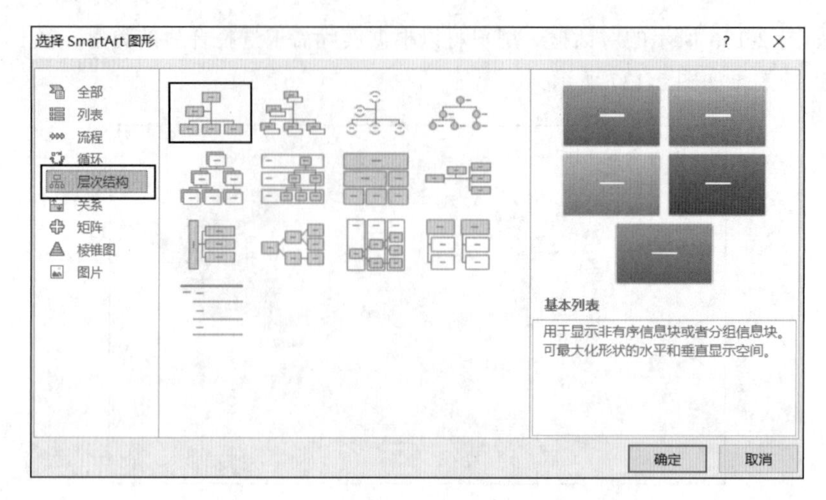

图 2-139 “选择 SmartArt 图形”对话框

③ 单击“确定”按钮，插入组织结构图，将第二排的图形删除，在其中输入文本内容，如图 2-140 所示。

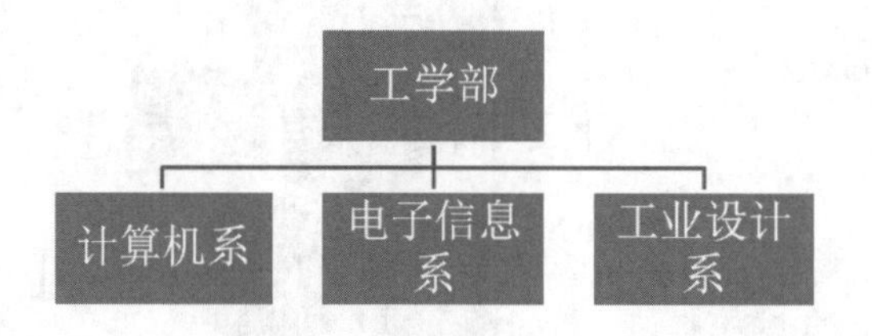

图 2-140 插入图形

④ 在“SmartArt 设计”选项卡的“SmartArt 样式”组中单击“更改颜色”下拉按钮，弹出如图 2-141 所示的列表框。选择一种颜色样式，最终效果如图 2-142 所示。

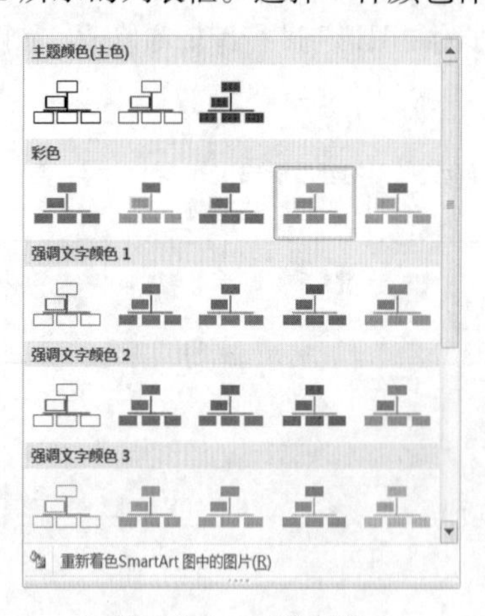

图 2-141 更改颜色

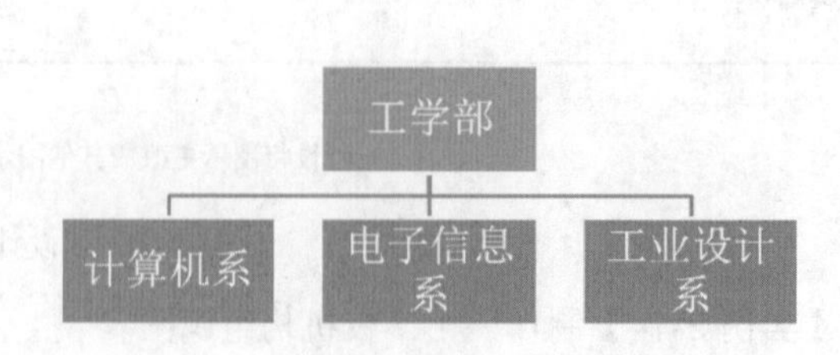

图 2-142 最终效果

2.4.8 上机练习

① 制作小学生看图识字卡片，如图 2-143 所示。

② 制作“奖状”，如图 2-144 所示。

图 2-143　看图识字卡片

图 2-144　奖状

习　题

1. 新建 Word 文档，输入如图 2-145 所示内容，并将文档按以下要求排版：

（1）将文档标题“大连自然博物馆”设置为艺术字效果。

（2）将正文第一段内容设置为 4 号、宋体、加粗。

（3）设置首字下沉效果。

（4）将正文中最后一段加上线宽为 2.25 磅的红色阴影边框，并设置 10%的绿色底纹。

（5）所有段落字符间距为加宽 3 磅，段前段后 1 行，行间距为固定值 20 磅。

（6）添加页眉，页眉文字为“地理文化”，居中对齐。

（7）设置页面纸张大小为 16 开，页边距上、下、左、右均为 3.5 厘米。

2. 新建 Word 文档，输入文本，如图 2-146 所示，对文本进行排版设计，最终效果如图 2-147 所示。

3. 按照图 2-148 所示制作个人简历。

大连自然博物馆

大连自然博物馆，位于辽宁省大连市沙河口区黑石礁西村街 40 号，是一座集地质、古生物、动物、植物标本收藏、研究、展示于一体的综合性自然科学博物馆，建筑面积 1.5 万平方米，展览面积 1 万平方米，拥有 27 万平方米海域。

截至 2019 年末，大连自然博物馆有藏品数量 150297 件，珍贵文物 513 件。根据官网信息，截至 2022 年 8 月，大连自然博物馆有各种标本近 20 万件，珍贵标本 6 千余件。馆藏特点是海洋生物标本和“热河生物群”化石标本，其中海兽标本 20 余种，其种类和数量在国内自然史博物馆中是最多的，其中重达 66.7 吨的黑露脊鲸标本。

参观大连自然博物馆，参观者会看到包括恐龙、海洋生物、东北森林动物和湿地在内的 11 个展厅。馆内提供触摸式多媒体计算机、大屏幕电视等丰富的教育服务设施，以及休息区、多功能厅、商店和餐饮等设施，提供了一个舒适便利的欣赏环境。博物馆架设起人类与自然沟通的桥梁，为参观者提供了深入了解自然世界的独特机会。

图 2-145　输入文字

A 品牌的魅力

一品好茶，传承经典。

A 品牌，作为一家备受欢迎的饮品品牌，致力于打造优质的茶饮产品，迅速在全国范围内崭露头角。如今，A 品牌在我国各大城市设有数百家连锁店，成为许多消费者心中的健康饮品首选。

A 品牌的诞生故事充满着创新与匠心精神。最早的 A 品牌产品包括经典奶茶、茉莉绿茶和乌龙茶三种口味，后来逐渐扩展到包括水果茶、奶盖茶等多种特色口味。如今，A 品牌已经成为饮品界的顶级品牌，更被视为对品质生活的象征。

A 品牌的品质也体现在其精心挑选的原料上。一杯 A 品牌饮品，售价在 30 至 40 元之间，被誉为“饮品界的翘楚”。A 品牌的饮品选用上等茶叶和新鲜水果，保证了其丰富的口感和卓越的品质。A 品牌坚持使用天然原料，不需任何人工添加剂，就能呈现出最纯正的风味。

A 品牌提供多种口味，包括经典奶茶、茉莉绿茶、乌龙茶、水果茶、奶盖茶等。无论哪种口味，都能带给你极致的味觉享受。

图 2-146　输入文字

A 品牌的魅力

——一品好茶，传承经典

A品牌，作为一家备受欢迎的饮品品牌，致力于打造优质的茶饮产品，迅速在全国范围内崭露头角。如今，A 品牌在我国各大城市设有数百家连锁店，成为许多消费者心中的健康饮品首选。

A 品牌的诞生故事充满着创新与匠心精神。最早的 A 品牌产品包括经典奶茶、茉莉绿茶和乌龙茶三种口味，后来逐渐扩展到包括水果茶、奶盖茶等多种特色口味。如今，A 品牌已经成为饮品界的顶级品牌，更被视为对品质生活的象征。

A 品牌的品质也体现在其精心挑选的原料上。一杯 A 品牌饮品，售价在 30 至 40 元之间，被誉为“饮品界的翘楚”。A 品牌的饮品选用上等茶叶和新鲜水果，保证了其丰富的口感和卓越的品质。A 品牌坚持使用天然原料，不添任何人工添加剂，就能呈现出最纯正的风味。A 品牌提供多种口味，包括经典奶茶、茉莉绿茶、乌龙茶、水果茶、奶盖茶等，无论哪种口味，都能带给你极致的味觉享受。

口味

- 经典奶茶
- 茉莉绿茶
- 乌龙茶
- 水果茶
- 奶盖

图 2-147 最终效果

个人简历

基本信息						
姓名		性别		出生年月日		
民族		学历		政治面貌		
身份证号		工作年限				
目前所在地		户口所在地				
求职意向						
职位类别		期望工资				
职位名称		工作地点				
教育经历						
时间	所在学校	学历				
工作经历						
时间	所在公司	担任职位	离职原因			
自我评价						

图 2-148 个人简历

4. 将图 2-149 所示的“爱晚亭”文档添加如下操作：

（1）将文中的“杜牧之”替换为“杜牧”。

（2）将第二段（“爱晚亭”始建于……）移到第一段（爱晚亭与安徽滁县……）的前面。

（3）所有文字设置为宋体、五号、两端对齐。

（4）调整后的第二段（爱晚亭与安徽滁县……）的段前间距设为 0.5 行。

（5）设置调整后的第二段为首字下沉（下沉行数为 2）。

（6）在调整后的第二段最后一句上添加波浪线。

（7）插入艺术字题目，文字为“爱晚亭”（采用艺术字库中的第二行第二列样式），宋体，字号 40，居中。

（8）将调整后的第一段设置为两栏。

（9）插入文本框，输入：长沙景点，字体为华文新魏，字形加粗，字号四号，颜色为红色，字符间距紧缩 0.8 磅。

文本框版式为四周型环绕，填充颜色为橙色，边框线型为双线并将其垂直位于最左侧。

（10）正文中插入图片，图片高度设置为 4 厘米，版式采用“四周型”，将图片拖到适当的位置。

（11）在调整后的第二段添加底纹背景。

爱晚亭与安徽滁县的醉翁亭（1046）、杭州西湖的湖心亭（1552）、北京陶然亭公园的陶然亭

（1695）并称中国四大名亭。

爱晚亭始建于清乾隆五十七年（1792 年），原名红叶亭，又名爱枫亭，后据杜牧之“停车坐爱枫林晚，霜叶红于二月花”诗意，将亭改名为爱晚亭。爱晚亭位于岳麓山下清风峡中，亭坐西向东，三面环山，古枫参天。亭顶重檐四披，攒尖宝顶，四翼角边远伸高翘，覆以绿色琉璃筒瓦。

图 2-149　输入文字

第3章 Excel 2016 电子表格处理

Excel 2016 是 Microsoft 公司开发的一款电子表格软件。它是 Office 2016 的组成部分，具有强大的电子表格处理功能。利用该软件，用户不仅可以制作各类精美的电子表格，还可以用来组织、计算和分析各种类型的数据，方便地制作复杂的图表和财务统计表，它是目前软件市场使用最方便、功能最强大的电子表格制作软件之一。

本章主要介绍 Excel 2016 中工作簿和工作表的管理，单元格的引用和格式设置，输入数据的方法，公式和函数的使用，图表的创建，数据的排序、汇总、筛选，以及数据透视表的创建、工作表的打印等。

3.1 Excel 2016 概述

3.1.1 Excel 的用途

Excel 的用途非常广泛，主要表现在以下几方面：

① 较强的制表能力：Excel 既可以自动生成规范的表格，也可以根据用户的要求生成复杂的表格，而且表格的编辑、修改十分灵活方便。

② 较强的数据处理和数据链接能力：用户可以通过在单元格中建立公式实现数据的自动处理和链接。

③ 内置了大量的函数：用户可以直接引用这些函数，极大地方便了用户对各种数据处理的需求。

④ 具有便捷的图表生成能力：用户可以根据表格中枯燥的数据迅速便捷地生成各种直观生动的图表，并且还允许用户根据需要修改及自定义图表。

⑤ 具有较强的格式化数据表格和图表的能力：用户可以方便灵活地使用 Excel 提供的格式化功能，使生成的数据表格或图表更加美观、清晰。

⑥ 具有较强的打印控制能力：既允许用户通过屏幕预览打印效果，也允许用户控制调整打印格式。

⑦ 具有较强的数据分析和管理能力：用户可以使用 Excel 提供的数据分析工具进行数据分析，使用 Excel 提供的数据管理功能对表格中的数据进行排序或筛选。

⑧ 具有较强的数据共享能力：Excel 可以与其他应用系统相互交换共享工作成果。特别是 Excel 既可以方便地从数据库文件中获取记录，还可以将 Excel 的工作簿文件直接转换为数据库文件。

3.1.2 Excel 2016 新增的功能

在 Excel 2016 中，不仅继承了原有 Excel 版本的优秀功能，还新增了若干更人性化的功能，以使用户做出更明智的业务决策。下面简要介绍一下 Excel 2016 新增的一小部分功能：

1. Clippy 助手回归——Tell Me 搜索栏

Tell Me 搜索栏（见图 3-1）是 Excel 2016 功能区上的一个文本框，其中显示“告诉我您想要做什么”。 这是一个文本字段，用户可以在其中输入与接下来要执行的操作相关的字词和短语，快速访问要使用的功能或要执行的操作；还可以选择获取与要查找的内容相关的帮助，或者对输入的术语执行智能查找。

图 3-1 Tell Me 搜索栏

2. 墨迹公式

用户可以任何时间转到“插入”→“公式”→“墨迹公式”，打开墨迹公式手写界面（见图 3-2）以便在工作簿中包含复杂的数学公式。如果用户拥有触摸设备，则可以使用手指或触摸笔手动写入数学公式，Excel 会将其转换为文本。如果用户没有触摸设备，也可以使用鼠标写入。此外，还可以在进行过程中擦除、选择以及更正所写入的内容。

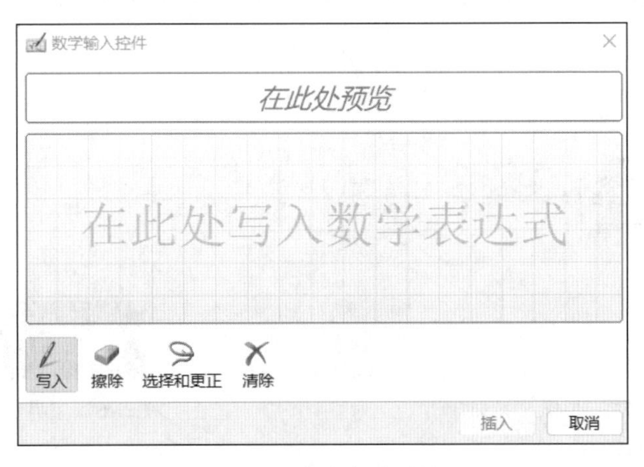

图 3-2 墨迹公式手写界面

3. 智能查找功能

微软在 Excel 2016 中加入了与 Bing(必应)搜索功能，用户无须离开表格，可以直接调用搜索引擎在在线资源中智能查找相关内容，如图 3-3 所示。

4. 新增六种图表类型

可视化对于有效的数据分析至关重要。在 Excel2016 中，添加了六种新图表，用于帮助创建财务或分层信息的一些最常用的数据可视化和显示数据中的统计属性，如图 3-4 所示。在“插入”选项卡的“图表”命令组中单击“插入层次结构图表”按钮，可使用“树状图”或“旭日图”图表，单击“插入瀑布图或股价图”按钮可使用“瀑布图”，或单击“插入统计图表”按钮使用“直方图”或“箱形图”。

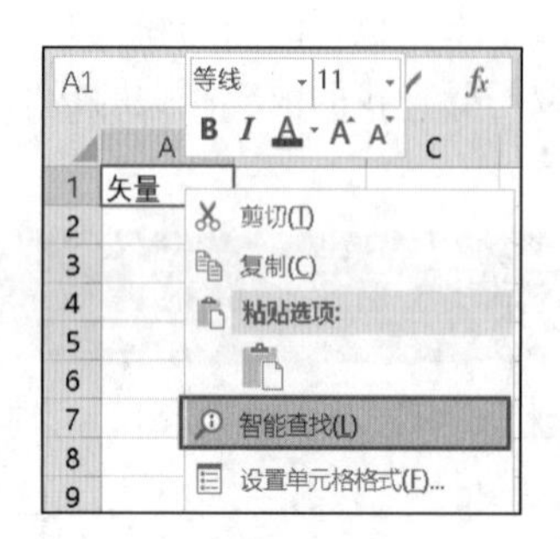

图 3-3 智能查找功能

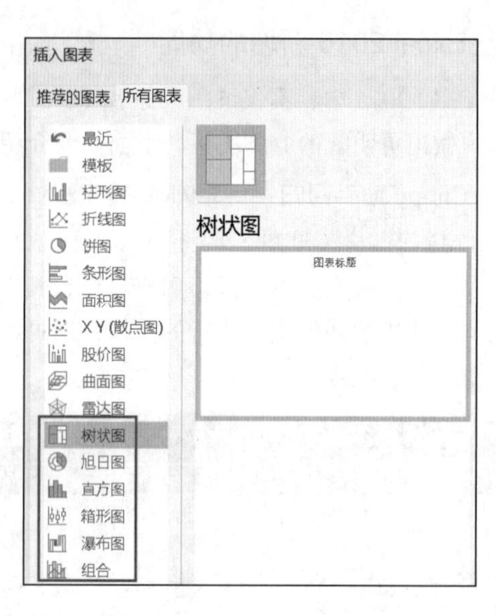

图 3-4 Excel 新增图表

5. 简化文件共享与发布操作

Excel 2016 将共享功能和 OneDrive 进行了整合，对文件共享进行了大幅简化，如图 3-5 所示。主界面的“共享“按钮如图 3-6 所示。“文件”菜单的“发布”界面如图 3–7 所示。

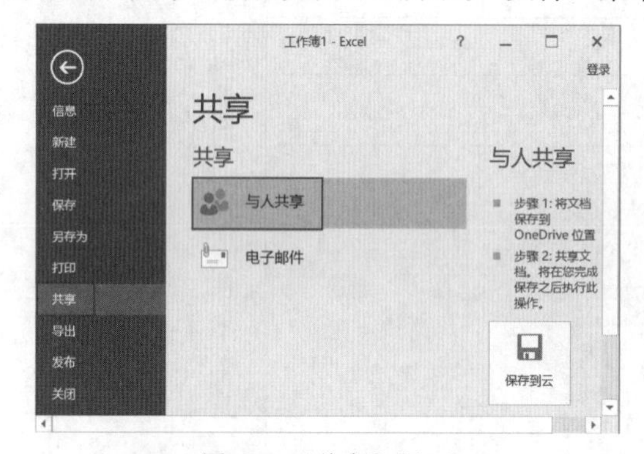

图 3-5 “共享”界面

图 3-6 主界面的“共享”按钮

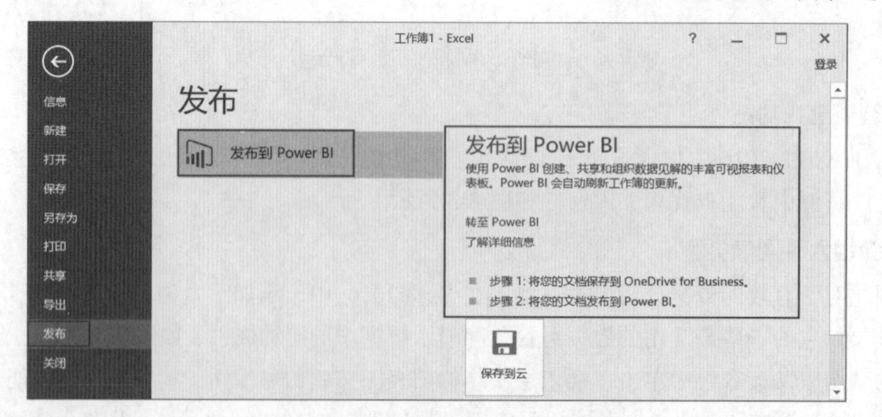

图 3-7 “文件”菜单的“发布”界面

6．新增主题颜色

现在可以应用三种 Office 主题：彩色、深灰色和白色。若要访问这些主题，可选择“文件”→“选项”→“常规”选项，然后单击“Office 主题”旁的下拉按钮，如图 3-8 所示。

图 3-8　新增主题颜色

7．界面扁平化，新增触摸模式

Excel 2016 的触摸模式，字体间隔更大，更利于使用手指直接操作，如图 3-9 所示。

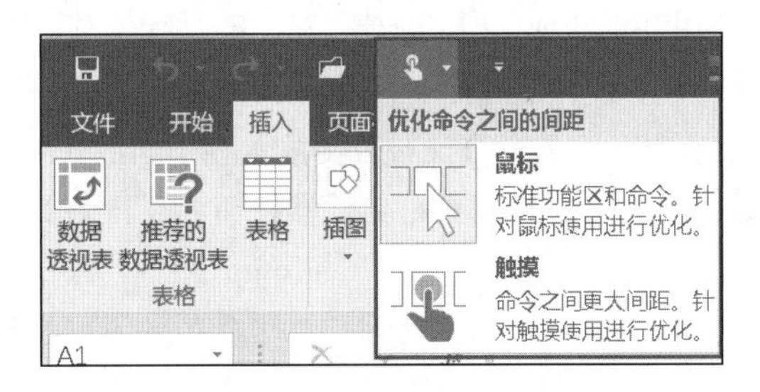

图 3-9　新增触摸模式

3.1.3　Excel 2016 的启动及窗口组成

1．启动 Excel 2016

启动 Excel 2016 的方法有如下三种：

方法一：使用“开始”菜单。单击桌面左下方的“开始”按钮，弹出“所有应用”窗口，选择 Excel 2016 应用程序即可启动，如图 3-10 所示。

图 3–10　使用“开始”按钮启动 Excel2016

方法二：桌面快捷启动。双击计算机桌面上已建立的 Excel 2016 快捷方式图标，也可以快速启动 Excel 工作界面。

方法三：使用已有的 Excel 文件启动。双击已存在的电子表格文件，也可启动 Excel 2016，同时打开该工作簿文件。

2．退出 Excel 2016

退出 Excel 2016 的方法有以下几种：

方法一：右击标题栏，在弹出的快捷菜单中选择“关闭”命令，可退出 Excel 2016。

方法二：使用标题栏的“关闭”按钮退出。单击 Excel 2016 窗口标题栏右上角的“关闭”按钮，也可退出 Excel 2016。

方法三：使用快捷键退出。按【Alt+F4】组合键可快速退出 Excel 2016。

如果在退出前工作表被修改过，系统会提示是否保存修改的内容，单击“是”按钮则保存文档；单击“否”按钮则直接退出，不进行保存。

3. Excel 2016 窗口组成

Excel 2016 启动后，它的顶部工作界面主要由快速访问工具栏、标题栏、“文件”选项卡、功能区、控制按钮栏组成，如图 3-11 所示。每一个区还会涉及一些如选项卡、命令之类的名词。

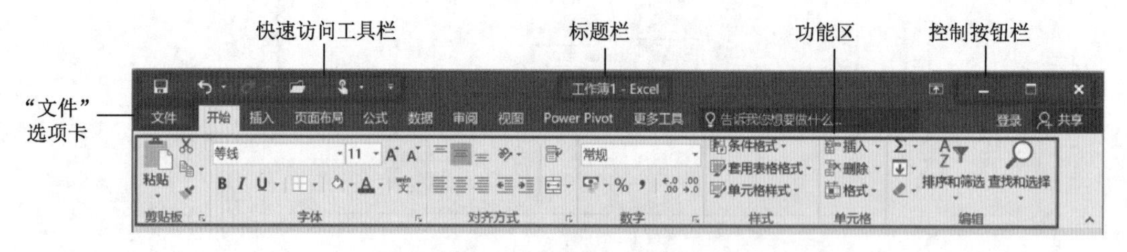

图 3-11　Excel 2016 顶部工作界面

用户所看到的顶部工作界面的组成及功能介绍如下：

① 标题栏：用来显示工作簿名称。

② “文件”选项卡：使用基本命令（如“新建”“打开”“另存为”“打印”等）时单击此按钮。

③ 功能区：位于标题栏的下方，是由若干个选项卡组成的区域。Excel 2016 将所有命令组织在不同的选项卡中。每一个选项卡中的命令又被分类放置在不同的命令组中。命令组又由很多命令组成。命令组的右下角通常都会有一个对话框启动器按钮，用于打开与该命令组相关的对话框，以便用户对要进行的操作做进一步设置。

④ 快速访问工具栏：集合了一些常用的命令，单击其中的不同按钮即可执行对应的命令，可以让用户快速进行各种设置。默认情况下该栏中包括“保存”按钮、“撤销”按钮和“恢复”按钮，通过单击这些按钮，可以快速执行相应的命令。

Excel 工作主界面的下半部分主要由名称框、编辑框、工作区（包含行号、列标、单元格）、状态栏（包含工作表标签、视图按钮、缩放控件等），如图 3-12 所示。

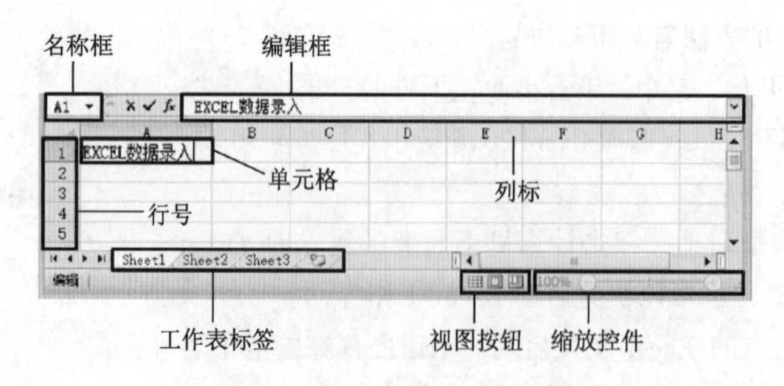

图 3-12　Excel 2016 部分工作主界面

① 名称框：用来显示活动单元格的名称。

② 编辑框：显示当前活动单元格的内容或公式，用户可以对当前活动单元格的内容或公式

进行编辑。

③ 工作表编辑区：行列围住的整个单元格区域称为编辑区，用于显示或编辑工作表中的数据。

④ 工作表标签：位于工作簿窗口的左下角，默认名称为 Sheet1，单击不同的工作表标签可在工作表间进行切换。

⑤ 单元格：单元格是 Excel 工作簿的最小组成单位，所有的数据都存储在单元格中。

⑥ 状态栏：视图按钮选项和缩放控件都属于最底层的状态栏的一部分，状态栏还包括公式计算进度、选中区域的汇总值、平均值等内容。

3.1.4　Excel 2016 的基本元素

工作簿、工作表和单元格是 Excel 中的三大元素，它们是构成 Excel 的支架，也是 Excel 的主要操作对象。它们之间的关系是若干个单元格组成一张工作表，若干张工作表组成一个工作簿，如图 3-13 所示。

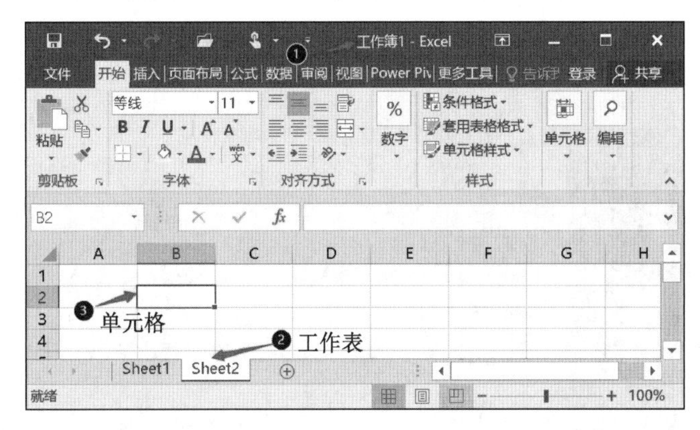

图 3-13　Excel 2016 的基本元素

1. 工作簿

工作簿是指在 Excel 中用来存储并处理工作数据的文件，其扩展名是“.xlsx”。通常所说的 Excel 文件，就是工作簿文件。

标题栏上显示的是当前工作簿的名字，新建的 Excel 文件，默认的工作簿名称为“工作簿 1”。

2. 工作表

工作表是显示在工作簿窗口中的电子表格，Excel 2016 中默认的新建工作簿包含 1 个工作表，工作表的标签名为 Sheet1。

3. 单元格

单元格是 Excel 2016 的最基本单元，由横线和竖线分隔而成，其大小可任意改变。

单元格的地址是由列号和行号组成，列号用字母 A、B、C……表示，行号用数字 1、2、3……表示。一个工作表最多可以有 1 048 576（行）×16 384（列）个单元格构成，最小单元格地址为 A1。

光标目前所处的单元格为活动单元格，以绿方框标记。单元格可用来输入文字、日期、函数和公式等。

3.2 Excel 2016 的基本操作

3.2.1 工作簿的基本操作

1. 打开与关闭工作簿

（1）打开工作薄

方法一：直接通过已有 Excel 文件打开。

找到工作簿文件所在路径,直接双击该文件图标即可打开。

方法二：使用“打开”对话框打开。

① 启动 Excel 2016 软件，选择“文件”选项卡，或者在快速访问工具栏中单击“打开”按钮。

② 选择左侧的“打开”命令，在“最近”命令右侧，选择最近打开过的 Excel 文件;或者双击“这台电脑”选项；或者单击“浏览”选项，弹出“打开”对话框，如图 3-14 所示。

③ 在弹出的“打开”对话框中找到要打开的 Excel 文件路径，选择相应的 Excel 文件，单击“打开”按钮即可，如图 3-15 所示。

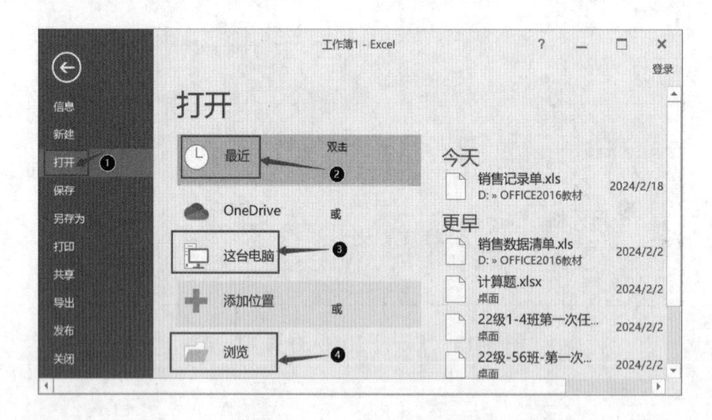

图 3-14 通过“文件”选项卡打开工作薄

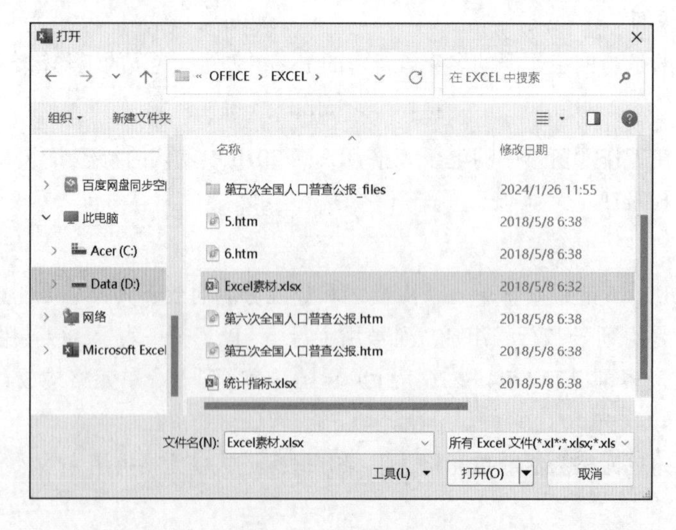

图 3-15 “打开”对话框

（2）关闭工作簿和 Excel 程序

当用户结束工作后,可以关闭 Excel 工作簿。关闭工作簿可使用多种方法：

方法一：单击工作簿窗口中的“关闭”按钮，即可关闭工作簿，又可退出 Excel 程序。

方法二：在功能区上选择“文件”→“关闭”命令，仅关闭工作簿。

方法三：按【Ctrl+W】组合键，仅关闭工作簿。

方法四：按【Alt+F4】组合键。

方法五：右击功能区，在弹出的快捷菜单中选择“关闭”命令，即可关闭工作簿，又可退出 Excel 程序。

2. 创建工作簿

可以用多种方法来实现工作簿的创建：

方法一：在系统中新建空白工作簿文件。

在 Windows 桌面或文件夹窗口的空白处右击，在弹出的快捷菜单中选择“新建”→“Microsoft Excel 工作表”命令，如图 3-16 所示。完成操作后可在当前位置创建一个新的 Excel 工作簿文件，双击此文件，即可在 Excel 工作窗口中打开此工作簿。

方法二：利用已打开的 Excel 文件创建。

① 选择“文件”选项卡，或者单击快速访问工具栏中的“新建”按钮。

② 单击“空白工作簿”选项，即可创建新的空白工作簿文件，如图 3-17 所示。

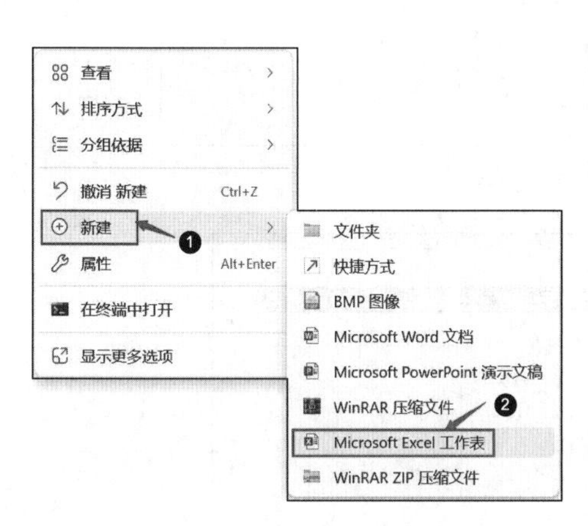

图 3-16　鼠标右键新建工作表

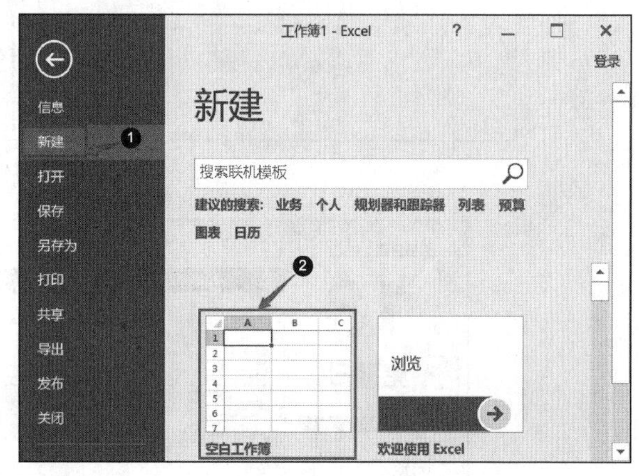

图 3-17　新建空白工作簿

方法三：根据模板新建工作簿

【案例 3-1】根据“每日工作日程”模板新建一个用于安排每天工作计划的工作簿。操作步骤如下：

① 启动 Excel 2016，选择“文件”→“新建”命令，在右侧新建窗格中“可用模板”列表框中选择“每日工作日程”选项，或者在“联机搜索框”里输入搜索关键字搜索。

② 在打开的模板列表框中选择“每日工作日程”选项，如图 3-18 所示。

③ 在弹出的“创建”对话框中单击“创建”按钮（见图 3-19），即可新建当前工作日的工作日程安排工作簿，如图 3-20 所示。

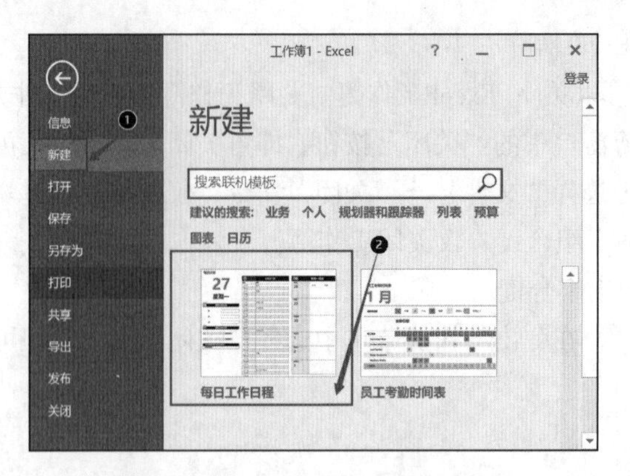

图 3-18 “文件”→“样本模板”列表框

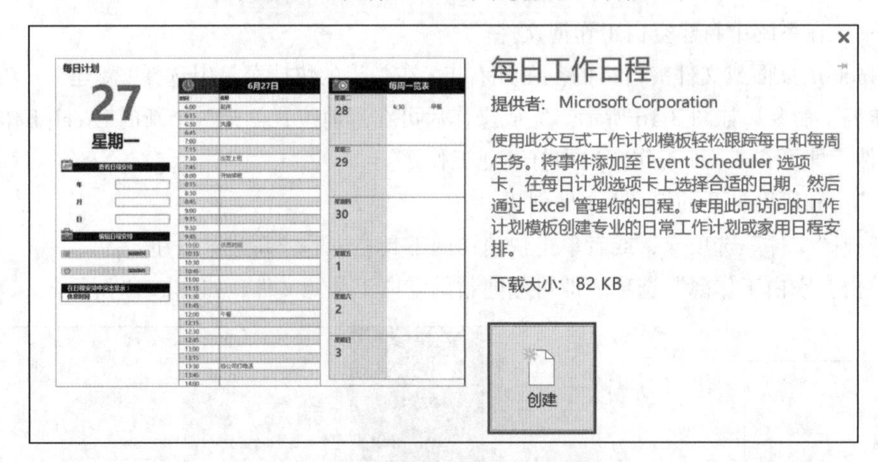

图 3-19 “创建”工作簿对话框

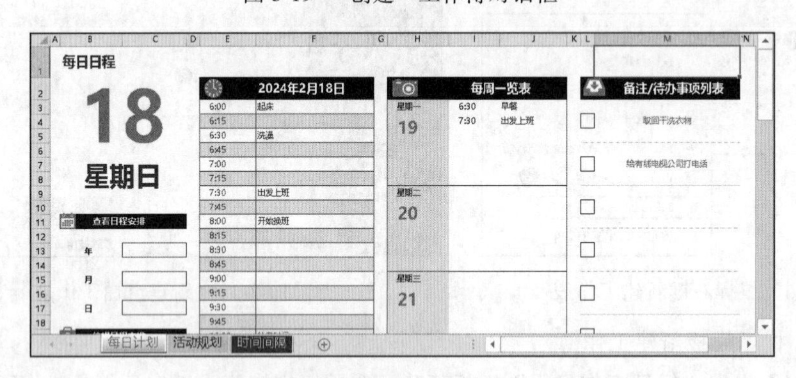

图 3-20 新建的“每日工作日程 1”工作簿

3. 保存工作簿

创建或编辑工作簿后，用户可以将其保存起来。保存工作簿可以分为保存新建的工作簿、保存已有的工作簿和自动保存工作簿三种情况。

（1）保存新建工作簿

方法一：通过“快速访问工具栏”保存工作簿。

在新建的工作簿界面，单击“快速访问工具栏”中的“保存”按钮，，弹出“另存为”窗口，双击“这台电脑”或者“浏览”(见图 3-21)，弹出“另存为”对话框，选择文件被保存的路径和文件名，单击“保存”按钮，即可对文件进行保存，如图 3-22 所示。

图 3-21　“另存为”窗口

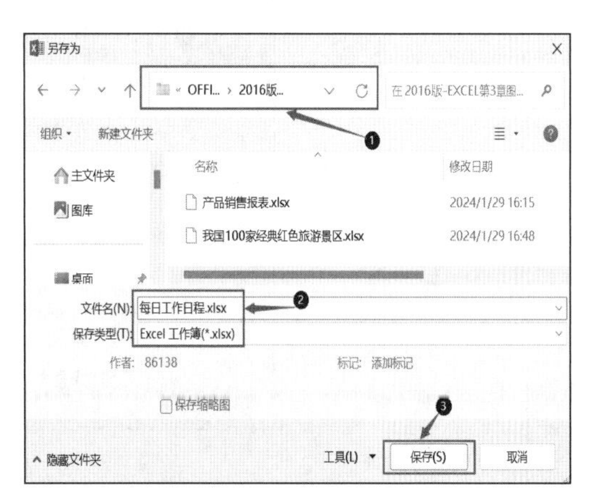

图 3-22　“另存为”对话框

方法二：通过“文件”选项卡保存工作簿。

选择“文件”→“保存”/“另存为”命令，其他步骤如同方法一。

◎温馨提示

以下字符不能在文件名中使用：/、*、|、\、?、:、>、<小于号或大于号、"、一等。

(2) 保存已存在的工作簿

如果用户对已存在的工作簿进行了编辑操作，也需要进行保存。对于已存在的工作簿，用户既可以将其保存在原来的位置，也可以将其保存在其他位置。

① 如果用户想将工作簿保存在原来位置，只需要单击“快速访问工具栏”中的“保存”按钮即可。

② 如果用户想将工作簿另存到其他位置，则可以选择“文件”→“另存为”命令，单击“浏览”按钮弹出“另存为”对话框，选择和输入文件被保存的路径和文件名，单击“保存”按钮，即可对文件进行另存。

◎温馨提示

如果工作簿处于未保存状态，按【Ctrl+S】组合键也可弹出“另存为”窗口。

(3) 自动保存工作簿

由于断电、系统不稳定、Excel 程序本身问题、用户误操作等原因，Excel 2016 程序可能会在用户保存文档之前就意外关闭，使用“自动保存”功能可减少这些意外情况所造成的损失。

在 Excel 2016 中，自动保存功能得到进一步增强，不仅会自动生成备份文档，而且会根据间隔定时需求生成多个文件版本。当 Excel 程序因意外崩溃而退出或者用户没有保存文档就关闭工作簿时，可以选择其中的某一个版本进行恢复。操作步骤如下：

① 选择“文件”→“选项”命令，

② 在弹出的“Excel 选项”对话框中选择“保存”选项，如图 3-23 所示。

图 3-23 “保存”功能设置界面

③ 选中“保存自动恢复信息时间间隔”复选框，即所谓的“自动保存”。在右侧的微调框内设置自动保存的间隔时间，默认为 10 分钟，用户可以设置 1～120 分钟之间的整数。选中“如果我没保存就关闭，请保留上次自动保留的版本”复选框。在下方“自动恢复文件位置”文本框输入需要保存的位置，如图 3-23 所示。

④ 单击“确定”按钮，保存设置并退出“Excel 选项”对话框。

3.2.2 工作表的基本操作

本小节介绍工作表的插入、重命名、移动、复制和删除等操作。

1. 工作表的插入

Excel 2016 版中默认的工作簿是由 1 个工作表（Sheet1）组成的，用户还可以根据需要插入新的工作表。下面介绍在 Excel 中插入新工作表的三种基本操作方法。

方法一：最简单的插入方法

① 在工作簿窗口，单击下方工作表标签右侧的⊕按钮，即可在工作表的末尾插入新工作表。

② 右击当前工作表标签，在弹出的快捷菜单中选择“插入”命令，在“插入”对话框中选中“工作表”类型，再单击“确定”按钮，即可在当前工作表右侧插入新工作表，如图 3-24 所示。

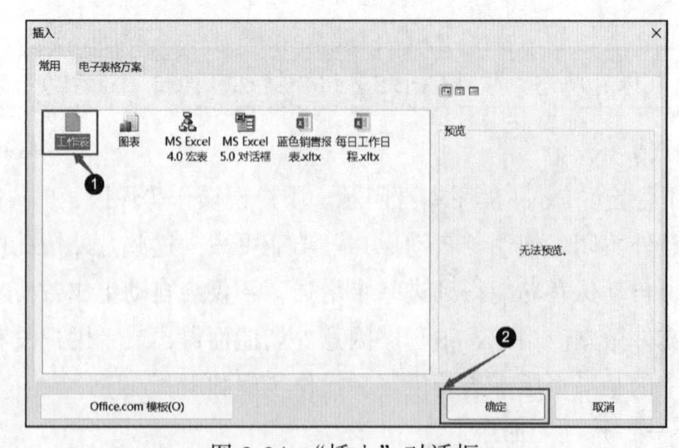

图 3-24 “插入”对话框

方法二：使用“开始”选项卡插入新工作表。

在当前打开的工作簿中，单击“开始”选项卡“单元格”命令组中的“插入”下拉按钮，在下拉列表中选择“插入工作表”命令，如图 3-25 所示。

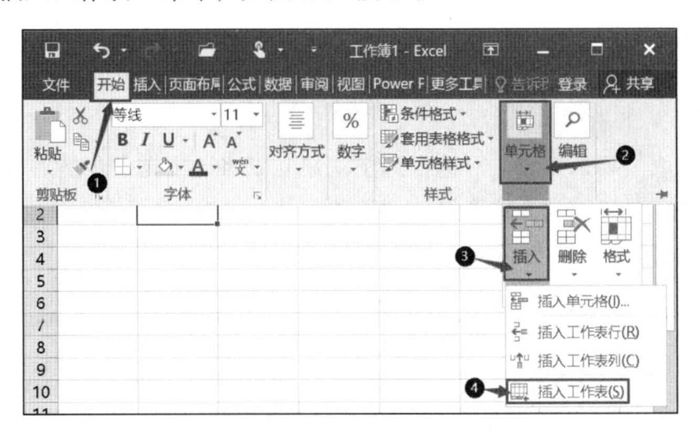

图 3-25　“开始”选项卡实现工作表插入

2. 工作表的重命名

工作表的重命名有如下两种方法：

方法一：在需要重命名的工作表标签上右击，在弹出的快捷菜单中选择“重命名”命令，如图 3-26 所示。

方法二：双击重命名的工作表标签，此时工作表标签底色呈灰色，在此处重新输入需要重命名的文字，即可为工作表进行重命名，如图 3-27 所示。

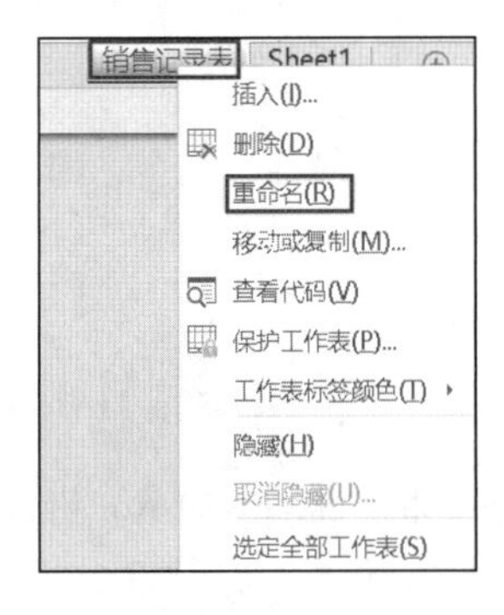

图 3-26　右键快捷菜单项“重命名”

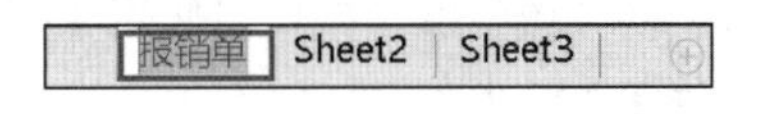

图 3-27　双击重命名的工作表标签

3. 工作表的移动、复制与删除

对于工作簿中的工作表，用户还可以对其进行其他操作，如移动、复制或删除等。

（1）移动工作表

移动工作表是指将当前工作表移动到目标位置，复制工作表则是将当前工作表创建一个相同的副本。

方法一：拖动需要移动的工作表标签，并按住鼠标左键不放，此时鼠标指针呈□状，将其拖动到需要移动的位置，此时会出现黑色向下箭头，释放鼠标左键即可。

方法二：右击需要移动的工作表标签，在弹出的快捷菜单中选择“移动或复制”命令，弹出

“移动或复制工作表”对话框，设置要移至的工作簿，然后在列表框中选择“(移至最后)”选项，单击“确定”按钮即可。

（2）复制工作表

可以在保留原工作表的基础上复制一个相同的工作表，便于以后使用或修改。

具体操作：在需要复制的工作表“每日计划”标签上右击，在弹出的快捷菜单中选择“移动或复制”命令，如图 3-28 所示。

在弹出的“移动或复制工作表”对话框选中“建立副本”复选框，然后在“下列选定工作表之前”列表框中选择需要移动到其位置之前的选项，如图 3-29 所示。

复制的工作表“每日计划（2）”就会出现在原工作表前面。

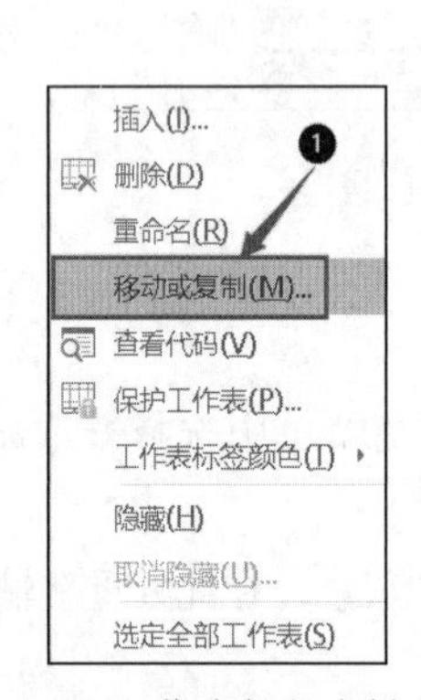

图 3-28 工作表标签右键菜单

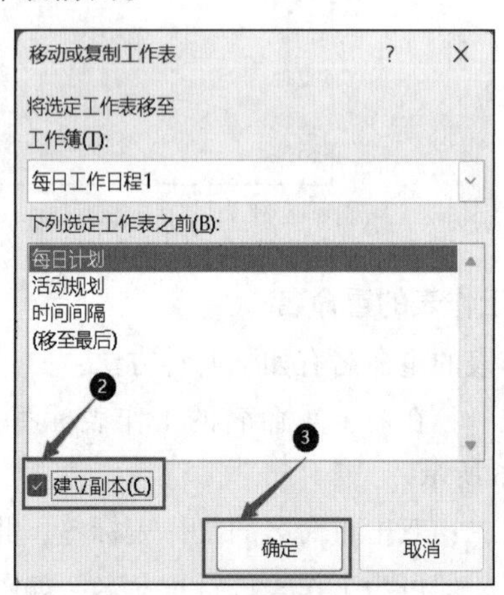

图 3-29 “移动或复制工作表”对话框

（3）删除工作表

在需要删除的工作表标签上右击，在弹出的快捷菜单中选择“删除”命令，即可将选定的工作表删除。

3.2.3 单元格的基本操作

1. 选定单元格

单元格区域的引用操作在使用 Excel 中经常用到，学会选定不同类型的单元格数据，可以提高工作效率并节省更多的时间。

（1）选定单个单元格

单击需要选择的单元格即可。

（2）选定列单元格

将光标放置在需要选定列单元格的列标位置，此时鼠标指针呈向下的黑色箭头状，单击即可选定该列单元格，如图 3-30 所示。

（3）选定行单元格

选定行单元格的方法与选定列单元格的方法相似，首先将光标放置在需要选定行单元格左侧的行号位置，单击即可选定一行或者多行。图 3-31 所示为选定多行单元格。

	A	B	C
1	销售地区	销售人员	品名
2	北京	苏珊	按摩椅
3	北京	苏珊	显示器
4	北京	苏珊	显示器

图 3-30　选定列单元格

	A	B	C	D
1	销售地区	销售人员	品名	数量
2	北京	苏珊	按摩椅	13
3	北京	苏珊	显示器	98
4	北京	苏珊	显示器	49

图 3-31　选定多行单元格

（4）选定连续多个单元格

方法一：拖动选定连续多个单元格。在连续单元格区域左上角的单元格上按住鼠标左键不放，拖动至连续单元格区域右下角的单元格位置。

方法二：按住【Shift】键选定连续多个单元格。选择左上角的单元格后按住【Shift】键，再选择单元格区域右下角的单元格，如图 3-32 所示。

（5）选定不连续的单元格

方法一：按住【Ctrl】键选定不连续的单元格。按住【Ctrl】键的同时单击要选择的不连续的单元格，选定的单元格呈淡蓝色显示，如图 3-33 所示。

	A	B	C
1	销售地区	销售人员	品名
2	北京	苏珊	按摩椅
3	北京	苏珊	显示器
4	北京	苏珊	显示器
5	北京	苏珊	显示器
6	北京	苏珊	显示器

图 3-32　选定连续多个单元格

	A	B	C
1	销售地区	销售人员	品名
2	北京	苏珊	按摩椅
3	北京	苏珊	显示器
4	北京	苏珊	显示器
5	北京	苏珊	显示器
6	北京	苏珊	显示器

图 3-33　选定不连续单元格

方法二：“定位”不连续单元格。

① 单击“开始”选项卡，选择“编辑”命令组“查找和选择”下拉列表中的“转到”命令，如图 3-34 所示。

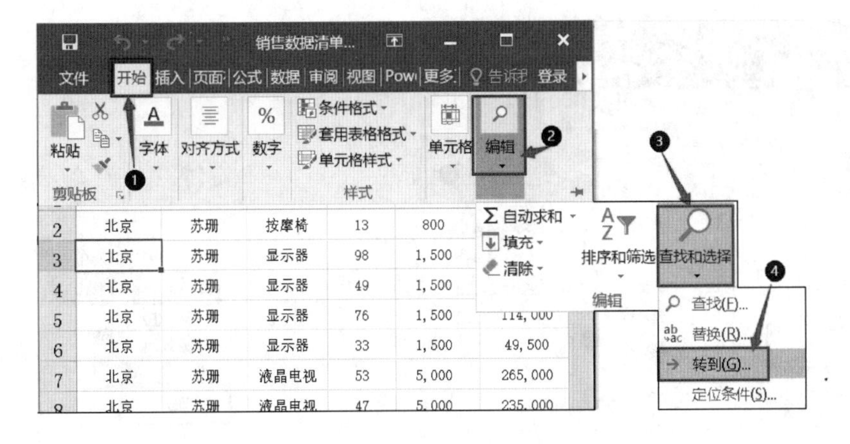

图 3-34　“定位”单元格

② 在弹出的“定位”对话框的“引用位置”文本框中输入需要引用的单元格名称，不同的

单元格之间用逗号（,）分隔开（见图 3-35），最终定位结果如图 3-36 所示；如果需要引用连续的单元格区域，则用冒号表示该连续的单元格区域，如 B4:B5，表示引用 B4 到 B5 单元格区域，设置完成后单击“确定”按钮。

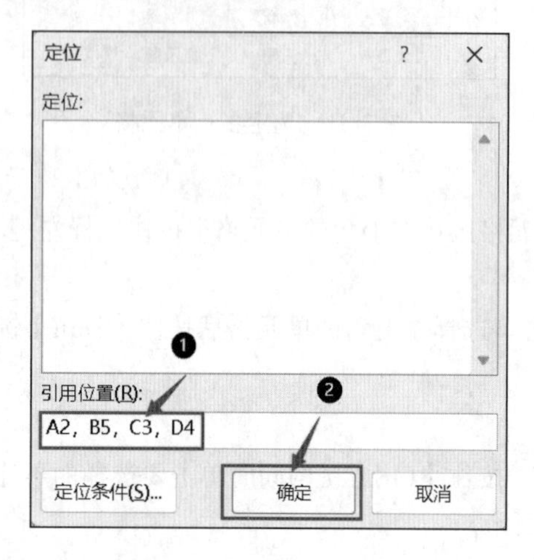

图 3-35 “定位”对话框

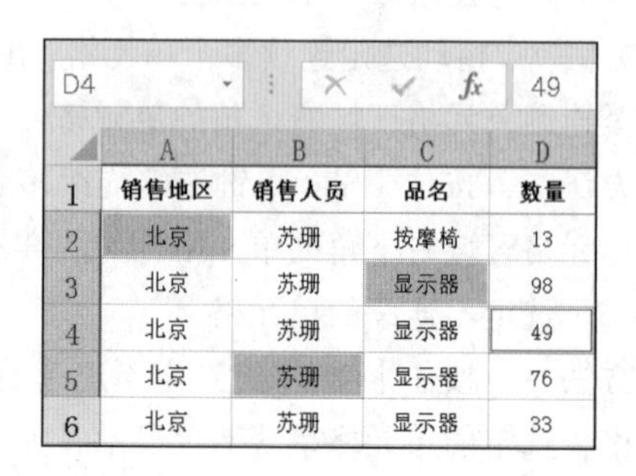

D4 49

	A	B	C	D
1	销售地区	销售人员	品名	数量
2	北京	苏珊	按摩椅	13
3	北京	苏珊	显示器	98
4	北京	苏珊	显示器	49
5	北京	苏珊	显示器	76
6	北京	苏珊	显示器	33

图 3-36 定位不连续单元格的结果

（6）选定全部单元格

方法一：如果用户需要选定整张工作表中全部的单元格，则将光标放置在行号和列标交叉的位置，此时鼠标光标呈十字状，单击即可选中全部单元格。

方法二：按【Ctrl+A】组合键，即可选定工作表中所有的单元格区域。

2. 插入单元格

操作步骤：① 单击需要插入单元格的位置，选择“开始”选项卡，选择“单元格”→“插入”→“插入单元格”命令，如图 3-37 所示。

② 在弹出的“插入”对话框中选择需要插入的单元格类型，如选中“活动单元格下移”单选按钮，单击“确定”按钮，如图 3-38 所示。

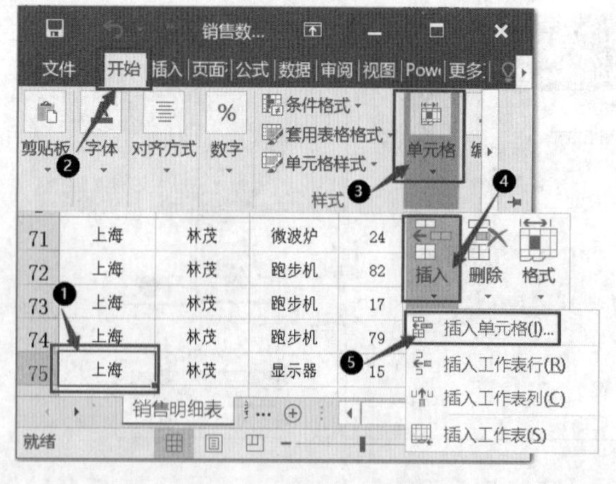

图 3-37 插入单元格步骤

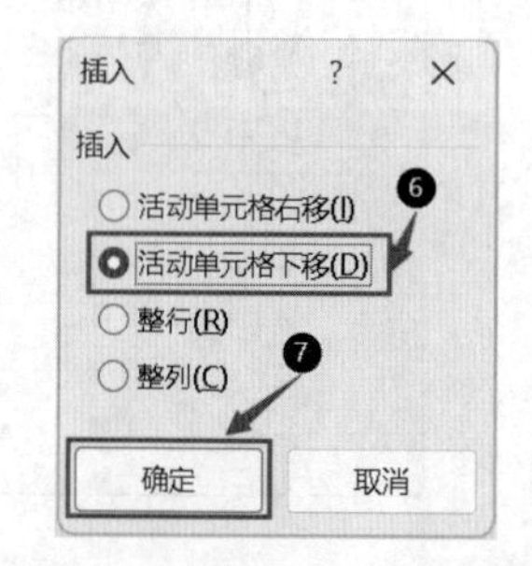

图 3-38 “插入”对话框

插入结果如图 3-39 所示。设置插入的单元格在 A76 单元格位置上方。

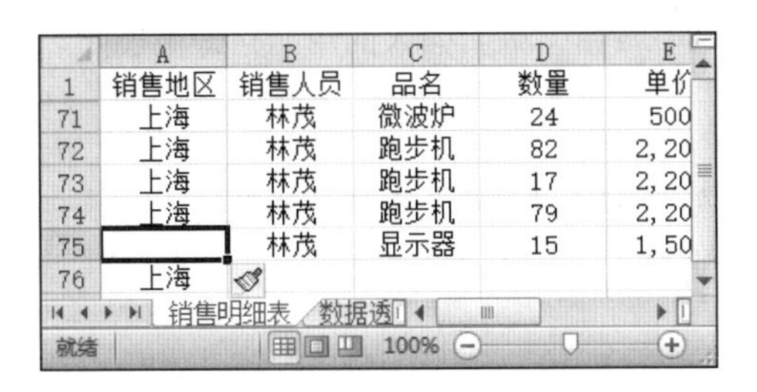

图 3-39　单元格插入的结果

插入新单元格后，在插入单元格的右侧弹出“插入选项”按钮，单击该按钮，在弹出的列表中可以设置是否与原单元格格式相同或清除格式，如图 3-40 所示。

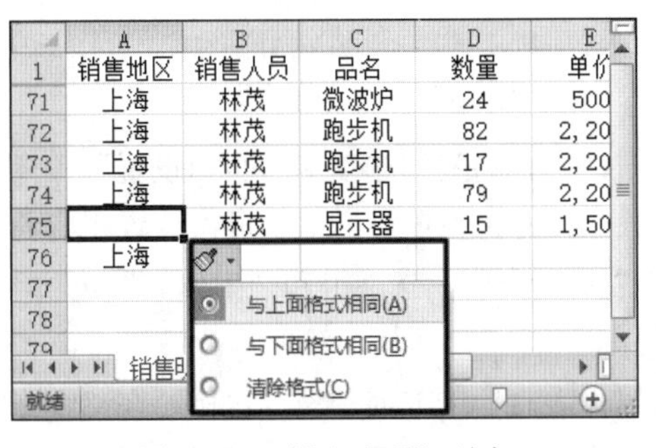

图 3-40　“插入选项”列表

3. 删除单元格

方法一：使用右键删除单元格。右击需要删除的单元格，选择“删除”命令即可，如图 3-41（a）所示。

方法二：使用对话框删除。单击“开始”选项卡“单元格”命令组中的“删除”下拉按钮，在弹出的下拉列表中选择“删除单元格”命令[见图 3-41（b）]，弹出如图 3-41（c）所示的“删除”对话框，在该对话框中选择相应的删除方式后，单击“确定”按钮。

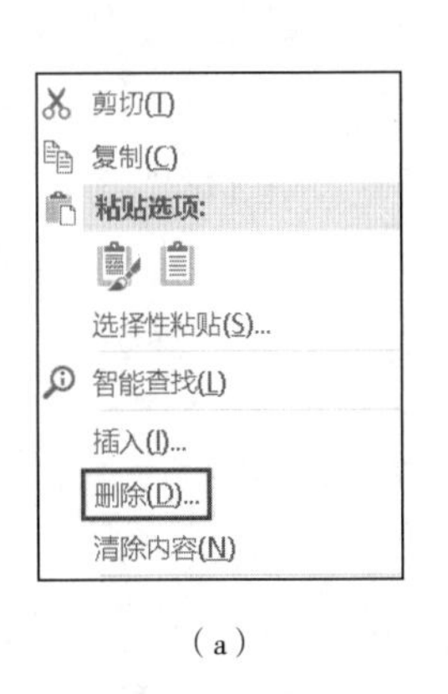

（a）

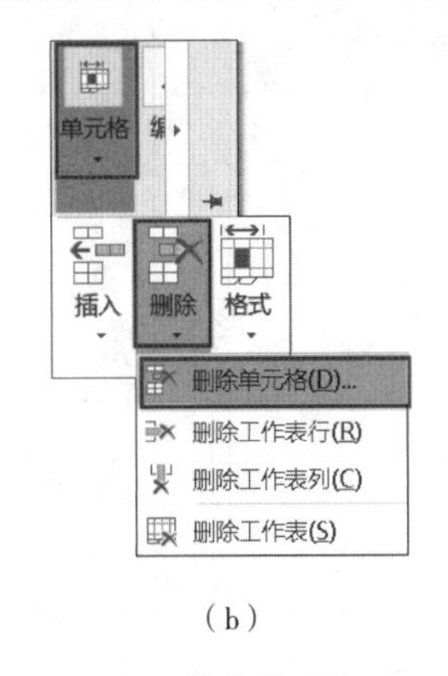

（b）

（c）

图 3-41　删除单元格

两种方法均会弹出的“删除”对话框，选择需要删除的单元格类型，如选中“下方单元格上移”单选按钮，再单击“确定”按钮，则新插入的单元格即被删除。

3.2.4 页面设置与打印

相对 Word 而言，Excel 文件的打印要复杂一些。在打印工作表之前，一般还需要进行页面方向设置、页边距设置、页眉/页脚设置、工作表设置等。

1. 页面设置

Excel 页面设置表包括设置页边距、纸张方向、纸张大小等，各项设置的具体内容在“页面布局”选项卡中，如图 3-42 所示。

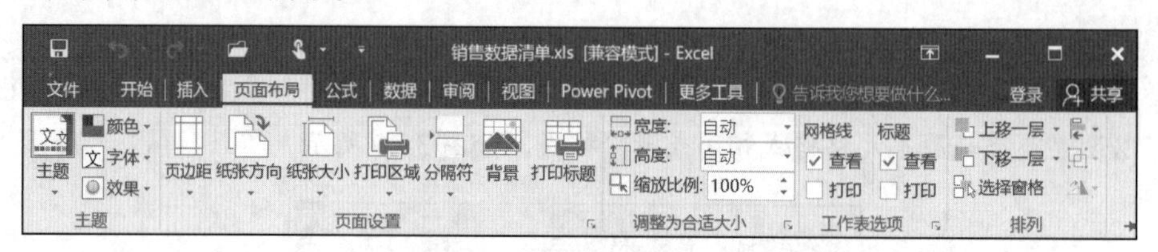

图 3-42 “页面布局”选项卡

在 Excel 2016 中可以通过“页面布局”选项卡“页面设置”命令组中的对话框启动器按钮打开“页面设置”对话框（见图 3-43），在该对话框中可以设置相应的参数。其中，包括“页面”选项卡、“页边距”选项卡、“页眉/页脚”选项卡和“工作表”选项卡。

（1）设置页面

在“页面”选项卡中可以设置打印的方向和缩放比例，在“纸张大小”下拉列表中选择纸张的大小，单击“打印”按钮弹出“打印”对话框，可设置打印的份数、范围等。

（2）设置页边距

在如图 3-44 所示的“页边距”选项卡中，可设置页面的上、下边距，左、右边距和页眉页脚的距离。选中“居中方式”中的“水平”和“垂直”复选框，可将表格居中打印。

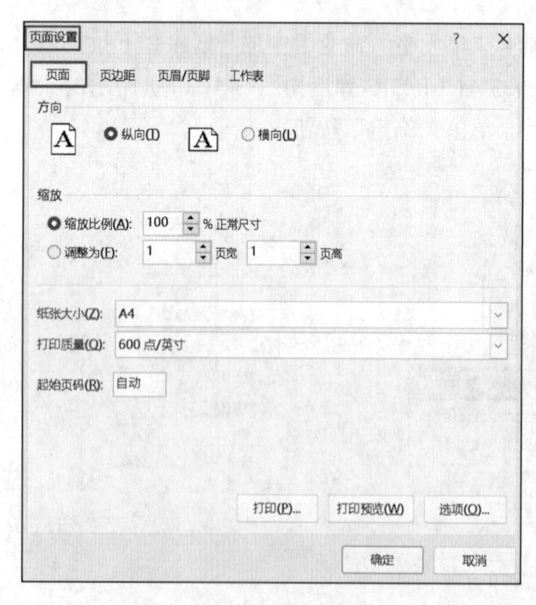

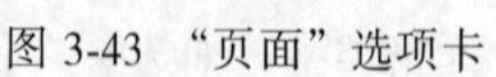
图 3-43 “页面”选项卡

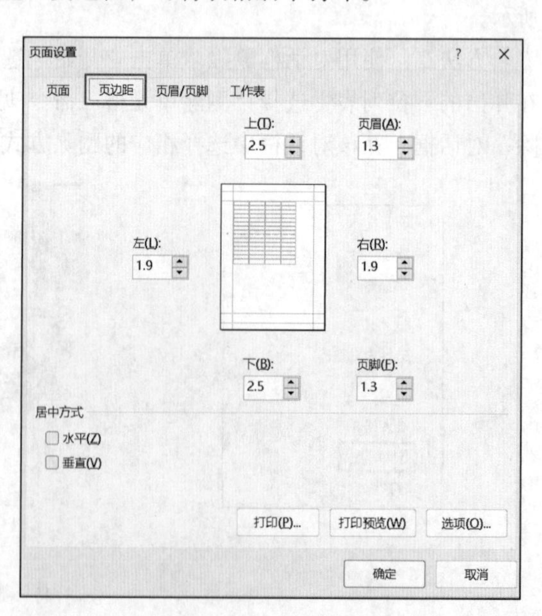

图 3-44 “页边距”选项卡

（3）设置页眉和页脚

选择“页眉/页脚”选项卡，如图 3-45 所示。在“页眉”下拉列表中预存了常用的页眉方式，选择所需页眉的形式，从上方预览框中可以看到所选页眉的效果；同样，页脚也可以这样设置。除了预定义的几种页眉和页脚，也可以自定义页眉和页脚。

单击“自定义页脚”按钮，弹出如图 3-46 所示的“页脚”对话框，从中可以看出页脚的设置分为左、中、右三个部分，光标停留在左边的输入框中，可改变光标位置，在左、中、右三个文本框中输入所需的文本，或直接单击上方相应的按钮，插入“页码”“时间”“日期”等，选定输入的文本或插入的数据，单击“格式文本”按钮，可弹出“字体”对话框，设置文本所需的格式。单击“确定”按钮即返回到“页脚”对话框，在下方预览区可预览到刚开始的设置效果。

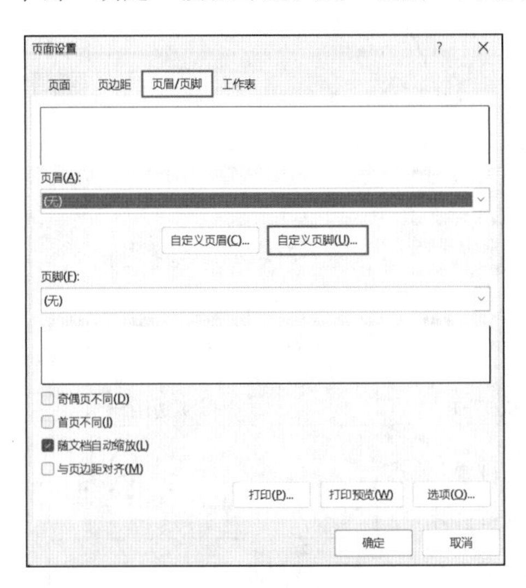

图 3-45 “页眉/页脚”选项卡

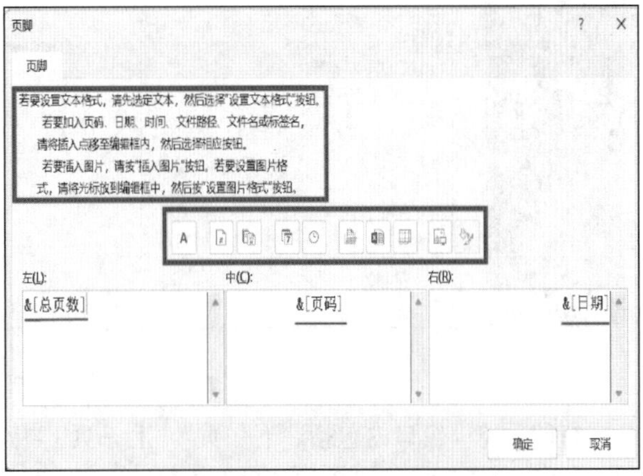

图 3-46 “页脚”对话框

（4）设置工作表

Excel 在处理表格时，经常在一个工作表中有很多条数据，若直接打印，按默认的方式分页，一般只有在第一页中有表的标题，其他页面中都没有，这往往不符合要求，浏览起来也很不方便。通过给工作表设置一个打印标题区即可在每页上打印出所需标题，如图 3-47 所示。

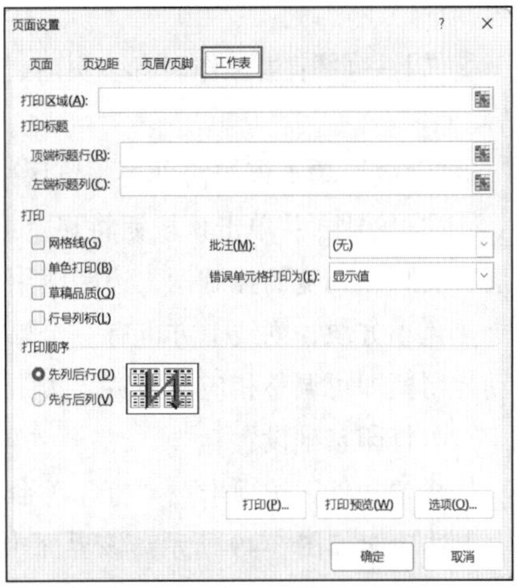

单击“顶端标题行中”的拾取按钮，对话框变成了一个小的输入条，在工作表中选择数据上面的几行表的标题，单击输入框中的“返回”按钮，或直接在“顶端标题行”文本框中输入要作为表的标题的数据区（如需要将第一行和第二行作为每页标题，输入$1:$2 即可），单击“确定”按钮回到“页面设置”对话框。成功设置后，在打印预览或打印过程中，所有页面中都会有标题。另外，在“工作表”选项卡中还可以设置打印顺序和其他一些有关的打印参数。

图 3-47 “工作表”选项卡

2. 工作表的打印

打印时一般会在打印之前预览一下打印效果，这样可以防止打印出来的工作表不符合要求。在预览模式下可进一步调整打印效果，直到符合要求再进行打印。

（1）打印预览

打开要打印的工作簿，选择“文件”→“打印”命令，右侧就是“打印预览”窗口，如图 3-48 所示。

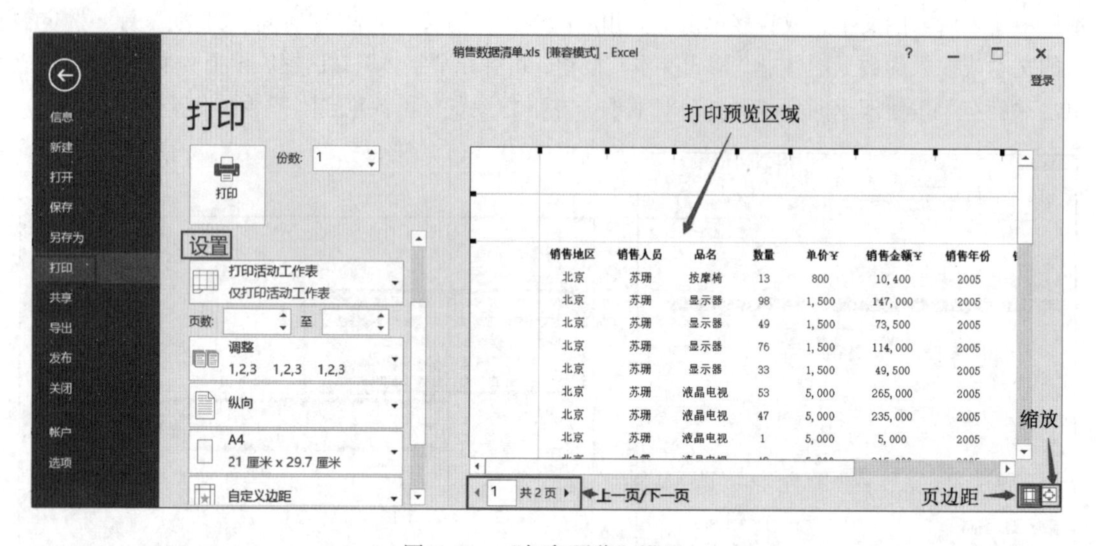

图 3-48 “打印预览”设置

“打印预览”窗口内包括“下一页”“上一页”“缩放”“打印”“设置”“页边距”“关闭”和“帮助”按钮。部分按钮的功能如下：

① “下一页”：当工作表有多页时，单击该按钮可浏览下一页内容。

② “上一页”：当工作表有多页时，单击该按钮可浏览上一页内容。

③“缩放”：单击该按钮可将预览区中显示的图形放大或缩小。

④ “页边距”：单击该按钮将显示或隐藏用来调整页面边距、页眉、页脚和列宽的控制柄，边距线用虚线表示，虚线两端各有一个黑色小方块，列线上方也有一个黑色小方块，称为控制柄。拖动控制柄即可调整相应的列宽、边距等，如图 3-48 所示。

（2）打印基础设置

选择“文件”选项卡→“打印”命令，左侧就是“打印”窗口，上述功能如图 3-49 所示。该界面中包括“打印”按钮、打印机选择、打印设置。打印设置如下：

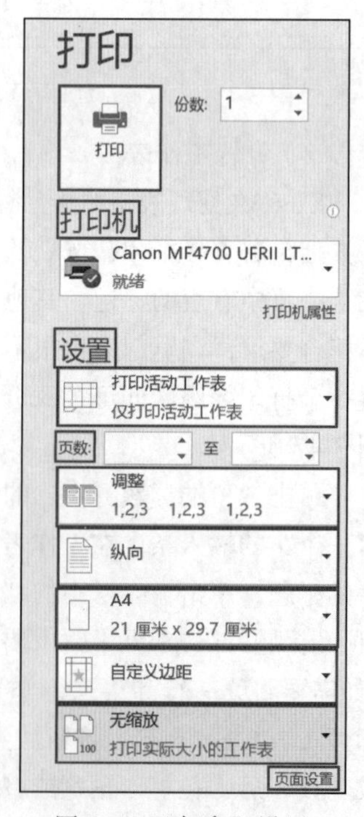

图 3-49 “打印”设置

① 打印活动工作表：单击该按钮，在弹出的下拉列表中可选择打印的区域。

② 调整：单击该按钮，在弹出的下拉列表中对打印多份工

作簿时的排序进行设置。

③“纵向”：单击该按钮，可在弹出的下拉列表中选择纸张的方向。

④ A4： 单击该按钮，可在弹出的下拉列表中选择纸张的尺寸规格。

⑤ 自定义边距：单击该按钮，在弹出的下拉列表中可设置页边距。

⑥ 无缩放：单击该按钮，在弹出的下拉列表中可设置打印实际工作表的大小百分比。

⑦ 页面设置：单击该按钮弹出“页面设置”对话框，设置页面的相关参数。

（3）设置打印区域

有时只想打印工作表中的一部分甚至某几个表格，而工作表又很大。如果全部打印不仅浪费纸张，又达不到要求，就需要设置打印区域。

操作步骤如下：

① 打开要打印的工作表，切换到“页面布局”选项卡，在“页面设置”命令组中单击对话启动器按钮，如图 3-50 所示。

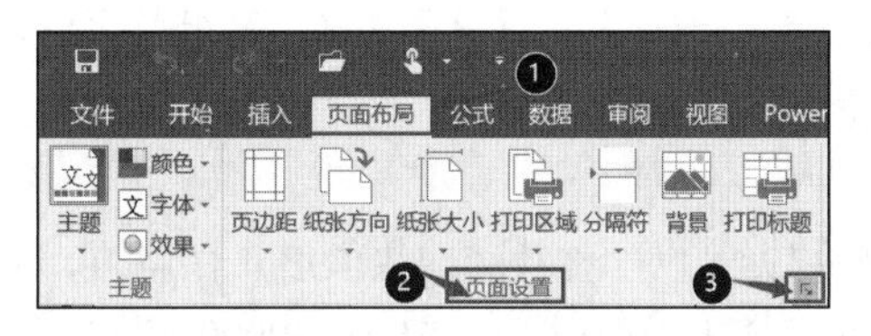

图 3-50 “页面布局”选项卡

② 在“页面设置”对话框的“工作表”选项卡，单击“打印区域”右侧的按钮，如图 3-51 所示。

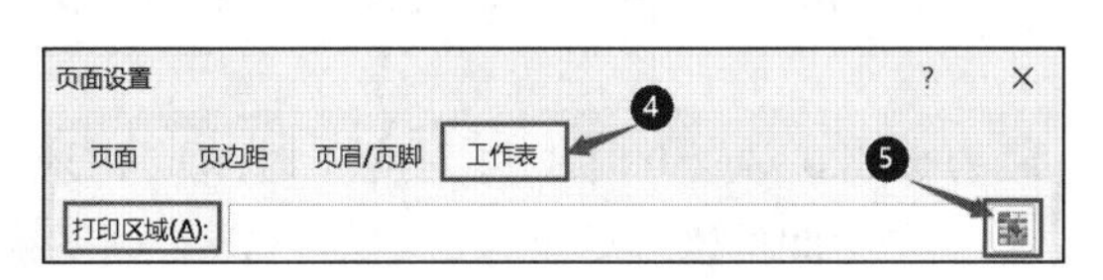

图 3-51 “工作表”选项卡

③ 弹出折叠框，利用鼠标在工作表选择要打印的区域（虚线部分），在“页面设置”对话框的空白位置自动添加单元格范围区域，如$A$2:$H$4，如图 3-52 所示。

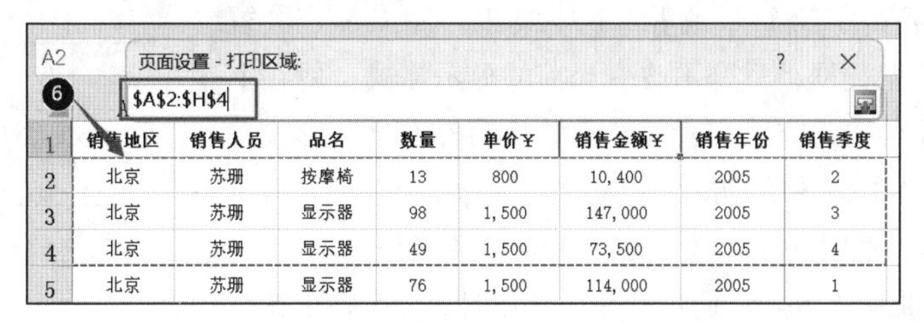

	销售地区	销售人员	品名	数量	单价￥	销售金额￥	销售年份	销售季度
2	北京	苏珊	按摩椅	13	800	10,400	2005	2
3	北京	苏珊	显示器	98	1,500	147,000	2005	3
4	北京	苏珊	显示器	49	1,500	73,500	2005	4
5	北京	苏珊	显示器	76	1,500	114,000	2005	1

图 3-52 打印区域折叠框

（4）打印

完成对工作表的文本信息格式、页边距、页眉和页脚等设置后，通过打印预览调整排版效果，单击图 3-49 中的“打印”按钮，调整打印份数（默认 1 份）即可开始打印输出。

3.3 数据录入与格式化

3.3.1 数据录入

Excel 2016 能够处理多种类型的数据，包括文本数据、日期数据、数值和公式等。由于不同类型的数据具有不同的特点和属性，因此，在录入数据过程中需要采用不同的方法进行处理。

1. Excel 中的数据类型

（1）文本型数据

文本是指汉字、英文、空格或由汉字、英文、数字组成的字符串等一系列不用于计算的数据。因此文本型也称为字符型，默认情况下，输入的文本会沿单元格左侧对齐。

（2）数值型数据

在 Excel 中，数值型数据是使用最多，也是最为复杂的数据类型。数值型数据由数字 0～9、正负号（+、-）、小数点（.）、分数号（/）、百分号（%）等组成。输入数值型数据时，Excel 自动将其沿单元格右侧对齐。

（3）日期和时间型数据

Excel 中日期型和时间型数据是以一种特殊的数值形式存储的，这种数值形式称为“序列值”，范围为 0～29 58 465，对应的日期为 1900 年 1 月 1 日—9999 年 12 月 31 日。例如,1900 年 1 月 15 日的序列值为 15，2007 年 5 月 1 日的序列值为 39 203。

① 日期存储为数值的形式,它继承了数值的所有运算功能，日期运算的实质是序列值的数值运算。例如，要计算两个日期之间相距的天数，可以直接在单元格中输入两个日期，再用减法运算的公式来计算即可。

② 时间型数据则被存储为小数,0 对应 0 时,1/24 对应 1 时,1/12 对应 2 时。例如，1.5 对应于 1900 年 1 月 1 日 12：00。日期与时间的输入要遵循一定的格式,否则系统会把输入的时间当作文本来处理。

③ 日期的标准输入方式：使用斜线或短横线分隔日期的年、月、日。例如,在单元格中输入“2024/1/28”或“2024-1-28”，按【Enter】键后，单元格最后显示的日期格式都是“2024/1/28”。如果输入“2024 年 1 月 28 日”或者“1 月 28 日”，Excel 也会智能识别出这是日期型数据，只是不改变当前的显示格式，但在上方的编辑栏内这几种输入方式都会被自动转换为标准日期形式，如图 3-53 所示。其中 A 列是输入格式，B 列是显示格式,而编辑栏内都会转换为标准输入格式，表示这是日期型数据。

	A	B
1	2024-1-28	2024/1/28
2	2024/1/28	2024/1/28
3	2024年1月28日	2024年1月28日
4	1月28日	1月28日

图 3-53 标准日期格式

④ 时间的标准输入方式：使用冒号(:)分隔时、分、秒。如果采用 12 小时制的时间,Excel 将把输入的时间默认为上午时间(AM);若输入的是下午时间,则应在时间后面加一空格，然后输入 PM，系统默认为 24 小时制。如果要同时输入日期与时间,需要在日期与时间之间输入一个空格。

⑤ 日期型和时间型数据默认的对齐方式为右对齐。按【Ctrl+;】组合键可以输入当前系统日期;按【Ctrl+Shift+;】组合键可以输入当前系统时间。

（4）货币型

Excel 几乎支持所有货币值，如人民币（¥）、英镑（£）与欧元（€）等，用户可以很方便地在单元格中输入各种货币值，为了将货币数据与其他数字数据区分开，可以在货币数据前加上货币符号。

2. 设置数据的格式

为数据设置相应的格式，首先选中要设置的数据所在单元格。方法有以下几种：

方法一：右击，在弹出的快捷菜单中选择“设置单元格格式”命令，在弹出的“设置单元格格式”对话框的“数字”选项卡中选择要设置的数据类型，然后在右侧的示例列表框中选择相应的格式。

方法二：单击“开始”选项卡的“数字”命令组右下角的“数字格式”下拉按钮，弹出“设置单元格格式”对话框，进行设置操作。

方法三：单击“开始”选项卡“单元格”组中的“格式”下拉按钮，选择“设置单元格格式”命令，弹出“设置单元格格式”对话框，进行设置操作，如图 3-54 所示。

图 3-54　“设置单元格格式”对话框

3. 数据的输入

方法一：选定单元格，直接在其中输入数据，按【Enter】键确认，如图 3-55 所示。

方法二：选定单元格，然后在“编辑栏”中单击，并在其中输入数据，然后再单击 × ✓ fx 中的 ✓ 按钮或按【Enter】键，如图 3-55 所示。

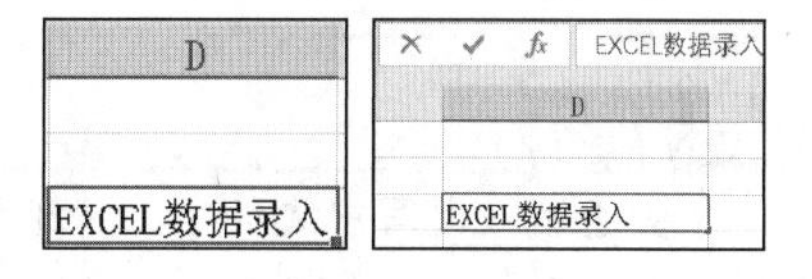

图 3-55　数据的输入

方法三：双击单元格，单元格内显示插入点光标，移动插入点光标，在特定的位置输入数据，此方法主要用于修改操作。

（1）输入文本

① 启动 Excel，单击输入数据的单元格，输入具体的文本内容即可，如图 3-55 所示。

② 按【Enter】键完成输入，并且移至当前单元格的下一行单元格，再使用相同的方法输入。

（2）输入数值

数值的输入方式基本与文本输入是一致的。需要注意的是：数字数据默认的对齐方式为右对齐。

① 当输入的数字位数超过 11 位时，在单元格内会以科学计数法的形式显示出来，但在编辑栏中还是按数据原样显示。如图 3-56（a）所示。

② 输入百分比数据：可以直接在数值后输入百分号“%”，如图 3-56（b）所示。

③ 输入负数：必须在数字前加一个负号“-”，或给数字加上圆括号，如图 3-56（c）所示。

④ 输入小数：一般直接在指定的位置输入小数点即可。

⑤ 输入分数：分数的格式通常为“分子/分母”。如果要在单元格中输入分数，应先输入“0”和一个空格，然后输入分数值显示出来的是“分子/分母”格式的分数，如图 3-56（d）所示。

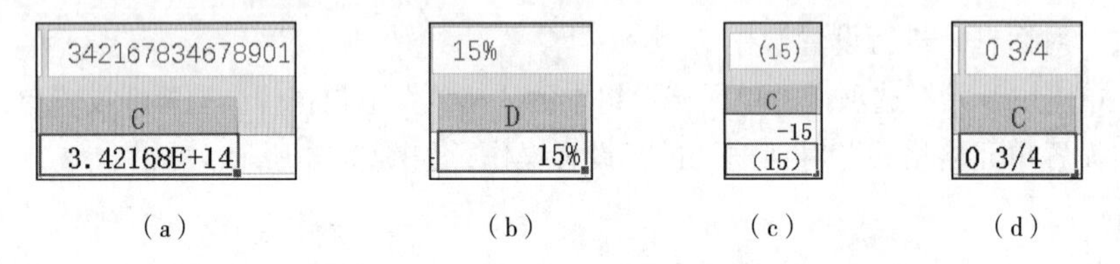

（a）　（b）　（c）　（d）

图 3-56　录入数值型数据

（3）输入日期/时间

① 输入日期：用斜杠“/”或者“-”来分隔日期中的年、月、日部分。首先输入年份，然后输入 1～12 数字作为月，再输入 1～31 数字作为日，见图 3-53。

② 输入时间：在 Excel 中输入时间时，可用冒号（:）分开时间的时、分、秒，如 15:30:00。在 Excel 中系统默认按 24 小时制输入，如果要按照 12 小时制输入，就需要在输入的时间后加上 AM 或 PM 表示上午或下午。

如果在 Excel 中输入数据时发现错误，可以使用【Backspace】键将输错的文本删除；或将光标定位在编辑栏中，在编辑栏中进行修改；单击编辑栏中的“取消”按钮或按【Esc】键，可取消本次输入。

◎小 技 巧

Excel 大量数据同时输入，打开需要输入数据的 Excel 表格，同时选中需要填充数据的单元格，如果某些单元格不相邻，可先按住【Ctrl】键并单击逐个选中单元格。接着松开【Ctrl】键，输入单元格中需要填充的数据，然后再按【Ctrl + Enter】组合键，则刚才选中的所有单元格就被同时填入该数据。

◎温馨提示

快速输入大写中文数字，将光标移至需要输入大写数字的单元格中。在单元格中输入相应的小写数字。右击该单元格，选择“设置单元格格式”命令，在弹出的“设置单元格格式”对话框中选择“数字”选项卡；然后选择“特殊”选项，在“类型”列表框中选择“中文大写数字”，最后单击“确定”按钮即可。

◎小 技 巧

在 Excel 中，有时需要在一个单元格中分成几行显示文字等内容。实现的方法：需要重起一行输入内容时，只要按住【Alt+Enter】组合键即可。

（4）自动输入序列数据

在数据录入的过程中，有时需要输入序列数据。序列数据有两类：数字序列和文本序列。例如，在处理学生成绩时，要输入的学号 2005001、2005002……是数字序列；文本序列是指文本字符串中含有数字的字符串，例如，要输入的学号是 2005BK001、2005BK002……是文本序列。若要 Excel 2016 自动处理序列数据，必须借助于填充柄。

填充柄是指选定的单元格或单元格区域右下角的绿色小方块，用鼠标拖动它可将序列数据的相应值填充至所选定的单元格。

填充数字序列的常用方法有以下几种：

方法一：在相邻两单元格中输入序列数字的前两项，选定这两个单元格，此时，该单元格区域的右下角出现一个绿色小方块，将指针移至填充柄上（鼠标指针由空心加号变成实心加号），沿序列数据的填充方向拖动指针至需要填充数据的单元格，释放鼠标即可填充所需数据。

方法二：先在需要存放序列数据的第一个单元格内输入序列的第一项数据，按住【Ctrl】键，将指针移至填充柄上拖动至需要填充数据的单元格，同时释放鼠标和【Ctrl】键即可，但这种方法只能填充步长为 1 的数据序列。若没按【Ctrl】键直接操作，则所有单元格的内容与第一项数据一样。

方法三：

① 在需要存放序列数据的第一个单元格内输入序列的第一项数据，选定需要填充的单元区域（方法是：先选定第一个单元格，再拖动鼠标至要选定的单元格区域，注意，不能将指针放在填充柄上再拖动）。

② 选择“开始”选项卡“编辑”命令组“填充”下拉列表中的“序列”按钮，弹出“序列”对话框。

③ 在如图 3-57 所示的“序列”对话框的“步长值”文本框中输入步长，选择相应的“类型”，再单击“确定”按钮即可。也可只选定第一个单元格（该单元格必须要有序列的第一项数据），在“序列”对话框的“步长值”文本框中输入步长，“终止值”文本框中输入终止值，系统会自动填充指定的序列项。

填充文本序列的常用方法：先在需要存放文本序列数据的第一个单元格内输入序列的第一项数据，将指针移至填充柄上拖动至需要填充数据的单元格，释放鼠标即可产生所需文本序列。若同时按【Ctrl】键再拖动，则所有单元格的内容与第一项数据一样。

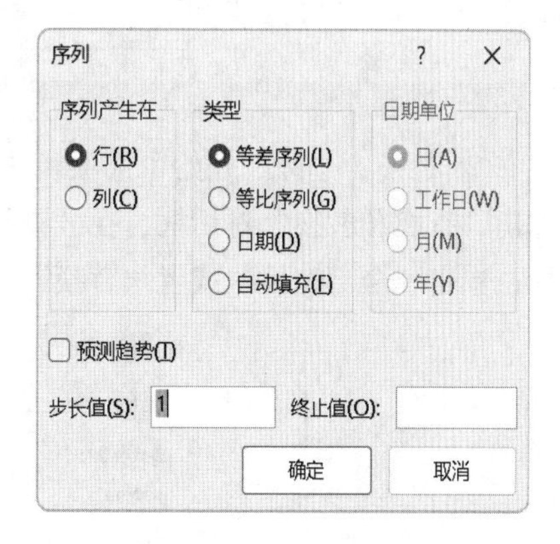

图 3-57 “序列”对话框

◎小 技 巧

在 Excel 中，经常要选定空白单元格，逐个选定比较麻烦，如果使用下面的方法就方便多了：选择“开始”选项卡“编辑”命令组“查找和选择”下拉列表中的“定位条件”命令，弹出“定位条件”对话框，选择“空值”，再单击“确定”按钮，空白单元格即被全部选定。如果要选定只含数据的单元格，则在“定位条件”对话框中选择“常量”，再单击“确定”按钮，则含有数据的单元格全部选定。

4．数据的修改

对单元格数据的修改主要包括以下几方面：

① 直接替换数据：选中要修改的单元格，输入新内容会替换原单元格中的内容。

② 修改单元格中的部分内容：双击单元格，单元格变为录入状态，光标呈“I”形，表示文字插入的位置，然后选中要修改的文字，输入新的内容。

③ 撤销对数据的前一次修改：若对前一次的操作不满意，可单击“快速访问工具栏”上的“撤销”按钮，将上次操作撤销；若发生误撤销情况，可单击“快速访问工具栏”中的“恢复”按钮，恢复操作一定要紧跟在撤销操作之后，否则“恢复”失效。

5．数据的查找和替换

Excel 系统的查找和替换功能与 Word 系统的查找和替换功能类似。

① 查找：选择“开始”选项卡“编辑”命令组“查找和选择”下拉列表中的“查找”命令，弹出“查找和替换”对话框，在“查找内容”文本框填入相应的查找内容，单击“查找全部”或者“查找下一个”按钮即可，如图 3-58 所示。

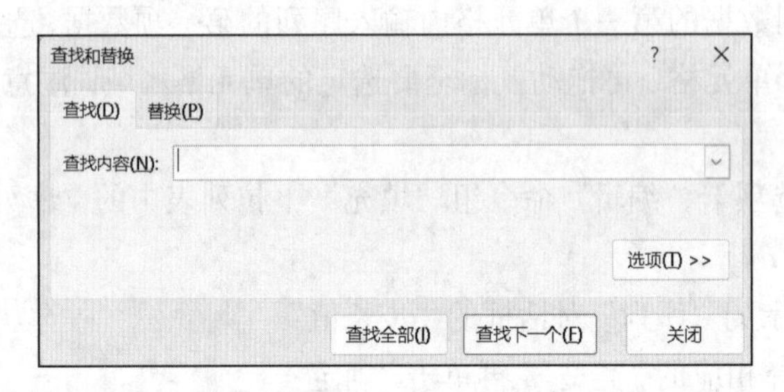

图 3-58 “查找”选项卡

② 替换：选择“开始”选项卡“编辑”命令组“查找和选择”下拉列表中的“替换”命令，弹出“查找和替换”对话框，在“查找内容”和“替换为”文本框填入相应的查找内容和替换信息，单击“全部替换”或者“替换”按钮即可，如图 3-59 所示。

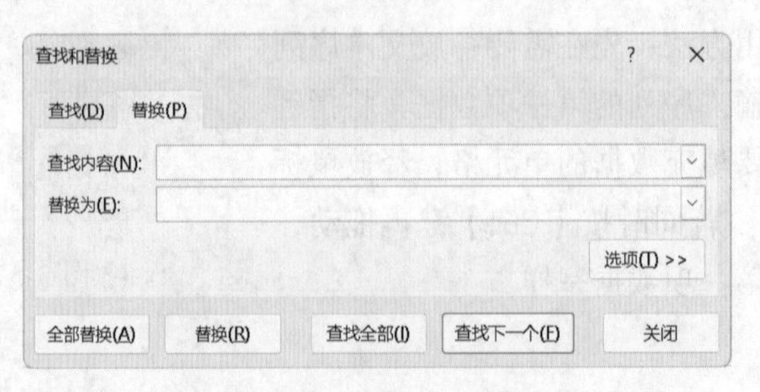

图 3-59 “替换”选项卡

6. 数据的校验

在使用 Excel 过程中，经常需要录入大量的数据，如处理学生成绩表数据（学生成绩假定范围为 0～100）时，由于误操作，所输入的数据会超出正常范围值，为了避免该类错误的出现，利用 Excel 的数据验证功能，可以提高数据输入速度和准确性。

（1）数据录入前的有效性验证设置

数据的有效性验证设置步骤如下：

① 在数据录入前，先选定需要校验的数据区域，然后选择“数据”选项卡“数据工具”命令组“数据验证”下拉列表中的“数据验证”命令，如图 3-60 所示。

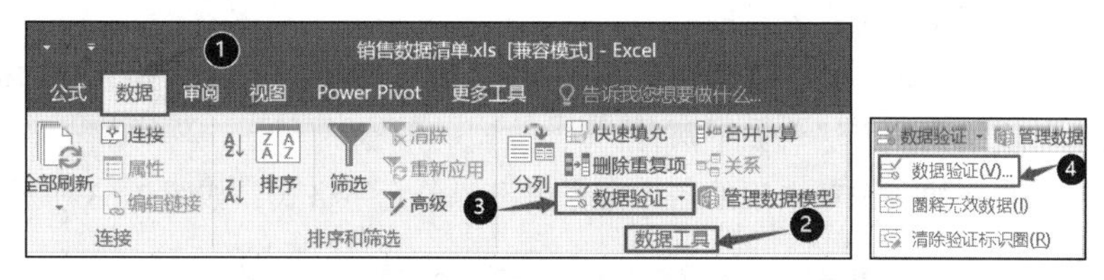

图 3-60 单击“数据验证”按钮

② 在弹出的如图 3-61 所示的“数据验证”对话框，以录入学生成绩为例，在“允许”下拉列表中选择“整数”选项，此时“数据”下拉列表的值变为“介于”，在其下方最小值和最大值文本框中输入最小值（0）和最大值（100），单击“确定”按钮完成数据设置。以后在此区域单元格中录入数据时，若数据超出此范围，则出现相应的错误信息提示对话框。

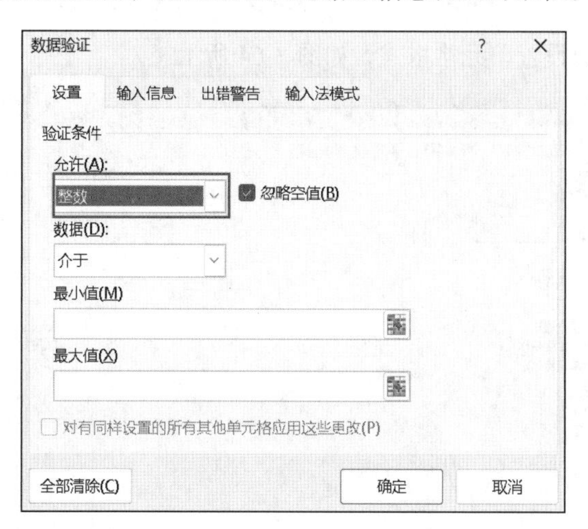

图 3-61 “数据验证”对话框

（2）对已录入数据的校验

如果事先已录入了数据，可通过下面的方法校验已录入数据的正确性。操作步骤如下：

① 选定要校验的区域，再设置数据的有效性，数据介于（60～100 之间的整数）。

② 选择“数据”选项卡“数据工具”命令组“数据验证”下拉列表中的“圈释无效数据”命令，系统会将所有无效数据用红色椭圆圈出来，便于用户修改，如图 3-62 所示。

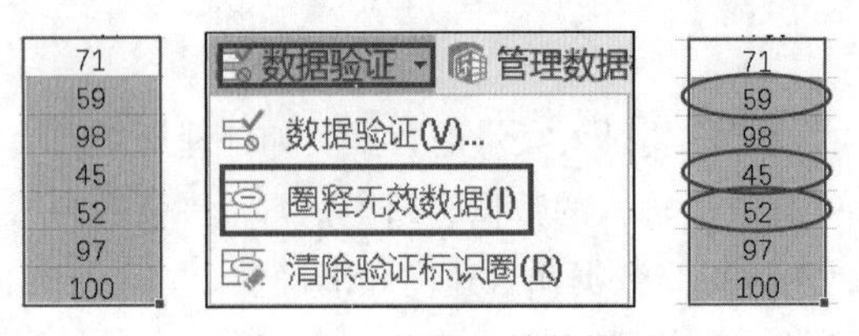

图 3-62 圈释无效数据

3.3.2 单元格格式化

表格在数据处理完后，一般都需要对单元格中的数据进行格式化，使工作表的外观更漂亮，排版更整齐，重点更突出，符合要求的格式。

单元格数据格式主要包括六个方面：行高、列宽、数字格式、对齐方式、字体格式、边框和底纹等。设置单元格格式的方法有如下两种：

方法一：使用“开始”选项卡下的诸多命令组设置单元格格式，如图 3-63 所示。

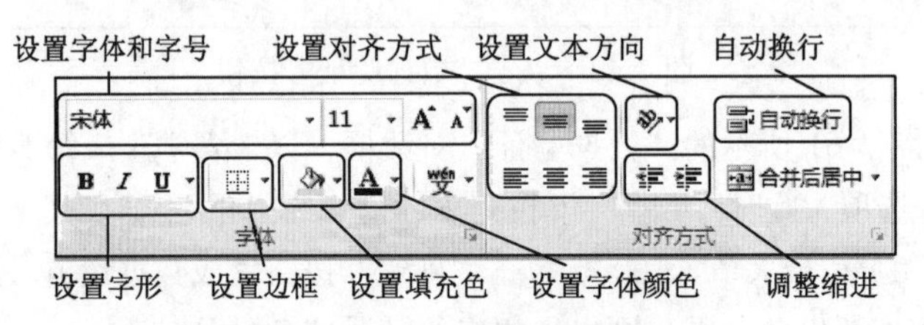

图 3-63 使用命令组设置单元格格式

方法二：使用对话框设置单元格格式，如图 3-64 所示。

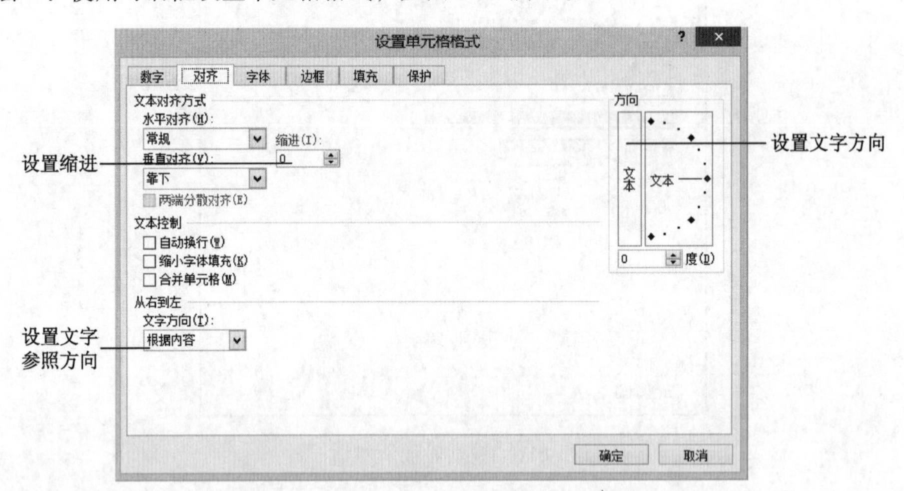

图 3-64 使用对话框设置单元格格式

打开“设置单元格格式”对话框的方法：

方法一：选择菜单命令打开。

单击“开始”选项卡“单元格”命令组中的“格式”按钮，在下拉列表中选择“设置单元格格式”命令，如图 3-65 所示。

方法二：通过快捷菜单打开。

选定需要设置的单元格或者单元格区域，右击，在弹出的快捷菜单中选择“设置单元格格式”

命令，如图 3-65 所示。

方法三：通过快捷键打开。

按【Ctrl+1】组合键可快速打开“设置单元格格式”对话框，如图 3-64 所示。

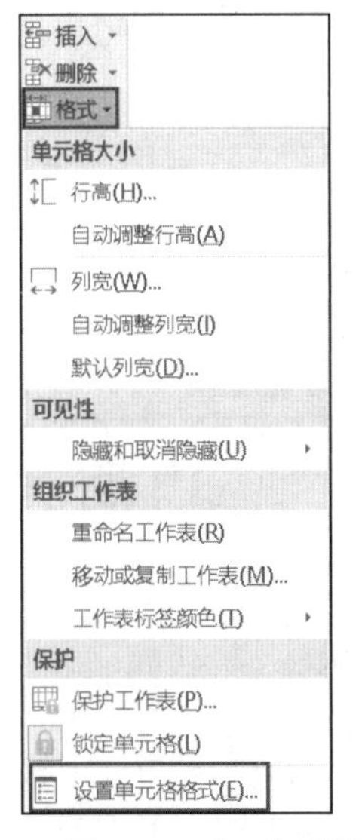

图 3-65　打开“设置单元格格式”对话框的方法

方法四：使用浮动工具栏设置单元格格式。

在表格中选择单元格中的文本内容，或者右击单元格，都会出现一个浮动工具栏，浮于工作表上，通过它可以像在功能区中一样对数据进行字体、字号等格式的设置。

3.3.3 美化单元格

1. 行高、列宽的调整

Excel 工作表建立后，所有单元格的高度和宽度都有相同的默认值。输入数据时，当字符串宽度大于单元格宽度时，超过的部分不能显示，当数字或日期宽度大于单元格宽度时，在单元格内则显示“#####”，要完整地显示数据，应调整单元格的宽度或高度。

调整行高的常用方法有以下几种：

方法一：利用鼠标拖动。

如果不需要精确设置行高，利用鼠标拖动行标或列标直接设置行高或列宽。

方法二：程序自动调整。

自动调整是系统根据单元格中输入内容的多少将其调整至完全显示数据的状态。其方法是：用 Excel 打开一篇工作表，选中需要调整列宽的单元格区域，切换到“开始”选项卡，选择“单元格”命令组“格式”下拉列表中的“自动调整列宽”命令，系统会根据内容自动调整行高。

方法三：精确调整行高。

选择需要设置的单元格区域，在“开始”选项卡“单元格”命令组中选择“格式”下拉列表中的“行高”（或“列宽”）命令，弹出“行高”（或“列宽”）对话框，在其中设置行高与列宽的具体值。

上述三种方法同样适用于调整列的宽度。

2．字体格式

选定要设置字体格式的单元格区域，右击，在弹出的快捷菜单中选择“设置单元格格式”命令，或选择“单元格”命令组“格式”下拉列表中的“设置单元格格式”命令，弹出如图 3-66 所示的“设置单元格格式”对话框。在“字体”选项卡中选择相应的颜色、字体、字形、字号、下画线、上标和下标等。

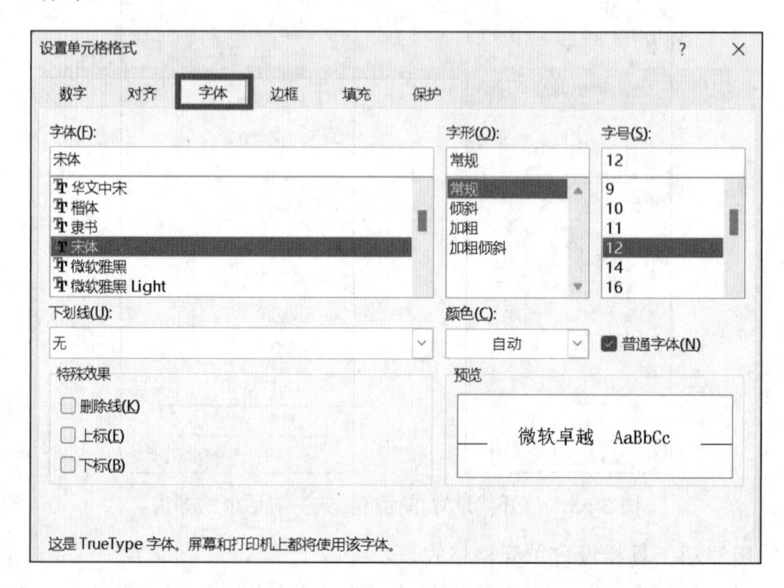

图 3-66 “字体”选项卡

若要给同一单元格中的文字设置不同的格式，只需选定文字，然后设置其格式即可。

3．对齐方式

“设置单元格格式”对话框的“对齐”选项卡包括数据的三个属性：文本对齐方式、显示方向和文本控制，如图 3-67 所示。

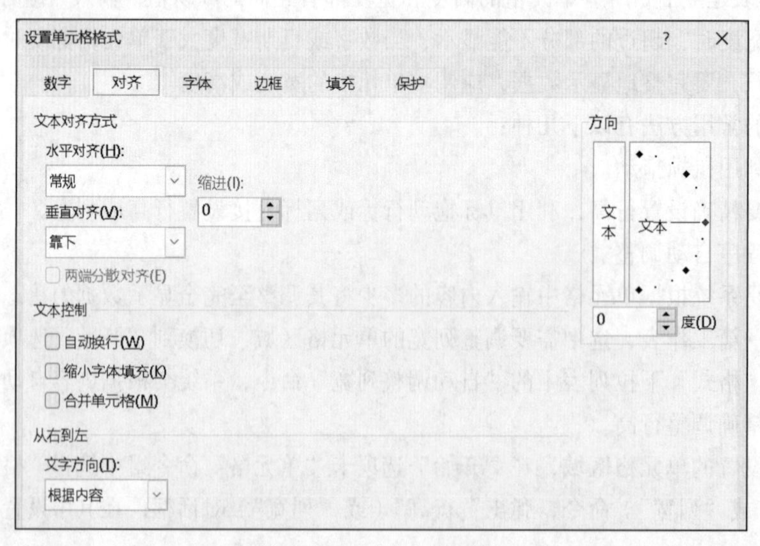

图 3-67 “对齐”选项卡

文本对齐方式包括水平对齐和垂直对齐，水平对齐方式有常规、靠左、居中、靠右、两端对齐和分散对齐等；垂直对齐方式有靠上、居中、靠下、两端对齐和分散对齐。

显示方向有垂直、水平和任意角度（–90°～90°），在设置字符倾斜角度时，可用鼠标拖动表示文本方向的指针，也可在“倾斜角度”文本框中直接输入倾斜度数。

文本控制属性包括自动换行、缩小字体填充和合并单元格。“自动换行”功能是当单元格中输入的内容比单元格要宽时会自动换行。“缩小字体填充”功能是当单元格容纳不下所输入的数据时，系统会自动将数据字体缩小使其宽度与单元格宽度相同。若选择了自动换行，再选择此项，则此功能无效。“合并单元格”功能是将选定的多个单元格合并成一个大单元格。

【案例 3-2】要排版如图 3-68 所示的表格标题，可先在 A1 单元格中输入标题内容，再选定 A1:F1 单元格，单击“开始”选项卡“对齐方式”命令组中的“合并后居中”按钮；或者选择“单元格”命令组“格式”下拉列表中的“设置单元格格式”命令，在“对齐”选项卡的“水平对齐”下拉列表和“垂直对齐”下拉列表中选择“居中”，选中“合并单元格”复选框，即可得到如图 3-68 所示的效果。

	A	B	C	D	E	F
1	学生成绩表					
2	姓名	学号	语文	数学	英语	总分
3	杨梅	2011001	82	85	93	
4	王丽	2011002	90	88	82	
5	郑一楠	2011003	80	95	84	
6	林啸	2011004	75	90	82	

图 3-68　学生成绩表

4．数字格式

Excel 中提供了多种数字格式，如小数位、百分号、货币符号等。所选数字被格式化后，在单元格中显示的是格式化后的效果，在编辑栏中显示原始数据。数字格式化的常用方法有两种：

方法一：工具栏按钮法。

① 选定包含数字的单元格区域。

② 根据需要，分别单击“开始”选项卡“数字”命令组中的按钮，如图 3-69 所示。若原始数据为 12345.67，分别设置后，其效果如图 3-70 所示。

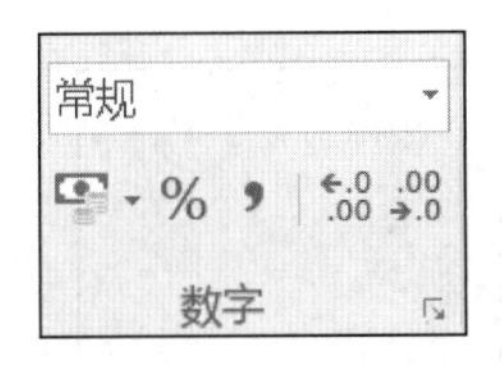

图 3-69　“数字”命令组

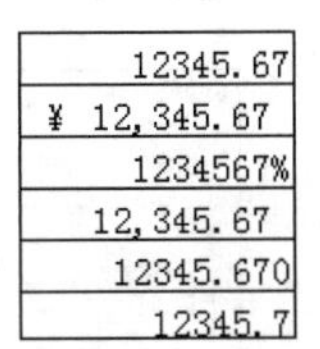

12345.67
¥ 12,345.67
1234567%
12,345.67
12345.670
12345.7

图 3-70　各数字格式效果图

方法二：菜单法。

① 选定包含数字的单元格区域。

② 选择“开始”选项卡“单元格”命令组“格式”下拉列表中的“设置单元格格式”命令，或者在选定区域内右击，选择“设置单元格格式”命令，弹出“设置单元格格式”对话框，选择“数字”选项卡，如图 3-71 所示。

③ 在“分类”列表框中选择所需的分类格式，进行相应的设置。

④ 单击“确定”按钮，完成设置。

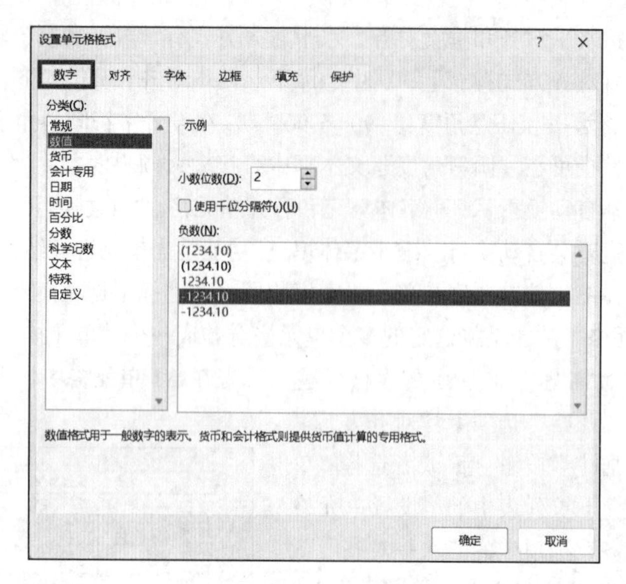

图 3-71 “数字”选项卡

5. 表格边框

在默认情况下，所看到的 Excel 单元格表格线都是统一的淡虚线，在打印输出时，不会被打印出来，用户若需要表格线，必须另行设置。具体方法如下：

方法一：采用“设置单元格格式”设置边框。

① 选定要加表格线的单元格或单元格区域。

② 右击，在弹出的快捷菜单中选择“设置单元格格式”命令，或选择“单元格”命令组“格式”下拉列表中的“设置单元格格式”命令，弹出“设置单元格格式”对话框。选择“边框”选项卡，操作时，可先选择线条样式，然后在“预置”中选择外边框和内部，也可选择不同的线条样式，单击边框中不同边框按钮，产生不同线条的表格，如图 3-72 所示。

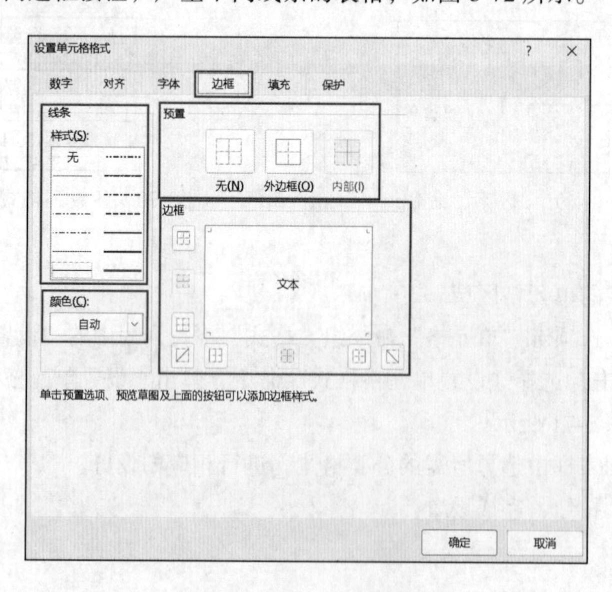

图 3-72 “边框”选项卡

方法二：采用快捷方式设置边框。

① 选定要加表格线的单元格或单元格区域。

② 单击“开始”选项卡“字体”命令组中的田·下拉按钮，弹出如图 3-73 所示的下拉列表。

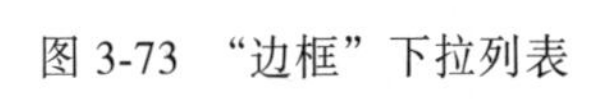

图 3-73　“边框”下拉列表

6. 单元格底纹

Excel 单元格底纹是指单元格的背景颜色或图案。具体方法如下：

方法一：通过“设置单元格格式”对话框设置单元格背景颜色和纹理图案。

① 选定要加表格线的单元格或单元格区域。

② 右击，在弹出的快捷菜单中选择“设置单元格格式”命令，或选择“单元格”命令组“格式”下拉列表中的“设置单元格格式”命令，弹出“设置单元格格式”对话框，选择“填充”选项卡，如图 3-74 所示。

方法二：采用快捷方式设置单元格背景颜色和纹理图案。

① 选定要加表格线的单元格或单元格区域。

② 单击“开始”选项卡“字体”命令组中的 ♢· 按钮，弹出如图 3-75 所示的下拉列表，选择合适的填充色。

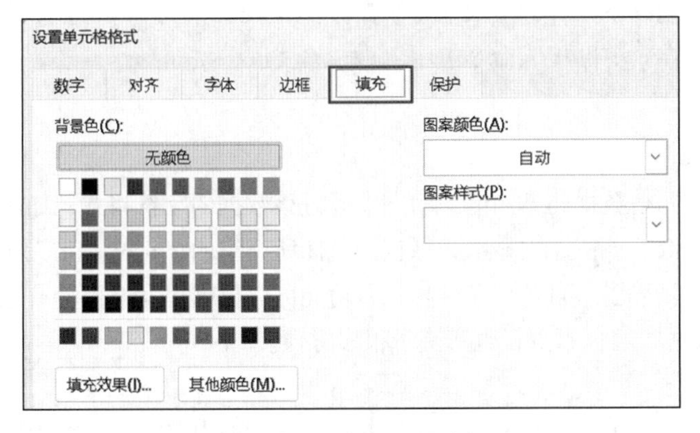

图 3-74　“填充”选项卡

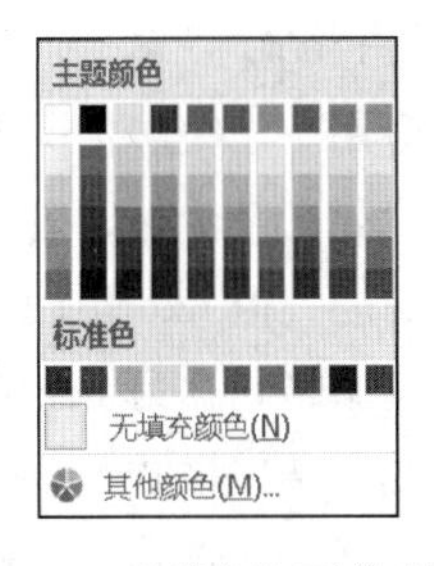

图 3-75　“填充”下拉列表

7. 格式的复制与删除

当 Excel 的某些单元格数据设置了字号、字体、边框和底纹等格式后，若其他单元格也需要设置相同的字符格式，不必重复设置这些格式，只需采用格式刷进行格式复制即可。

（1）使用“格式刷”进行格式复制

① 选定要复制字符格式的单元格。

② 在“开始”选项卡“剪贴板”命令组中单击“格式刷”按钮，此时选定的单元格周围增加了一个虚线闪烁的方框，且鼠标指针右侧会出现一把小刷子。

③ 按住鼠标左键，拖动鼠标至需要格式化的单元格区域，或者单击要设置格式的单元格，释放鼠标，Excel 会自动将选定的单元格所使用的所有字符格式复制过来。

④ 若还需要格式化其他单元格数据，需要重复执行步骤①～③。此方法，只可以复制一次，

即复制一次后，会停止字符格式的复制。

（2）多次复制格式

使用格式刷可以将原有的格式套用到不同大小的选定区域，并且可以反复使用多次。多次复制格式可按以下步骤进行：

① 选定要复制字符格式的单元格。

② 在“开始”选项卡“剪贴板”命令组中双击“格式刷”按钮，此时选定的单元格周围增加了一个虚线闪烁的方框，且指针右侧会出现一把小刷子。

③ 按住鼠标左键，拖动鼠标至需要格式化的单元格区域，或者单击要设置格式的单元格，释放鼠标，Excel 会自动将选定的单元格所使用的所有字符格式复制过来。

④ 若还需要格式化其他单元格数据，按照步骤③继续操作。否则，再单击“格式刷”按钮，即可停止字符格式的复制。

◎温馨提示

如果是单击“格式刷”按钮，复制一次后，将自动停止字符格式的复制。

如果是双击“格式刷”按钮，可以复制多次，直到要复制的全部完成后，单击“格式刷”按钮，才会停止字符格式的复制。

（3）取消复制

不管是一次还是多次复制，均可采用以下两种方法取消复制操作：

方法一：切换到“开始”选项卡，在“剪贴板”命令组中单击“格式刷”按钮。

方法二：直接按【Esc】键。

8．条件格式

实际应用中，很多情况需要根据单元格数据的不同值，动态地设置该数据的字符格式，如股票中的卖价高于某个值，显示为红色，低于该值，则显示为绿色。前面所介绍的字符格式化无法实现这项功能，但 Excel 所提供的“条件格式”可以。“条件格式”功能可以根据单元格内容有选择地自动应用格式，为 Excel 在处理数据时增色不少，也带来了很多方便。

（1）设置条件格式

单击“开始”选项卡“样式”命令组中的“条件格式”下拉按钮，会出现如图 3-76（a）所示的下拉列表，条件格式的设置可以分别完成下列功能：

① 突出显示单元格规则：可以通过改变颜色、字形、特殊效果等格式的方法使得某一类具有共性的单元格突出显示。例如，在一份成绩单中，将所有大于 89 的成绩用蓝色字体突出。单击该菜单选项，会出现如图 3-76（b）所示的下拉列表。

② 项目选取规则：例如，突出显示值最大的 10 项，值最小的 20%项和高于平均值的项。单击该下拉按钮，会出现如图 3-76（c）所示的下拉列表。

③ 数据条：直接在单元格中显示图形条，其长度相对于单元格的值成比例地变化。单击该下拉按钮，会出现如图 3-76（d）所示的下拉列表。

④ 色阶：对单元格应用背景色，单元格值的大小与显示的背景色存在对应关系。单击该下拉按钮，会出现如图 3-76（e）所示的下拉列表。

⑤ 图标集：直接在单元格中显示图标。单元格的值决定了显示的图标。单击该下拉按钮，会出现如图 3-76（f）所示的下拉列表。

⑥ 新建规则：允许指定其他条件格式规则，包括基于逻辑公式的规则。

⑦ 清除规则：删除对选定单元格应用的全部条件格式规则。

⑧ 管理规则：单击该按钮将打开“条件格式规则管理器”对话框，在其中可以创建新的条件格式规则、编辑规则或删除规则。

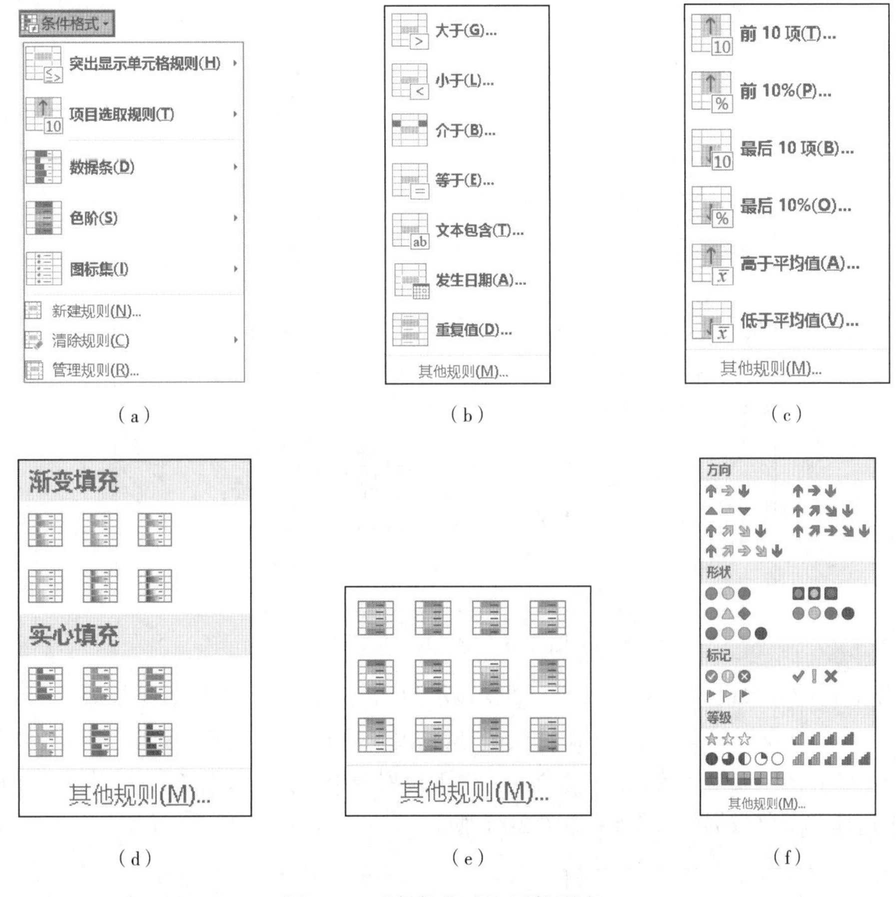

图 3-76 “条件格式”下拉列表

下面通过具体的例子了解条件格式的功能。

【案例 3-3】输入如图 3-77 所示的数据。

首先，完成大于 89 分的数据显示为蓝色、粗体，60 分以下的数据显示为红色、粗体、斜体。

操作步骤如下：

① 选定“成绩”区域，如图 3-77 所示。

② 在“开始”选项卡的“样式”命令组中单击“条件格式”按钮，弹出如图 3-76（a）所示的下拉列表。

③ 选择“突出显示单元格规则”下拉列表中的“大于”命令，弹出“大于”对话框，在左边空白处输入 89，在“设置为”下拉列表中选择“自定义格式”，如图 3-78 所示。

	A	B	C
1	序号	姓名	成绩
2	1	张力	71
3	2	李宏	59
4	3	王丹	98
5	4	赵晓英	45
6	5	钱光泽	52
7	6	周斌	97
8	7	刘柳	100

图 3-77　实例源数据

大于　?　×

为大于以下值的单元格设置格式:

89　设置为　浅红填充色深红色文本

浅红填充色深红色文本
黄填充色深黄色文本
绿填充色深绿色文本
浅红色填充
红色文本
红色边框
自定义格式...

5	钱光泽	52
6	周斌	97
7	刘柳	100

图 3-78“大于”对话框

④ 在弹出的“设置单元格格式”对话框中选择“字体”选项卡，选择“粗体”“蓝色”，如图 3-79 所示。

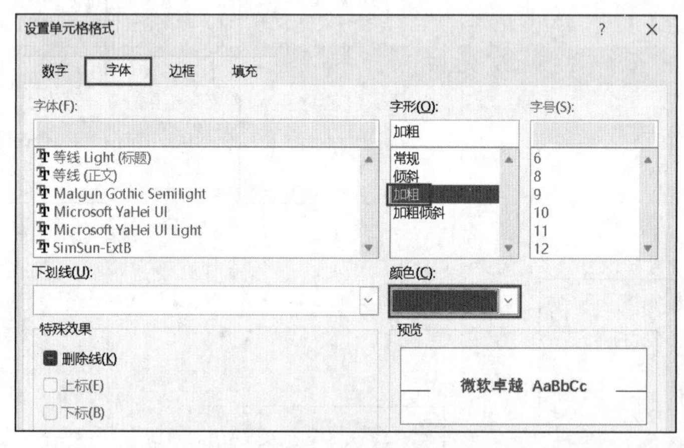

图 3-79　“字体”选项卡

⑤ 用同样的方法设置“60 分以下的数据显示为红色、粗体、斜体”，结果如图 3-80 所示。

其次，为数据设置“数据条”格式，选择“紫色渐变填充”，且填充时数据区域显示填充比例。

操作步骤：选定成绩区域，在“条件格式”下拉列表中选择“数据条”，在其子菜单的“渐变填充”中选择“紫色数据条”，结果如图 3-81 所示。

C2

	A	B	C
1	序号	姓名	成绩
2	1	张力	71
3	2	李宏	*59*
4	3	王丹	98
5	4	赵晓英	*45*
6	5	钱光泽	*52*
7	6	周斌	97
8	7	刘柳	100

图 3-80　设置后的效果

	A	B	C
1	序号	姓名	成绩
2	1	张力	71
3	2	李宏	*59*
4	3	王丹	98
5	4	赵晓英	*45*
6	5	钱光泽	*52*
7	6	周斌	97
8	7	刘柳	100

图 3-81　“数据条”设置结果

再次，为数据设置“图标”，大于 89 分的为✔图标，89 分～60 分之间的为！图标，小于 60 分的为✖图标。

操作步骤：选定成绩区域，在“条件格式”下拉列表中选择“图标集”下拉列表中的“其他规则”，弹出如图 3-82 所示的对话框，按要求进行设置，最终结果如图 3-83 所示。

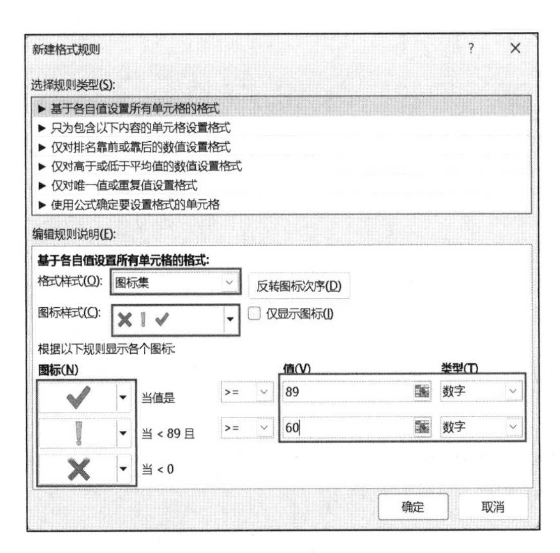

图 3-82　“新建格式规则”对话框

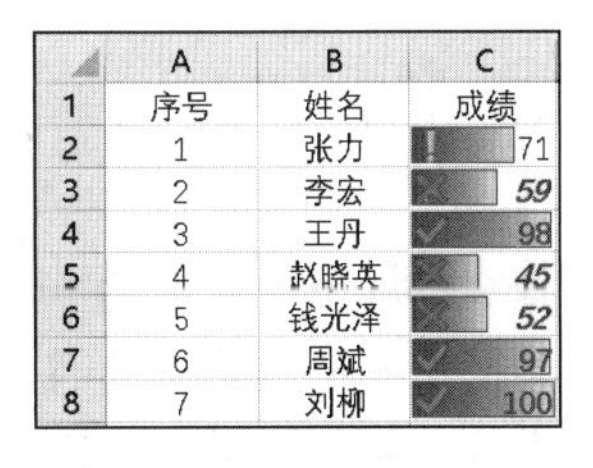

	A	B	C
1	序号	姓名	成绩
2	1	张力	71
3	2	李宏	59
4	3	王丹	98
5	4	赵晓英	45
6	5	钱光泽	52
7	6	周斌	97
8	7	刘柳	100

图 3-83　“图标集”设置结果

（2）条件格式删除

条件格式删除的具体操作步骤如下：

① 选定需要删除条件格式的单元格区域。

② 单击“开始”选项卡“样式”命令组中的“条件格式”下拉按钮，弹出如图 3-76（a）所示的下拉列表。

③ 选择“管理规则”命令，弹出如图 3-84 所示的“条件格式规则管理器”对话框。

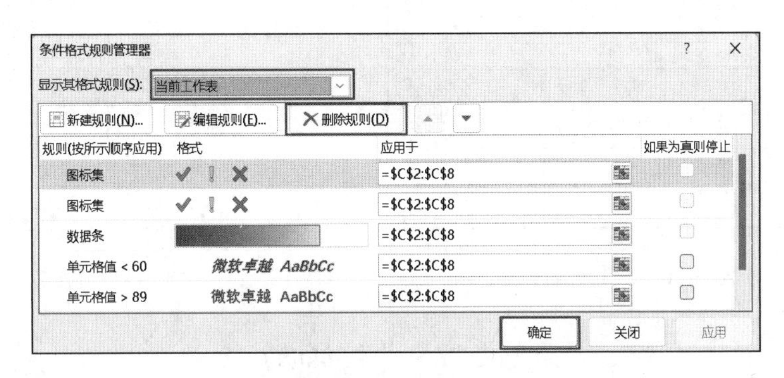

图 3-84　“条件格式规则管理器”对话框

④ 选择需要删除的条件，单击“删除规则”按钮，单击“确定”按钮即可。

3.3.4　上机练习

1. 新建一个工作簿文件，命名为“学生成绩表”，在 Sheet1 工作表中输入如图 3-85 所示的内容。

要求如下：

① 将 Sheet1 工作表名称改为“成绩表”。

② 将表标题设置为隶书、斜体、28 号橘黄色字、居中显示。

③ 将表格文字设置为楷体、14 号、左对齐显示。

④ 将表格数字设置为 12 号字、小数位为 1 位、居中显示。

	A	B	C	D	E	F	G
1	学生成绩表						
2	学号	姓名	语文	数学	外语	平均分	总分
3	001	张林	78	73	91		
4	002	陈红	76	67	78		
5	003	刘明	90	92	69		
6	004	王伟	96	77	83		
7	最低分						
8							

图 3-85　学生成绩表

2. 制作出口产品统计表。制作如图 3-86 所示的工作表，文件名以“出口产品统计表.xlsx”进行保存。要求如下：

① 设置标题字体为隶书，字号为 26，合并单元格区域 A1:D2 并设置居中对齐。

② 其他单元格字体为隶书，字号为 16，表头单元格水平居中。

③ 设置“销量”不能有负数，低于 500 的用红色加粗斜体显示。

④ 出口额保留两位小数，不能有负数，出口额高于 50 000 的用红色加粗斜体显示。

⑤ 表格外边框为“粗实线”，内部为“细实线”。

3. 制作粉丝对比表。制作如图 3-87 所示的工作表，文件名以“粉丝对比表.xlsx”进行保存。该题只考察 C 列的图标集的设置，对于数据格式不做具体要求，原样输入数据即可。

	A	B	C	D
1–2	某公司出口产品统计表			
3	产品	地区	销量	出口额
4	床上用品	美国	6000	*60000.00*
5		德国	28990	*289900.00*
6		澳大利亚	*450*	4500.00
7	抽纱制品	日本	4600	9200.00
8		德国	7800	15600.00
9		英国	23870	*59800.00*
10	玻璃制品	美国	6000	18000.00
11		德国	520	1560.00
12		日本	4200	8400.00

图 3-86　产品统计表

	A	B	C
1–2	日期	粉丝数	对比前一天的增长情况
3	12月1日	20	⇨
4	12月2日	30	⬆
5	12月3日	20	⬇
6	12月4日	25	⬆
7	12月5日	40	⬆
8	12月6日	45	⬆
9	12月7日	45	⇨
10	12月8日	30	⬇
11	12月9日	45	⬆

图 3-87　粉丝对比表

3.4　公式与函数

Excel 2016 的主要功能之一是对数据进行运算，而公式和函数是数据运算的两个最重要的工具，利用它们可以完成各种复杂的数据运算。掌握好这部分内容，是熟练使用 Excel 2016 进行数据管理的先决条件。

3.4.1　公式

在工作表中输入数据内容后，运用 Excel 中的公式可以计算该电子表格中的数据以得到需要的数据结果。公式是 Excel 中重要的应用工具，使各类数据处理工作变得更为详尽与方便。Excel 提供的公式功能是区别于 Word 操作软件中的最大功能，也是其电子表格软件特有的强大功能。运用公式可以对工作表中的数据进行各类计算和分析操作。

1. 认识公式

公式是计算工作表中数据的等式，以“=”开始。使用公式时，可以手动输入公式，也可以直接引用工作表中的单元格，然后使用运算符将数据内容连接起来。运算符包括算数运算符、比较运算符、引用运算符和文本运算符四种类型，见表 3-1。

表 3-1　运算符明细表

运算符类型	含　义
算术运算符	%（百分比）、^（乘方）、*（乘）、/（除）、+（加）、-（减）。其优先级为：%和^、*和/、+和-
比较运算符	>（大于）、<（小于）、=（等于）、>=（大于等于）、<=（小于等于）、<>(不等于)。其优先级相同
文本运算符	&，表示将符号两侧的文本字符串连接在一起，形成新的字符串
引用运算符	冒号（“:”）、逗号（“,”）、空格（“”）等，用于单元格的合并运算。例如，SUM（A1:C2），表示 A1、A2、B1、B2、C1、C2 构成的矩形区域求和；SUM（A1,B1,C2）,表示 A1、B1、C2 这 3 个单元格的数据求和；SUM（A1:C3 B2:D4），表示对由区域 A1:C3 和 B2:D4 中四个共同的单元格 B2、C2、B3、C3 的数据求和

2. 公式的组成

一个完整的公式中会包括运算符、值或常量、单元格引用、函数、等号等内容，见表 3-2。

表 3-2　公式组成要素明细表

公式元素	含　义
运算符	用于对公式中的元素进行特定的运算，包括一些符号，如“+”“-”等
值或常量	直接输入公式中的值或文本，如“7”或“金额”
单元格引用	利用引用格式对需要的单元格中的数据进行单元格引用
函数	Excel 中提供的一些函数或参数，可返回相应的函数值
等号	“=”用于标记公式，等号之后的字符为公式

3. 公式的编辑

公式是以等号开始的，当在工作表中的空白单元格中输入等号时，Excel 就默认为用户进行一个公式的输入过程。在 Excel 中输入公式与输入文本的方法类似，输入完成后按【Enter】键即可结束输入，并得出计算结果。

（1）输入公式

方法一：在单元格中直接输入具体的公式内容，并按【Enter】键显示结果，如图 3-88 所示。

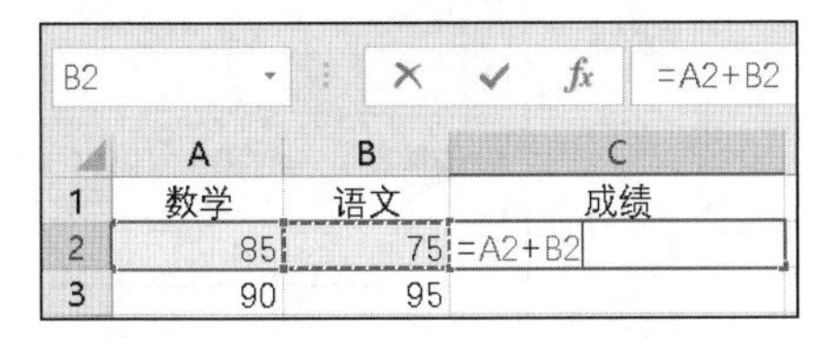

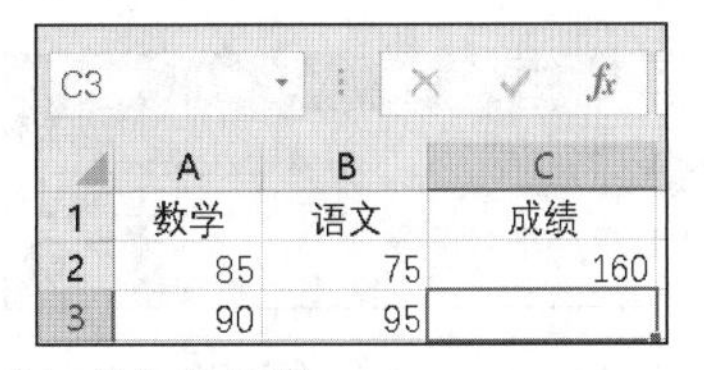

图 3-88　单元格中输入公式与产生的结果

方法二：在编辑栏中直接输入具体的公式内容后，名称框自动出现 SUM，按【Enter】键显示结果，如图 3-89 所示。

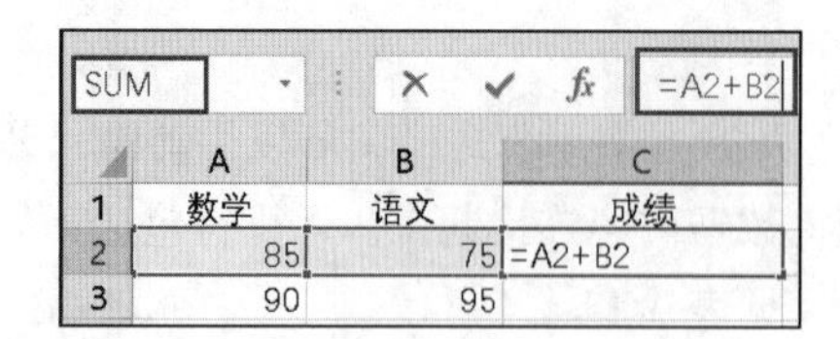

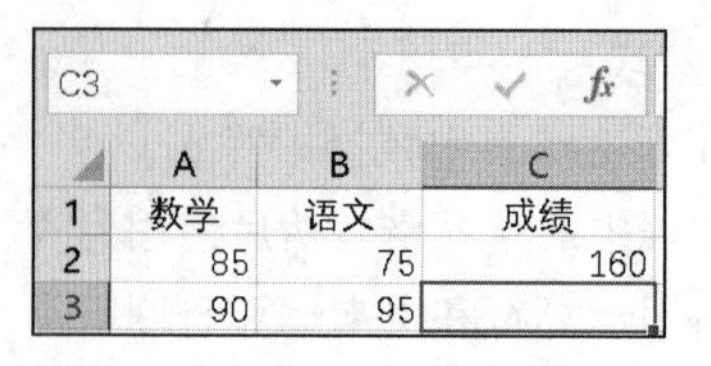

图 3-89 编辑栏中输入公式与产生结果

方法三：采用引用单元格的方法，如上例，首先选择 C2 单元格，输入“=”；其次，按方向键或者用鼠标直接选择 A2，输入“+”，同样方法选择 B2；最后按【Enter】键，显示结果。

◎温馨提示

若要将公式或者值全部删除，只需选择公式所在的单元格，然后按【Delete】键即可。若只是删除公式，可以复制公式所在单元格，然后“粘贴值”。

（2）修改公式

如果发现输入的公式有错误，可以很容易地修改。具体操作步骤如下：

① 单击要修改公式的单元格。

② 在编辑栏中对公式进行修改。如果要修改函数，可以打开“公式”选项卡，在“函数库”选项组中修改函数。

③ 修改完成后，按【Enter】键，完成修改。

（3）命名公式

为了方便公式的使用和管理，用户可以为公式命名。

公式名称的第一个字符必须是字母、汉字或者下画线，不能包括空格，不能与单元格名称相同，最多包含 255 个字符且不区分大小写。具体操作步骤如下：

① 选择 C2 单元格，单击“公式”选项卡，选择“定义的名称”命令组中的“定义名称”命令（见图 3-90），弹出如图 3-91 所示的“新建名称”对话框。

② 在“新建名称”对话框的“名称”文本框中输入“成绩”，单击“确定”按钮。

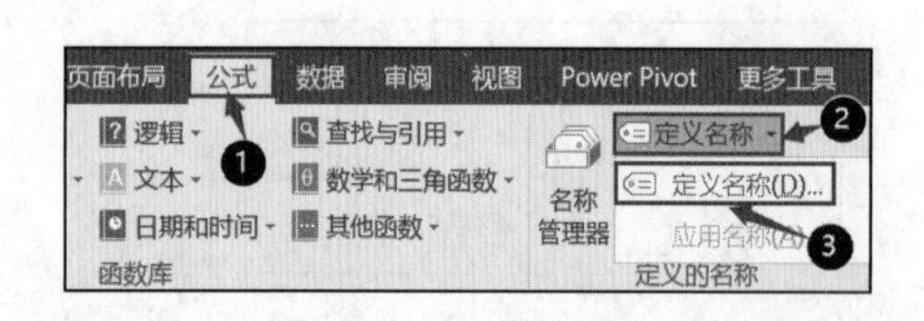

图 3-90 “定义名称”组

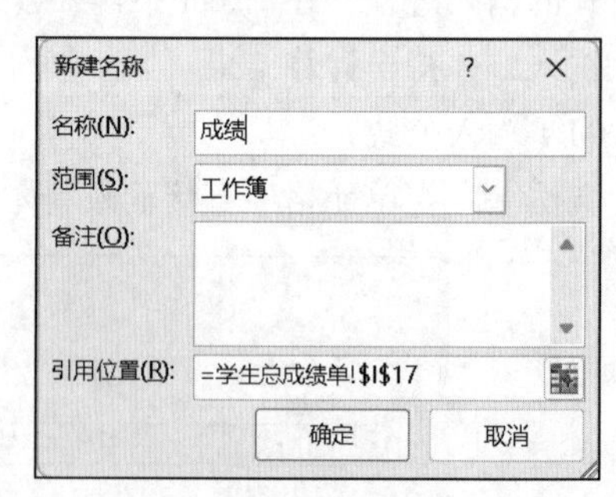

图 3-91 “新建名称”对话框

（4）复制公式

如果要在不同的单元格中输入同一个公式，可以对输入的公式进行复制。

方法一：使用菜单命令复制公式。

① 选择 C2 单元格，切换到“开始”选项卡，单击“复制”按钮，如图 3-92 所示。

② 选择公式被复制的目的单元格，单击“粘贴”下拉列表中的“公式”按钮。

③ 结果显示在目的单元格，如图 3-93 所示。

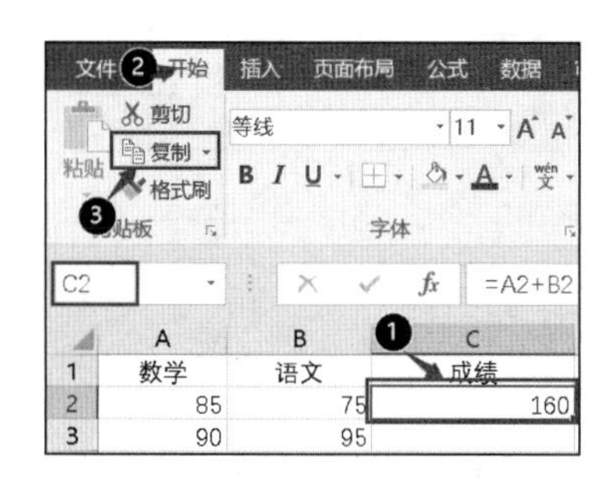

图 3-92 单击“复制”按钮

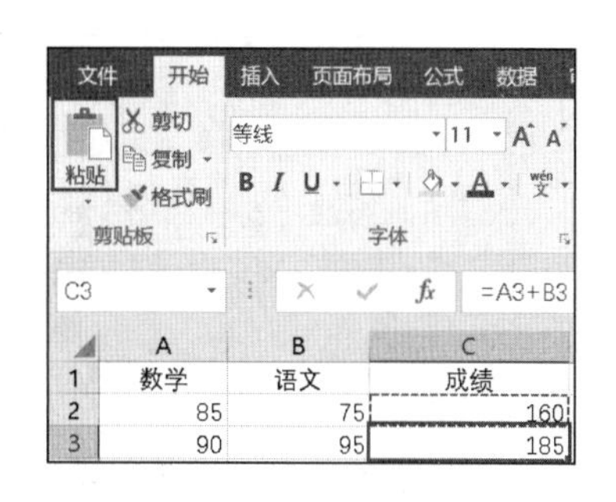

图 3-93 公式结果显示

方法二：右击进行复制公式。

① 选择 C2 单元格，右击，选择“复制”命令，如图 3-94 所示。

② 选择公式被复制的目的单元格，右击，在弹出的快捷菜单中单击“公式”按钮，如图 3-95 所示。结果显示在目的单元格中。

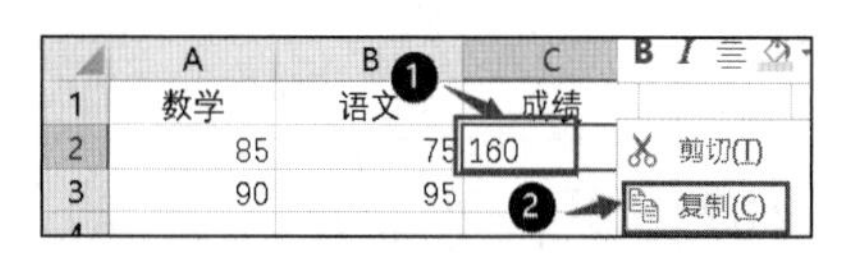

图 3-94 右击选择“复制”命令

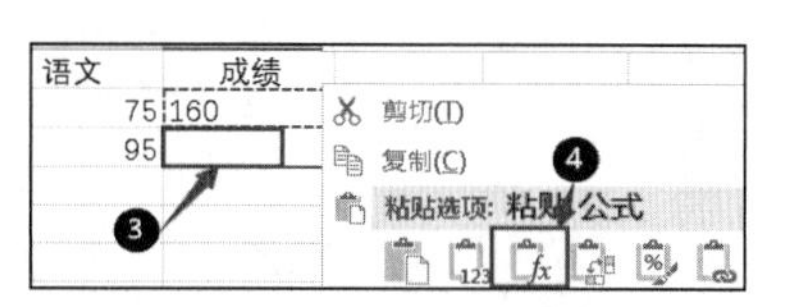

图 3-95 粘贴并单击“公式”按钮

方法三：拖动鼠标进行复制。选择 C2 单元格，将指针移至右下角，变为十字状时向下拖动。释放鼠标，得到复制公式的填充结果。

（5）移动公式

① 选取被移动的单元格。

② 将鼠标指针移到该单元格的边框上，当鼠标变为十字箭头形状时，按下鼠标左键。

③ 拖动鼠标指针到目标单元格，释放鼠标完成移动。

3.4.2 单元格引用

在工作表中，无论使用公式还是函数计算数据，都要确定计算数据的单元格区域，这就需要使用到单元格引用的相关知识。

根据公式所在单元格的位置发生变化时单元格引用的变化情况，可将引用分为相对引用、绝对引用和混合引用三种类型。

1. 相对引用

相对引用是指当把公式复制到新的位置后，公式中引用的单元格的地址随着位置的变化而发生变化。

默认情况下，Excel 中使用的是相对引用。

例如，假定学生成绩表中 C3 单元格中存放的是数学（A3）和语文（B3）成绩之和，其公式为“=A3+B3”，当公式由 C3 单元格复制到 C4 单元格后，C4 单元格中的公式变为“=A4+B4”。

注意：C3 和 C4 单元格中公式的具体形式没有发生变化，只有被引用的单元格地址发生了变化，若公式自 C 列继续向下复制，则公式中引用单元格地址的行标会自动加 1，通过相对引用和填充柄的自动填充功能，可以很快计算出成绩中所有同学的语文和数学总分，如图 3-96 所示。

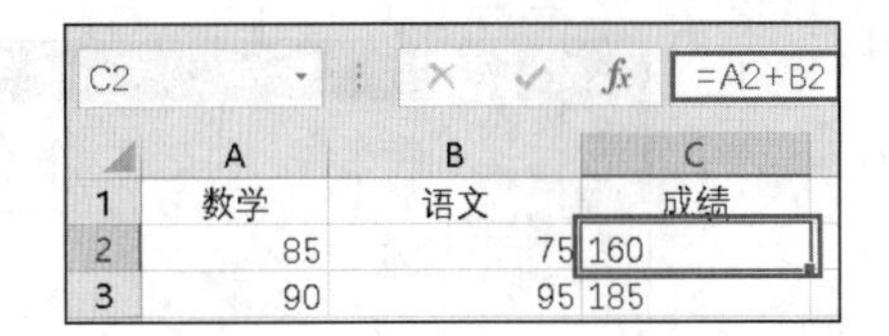

图 3-96 “相对引用”示例

2. 绝对引用

绝对引用是指当把公式复制到新的位置后，公式中引用的单元格的地址不会随位置的变化而发生变化，即保持不变。若要实现绝对引用功能，则公式中引用的单元格地址的行标和列标前必须加上“$”符号，如 C2 公式为“=$A$2+$B$2”，则无论公式复制到何处（本例粘贴到 C3 处），其引用的单元格区域均为 A2:B2，如图 3-97 所示。

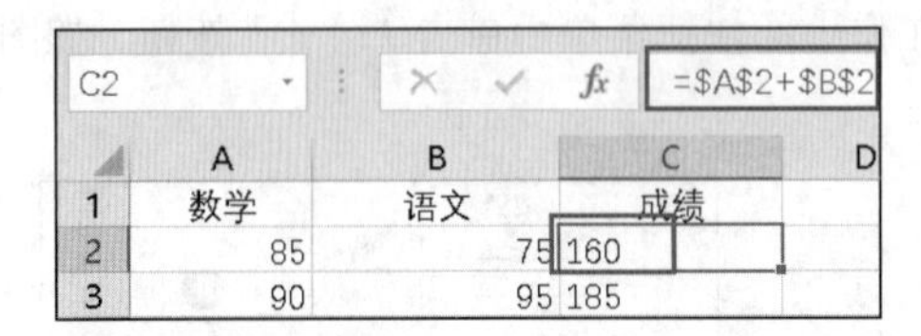

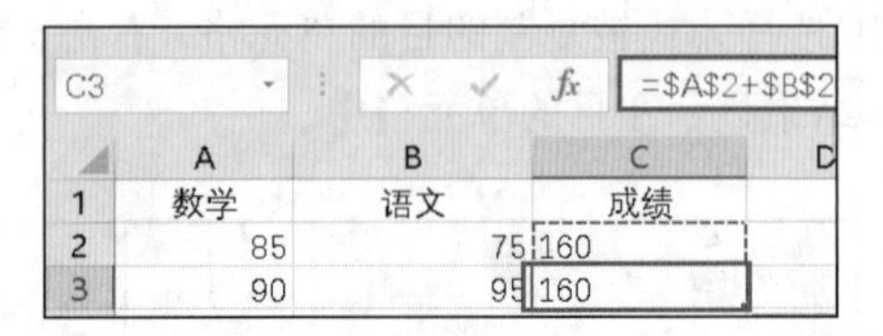

图 3-97 “绝对引用”示例

3. 混合引用

混合引用是指公式中，既有绝对引用，又有相对引用的引用形式，如 C3 单元格处填入公式“=A$3+B$3”。当公式中使用了混合引用后，若改变公式所在的单元格地址，如 D3 单元格粘贴 C3 的混合引用公式，则相对引用的单元格地址发生改变，而绝对引用的单元格地址不变，如图 3-98 所示。

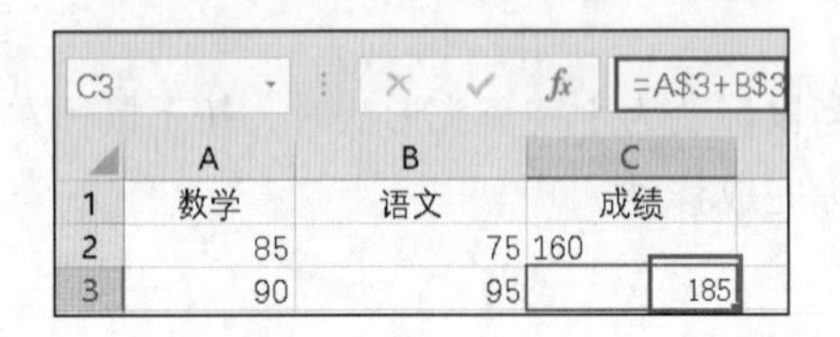

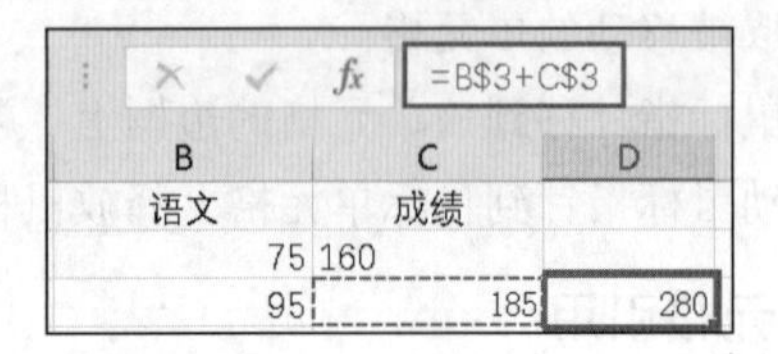

图 3-98 “混合引用”示例

4. 同一工作簿的不同工作表引用

上面介绍的三类引用都是引用同一工作表中的数据。若要引用同一工作簿中不同工作表中的数据，其引用格式为“工作表名称！单元格地址”。例如，当前工作表为 Sheet1，若在 C2 单元格中存放 Sheet2 工作表的 A2 和 B2 单元格的数据之和，则 C2 中的公式为“=Sheet2！A2:B2”，如图 3-99 所示。

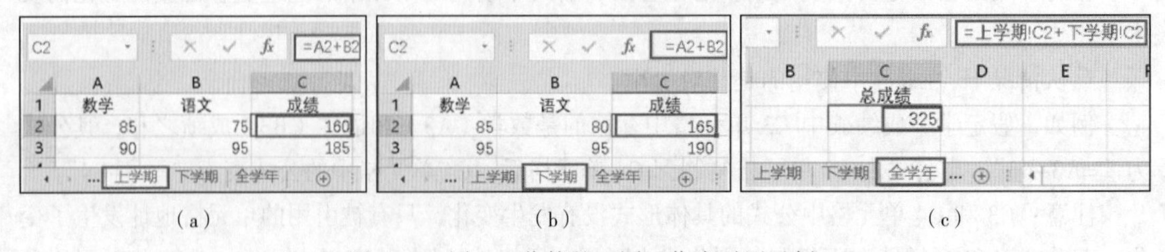

图 3-99 同一工作簿的不同工作表引用示例

5. 不同工作簿中工作表的引用

若要引用不同工作簿中的数据，其引用格式为“=[工作簿名称]工作表名称！单元格地址”。

例如，全年总成绩存放在全年总成绩工作簿中，其中的总成绩列公式可以为“=[学生成绩表.xlsx]上学期!C2+[学生成绩表.xlsx]下学期!C2”，表示引用工作簿“学生成绩表”中工作表“上学期”的 C2 与“学生成绩表”中工作表“下学期”的 C2 之和到单元格区域 A2，如图 3-100 所示。

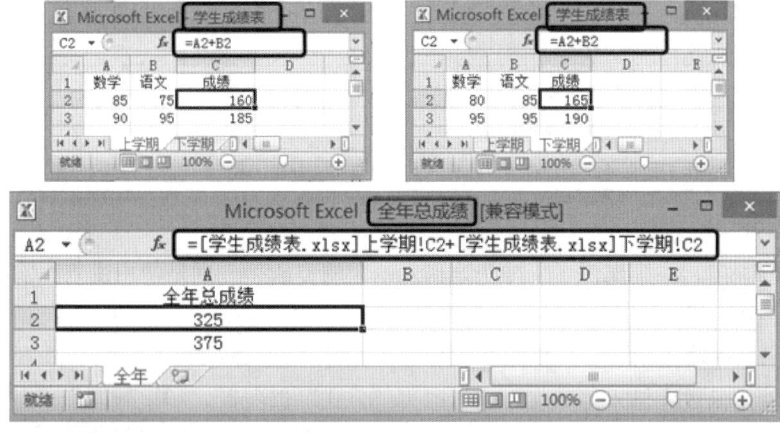

图 3-100　不同工作簿中工作表引用示例

3.4.3 函数

Excel 函数是 Excel 系统预先定义、执行计算、分析等处理数据任务的特殊公式。

1. 认识函数

函数包括函数名、括号和参数三个要素。其形式为“函数名(参数 1,参数 2,…)”，不同函数的参数数目不一样，有些函数没有参数，有些函数有一个参数，也有些函数有多个参数，如图 3-101 所示。

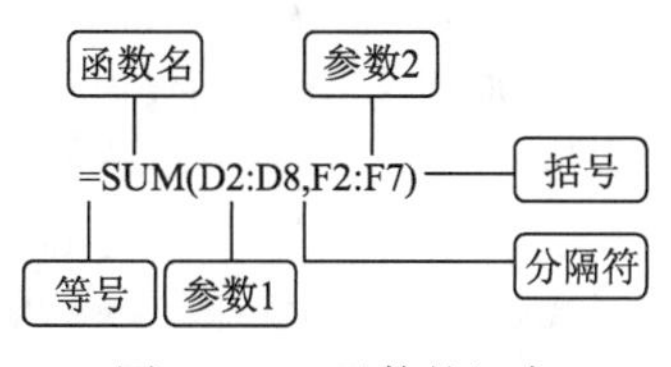

图 3-101　函数的组成

在使用函数时，函数形式中的括号不要录入，其结构为“=SUM(D2:D8,F2:F7)”，其中 SUM 为函数名，各参数间用逗号分隔。一个函数只能有唯一的一个名称，它决定了函数的功能和用途。

2. 函数的类型

Excel 2016 中包含的函数可以分为数据库函数、日期与时间函数、工程函数、财务函数、信息函数、逻辑函数、查询和引用函数、数学和三角函数、统计函数、文本函数。这些函数的类别名称及各自的功能见表 3-3。

表 3-3　函数的分类与功能

分　类	功　能
数据库函数	分析数据清单中的数值是否符合特定的条件
日期与时间函数	在公式中分析、处理日期和时间值
工程函数	主要用于工程分析，可分为对复数进行处理的函数、在不同的数字系统间进行数值转换的函数、在不同的度量系统中进行数值转换的函数三种类型

续表

分　类	功　能
财务函数	主要用于一般的财务计算
信息函数	可用于确定存储在单元格中的数据类型
逻辑函数	用于进行真假值判断，或者进行复合检验，并返回不同的数值
查询和引用函数	用于在数据清单或表格中查找特定数值，或者查找某一单元格的引用
数学和三角函数	处理简单的数学和三角计算
统计函数	用于对数据区域进行统计分析
文本函数	用于在公式中处理文字串
用户自定义函数	在工作表函数无法满足需要时，用户可自定义创建函数

3. 使用函数

在 Excel 2016 中，系统提供了三种快速输入函数的方法，分别是使用函数库输入、通过名称框输入和手动输入。

（1）使用函数库输入函数

方法一：使用函数库输入函数主要是指通过“公式”选项卡的“函数库”命令组来实现的，如图 3-102 所示。在该命令组中列出了各类函数，单击各类函数对应的按钮，在弹出的下拉列表中选择需要插入的函数即可。

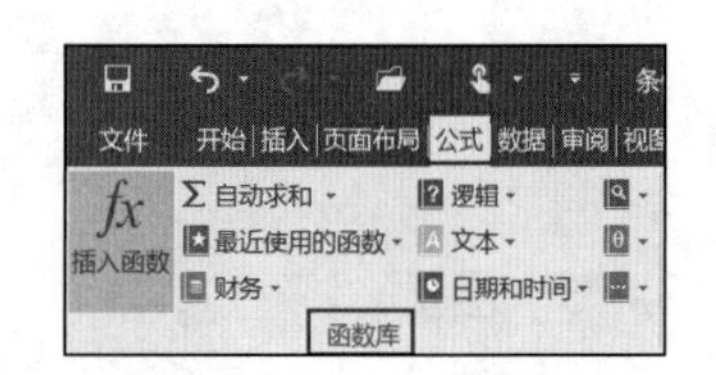

图 3-102 “函数库”命令组

方法二：在“公式”选项卡的“函数库”命令组单击“插入函数”按钮，弹出“插入函数”对话框，选择需要插入的函数，单击“确定”按钮，在弹出的“函数参数”对话框中设置参数后，单击“确定”按钮完成函数的计算，如图 3-103 所示。

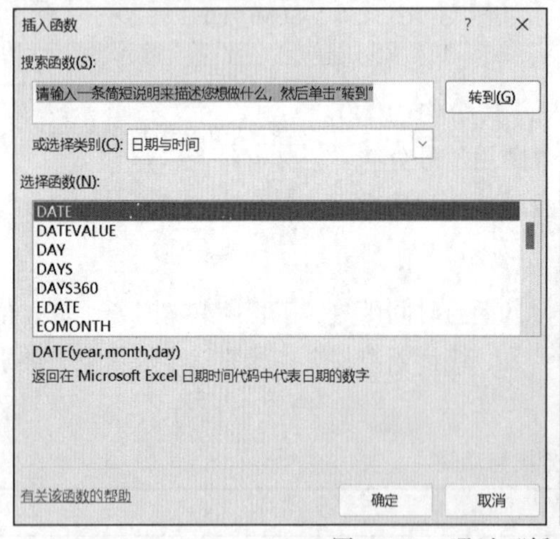

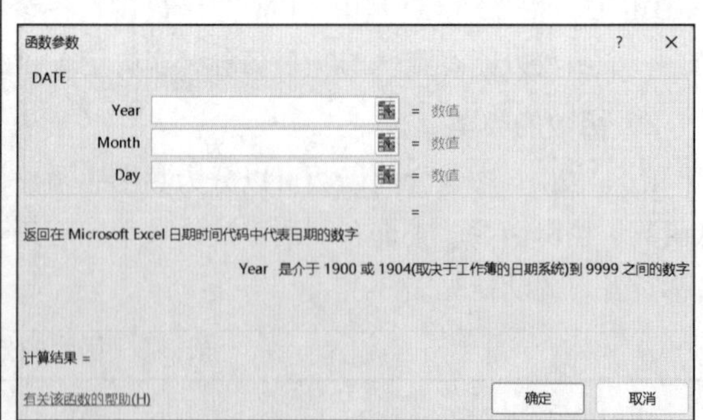

图 3-103 通过“插入函数”对话框插入函数

（2）通过名称输入框输入

通过名称框输入函数的方法：在编辑框中输入“=”，然后单击名称框右侧的下拉按钮，在弹出的下拉列表中选择需要的函数选项，如图 3-104 所示。在弹出的“函数参数”对话框中设置需要计算的数据的单元格区域，然后单击“确定”按钮即可。

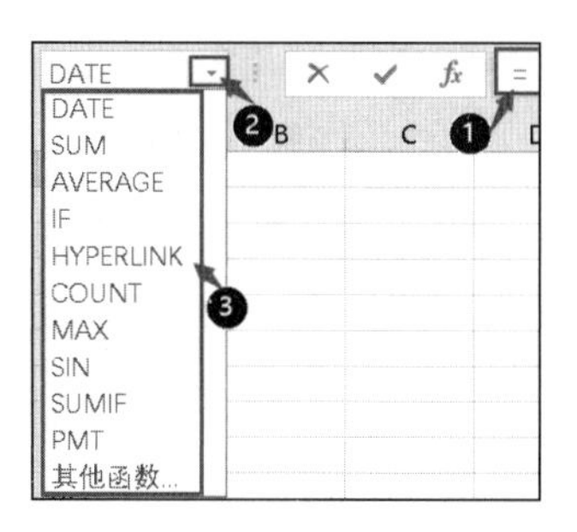

图 3-104　通过名称框输入函数

◎温馨提示

通过“名称框”打开“插入函数”对话框：

在计算数据的过程中，如果在名称框的下拉列表中没有查到需要的函数，可以选择“其他函数”命令，在打开的“插入函数”对话框中选择需要的函数。

（3）手动输入函数

手动输入函数主要是利用系统提供的公式输入记忆功能，在 Excel 2016 中，默认情况下该功能是启用的。当用户在单元格中输入“=”和函数的前一个或者多个字母后，系统自动会弹出一个下拉列表，将匹配查找到的函数显示出来，如图 3-105 所示。此时，只需要双击函数名即可将其插入。

图 3-105　手动输入函数

3.4.4　上机练习

① 启动 Excel，在空白工作表中输入图 3-106 所示数据，并以 E1.xlsx 为文件名保存在 D 盘中。

② 先计算每个学生的总分，并求出各科目的最高分和平均分，再利用 IF 函数总评出优秀学生(总分≥270 分)。

③ 在“总分”列输入“优秀率”三个字，“总评”列输入求优秀率的公式“(优秀率=优秀人数/总人数)”。

④ 将表格的标题改为“化工 2 班 3 组部分科目成绩表”。

⑤ 先将每个学生的各科成绩及总分转置复制到 A17 起始的区域，形成第二个表格。

⑥ 在第二个表格中只保留总评为“优秀”的学生数据。

	A	B	C	D	E	F
1	化工2班成绩表					
2	制表日期：2012-05-05					
3	姓名	高等数学	大学英语	计算机基础	总分	总评
4	王大伟	78	80	90		
5	李博	89	86	80		
6	程晓霞	79	75	86		
7	马宏军	90	92	88		
8	李枚	96	95	97		
9	丁一平	69	74	79		
10	张珊珊	60	68	75		
11	刘亚萍	72	79	80		
12	最高分					
13	平均分					

图 3-106 学生成绩表

⑦ 在第一个表格的“姓名”后面插入“性别”列，输入的数据依次是“男、男、女、男、女、男、女、女”。

⑧ 存盘退出 Excel。

3.5 数据分析与图表制作

Excel 提供了强大的数据管理功能,通过丰富的数据处理工具，如排序、分类汇总、筛选及图表等对数据进行组织、整理、分析等操作，从而完成对原始表格数据的预处理，获取更加实用的信息，为后续数据分析工作提供支持。本节将对 Excel 中的数据分析和处理功能进行介绍。

Excel 中所有的数据管理操作都是基于数据清单进行的，因此在进行数据分析和处理操作前，必须构建符合要求的数据清单。数据清单示例如图 3-107 所示。

	A	B	C	D	E	F	G	H
1	销售地区	销售人员	品名	数量	单价￥	销售金额￥	销售年份	销售季度
2	北京	苏珊	按摩椅	13	800	10,400	2005	2
3	北京	苏珊	显示器	98	1,500	147,000	2005	3
4	北京	苏珊	显示器	49	1,500	73,500	2005	4
5	北京	苏珊	显示器	76	1,500	114,000	2005	1
6	北京	苏珊	显示器	33	1,500	49,500	2005	2
7	北京	苏珊	液晶电视	53	5,000	265,000	2005	3
8	北京	苏珊	液晶电视	47	5,000	235,000	2005	4
9	北京	苏珊	液晶电视	1	5,000	5,000	2005	1
10	北京	白露	液晶电视	43	5,000	215,000	2005	2

图 3-107 数据清单示例

数据清单具有以下特点：

① 数据清单一般是一个矩形区域，区域内不能出现空白的行或列，也不能包括合并单元格。

② 数据清单的第一行应该是标题行，用于描述所对应列的内容。

③ 每列必须包含同类的信息，且每列的数据类型相同。

④ 数据清单中不能存在重复的标题。

⑤ 同一个工作表内可以存放多个数据清单，它们之间用空白的行列进行分隔。

3.5.1 数据排序

排序是进行数据处理的基本操作之一，对于数据清单中的数据用户可以将其按照一定的顺序进行排列。Excel 中的数据排序是根据数值或类型来排列数据，可以按字母或数字、日期顺序等内容进行排序，排序的方式有升序和降序两种。使用特定的排序次序，对单元格中的数值进行重新排列，方便用户使用与查看。

排序有三种方式：简单排序、多条件复合排序、自定义条件排序。

1. 简单排序

简单排序也称为单条件排序，是按照 Excel 默认的升序规律或降序规律对某一数据列进行排序。简单排序的方法主要有三种：

方法一：通过“编辑”命令组排序。选择“销售数据清单”中的任意单元格后，单击“开始”选项卡“编辑”命令组中的“排序和筛选”按钮，在弹出的下拉列表中选择“升序”或“降序”命令，如图 3-108 所示。

图 3-108　“排序或筛选”下拉列表

方法二：通过“排序和筛选”命令组排序。选择单元格后，在“数据”选项卡“排序和筛选”命令组中单击“升序” 或“降序” 按钮进行排序，如图 3-109 所示。

方法三：通过右键快捷菜单排序。选择数据单元格后，右击，在弹出的快捷菜单中选择“排序”→“升序”或“降序”子命令，如图 3-110 所示。

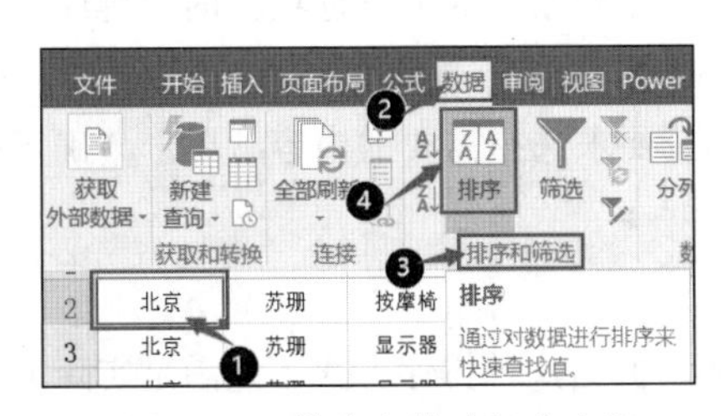

图 3-109　“排序和筛选”命令组

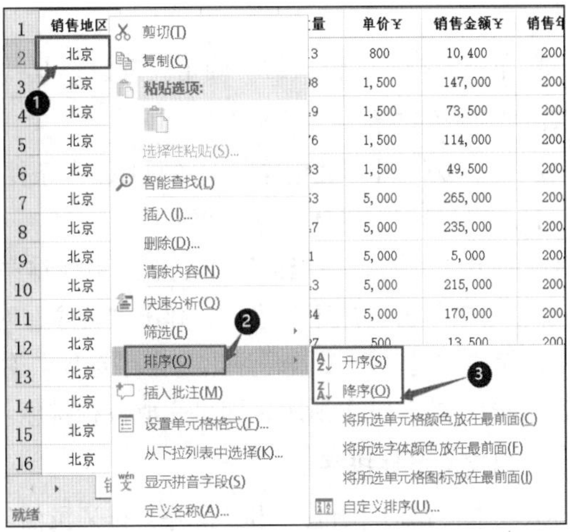

图 3-110　鼠标右键排序

2. 多条件复合排序

如果数据排序不是按照单一的某列升序或降序，而是需要按照多列多条件进行排序，就需要使用对话框对数据进行排序，该排序主要针对简单排序后仍然有相同数据进行再次排序的情况。

【案例 3-4】针对“销售数据清单”工作簿中的数据，对“数量”进行降序排序，当“数量”相同时，按照销售金额的降序排序，若销售金额也相同，再按照单价的升序排序。操作步骤如下：

① 打开“销售数据清单”工作簿，选择“数量”序列中的任意单元格，如图 3-111 所示。

	A	B	C	D
1	销售地区	销售人员	品名	数量
2	上海	林茂	微波炉	24
3	上海	林茂	跑步机	17
4	上海	林茂	显示器	15

图 3-111 销售数据清单

② 在“数据”选项卡“排序和筛选”命令组中单击“排序”按钮，弹出“排序”对话框，在该对话框下完成下列设置，如图 3-112 所示。

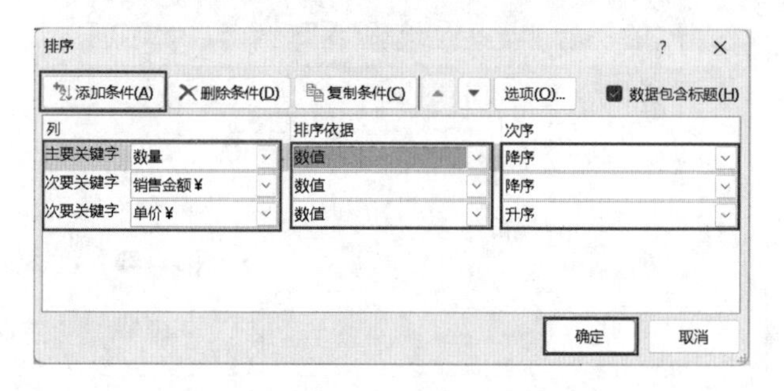

图 3-112 “排序”对话框

- 将“主要关键字”栏依次设计为“数量”、“数值”和“降序”。
- 单击“添加条件”按钮，在“主要关键字”栏下方添加一个“次要关键字”栏，并依次设置为“销售金额”、“数值”和“降序”；
- 使用相同的方法，继续添加一个“次要关键字”栏，并依次设置为“单价”、“数值”和“升序”。

③ 单击“排序”窗口的“确定”按钮，即可按要求完成排序。

3. 按行/列排序

在 Excel 2016 中，数据除了简单排序、多条件排序，还可以按照行/列排序，默认是按列排序，但也可以按行排序。具体操作步骤如下：

① 打开工作簿，在当前工作表中选中要排序的区域，然后在“数据”选项卡的“排序和筛选”命令组中单击“排序”按钮，弹出“排序”对话框，如图 3-113（a）所示。

② 单击“选项”按钮，弹出“排序选项”对话框，按要求选择需要的内容，单击“确定”按钮，如图 3-113（b）所示，即可完成按行排序。

4. 自定义条件排序

Excel 中提供的“升序”和“降序”排列虽然经常使用，但当这种排序方式不能满足实际需求时，可使用 Excel 的自定义排序功能。

【案例 3-5】针对“销售数据清单”工作簿中的数据，请按照“销售地区”类别进行数据排序。图 3-114 所示为对表中“销售地区”列自定义的排序条件，请大家自行查看排序结果。

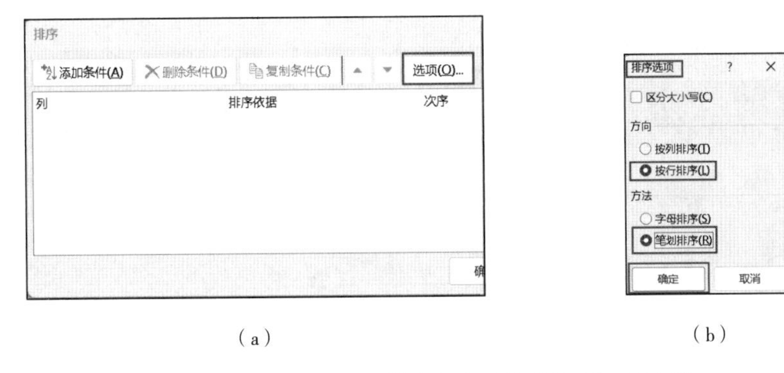

（a）　　（b）

图 3-113 “排序”和“排序选项”对话框

操作步骤如下：

① 选择数据表中的任意单元格，选择“数据”选项卡“排序和筛选”命令组中的“排序”按钮，弹出“排序”对话框。

② 在“排序”对话框列的位置选择“销售地区”，“排序依据”选择“数值”，“次序”选择“自定义序列”，单击“确定”按钮，如图 3-114 所示。

图 3-114 “排序”对话框-自定义序列

③ 在弹出的“自定义序列”对话框的左侧列表框中可选择系统提供的已有的一些序列，也可根据需要在右侧“输入序列”列表框中输入需要的排序序列，如图 3-115 所示，最后单击“添加”按钮，新增序列就出现在左侧框内，单击“确定”按钮，如图 3-116 所示。

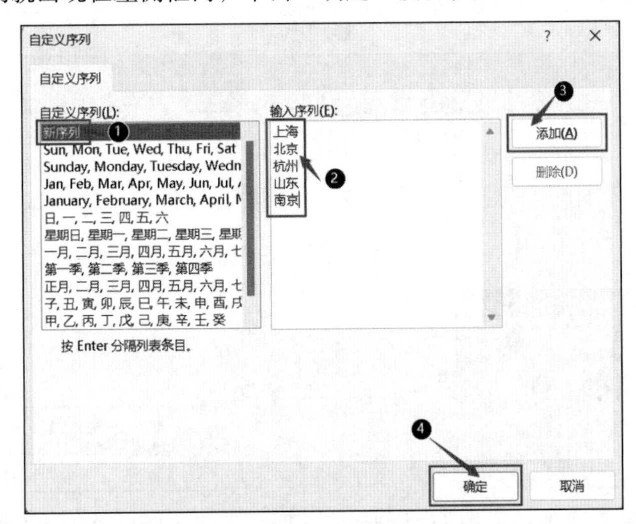

图 3-115 “自定义序列”对话框

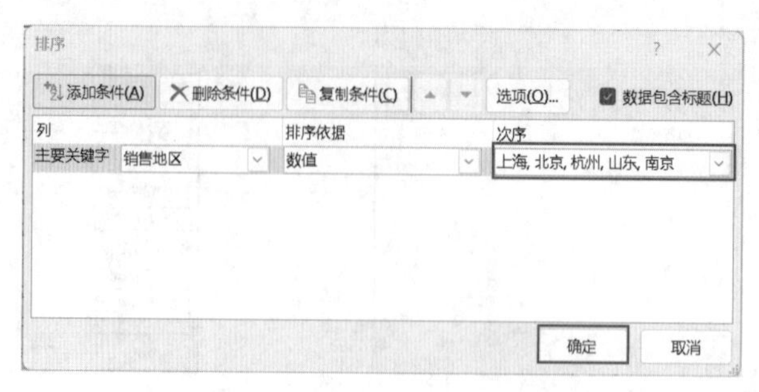

图 3-116 使用自定义序列

3.5.2 数据筛选

数据筛选是查询出满足条件的数据，可以按数值或文本值筛选，或者按单元格颜色筛选那些设置了背景色或文本颜色的单元格中的数据。通过数据筛选功能，可以快速地在数据清单中提取出感兴趣的信息予以显示，同时隐藏其他暂时无须关注的数据。

Excel 中主要有三种方法可以实现数据的筛选：自动筛选、自定义筛选和高级筛选。

1．自动筛选

自动筛选是数据筛选方法中最简单的一种，主要通过筛选器进行，是一种常用的筛选方法。

（1）指定数据的筛选

【案例 3-6】针对“销售数据清单”工作簿，将销售明细记录中的关于“按摩机”“跑步机”这些条记录筛选出来，使其他记录隐藏。操作步骤如下：

① 打开“销售数据清单”工作簿，单击需要筛选的数据清单中的任一单元格。

② 选择“开始”→“编辑”→“排序和筛选”→“筛选”命令，如图 3-117 所示；或者在“数据”选项卡，单击“排序和筛选”命令组中的“筛选”按钮（见图 3-118），使数据表的表头中显示按钮，如图 3-119 所示。

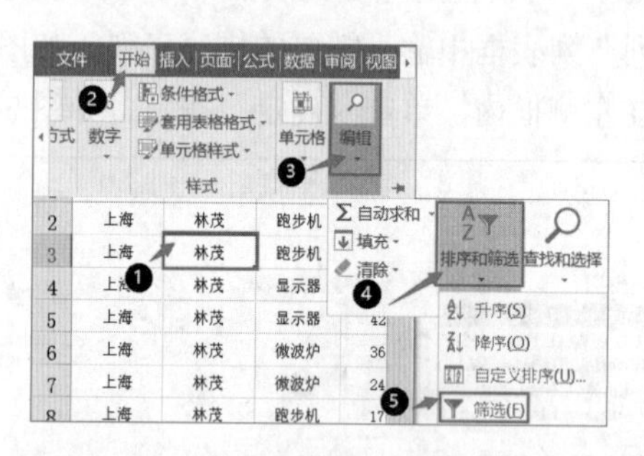

图 3-117 “开始”选项卡–“筛选”命令

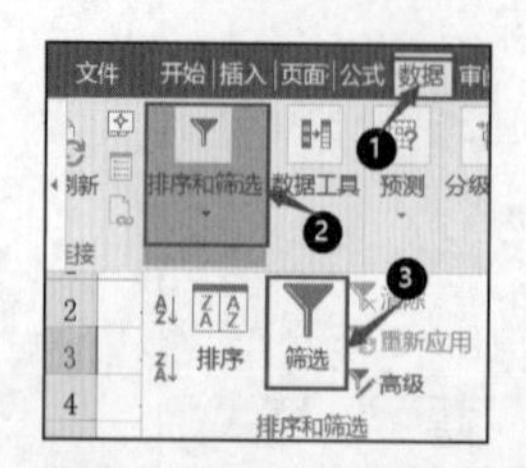

图 3-118 “数据”选项卡–“筛选”按钮

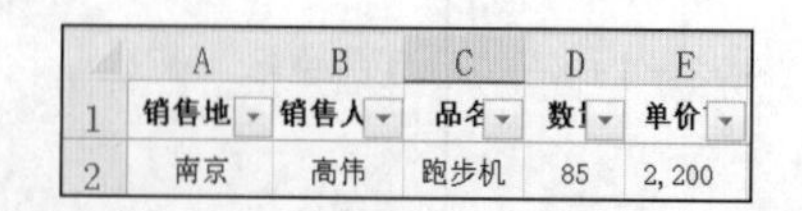

	A	B	C	D	E
1	销售地	销售人	品名	数量	单价
2	南京	高伟	跑步机	85	2, 200

图 3-119 数据处于“筛选”状态

③ 单击“品名”表头中的▾按钮，弹出筛选器，取消勾选“全选”复选框，只保留按摩椅和跑步机（见图 3-120），单击“确定”按钮。筛选结果如图 3-121 所示。

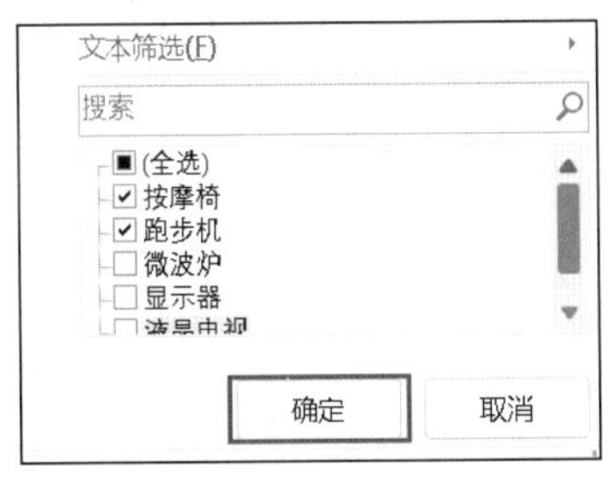

图 3-120　取消勾选“全选”复选框

	A	B	C	D	E	F	G	H
1	销售地	销售人	品名	数量	单价￥	销售金额	销售年	销售季
2	北京	苏珊	按摩椅	13	800	10, 400	2005	2
15	北京	白露	按摩椅	28	800	22, 400	2006	2
16	北京	白露	按摩椅	45	800	36, 000	2006	3
17	北京	赵琦	按摩椅	20	800	16, 000	2006	4
18	北京	赵琦	按摩椅	68	800	54, 400	2006	1
26	北京	李兵	跑步机	52	2, 200	114, 400	2006	1
27	北京	李兵	跑步机	30	2, 200	66, 000	2006	2

图 3-121　筛选结果

（2）指定条件的筛选

【案例 3-7】针对“销售数据清单”工作簿，将销售明细记录中的销售“数量”排名在前 10 项的记录筛选出来，使其他记录隐藏。操作步骤如下：

① 执行上个案例的步骤①和步骤②，让数据表处于图 3-119 所示状态。

② 单击“数量”右下角的▾，在弹出的下拉列表框中选择“数字筛选”→“前 10 项”，如图 3-122（a）所示，弹出“自动筛选前 10 个”对话框，填入题目要求的信息，如图 3-122（b）所示，单击“确定”按钮。

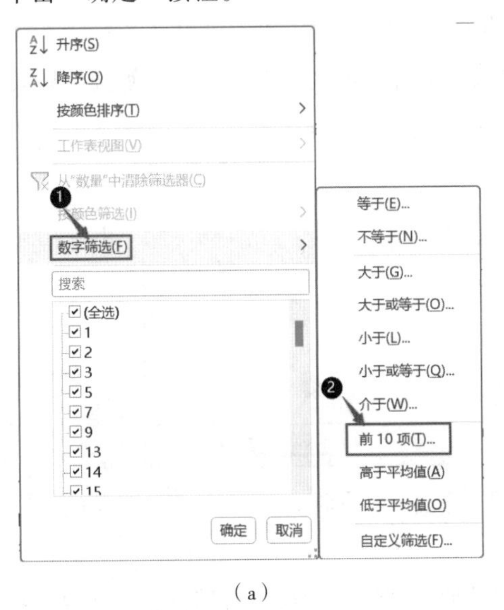

（a）

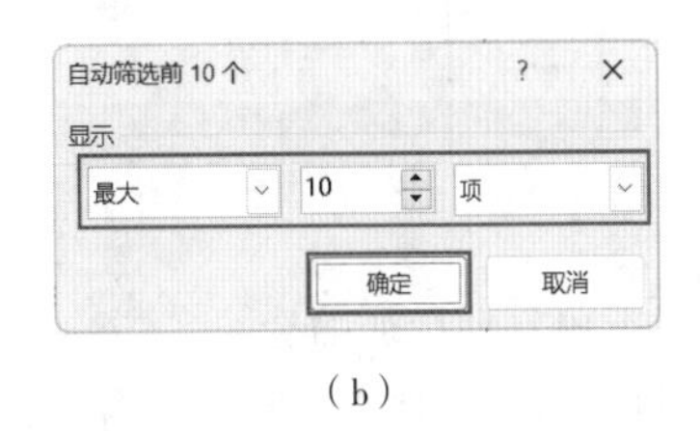

（b）

图 3-122　指定条件筛选

2. 自定义筛选

在对表格进行自动筛选时，用户可以设置多个筛选条件。

（1）按照数据筛选

【案例 3-8】案例：针对“销售数据清单”工作簿，将销售明细记录中的销售“单价”小于等于 800，大于等于 4000 的记录筛选出来，使其他记录隐藏。操作步骤如下：

① 打开“销售数据清单”工作簿，单击需要筛选的数据清单中的任一单元格。

② 在“数据”选项卡，单击“排序和筛选”命令组中的“筛选”按钮（见图 3-118），使数据表的表头中显示按钮（见图 3-119）。单击表头中的按钮，选择“数字筛选”，在弹出的下级列表中，可按等于、不等于、大于、介于、高于平均值等多种模式进行筛选，也可以选择“自定义筛选”命令，如图 3-123 所示。

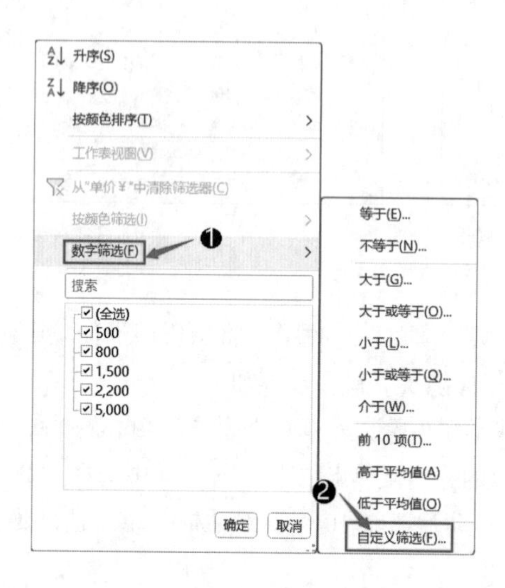

图 3-123　自定义筛选

弹出“自定义自动筛选”对话框，填写对应筛选条件，如图 3-124 所示。筛选结果大家自己得出。

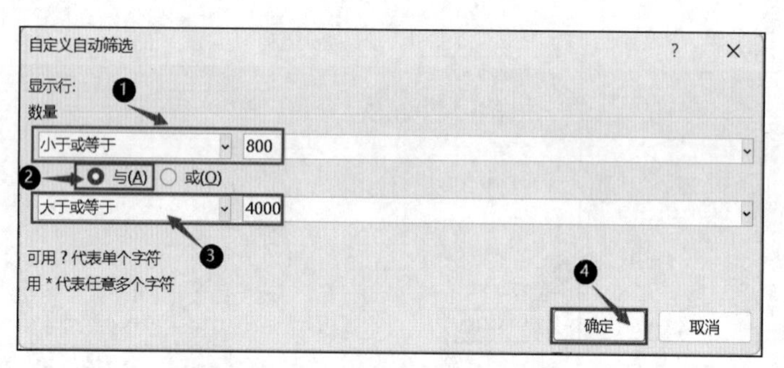

图 3-124　“自定义自动筛”对话框

（2）按照日期特征筛选

【案例 3-9】针对“销售数据清单”工作簿，按照日期进行筛选，将销售年份在 2006 年之前的记录筛选出来，使其他记录隐藏。本案例要求自行完成。

（3）按照颜色筛选

有的用户喜欢在数据列表中使用字体颜色或单元格颜色来标记数据，在 Excel 中也可以根据颜色筛选。当要筛选的字段中设置过字体颜色或单元格颜色时，筛选下拉菜单中的“按颜色筛选”命令就会变为可用，如图 3-125 所示。。

【案例 3-10】首先将“销售数据清单”工作簿的销售明细中的部分数据的单元格标记上颜色，销售“数量”小于等于 5 的标记“红色”，大于 5 小于等于 9 的标记为“黄色”。

要求对该数据表的数据记录，筛选销售数量为“黄色”的记录请自行完成。

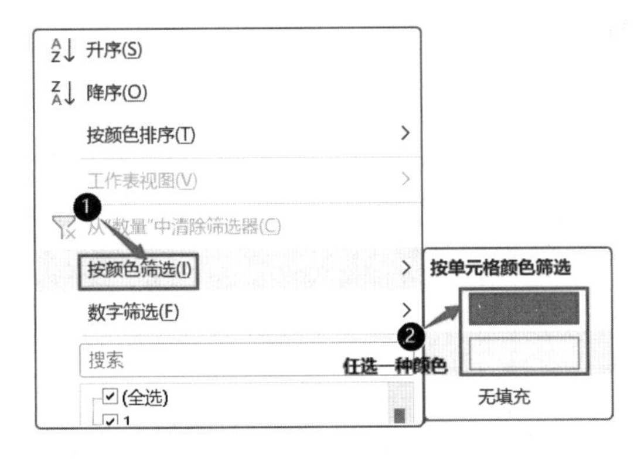

图 3-125　按颜色筛选

（4）模糊筛选

在筛选数据时，有时候并不能明确指出要筛选的某项内容，指出的是某一类内容。例如，姓“李”的销售人员，此时就需要使用通配符。

【案例 3-11】 在“销售明细”工作表中筛选姓“李”的销售人员的销售信息。

操作步骤如下：

① 依据前面学过内容，使数据表的表头中显示▾按钮，单击表头“销售人员”右下角▾按钮，在弹出的下拉列表中选择“文本筛选”，在弹出的下级列表中，选择“自定义筛选”命令，如图 3-126 所示。

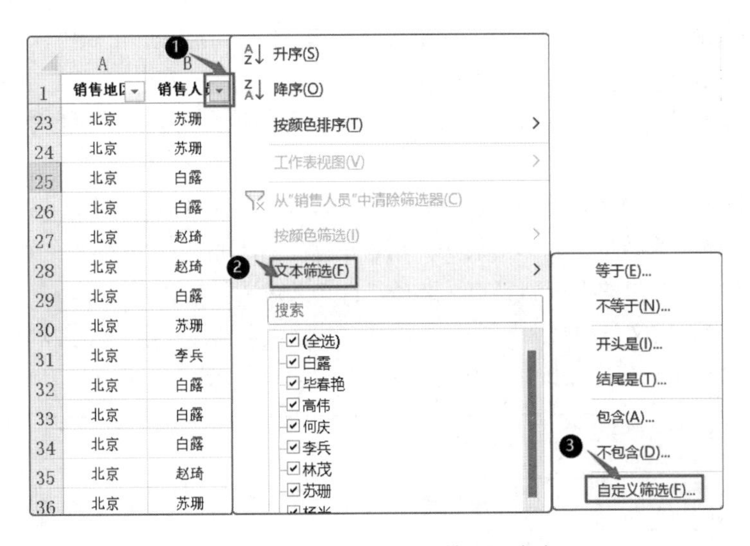

图 3-126　选择“自定义筛选”命令

② 在弹出的“自定义自动筛选”对话框中，“销售人员”选择“等于”，并填写对应文本“李*”，如图 3-127 所示。单击“确定”按钮，筛选结果如图 3-128 所示。

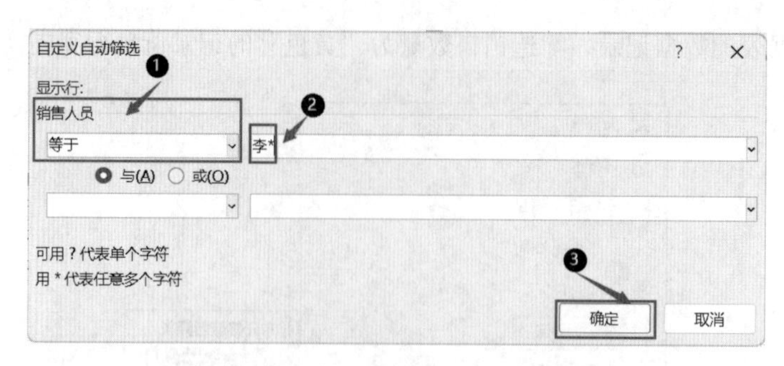

图 3-127 “自定义自动筛选”对话框–模糊筛选

	A	B	C	D	E	F	G	H
1	销售地区	销售人员	品名	数量	单价￥	销售金额	销售年份	销售季度
31	北京	李兵	跑步机	30	2, 200	66, 000	2006	2
37	北京	李兵	跑步机	7	2, 200	15, 400	2006	4
38	北京	李兵	微波炉	5	500	2, 500	2006	4

图 3-128 “模糊筛选”结果

◎温馨提示

在 Excel 2016 中可以使用的通配符有“? ”和“*”。其中，“? ”代表任意的单个字符，“*”代表任意的多个字符。

（5）筛选多列数据

如果要筛选的数据具有两个或者以上的条件，并且涉及不同的数据列，可以同时指定多列进行筛选。可先将数据列表中的某一列作为条件进行筛选，然后在筛选的记录中以另一列进行筛选，可以轻松筛选出想要的数据。

【案例 3-12】筛选出“销售明细”工作表中姓“李”的销售人员在“销售季度”为 4 的销售信息。操作步骤如下：

① 按照案例 3-11“模糊筛选”的步骤完成姓“李”销售人员的数据信息筛选。

② 在上一步的结果数据中，单击表头“销售季度”右下角的▾按钮，在弹出的下拉列表中选择“数字筛选”，在弹出的下级列表中，选择“自定义筛选”命令。

③ 在弹出的“自定义自动筛选”对话框中，“销售季度”选择“等于”，并填写对应数据“4”，如图 3-129 所示。单击“确定”按钮，筛选结果如图 3-130 所示。

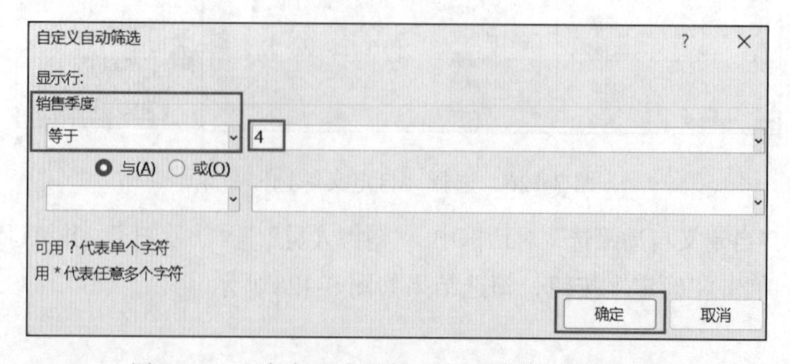

图 3-129 “自定义自动筛选”对话框–多列筛选

	A	B	C	D	E	F	G	H
1	销售地	销售人	品名	数量	单价¥	销售金额	销售年	销售季
37	北京	李兵	跑步机	7	2, 200	15, 400	2006	4
38	北京	李兵	微波炉	5	500	2, 500	2006	4

图 3-130　多列筛选案例结果

3. 高级筛选

在实际工作中，有时会遇到这样的情况：需要筛选的数据区域中的数据信息量很大，同时筛选的条件又比较复杂，这时使用高级筛选的方法进行筛选条件的设置能够提高工作效率。

【案例 3-13】针对“销售数据清单”工作簿中的数据，进行高级筛选，使表格中只显示同时满足单价小于 800、销售量量大于 100、销售额大于 3 000 这三个条件的记录。

使用高级筛选功能，必须先建立一个条件区域，用于指定筛选条件。条件区域的第一行是所有作为筛选条件的字段名，它们必须与数据清单中的字段名完全一样，第二行应为条件表达式，同一行上的条件是“与”关系，不同行上的条件是“或”关系。

操作步骤如下：

① 打开“销售数据清单”工作簿，并在 B77:D78 单元格区域输入筛选条件。

② 单击“数据”选项卡“排序和筛选”命令组中的“高级”按钮，如图 3-131 所示。

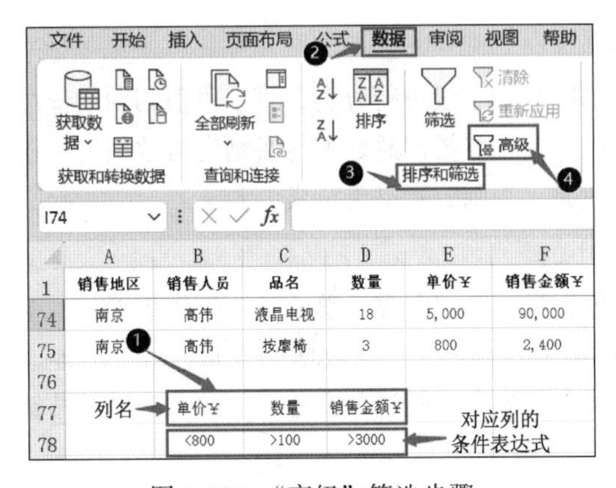

图 3-131　“高级”筛选步骤

③ 在打开的“高级筛选”对话框的“列表区域”文本框中输入需要被筛选的区域，在“条件区域”文本框中输入设置的条件，确认无误后，单击“确定”按钮，如图 3-132 所示。

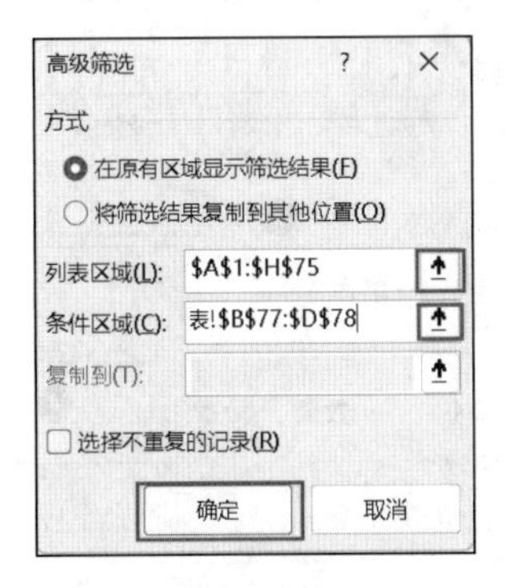

图 3-132　“高级筛选”对话框

④ 对数据进行筛选，并将筛选结果显示在单元格中，如图 3-133 所示。

	A	B	C	D	E	F	G	H
1	销售地区	销售人员	品名	数量	单价¥	销售金额¥	销售年份	销售季度
76	空：没有符合条件的记录							
77		单价¥	数量	销售金额¥				
78		<800	>100	>3000				

图 3-133 “高级筛选”结果

◎温馨提示

取消筛选：筛选完成后需要继续编辑工作表时，可以取消筛选。有以下几种方法：

- 取消指定列筛选：如果要取消指定列的筛选，可以单击该列的下拉按钮，在下拉列表中选择“全选”。
- 取消数据列表中的所有筛选：单击“数据”选项卡“排序和筛选”命令组中的“清除”按钮，即可清除筛选结果。
- 取消所有的“筛选”下拉按钮：单击“数据”选项卡“排序和筛选”命令组中的“筛选”按钮，即可取消。

3.5.3 数据的分类汇总

分类汇总是对数据清单按某个字段进行分类，将字段值相同的连续记录分为一类，并可进行求和、平均、计数等汇总运算。在分类汇总之前，必须先对数据清单进行排序，以使数据清单中具有相同值的记录集中在一起，否则分类毫无意义。

1. 创建分类汇总

下面以销售数据库清单表为例介绍分类汇总的具体操作步骤：

① 排序。单击数据清单中要分类汇总的数据列（如单击“销售地区”这一列）中任一单元格，然后单击“数据”选项卡“排序和筛选”命令组中的“升序”按钮，将“销售地区”列中的记录按升序顺序排序。

② 分类汇总：完成排序后，单击“数据”选项卡“分级显示”命令组中的“分类汇总”按钮（见图 3-134），弹出“分类汇总”对话框。

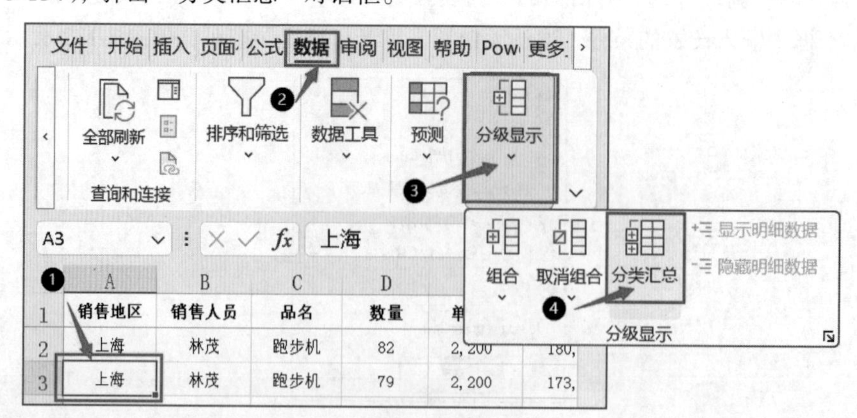

图 3-134 分类汇总

③ 设置分类条件：在弹出的“分类汇总”对话框的“分类字段”下拉列表中选择“销售地区”分类字段，在“汇总方式”下拉列表中选择“求和”选项，最后在“选定汇总项”中选择需要汇总的字段“数量”和“销售金额”复选框，如图 3-135 所示。

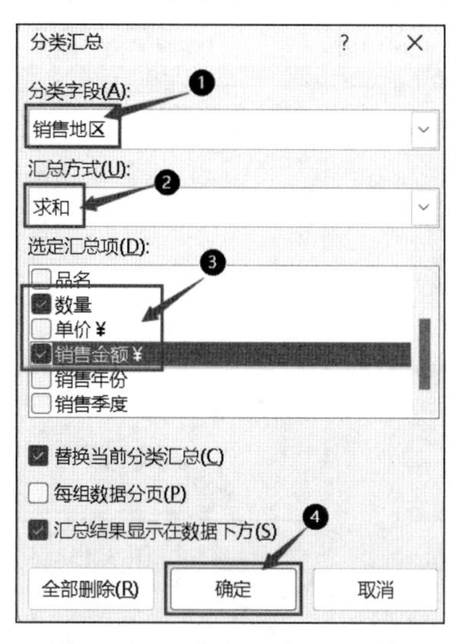

图 3-135 “分类汇总”对话框

④ 单击“确定”按钮，即可得到如图 3-136 所示的分类汇总结果。

	A	B	C	D	E	F	G
1	销售地区	销售人员	品名	数量	单价￥	销售金额￥	销售年份
8	上海	林茂	跑步机	17	2,200	37,400	2006
9	上海	林茂	显示器	15	1,500	22,500	2006
10	上海	林茂	液晶电视	1	5,000	5,000	2006
11	上海 汇总			367		618,600	
12	山东	杨光	显示器	91	1,500	136,500	2006
13	山东	杨光	微波炉	69	500	34,500	2006
14	山东	杨光	液晶电视	60	5,000	300,000	2006
15	山东	杨光	显示器	52	1,500	78,000	2006
16	山东	何庆	显示器	44	1,500	66,000	2006
17	山东	何庆	跑步机	42	2,200	92,400	2006
18	山东	何庆	跑步机	41	2,200	90,200	2006
19	山东	杨光	液晶电视	27	5,000	135,000	2006
20	山东	何庆	跑步机	14	2,200	30,800	2006
21	山东	杨光	显示器	14	1,500	21,000	2006
22	山东	何庆	跑步机	2	2,200	4,400	2006
23	山东 汇总			456		988,800	
24	南京	高伟	跑步机	85	2,200	187,000	2006

图 3-136 分类汇总结果

2．多重分类汇总

在 Excel 2016 中，可以根据两个或更多个分类项，对工作表中的数据进行分类汇总。

【案例 3-14】在上一个分类汇总案例（见图 3-136）的基础上，继续按照“销售金额”的“最大值”进行分类汇总。具体操作步骤如下：

在图 3-136 所示的结果表上打开“分类汇总”对话框，如图 3-137 所示进行设置，单击“确定”按钮，多重分类汇总结果如图 3-138 所示。

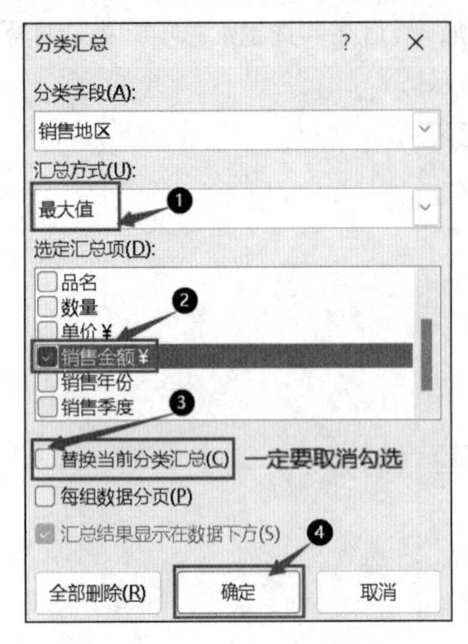

图 3-137 多重分类汇总

	A	B	C	D	E	F
1	销售地区	销售人员	品名	数量	单价￥	销售金额￥
10	上海	林茂	液晶电视	1	5,000	5,000
11	上海 最大值					180,400
12	上海 汇总			367		618,600
13	山东	杨光	显示器	91	1,500	136,500
14	山东	杨光	微波炉	69	500	34,500
15	山东	杨光	液晶电视	60	5,000	300,000
16	山东	杨光	显示器	52	1,500	78,000
17	山东	何庆	显示器	44	1,500	66,000
18	山东	何庆	跑步机	42	2,200	92,400
19	山东	何庆	跑步机	41	2,200	90,200
20	山东	杨光	液晶电视	27	5,000	135,000
21	山东	何庆	跑步机	14	2,200	30,800
22	山东	杨光	显示器	14	1,500	21,000
23	山东	何庆	跑步机	2	2,200	4,400
24	山东 最大值					300,000
25	山东 汇总			456		988,800

图 3-138 多重分类汇总结果

3. 隐藏和显示明细数据

创建分类汇总后，为了方便查看汇总的数据，可将各个汇总所包含的明细数据进行隐藏或显示操作。

① 隐藏明细数据：对表格创建了分类汇总后，在表格行号左侧将显示出分级树，单击其中的[-]按钮或在“数据”选项卡“分级显示”命令组中单击“隐藏明细数据”按钮，隐藏相应的数据。

② 显示明细数据：当对明细数据进行隐藏操作后，其行号左侧的分级树中的[+]按钮将变为[-]按钮，可以单击[+]按钮或在“数据”选项卡“分级显示”命令组中再单击“显示明细数据”按钮显示明细数据。如图 3–139 所示，销售地区上海的数据就是处于显示状态[-]，其他城市处于隐藏状态[+]。

	A	B	C	D	E	F
1	销售地区	销售人员	品名	数量	单价￥	销售金额￥
2	上海	林茂	跑步机	82	2,200	180,400
3	上海	林茂	跑步机	79	2,200	173,800
4	上海	林茂	显示器	71	1,500	106,500
5	上海	林茂	显示器	42	1,500	63,000
6	上海	林茂	微波炉	36	500	18,000
7	上海	林茂	微波炉	24	500	12,000
8	上海	林茂	跑步机	17	2,200	37,400
9	上海	林茂	显示器	15	1,500	22,500
10	上海	林茂	液晶电视	1	5,000	5,000
11	上海 最大值					180,400
12	上海 汇总			367		618,600
25	山东 汇总			456		988,800
40	南京 汇总			580		1,200,900
54	杭州 汇总			593		1,288,700
85	北京 汇总			1263		2,678,900

图 3-139 显示、隐藏明细数据

4．分级显示数据

对数据清单进行分类汇总后,将自动进入分级显示状态。此外，还可以为数据清单手工添加数据分级显示，Excel 支持最多 8 个级别的分级显示。例如，对于图 3-139 中所示的多重分类汇总结果,可以通过数据分级显示功能，显示每个销售地区的销售情况(销售数量和销售金额的总和、销售金额最大值)等，1234是分级显示符号。

分级显示符号表示分级的层数和级别，数字越小代表级别越大。通过单击不同的数字编号，可以改变右侧数据区域的显示层次。例如，单击“1”，分类汇总结果只显示最高层次的数据，即所有销售地区的销售数量总和及销售金额总和、最大值等；单击“2”，分类汇总结果将显示第二层分级的数据，即来自每个销售地区的数量综合计划销售总和；依此类推。

若要进一步显示某个销售地区（如山东）的局部明细数据，可以单击对应汇总信息左侧的+按钮，如单击“山东 汇总”行左侧对应的二级+按钮，将展开显示山东地区的销售集合最大值汇总；如果继续单击“山东 最大值”行左侧对应的三级+按钮，则将展示山东销售地区的所有销售详细记录，如图 3-140 所示。

	A	B	C	D	E	F
1	销售地区	销售人员	品名	数量	单价￥	销售金额￥
10	上海	林茂	液晶电视	1	5,000	5,000
11	上海 最大值					180,400
12	上海 汇总			367		618,600
13	山东	杨光	显示器	91	1,500	136,500
14	山东	杨光	微波炉	69	500	34,500
15	山东	杨光	液晶电视	60	5,000	300,000
16	山东	杨光	显示器	52	1,500	78,000
17	山东	何庆	显示器	44	1,500	66,000
18	山东	何庆	跑步机	42	2,200	92,400
19	山东	何庆	跑步机	41	2,200	90,200
20	山东	杨光	液晶电视	27	5,000	135,000
21	山东	何庆	跑步机	14	2,200	30,800
22	山东	杨光	显示器	14	1,500	21,000
23	山东	何庆	跑步机	2	2,200	4,400
24	山东 最大值					300,000
25	山东 汇总			456		988,800

图 3-140　分级显示数据

5．清除和删除分类汇总

当分类汇总创建完成后，如果需要删除分类汇总创建的分级树，且要保留分类汇总的数据，可以清除分级显示；如果需要将工作表还原到分类汇总之前的工作状态，则可将其删除。

① 清除分类汇总：单击“数据”选项卡“分级显示”命令组中的“取消组合”下拉按钮，在弹出的下拉列表中选择“清除分级显示”命令，删除分级树，如图 3-141 所示。

② 删除分类汇总：单击“数据”选项卡“分级显示”命令组中的“分类汇总”按钮，在弹出的“分类汇总”对话框中单击“全部删除”按钮，将创建的分类汇总删除，如图 3-142 所示。

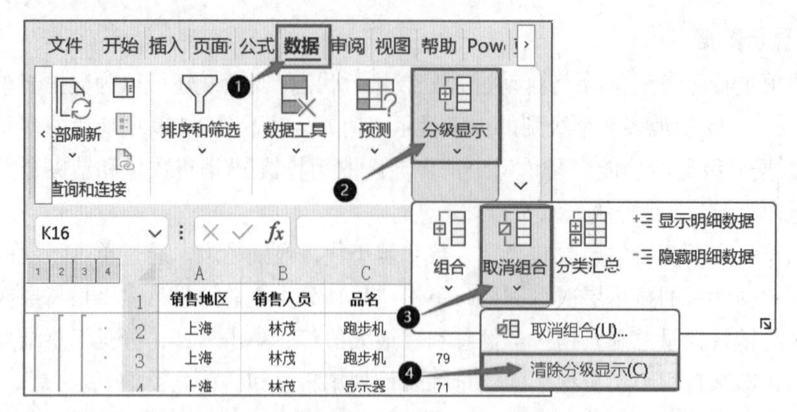

图 3-141　清除分级显示

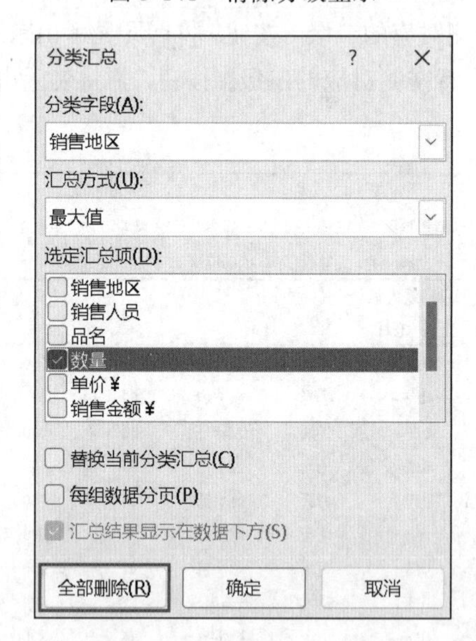

图 3-142　删除分类汇总

3.5.4　数据图表

图表具有较好的视觉效果，展示的数据简洁、直观，可方便用户查看数据的分布、差异和预测趋势，在数据统计中具有广泛的用途。

1. 图表类型与图表组成

（1）图表的类型

为了满足用户对各种数据图表的需求，Excel 2016 提供了 16 种图表类型，见表 3-4。

表 3-4　数据图表类型简介表

图表类型	功能描述
柱形图	柱形图用于显示一段时间内的数据变化或说明各数据项之间的比较情况。在柱形图中，通常沿横坐标轴组织类别（如时间、种类等），沿纵坐标轴组织值
条形图	条形图类似于水平的柱形图,用来比较不同类别数据之间的差异情况，显示各持续型数值之间的比较情况
折线图	折线图常用来分析数据随时间的变化趋势，也可用来分析多组数据随时间变化的相互作用和相互影响

续表

图表类型	功能描述
面积图	面积图显示数值之间或其他类别数据变化的趋势，它强调数量随时间而变化的程度，也可用于引起人们对总值趋势的注意
饼图	饼图可以显示一个数据系列中各项的大小在各项总和中的比例。一般而言，饼图比较适用于只有一组数据系列，系列中不超过七个类别且系列中没有负值或零值的情形
圆环图	像饼图一样，圆环图显示各个部分与整体之间的关系，但是它可以包含多个数据系列
散点图	散点图显示若干数据系列中各数值之间的关系，或者将两组数字绘制为 *XY* 坐标的一个系列。散点图通常用于显示和比较数值，如科学数据、统计数据和工程数据
气泡图	气泡图是散点图的扩展，可以比较成组的三个值，其中两个值确定气泡的位置，第三个值确定气泡点的大小，应用于更加复杂的数据关系
曲面图	曲面图可以帮助寻找两组数据之间的最佳组合，如在某一 *XY* 坐标空间内描述地形高度最高的一个点
雷达图	雷达图可以比较几个数据系列的聚合值以及各值相对于中心点的变化
股价图	股价图通常用来显示股价的波动，不过，这种图表也可用于科学数据。例如，可以使用股价图来说明每天或每年温度的波动。必须按正确的顺序来组织数据才能创建股价图
瀑布图	瀑布图是指通过巧妙的设置使图表中数据点的排列形状似瀑布，一般用于分类使用，便于反映各部分之间的差异。能够在反映数据多少的同时，直观地反映出数据的增减变化
树状图	树状图作用于比较层级结构不同级别的值，以矩形显示层次结构级别中的比例。一般在数据按层级结构组织并具有较少类别时使用
旭日图	旭日图作用于比较层级结构不同级别的值，以环形显示层次结构级别中的比例。一般在数据按层级结构组织并具有较多类别时使用
直方图	直方图是一种统计报告图，一般用横轴表示数据类型，用纵轴表示分布情况
箱形图	箱形图是一种用作显示一组数据分散情况的统计图，能提供有关数据位置和分散情况的关键信息，经常使用在品质管理等领域

（2）图表的组成

图表主要由图表区、绘图区、分类轴、数值轴、图例等组成，如图 3-143 所示。将鼠标指针移至相应的对象上时会显示该对象的名称。

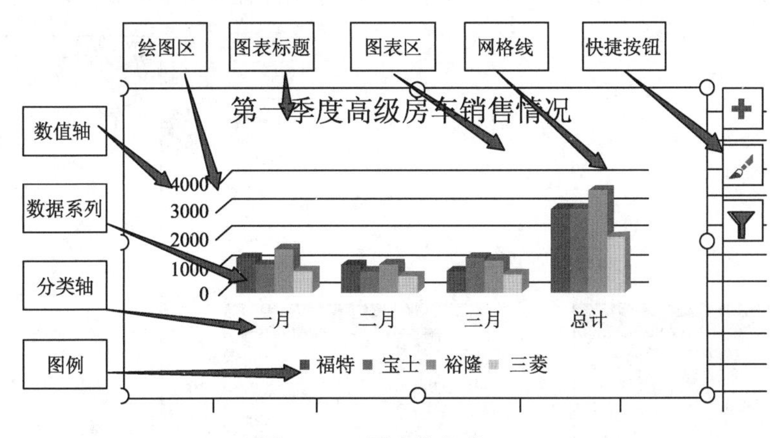

图 3-143 图表的组成

① 图表区：指图表的背景区域，主要包括所有的数据信息及图表说明信息。

② 绘图区：主要包括数据系列、数值轴、分类轴和网格线等，它是图表的最重要的部分。

③ 图表标题：主要用来说明图表要表达的主题。

④ 数据系列：指以系列的方式显示在图表中的可视化数据。分类轴上的每一个分类都对应一个或多个数据，不同分类上颜色相同的数据就构成了一个数据系列。

⑤ 网格线：指绘图区中为了便于观察数据大小而设置的线，包括主要网格线和次要网格线。

⑥ 数值轴：指用来表示数据大小的坐标轴，它是根据工作表中数据的大小来自定义数据的单位长度的。

⑦ 图例：其作用是表示图表中数据系列的图案、颜色和名称。

⑧ 分类轴：其作用是表示图表中需要对比观察的对象。

⑨ 快捷按钮：由上至下分别是图表元素按钮、图表样式按钮和图表筛选器按钮。其中，图表元素按钮可以快速添加、删除或更改图表元素；图表样式按钮可以快速设置图表样式和配色方案；图表筛选器按钮可以快速选择在图表上显示哪些数据系列和名称。

2. 图表的操作

（1）创建图表

在 Excel 中，用户可以通过“插入”选项卡的“图表”命令组向导创建。

打开“销售数据情况”工作簿，选定用来创建图表数据的单元格区域，如图 3-144 所示。

	A	B	C	D	E
1	第一季度高级房车销售量				
2	厂牌	一月	二月	三月	总计
3	福特	1215	985	753	2953
4	宝士	983	745	1250	2978
5	裕隆	1536	962	1123	3621
6	三菱	756	569	628	1953

图 3-144　选择产生图表的单元格区域

创建图表的方式有三种：

方式一：单击“插入”选项卡“图表”命令组中的“推荐的图表”按钮，如图 3-145（a）所示。

方式二：同上，单击“图表”命令组右下角 ⊡ 按钮，如图 3-145（b）所示。

方式一和方式二都弹出“插入图表”对话框，如图 3-146 所示。在其左侧左右图表选项卡中选择需要创建的图表类型，比如“柱状图”，右侧上方可以选择“柱状图类型”，本例中选择了“三维簇状柱状图”，右下方显示了对应的示例，然后单击“确定”按钮。

方式三：同上，单击“推荐图表”按钮右侧的需要创建的图表类型图标按钮，如图 3-145（c）所示（本例选择了柱状图图标），在弹出的下拉列表中选择柱状图示例类型。

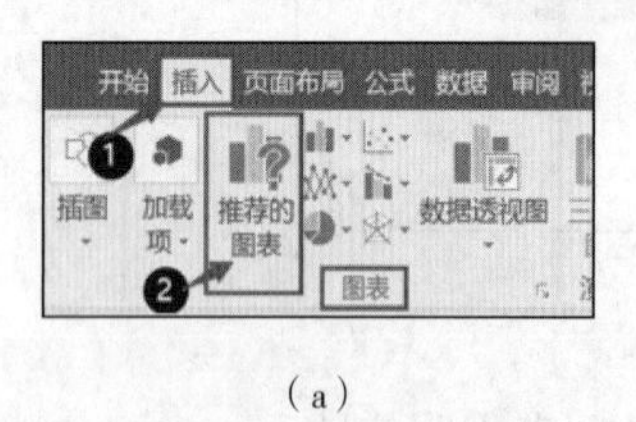

（a）

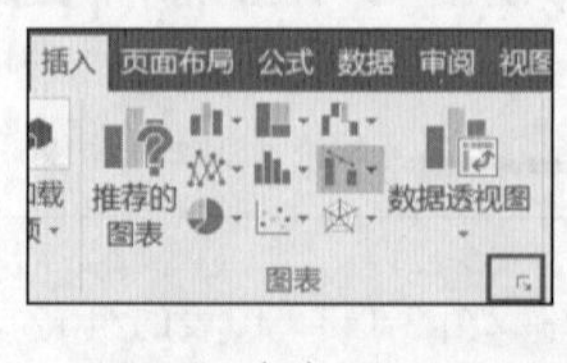

（b）

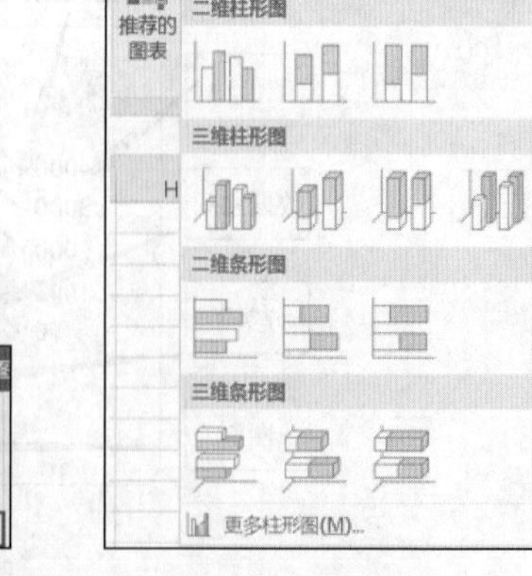

（c）

图 3-145　“图表”命令组

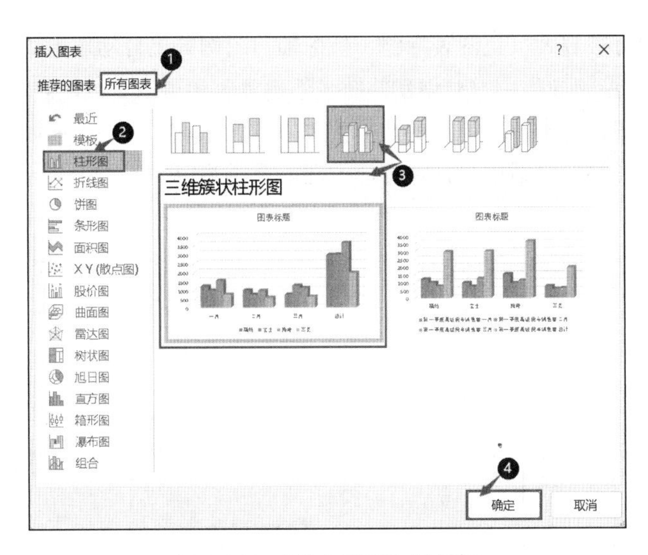

图 3-146　“插入图表”对话框

以上三种方式都可以生成柱状图表，结果如图 3-147 所示。

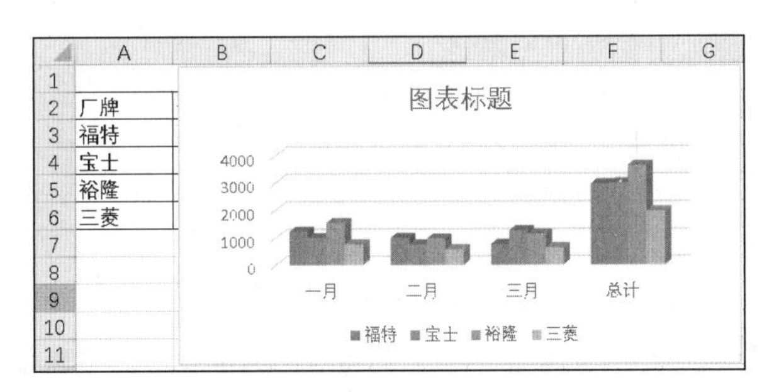

图 3-147　创建柱状图表结果

◎温馨提示

添加图表标题时，可直接在图表的“图表标题”文本框直接输入。

（2）编辑图表

编辑图表包括所有对象的移动、修改、删除和缩放等。

① 图表的移动：图表中图表区及图的各部分位置都不是固定不变的，通过移动图表位置，可以使工作表中各部分的排版更美观。移动图表的方法：在其中图表的位置，将光标移动到图表区，然后按住鼠标左键不放，在移动图表的过程中显示一个半透明的白色虚框。释放鼠标，图表区的位置就是可移动到虚线框所示的目标位置，且图表标题、绘图区和图例将一起被移动。

② 调整图表大小：通常很多用户在编辑工作簿中的单元格时，会出现输入较多内容后不能完全显示数据的情况，此时调整图表大小可以让未完全显示的数据都能完全显示，同时图表标题、绘图区及图例的大小随之发生相应变化。不合理情况下，用类似的方法可以对不合理之处进行单独调整，从而达到理想的效果。

调整图表大小的方法：将光标移动到需要调整的图表区右下角的控制点上，当光标变成倾斜 45° 双向白色箭头形状时，按住鼠标左键不放并拖动，图表将出现虚线框以显示将移动到的位置，释放鼠标，图表区即可被放大，且图表标题、坐标轴、图例等也自动放大，其操作简单易懂。

③ 更改图表的类型：如果用户对创建的图表不满意，还可以更改图表类型。

选中要更改的图表，右击，在弹出的快捷菜单[见图 3-148（a）]中选择“更改图表类型”命令；弹出“更改图表类型”对话框，选择相应的图表及类型[见图 3-148（b）]，单击“确定”按钮即可修改。

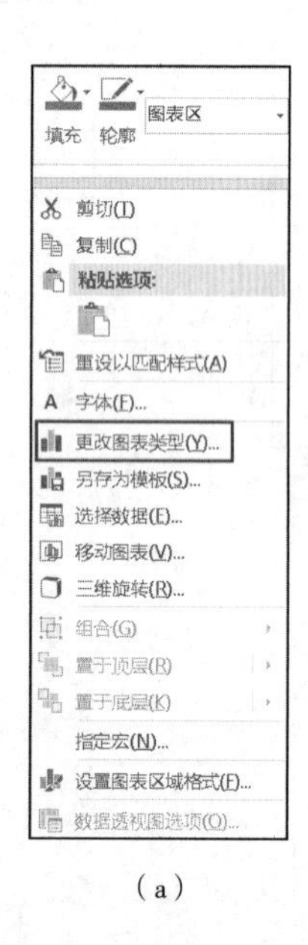

（a）

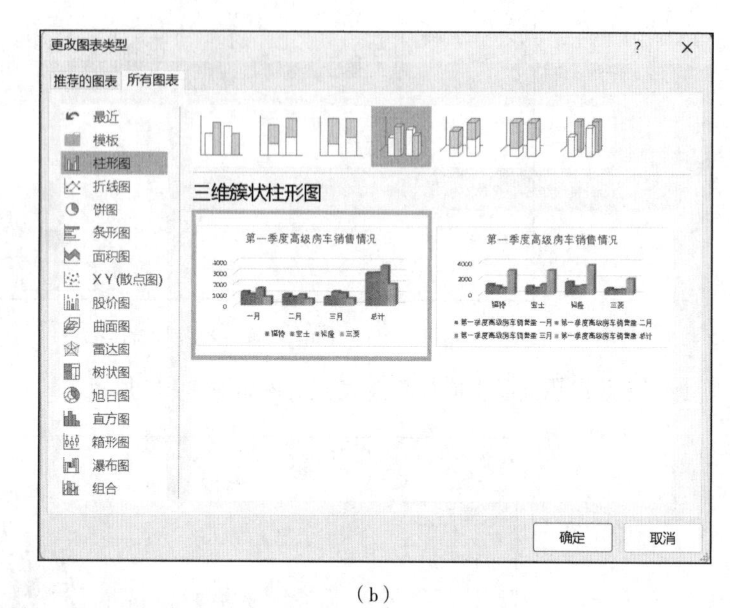

（b）

图 3-148 更改图表类型

④ 更改图表布局样式、图表元素等。除了上述对图表的修改和编辑操作，还有很多其他重要操作。通过以下两种方法都可以实现：

方法一：利用快捷按钮，可以编辑图表元素、改变样式布局和图表颜色，还可以进行图表筛选等，如图 3-149 所示。

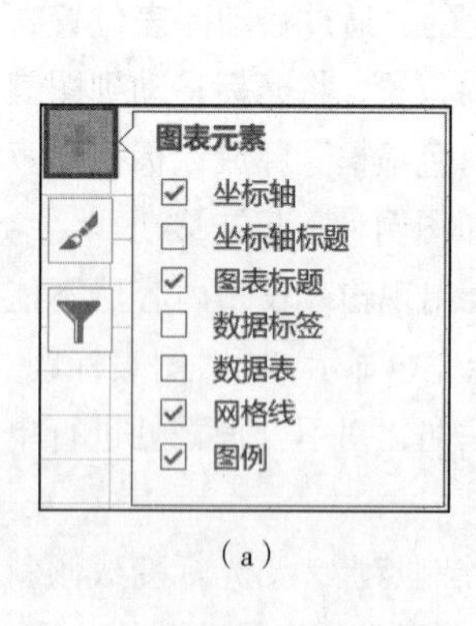

（a）

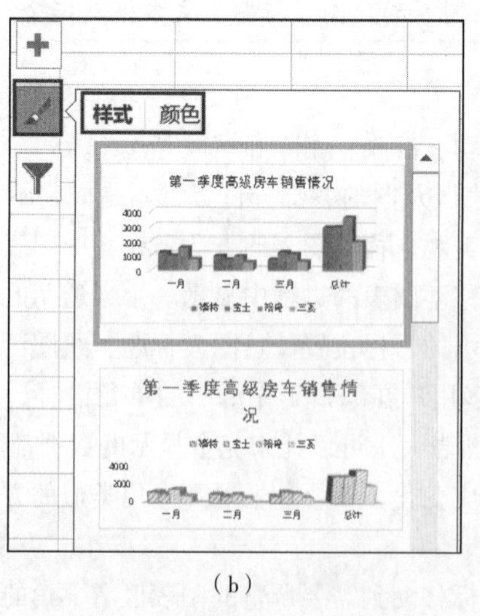

（b）

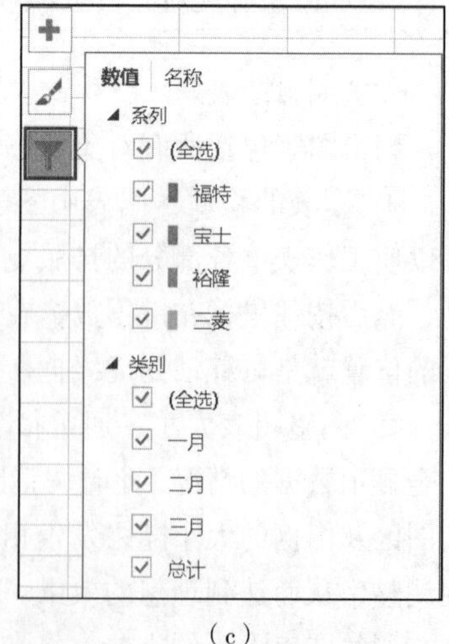

（c）

图 3-149 快捷按钮修改编辑图表

方法二：选中图表后，在“图表工具-设计”选项卡中选择对应的命令组，可以实现图表元素、布局、颜色、行列切换、更改类型、移动图表等编辑修改操作，如图 3-150 所示。

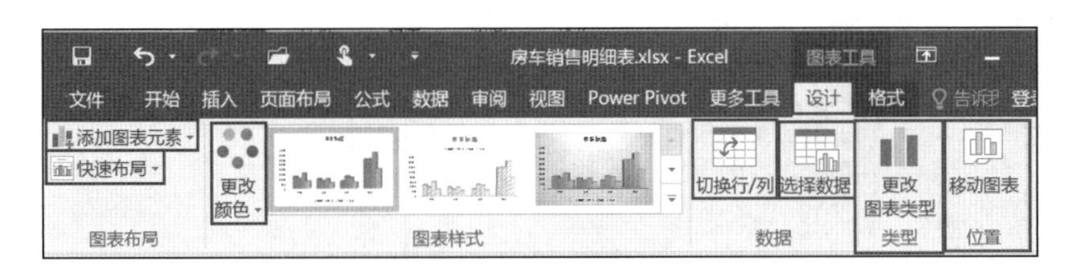

图 3-150 图表工具修改编辑图表

⑤ 删除图表：先选定图表，再按【Delete】键即可删除。

3.5.5 数据透视表

数据透视表是一种对大量数据快速汇总和建立交叉列表的交互式动态表格，它能帮助用户分析、组织数据。数据透视表有机地综合了数据排序、筛选、分类汇总等数据分析的优点，可以方便调整分类汇总的方式，灵活地以多种方式展示数据的特征。

数据透视表的创建方法很简单，只需要连接到数据源，并输入报表的位置。相关术语见表 3-5。

表 3-5 数据透视表相关术语

术 语	解 释
数据源	用于创建数据透视表的数据列表或多维数据
轴	数据透视表中一维，如行、列、筛选器
列字段	信息的种类，等价于数据列表中的列
行字段	在数据透视表中具有行方向的字段
筛选器	数据透视表中进行分页筛选的字段
字段标题	描述字段内容的标志可以通过拖动字段标题对数据透视表进行透视
项目	组成字段的成员
组	一组项目的集合，可以自动或手动组合项目
透视	通过改变一个或多个字段的位置来重新安排数据透视表布局
汇总函数	对透视表值区域数据进行计算的函数，文本和数值的默认汇总函数是计数和求和
分类汇总	数据透视表中对一行或一列单元格的分类汇总
刷新	重新计算数据透视表，反映目前数据源的状态

【案例 3-15】在“销售数据清单”工作簿中创建“数据透视表”。

方法一：“推荐的数据透视表”创建，操作步骤如下。

① 打开工作簿，将光标定位于数据列表的任意单元格，单击“插入”选项卡“表格”命令组中的“推荐的数据透视表”按钮，弹出“推荐的数据透视表”对话框，如图 3-151 所示。

②“推荐的数据透视表”对话框左侧列出了按“销售地区”求数量和、按“品名”求销售金额总和、按“品名”求数量和等 10 种不同统计视角的推荐项（根据数据源的复杂程度不同，推荐数据透视表的数目也不尽相同）。用户可以选择需要的数据透视表，例如，此案例选择按“销售地区”求数量和，然后单击“确定”按钮，如图 3-151 所示。

之后就在数据库源工作簿中添加了一个新的工作表，即该数据的透视表，默认名为 Sheet1，如图 3-152 所示。

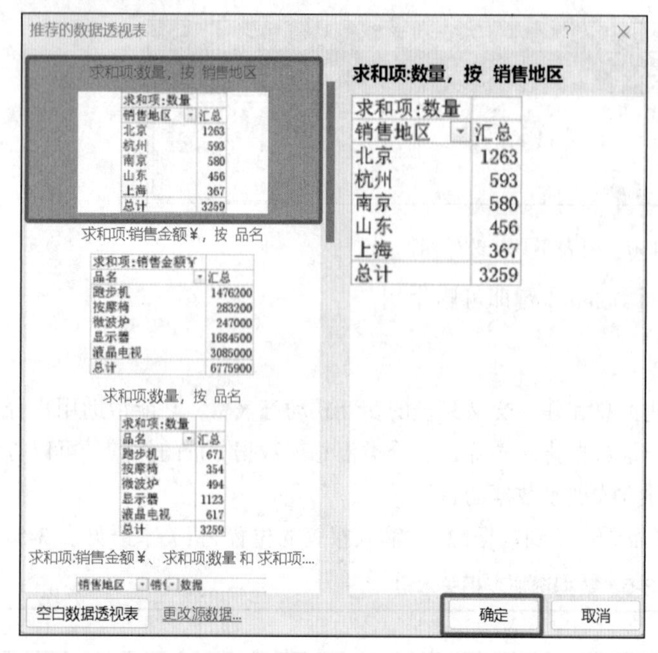

图 3-151 “推荐的数据透视表”对话框　　　　图 3-152 创建“数据透视表”结果

方法二：“空白数据透视表”创建，操作步骤如下。

① 创建空白透视表：单击“插入”选项卡“表格”命令组中的“数据透视表”按钮，弹出“创建数据透视表”对话框，如图 3-153 所示。

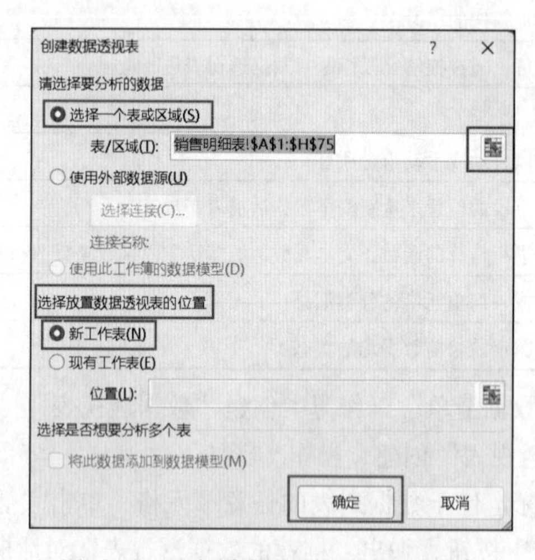

图 3-153 “创建数据透视表”对话框

在该对话框下进行设置，首先选择要分析的数据区域，其次选择放置数据透视表的位置，可以按照图片 3-153 所示进行，然后单击“确定”按钮，在工作簿中会出现一个新的空的数据透视表，如图 3-154 所示。

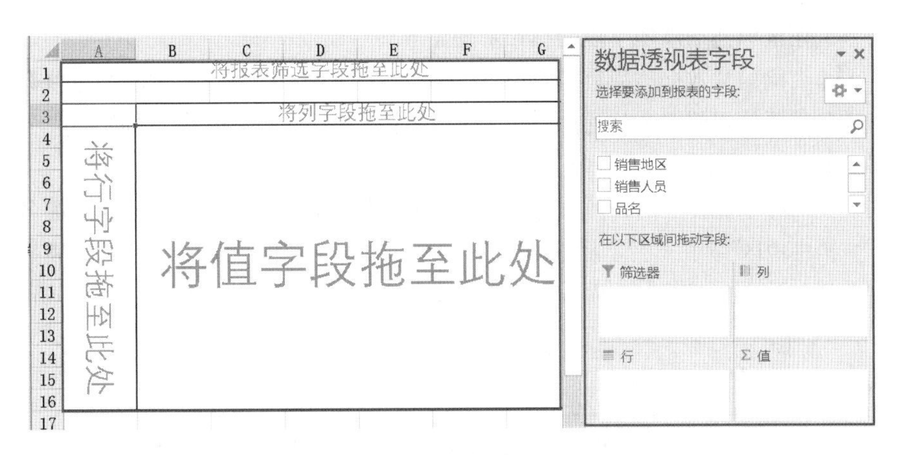

图 3-154 在原有工作簿中创建的空白数据透视表

② 添加字段：创建了空白数据透视表之后，还需要为其添加字段。

添加字段的方法主要有两种，分别是利用右键快捷菜单和利用鼠标拖动。

方法一：利用右键快捷菜单添加字段的操作步骤如下。

在当前空白数据透视表中的“数据透视表工具”栏中，切换到“分析”选项卡，在“数据透视表”组中单击“选项”按钮，弹出“数据透视表选项”对话框，如图 3-155 所示。

在该对话框中，选择“显示”选项卡，选中“经典数据透视表布局（启动网格中的字段拖放）”复选框，单击“确定”按钮，即可切换到“经典数据透视表”布局。

在“数据透视表字段”任务窗格中，在“选择要添加到报表的字段”列表框中选择要添加的报表字段，如选择“销售地区”选项，右击，在弹出的快捷菜单中选择“添加到报表筛选”命令，如图 3-156 所示。

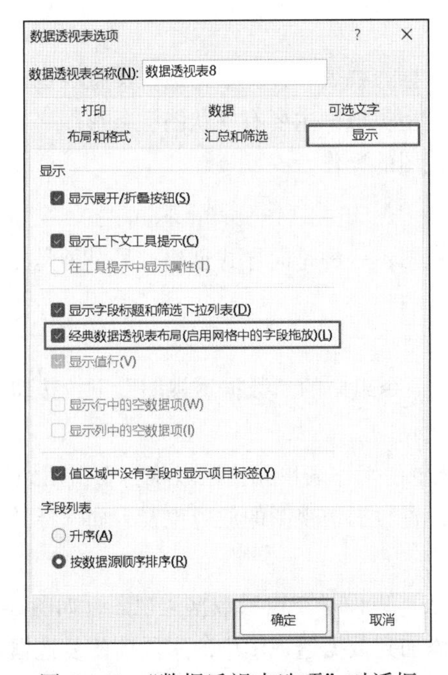

图 3-155 “数据透视表选项”对话框

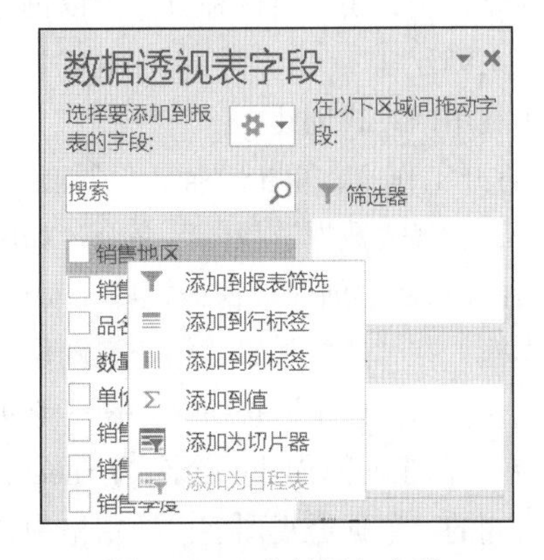

图 3-156 右键添加字段

方法二：利用鼠标拖动添加字段的操作步骤如下。

在图 3-154 右侧的“数据透视表字段列表”中，按照需要，直接按住鼠标左键将数据透视表的选项框拖动到需要放置的四个位置内，可根据实际需求拖动至“筛选器”“列”“行”“值”位置。“筛选器”的功能和“数据”选项卡中“数据”的“筛选”类似。

可采用以上两种添加方法的任何一种，完成下列操作，在“筛选器”处的是“品名”“数量”“销售年份”“销售地区”，在“行”标签处的是“销售人员”“销售季度”，在“列”表签处的是数值，包括“数量”“销售金额”。下面就可以比较直观地进行分析，结果如图 3-157 所示。

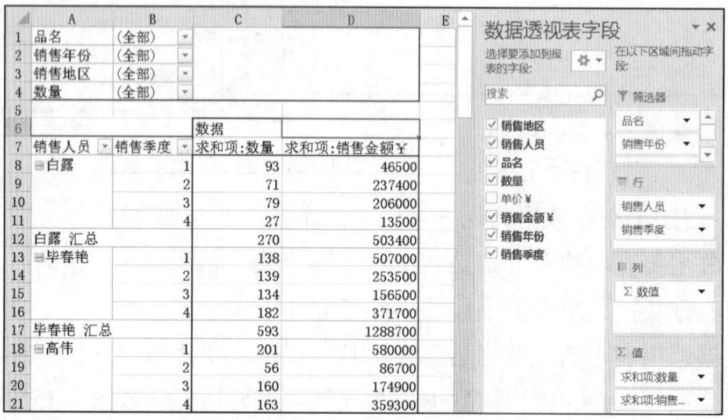

	A	B	C	D
1	品名	(全部)		
2	销售年份	(全部)		
3	销售地区	(全部)		
4	数量	(全部)		
5				
6			数据	
7	销售人员	销售季度	求和项:数量	求和项:销售金额¥
8	白露	1	93	46500
9		2	71	237400
10		3	79	206000
11		4	27	13500
12	白露 汇总		270	503400
13	毕春艳	1	138	507000
14		2	139	253500
15		3	134	156500
16		4	182	371700
17	毕春艳 汇总		593	1288700
18	高伟	1	201	580000
19		2	56	86700
20		3	160	174900
21		4	163	359300

图 3-157　生成数据透视表

◎温馨提示

在“创建数据透视表”对话框，选中要分析的数据区域中的“选择一个表或区域”，也可以单击按钮，暂时隐藏该对话框，然后在工作表中选择区域，再单击按钮。

3.5.6　数据透视图

数据透视图是数据透视表的图形表达方式，与数据透视表一样，数据透视图报表也是交互式的。数据透视图的图表类型与前面介绍的一般图表类型类似，主要有柱状图、条形图、折线图、饼图、面积图和圆环图等。下面将介绍对象数据透视图的操作。

1. 创建数据透视图

在 Excel 中，用户有两种方法可以创建数据透视图：一种是向导式创建；另一种是在数据透视表基础上创建。

（1）利用向导式创建

① 打开工作簿，单击“插入”选项卡“图表”命令组中的“数据透视图”下拉按钮，展开下拉列表，选择“数据透视图”命令，如图 3-158 所示。

② 在弹出的“创建数据透视图”对话框中，选中的工作表单元格区域将自动引用到“表/区域”文本框，在“选择放置数据透视图位置”栏中设置数据透视图的放置位置，如选择“新工作表”选项，单击“确定”按钮，如图 3-159 所示。

③ 在当前工作簿创建一个名为 Sheet 的新工作表，里面是空白的数据透视图，如图 3-160 所示。在右侧的“数据透视图字段”窗格中选中需要添加到数据透视图中的字段前的复选框，然后把需要的字段放置在数据透视图合适的位置，例如，“品名”添加到“轴”字段（分类）、“数量”

添加到“值”字段、“销售季度”添加到“图例”字段（系列），即可看到如图 3-161 所示的带有数据的数据透视图。

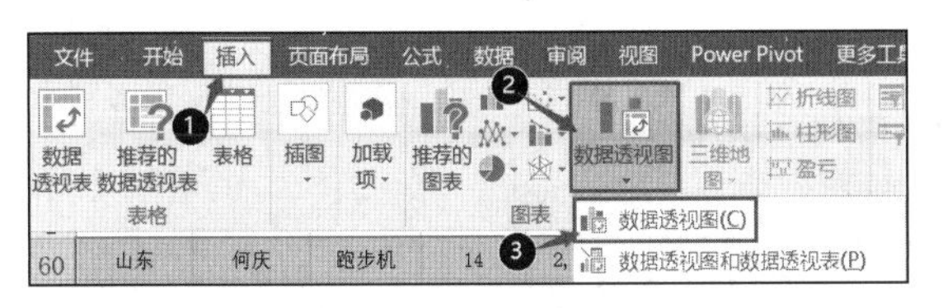

图 3-158　数据透视图

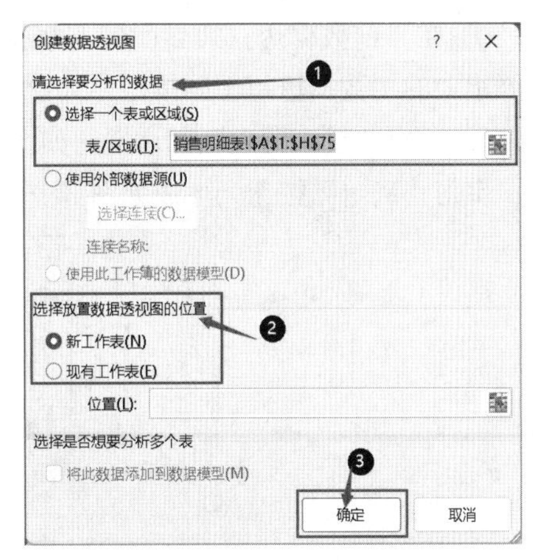

图 3-159　“创建数据透视图”对话框

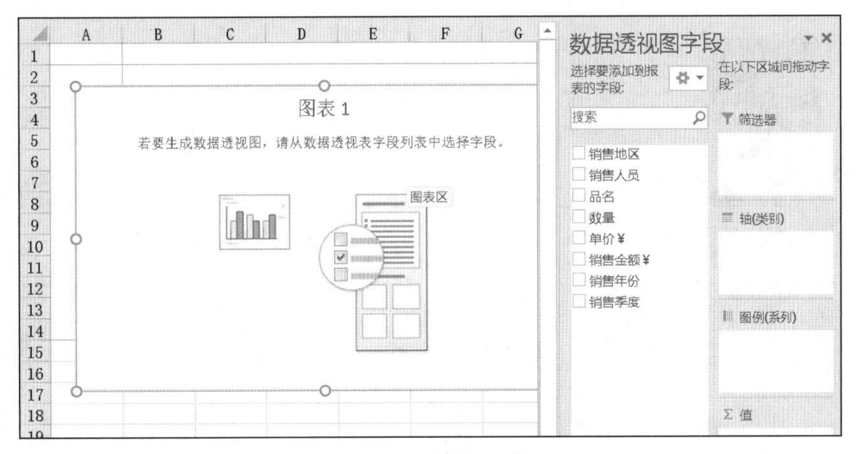

图 3-160　创建新工作表

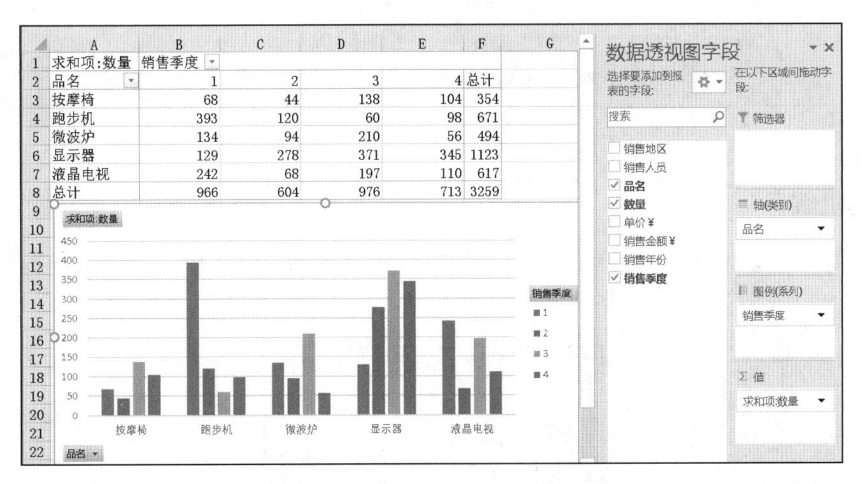

求和项:数量	销售季度				
品名	1	2	3	4	总计
按摩椅	68	44	138	104	354
跑步机	393	120	60	98	671
微波炉	134	94	210	56	494
显示器	129	278	371	345	1123
液晶电视	242	68	197	110	617
总计	966	604	976	713	3259

图 3-161　创建数据透视图结果

（2）利用数据透视表创建

在图 3-157 生成的数据透视表的基础上创建数据透视图。操作步骤如下：

① 在当前数据透视表界面的“数据透视表工具栏”中选择“分析”选项卡，单击“工具”命令组中的“数据透视图”按钮，如图 3-162 所示。

② 弹出“插入图表”对话框，如图 3-163 所示，可以选择“折线图”-带有数据标记的折线图，单击“确定”按钮，生成如图 3-164 所示的透视图。

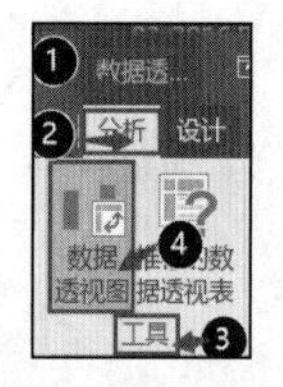

图 3-162 “分析”选项卡

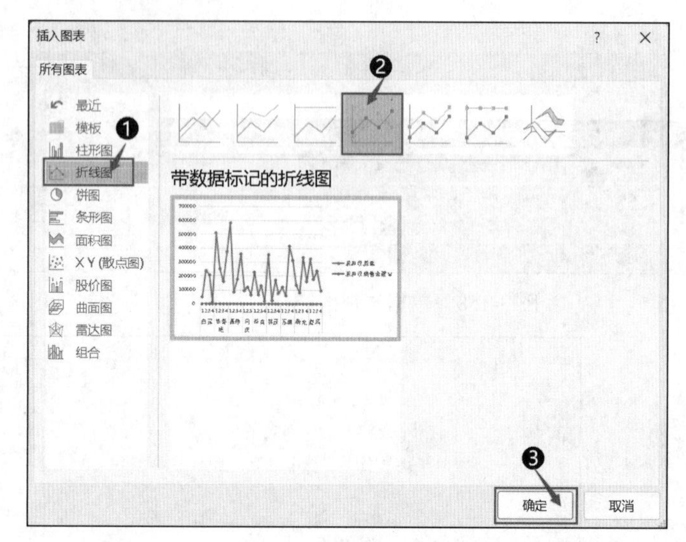

图 3-163 插入图表对话框

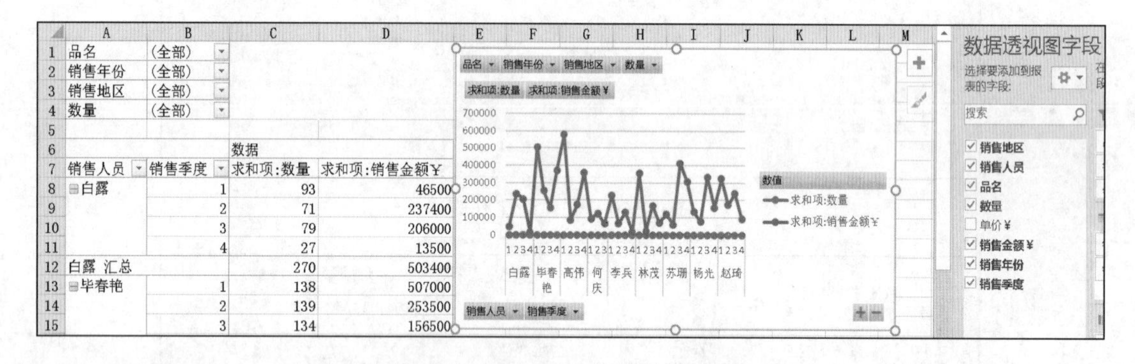

图 3-164 通过数据透视表创建透视图结果

3.5.7 上机练习

① 启动 Excel，在空白工作表中输入如图 3-165 所示数据，并以 E3.xlsx 为文件名保存在当前文件夹中。

姓名	高等数学	大学英语	计算机基础
王大伟	78	80	90
李 博	89	86	80
程小霞	79	75	86
马宏军	90	92	88
李 枚	96	95	97

图 3-165 学生成绩表

② 对表格中的所有学生的数据，在当前工作表中创建嵌入的三维簇状柱形图，图表标题为“学生成绩表”，如图 3-166 所示。

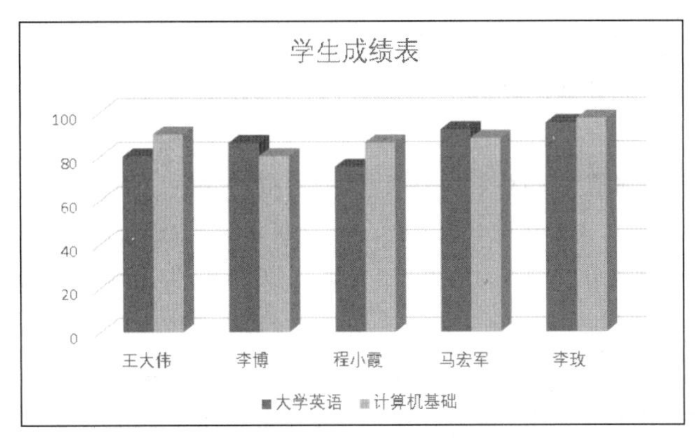

图 3-166　三维簇状柱形图

③ 对 Sheet1 中创建的嵌入图表按样张进行如下编辑操作：

- 将该图表移动、放大到 A9:G23 区域，并将图表类型改为三维簇状柱形圆柱图。
- 为图表添加分类轴标题“姓名”及数据值轴标题“分数”。

④ 对 Sheet1 中创建的嵌入图表进行如下格式化操作：

- 将图表区的字体大小设置为 11 号，并选用最粗的圆角边框。
- 将图表标题“学生成绩表”设置为粗体、14 号、单下画线；将分类轴标题“姓名”设置为粗体、11 号；将数值轴标题“分数”设置为粗体、11 号、45° 方向。
- 将图例的字体改为 9 号、边框改为带阴影边框，并将图例移动到图表区的右下角。
- 将数值轴的主要刻度间距改为 10、字体大小设为 8 号；将分类轴的字体大小设置为 8 号。
- 将“计算机基础”数据标记字号设置为 16 号、上标效果；“大学英语”数据标记去掉。
- 将“数据系列标记”柱体形状改为“圆柱”。

结果如图 3-167 所示。

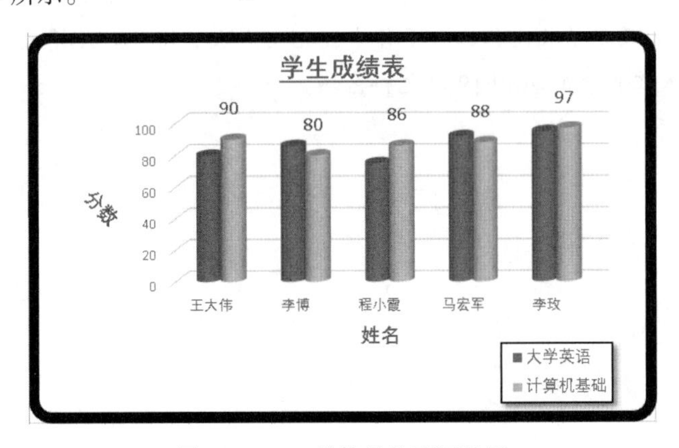

图 3-167　三维簇状柱形圆柱图

习　题

1. 利用 Excel 创建 exl.xlsx 文件，具体要求如下：

（1）录入图 3-168 中的数据，按图 3-168 所示的效果进行排版。

（2）试计算“数量”列的“总计”项及“所占比例”列的内容（所占比例=数量/总计），将所占比例小数位保留三位有效数字，要求：所求数据要通过函数或公式求得。

2. 试通过 Excel 完成图 3-169 所示的表格，要求根据学生的成绩，在等级这一栏中填写相应的等级。（60 分以下：“不及格”；60～70 分：“及格”；70～80 分：“中”；80～90 分：“良”；90～100 分：“优秀”）。

	A	B	C
1	某企业人力资源情况表		
2	人员类型	数量	所占比例(%)
3	市场销售	78	
4	研究开发	165	
5	工程管理	76	
6	售后服务	58	
7	总计		

图 3-168　人力资源情况表

	A	B	C
1	学生成绩表		
2	学号	成绩	等级
3	2010001	89	
4	2010002	75	
5	2010003	67	
6	2010004	90	
7	2010005	78	

图 3-169　学生成绩表

3. 利用 Excel 完成如下操作：

（1）录入图 3-170 中的内容，合并 A1:D1 单元格，设置文字居中显示。

（2）计算“增长比例”列的内容，将工作表命名为“招生情况表”。

	A	B	C	D
1	招生情况表			
2	专业名称	去年人数	今年人数	增长比例
3	计算机	300	412	
4	数学	200	248	
5	外语	280	391	
6	网络工程	196	325	

图 3-170　招生情况表

（3）选取“专业名称”列和“增长比例”列中的内容，建立“三维簇状柱形图”，x 轴上的项是专业名称，y 轴上的项是增长比例，表示各专业招生人数的增长对比情况，图表标题为“招生情况图”，并将其嵌入工作表的 A8:F19 单元格区域。

第 4 章　PowerPoint 2016 演示文稿制作

PowerPoint 2016 是一款专门用于制作演示文稿的应用软件，也是微软公司推出的办公系列软件 Office 家族中的重要成员。PowerPoint 2016 使用户可以轻松地制作包含文字、图形、声音、动画及视频等元素的多媒体演示文稿，并广泛应用于教育教学、工作汇报、产品演示、庆典活动等工作场所。

本章将介绍 PowerPoint（简称 PPT）的设计原则与制作流程，讲解 PowerPoint 2016 的基础操作，包括版面设计，在文稿的幻灯片中插入文字、图片、表格、音频、视频等对象，图像处理方法，添加动画效果的方法，以及幻灯片之间的切换和放映等内容。

4.1　PowerPoint 设计原则与制作流程

应用 PPT 的目的之一是让观众知道并了解所要表达的思想，它是有效沟通的工具。现在 PPT 应用非常广泛，例如，教师用 PPT 上课、销售人员用 PPT 介绍产品……PPT 已成为一种必需品。PPT 是人们沟通的工具，它可以使演讲者理清思路，为实现交流的目标而服务。

PPT 的制作必须服从于“沟通”这个主要目的，这样才能在信息交流方面获得更好的效果。在做 PPT 之前，首先应弄清楚制作 PPT 的用途。

1．阅读用

阅读用的 PPT 是给别人看的，可以用邮件发出并支持转发，所以 PPT 中的内容会描述得很清楚，允许有很多小字和注释，或者是纯图文。总之，不需要制作 PPT 的人来解释就可以看懂。一般情况下，这种 PPT 是基层人员做出来给领导看的或者用于平等分享的。人们平常做的分析、分享、总结大部分属于这种类型。故该阅读类型的 PPT 类似于讲义，更加注重内容的广度和深度，对于视觉效果要求较低。

2．演讲用

演讲用的 PPT 是给观众讲解的，内容通常非常简洁。这类幻灯片如果直接下发给听众是毫无意义的，因为 PPT 背后的内涵非常多。这种 PPT 一般需要设计者进行讲述，关键是“讲”，演讲者是中心，PPT 只是辅助。此类 PPT 中通常有大幅的画面，或者使用醒目巨大的文字，较多地使用图形代替文字以期待良好的视觉效果。最常见的是如图 4-1 所示的版面类，通常用于培训、讲课、产品发布等场合。这种 PPT 大多是通过投影仪播放在大屏幕上，幻灯片需要有演说者讲述，对视觉效果要求较高。

图 4-1 演讲使用的 PPT 范例

4.1.1 PowerPoint 的设计原则

做演讲的目的是使听众接收某种信息，他们对信息接收的程度有许多影响因素，包括信息本身、演讲技巧，当然也包括幻灯片。如果观众发现幻灯片非常专业、言简意赅，则更容易记住演讲的信息。

虽然 PPT 为人们提供了令人眼花缭乱的制作手段，但是专业化的幻灯片并不是各种字体、颜色和图片的堆砌。

1. 保持简单

PowerPoint 可方便地显示图形信息，并支持解说与附录功能。幻灯片本身从来不是演示的主角。人们用它来倾听、感受或接收用户传达的信息。幻灯片应力求简洁，不要喧宾夺主，应该留有大量的空白空间或实体周围的空间，如图 4-2 所示。不要用妨碍理解的标识或其他不必要的图形或文本框来填充这些空白区域。幻灯片上应尽量避免混乱，以提供直观的视觉信息。

图 4-2 精练内容的 PPT 范例

由于演示的对象是观众，因此要限制要点与文本数量，应用文本也要遵循这一原则。最优秀的幻灯片可能根本没有文本。除了 PowerPoint 幻灯片以外，最好还要准备一份书面资料，强调并详细说明演示的内容。向观众发送说明幻灯片的详细书面宣传材料，比仅用 PowerPoint 幻灯片，更利于观众理解演示的内容。

先看一张如图 4-3 所示的幻灯片。这张幻灯片文字内容偏重，几乎充满了整张幻灯片。这种堆积了大量文字信息的“文档式 PPT”显然是不成功的，也是不受人欢迎的。因此，需要对文字进行提炼——只保留关键词，去掉修饰性形容词、副词等。用关键词组成短句子，直接表达页面主题。对图 4-3 所示的幻灯片进行提炼和修改后得到图 4-4 所示的幻灯片。这种修改最大限度地简化了文本，可以充分利用备注，将每种类型的详细描述放在备注中以便参考。还可以如图 4-5 所示将页面拆成多个页面或如图 4-6 所示编成要点逐条显示。

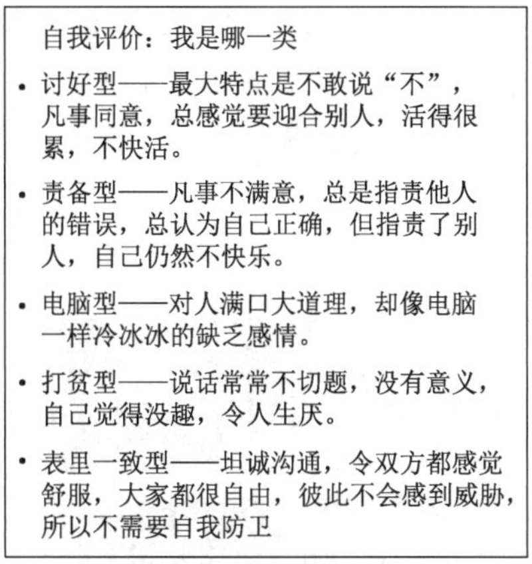

自我评价：我是哪一类

- 讨好型——最大特点是不敢说“不”，凡事同意，总感觉要迎合别人，活得很累，不快活。
- 责备型——凡事不满意，总是指责他人的错误，总认为自己正确，但指责了别人，自己仍然不快乐。
- 电脑型——对人满口大道理，却像电脑一样冷冰冰的缺乏感情。
- 打贫型——说话常常不切题，没有意义，自己觉得没趣，令人生厌。
- 表里一致型——坦诚沟通，令双方都感觉舒服，大家都很自由，彼此不会感到威胁，所以不需要自我防卫

图 4-3 充满了文字的幻灯片

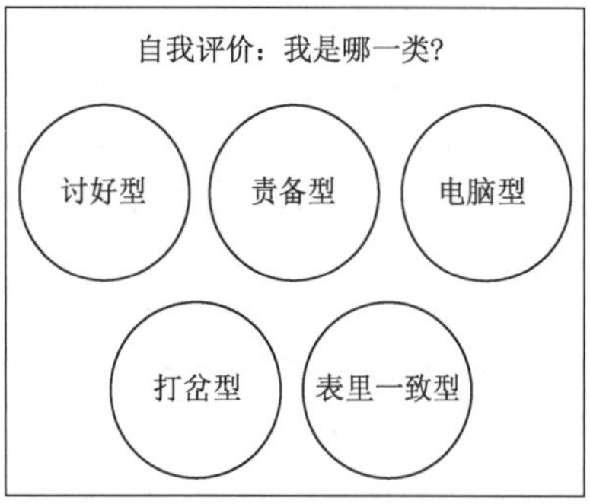

自我评价：我是哪一类?

讨好型 责备型 电脑型 打岔型 表里一致型

图 4-4 精练内容的 PPT 范例

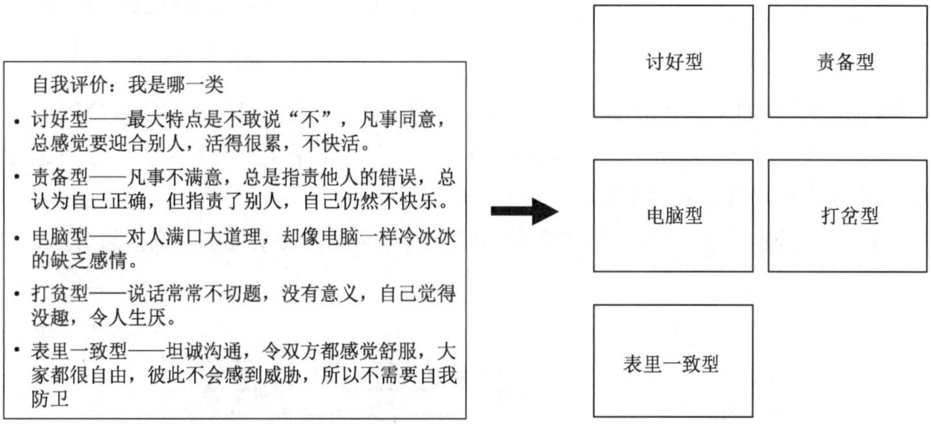

自我评价：我是哪一类

- 讨好型——最大特点是不敢说“不”，凡事同意，总感觉要迎合别人，活得很累，不快活。
- 责备型——凡事不满意，总是指责他人的错误，总认为自己正确，但指责了别人，自己仍然不快乐。
- 电脑型——对人满口大道理，却像电脑一样冷冰冰的缺乏感情。
- 打贫型——说话常常不切题，没有意义，自己觉得没趣，令人生厌。
- 表里一致型——坦诚沟通，令双方都感觉舒服，大家都很自由，彼此不会感到威胁，所以不需要自我防卫

讨好型 责备型 电脑型 打岔型 表里一致型

图 4-5 拆成多个页面

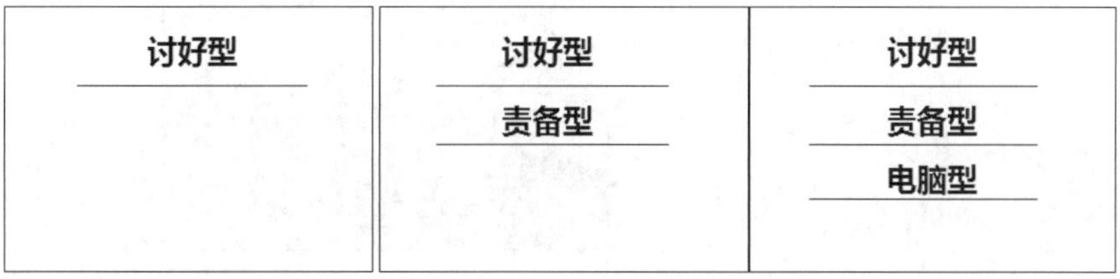

讨好型

讨好型 **责备型**

讨好型 **责备型** **电脑型**

图 4-6 要点逐条显示

关于 PPT 的内容和主题，需要注意以下几点：

① 一张幻灯片只表达一个核心主题，不要试图在一张幻灯片中面面俱到。

② 不要把整段文字搬上幻灯片，演示是提纲挈领式的，显示内容越精练越好。

③ 一张幻灯片上的文字，行数最好不要超过 7 行，每行不多于 20 个字。

④ 除了必须放在一起比较的图表外，一张幻灯片一般只放一张图片或者一个表格。

在展示 PPT 内容中，字体和颜色建议如下：

① 标题字体一般设计成 36 号，正文设计成 28 号，最小为 16 号，否则坐在后排的观众根本无法看清楚，如图 4-7 所示。要注意本机预览和幻灯片放映的区别。

② 注意字体色和背景色搭配。蓝底白字或黑底黄字或白底黑字将非常引人注目，如图 4-8 所示。深蓝色和灰色给人以力量和稳定的感觉；红色一般意味着警告或者紧急；绿色代表生命和活力。颜色还影响幻灯片的清晰度。因此，商业应用一般要选择蓝色或灰色体系。蓝色、紫色和绿色适合做背景色，而白色、黄色和红色适合做前景色。

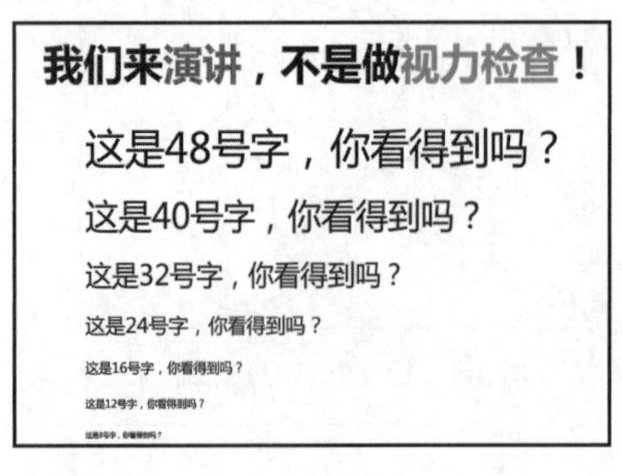

图 4-7 PPT 使用文字大小示范

图 4-8 PPT 使用文字配色示范

③ 避免使用过多的字体，减少下画线、斜体和粗体的使用。幻灯片中尽量使用笔画粗细一致的字体，如黑体、Arial、Tahoma。如果采用英文，不要全部采用大写字母。一方面是对听众的不尊敬，也不如小写字母容易辨认。

④ 正文字体应该比标题要小，字体文本框间应注意对齐。文字较多时应注意分区，如图 4-9 所示。

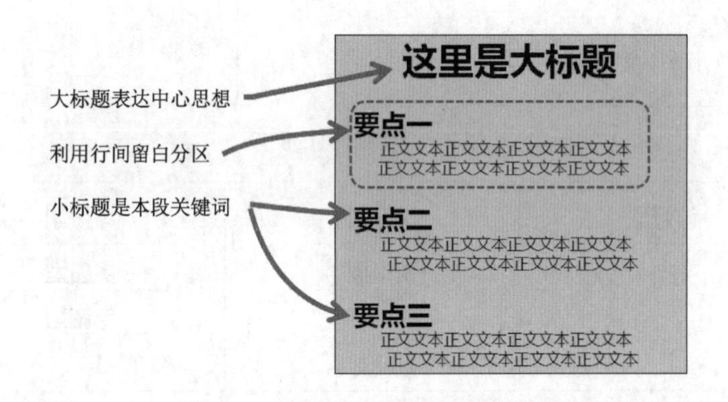

图 4-9 文本大小、对齐与分区示范

2. 逻辑清晰

PPT 的逻辑很重要，没有逻辑的 PPT，特别是大图少字的 PPT，称为“相册”，只是堆砌而已。在 PPT 设计中，逻辑可以简单理解成一种顺序，即观众可以理解的顺序。因此，在开始制作 PPT 时，首先要想到的是观众是谁，分析观众的背景、立场、兴奋点和兴趣点，揣摩他们能理解的顺序是什么。

在选择陈述逻辑时，用讲故事的形式特别容易受欢迎，整个 PPT 演示可能就是一个故事，或者由几个故事组成的大故事。一个典型的故事结构如图 4-10 所示。

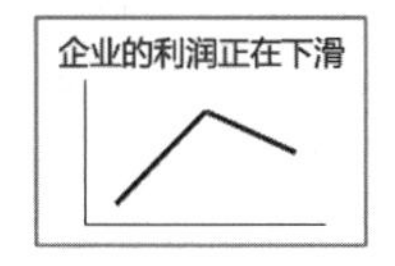

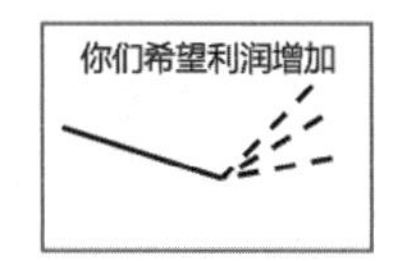

图 4-10 一个典型的故事结构

学习故事的逻辑，好的方法是看别人精彩的故事，抽取他们的框架，用在自己的 PPT 上。在讲述故事的过程中，应该运用金字塔原理——学会从结论说起。

例如，下面是一个糟糕的汇报：

老板，我最近在留意原材料的价格，发现很多钢材都涨价了；

还有刚才物流公司也打电话来说提价；

我又比较了几家的价格，但是还是没有办法说服他不涨价；

还有，竞争品牌***最近也涨价了，我看到……；

对了，广告费最近花销也比较快，

如果……可能……”。

假如他学习了金字塔，应该这样陈述：

老板，我认为我们的牌子应该涨价 20%，而且要超过竞争品牌。

因为第一，原材料最近都涨价了 30%，物流成本也上涨了；

第二，竞争品牌全部都调价 10%～20%，我们应该跟进；

第三，广告费超标，我们还应该拉出空间，可以做广告……；

老板，你觉得这个建议是否可行？

金字塔原理就是要有中心思想，一页幻灯片也要突出一个中心思想。

假如是教学的 PPT 课件，可能得考虑用什么样的逻辑能让学生理解。在利用 PPT 呈现教学内容时，通常有三种误区：一是在 PPT 上写满密密麻麻的文字，课堂上学生看起来十分费劲，信息量过大，重点不明确，称为“教材搬家式”；二是教师在 PPT 上堆积过多的内容元素，如文字、图片、色彩、动画等，干扰了学生对教学重点、难点内容的注意、理解和记忆；三是教师只将标题和相关的知识点罗列在 PPT 上，淡化思维过程，过分简化教学内容，使 PPT 幻灯片成为没有细节、缺乏支持的概要。

◎温馨提示

在教学活动中，PPT 是教师和学生之间传递思想和信息的媒体工具。一堂课是否精彩，关键是教师，而不是作为信息传播媒介的 PPT 演示文稿。PPT 可以辅助教师的教学活动，但不能代替教师的教学活动。因此，设计 PPT 时要统筹考虑，以教学内容和教师的讲授为主，PPT 为辅，不能本末倒置，把 PPT 的设计和制作看得比教学内容和学生还重要，也不可将 PPT 演示文稿作为教学内容的主要传递渠道，成为教师的备忘工具和学生的读书器。

假如是商业提案的 PPT，好的逻辑顺序不但可以让客户信服，而且可以让提案顺利通过。一般的商业类提案 PPT 的结构顺序为：业界—竞争—公司—条件—方法—建议—计划。

在设计 PPT 逻辑时，一般是先设定大逻辑，即整个 PPT 的逻辑，然后考虑每个板块的小逻辑。篇章逻辑是整个 PPT 的一条主线，这种逻辑体现在目录中。因此，在 PPT 的设计中，先写好 PPT 的一级、二级目录，将表达的思想、观点写在标题栏中，再以缩略图的形式浏览整体的内容框架，如图 4-11 所示。页面逻辑是指每页幻灯片每个版面内容的整体逻辑，使用的方式有并列、因果、总分、转折等，如图 4-12 所示。

图 4-11 PPT 篇章逻辑设计

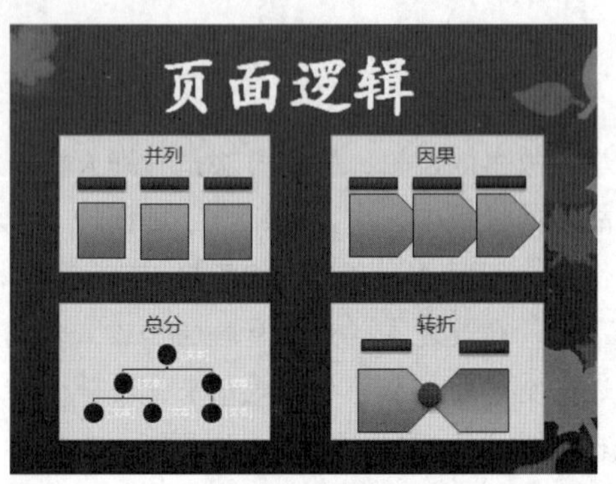

图 4-12 PPT 页面逻辑设计

◎温馨提示

需要特别注意的是，PPT 本身的演绎方式是直线型的，假如内容及逻辑层次较多，请在每个板块后总结一下，或者可为每页 PPT 加个小导航，以免迷航。

3. 版面统一，排版合理

版面设计是 PPT 设计的一大关键，失败的版面设计会使作品看上去十分别扭或者杂乱，合理的版面设计则可以帮助人们更好地展示内容，也带给观赏者舒适、美观的视觉感受。幻灯片的内容（特别是一些图案及图片元素）多种多样，但无论如何，都要使它们看起来协调统一，可以将颜色、字体及版式统一起来。版面的各个主要空间分配要保持一致。其余所有的幻灯片都要统一，包括左边距及上下边距，如图 4-13 所示。

图 4-13 边距、字体统一的版面设计

为了能使 PPT 做到整体视觉风格统一，使用 PPT 模板是一个不错的选择。PPT 模板是一个或一组幻灯片的模式或设计图，如图 4-14 所示。使用模板设计可以使幻灯片风格统一有序，也可以简化制作过程，提高制作效率。模板可以包含版式（幻灯片中各元素的排列方式）、主题颜色、主题字体、主题效果、背景样式等。人们可以创建自己的自定义模板，加以存储，供反复使用，也可以上传到网上与他人共享，还可以在很多网站下载不同类型的模板。

图 4-14　幻灯片模板——统一报告整体风格

◎温馨提示

如何找到精美免费的 PPT 模板？

方法一：直接在浏览器搜索——直接在浏览器输入“精美 PPT 模板”，在出现的结果中选择网页进行下载。

方法二：进入专业 PPT 制作网页——这里的 PPT 模板一般很精美、实用，但是需要付费。

方法三：深度搜索——推荐一个思路，就是在 QQ 群里搜索，例如以关键字“PPT”搜索。加入群之后，可以在群文件里下载。

方法四：论坛贴吧搜索——进入 PPT 贴吧或 Office 贴吧等，能够找到不少人分享的 PPT 资源。

方法五：直接找作者——找到 PPT 制作者的微博，会提供免费模板。

下面将 PPT 排版总结为六个原则：对齐、聚拢、重复、对比、降噪、留白，这可让原本混乱的版面变得生动有序。

① 对齐原则：相关内容必须对齐，次级标题必须缩进，方便读者视线快速移动，一眼看到最重要的信息，如图 4-15 所示。

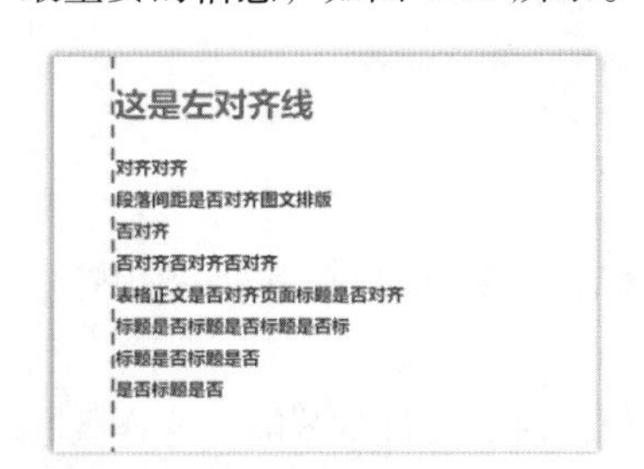

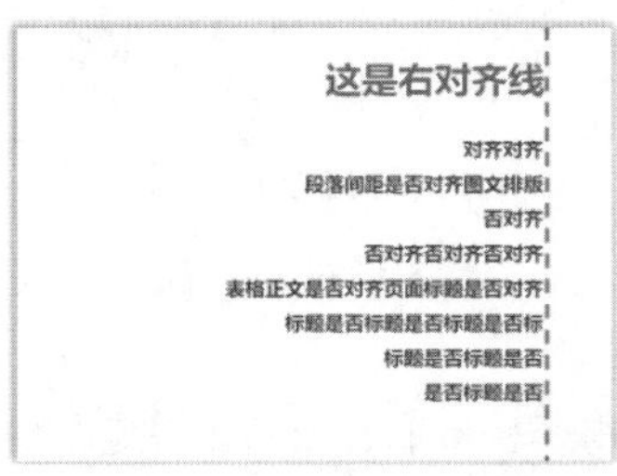

图 4-15　排版对齐原则示例

② 聚拢原则：将内容分成几个区域，相关内容都聚在一个区域中，段间距应该大于段内的行距。使用聚拢操作重新排版的页面如图 4-16 所示。

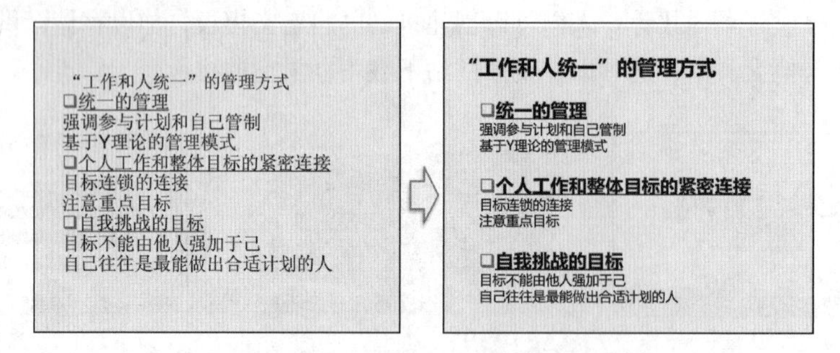

图 4-16 聚拢原则应用示例

③ 重复原则：在进行多页面排版时，注意各个页面设计上的一致性和连贯性。另外，在内容上，重要信息值得重复出现。利用重复原则重新排版的页面如图 4-17 所示。

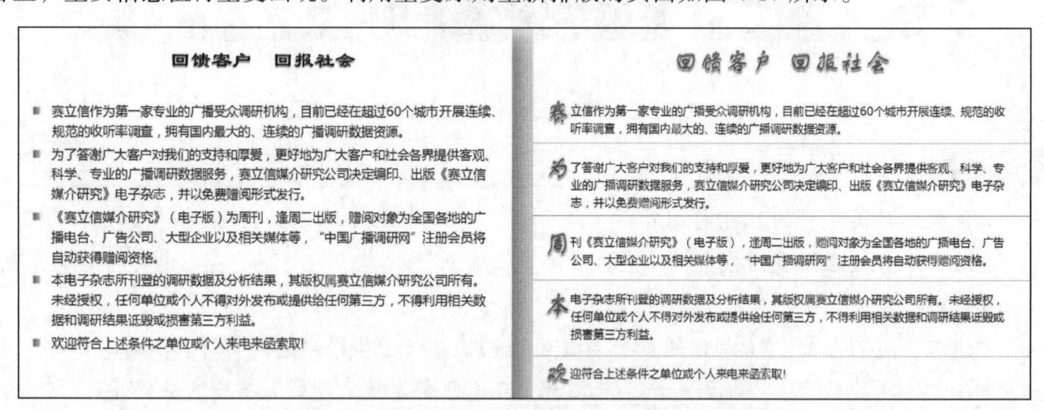

图 4-17 重复原则应用示例

④ 对比原则：能够加大不同元素的视觉差异，这样方便读者集中注意力阅读某一个子区域。使用对比操作可突显页面的段落标题，如图 4-18 所示。

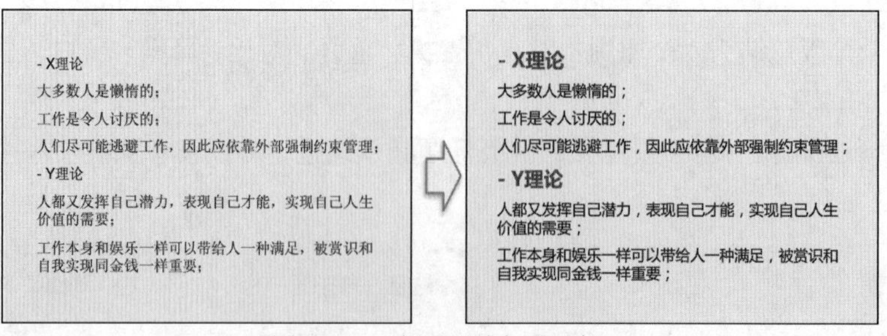

图 4-18 对比原则应用示例

⑤ 降噪原则：颜色过多、字数过多、图形过繁，都是分散读者注意力的"噪声"。利用降噪原则重新修改的页面如图 4-19 所示。

⑥ 留白原则：不要把页面排得密密麻麻，要留出一定的空白，对页面进行分隔。这样既减少了页面的压迫感，又可以引导读者视线，突出重点内容。留白能够使构图更加均衡，利用留白

原则设计的标题幻灯片如图 4-20 所示。

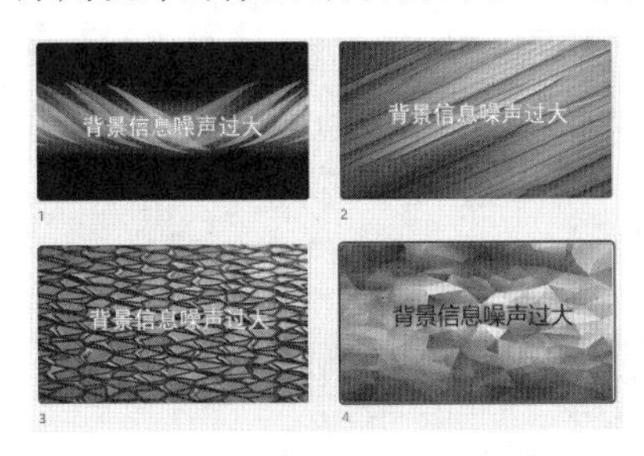

（a）高信噪比

（b）低信噪比

图 4-19　降噪原则应用示例

图 4-20　留白原则应用示例

4.1.2　PowerPoint 的制作流程

PPT 制作流程一般可分为以下几个步骤：

1. 设计先于一切

在开始做 PPT 演示文稿之前，非常重要的一步是问自己一些关于目标听众的问题。他们是谁？他们需要什么？怎么给他们？怎么让信息更好地帮助他们？希望他们听完演说后做些什么？类似的这些问题对于内容是否与听众相关，是否能引起听众的共鸣以及演说成功与否至关重要。

当准确定义了听众之后，开始寻找灵感，将抽象的思想表达清楚，让人们感到具体，这是要花一番工夫的。好的 PPT 是策划出来的，就像宏伟的建筑是规划出来的一样。所有的 PPT 设计师首先是策划师，有的是无意识为之，有的是用心去做，但没有策划的 PPT 必定是失败的作品。不同的演示目的、不同的演示风格、不同的受众对象、不同的使用环境，决定了不同的 PPT 结构、色彩、节奏、动画效果等。这时可以痛快地开展一场头脑风暴，确定方案，对演示文稿的整个构架做一个设计。此时，可以用笔在纸上写出提纲，当然，能简单地画出逻辑结构图最好。之后打开 PPT，不要用任何模板，将提纲按一个标题一页标识出来。

2. 充实内容

有了整篇结构性的 PPT（底版、内容都是空白的，只是每页有一个标题而已），就可以开始查资料，将适合标题表达的内容写出来或者从网上复制过来，稍微修整一下文字，每页的内容做成带“项目编号“的要点。当然，在查阅资料的过程中，可能会发现新的非常有用的资料，不在提纲范围中，此时可以进行调整，在合适的位置增加新的页面。

接下来看一下 PPT 中的内容哪些是可以做成图的，如其中带有数字、流程、因果关系、障碍、趋势、时间、并列、顺序等内容时，全都考虑用图画的方式来表现。将表格中的数据信息转变成更直观的图表（饼图、柱图、折线图等），将文字删减、条理化后根据其内在的并列、递进、冲突、总分等逻辑关系制成对应的图表，尝试将复杂的原理通过进程图和示意图等表达，如图 4-21 所示。如果有时内容过多或实在用图无法表现，就用“表格”来表现，其次才考虑用文字说明。

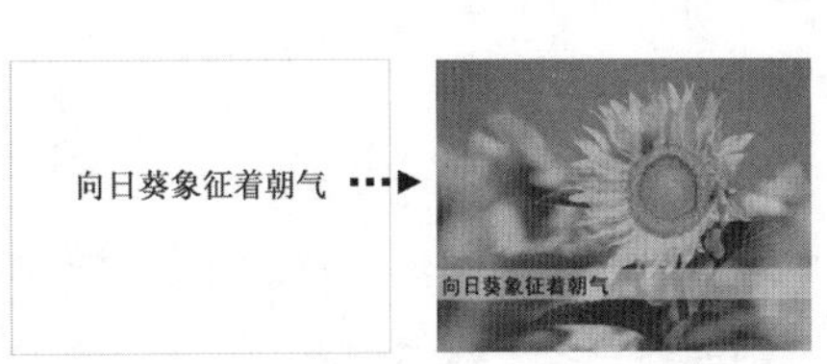

图 4–21　将文字翻译成图的过程

在充实内容的过程中，应注意以下几方面：

① 一张幻灯片中，避免文字过多，内容尽量精简。

② 能用图片，就不用表格；能用表格，就不用文字。

③ 图片一定要恰当，无关的、可有可无的图片坚决不要。如图 4-22 所示，不敢相信一个机械手臂跟某地的低出生率有什么关系。即使讨论的主题是“国际合作”，这张图片也是非常老套过时的。这个过程中图是否漂亮不要在意，“糙”点也没关系，关键是用的图是否准确。正确的图片使用如图 4-23 所示。

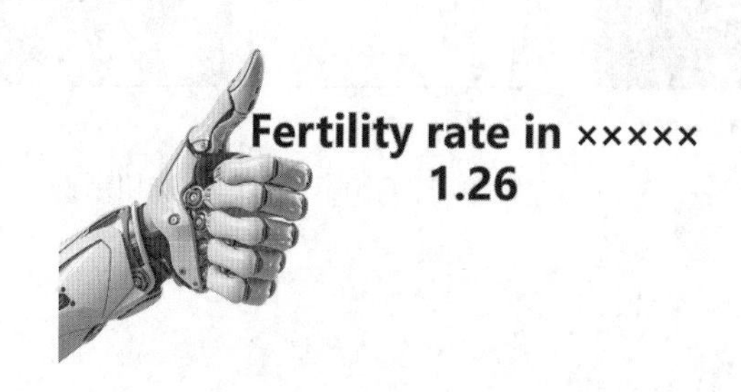

图 4-22 使用无关主题图片示例

图 4-23 使用相关主题图片示例

3．选择主题和模板

选用合适的 PPT 模板，根据 PPT 呈现出的内容选用不同的色彩搭配，如果觉得 Office 自带的模板不合适，可以在母版视图中调整元素到合适的位置，调整标题、文字的大小和字体，添加背景图、Logo、装饰图等。根据母版的色调，将图进行美化，调整颜色、阴影、立体、线条，美化表格、突出文字等。注意在此过程中，把握整个 PPT 的颜色不要超过 3 个色系，否则 PPT 就显得特别乱而且不美观。

4．美化页面

此步的核心是打破 PPT 制作过程中的各种随意，让一切设置都有理有据。排版是对信息的进一步组织，根据对齐、聚拢、重复、对比、降噪、留白 6 个原则，区分信息的层次和要点，通过点、线、面三种要素对页面进行修饰，并通过稳定与变化改善页面版式，使其更有美感。适当放置装饰图（图片可以从网上找），装饰图的使用原则是“符合当页主题，大小、颜色不能喧宾夺主”，否则容易分散观众注意力，影响信息传递效果。

在这个环节也可以根据需要适当添加动画，动画是引导读者的重要手段。在美化页面阶段，除了完成对元素动画的设计，经常还要制作自然、无缝的页面切换。在这一步中，必须首先根据 PPT 使用场合考虑是否使用动画，而后谨慎选择动画形式，保证每一个动画都有存在的道理。套用他人的动画可能很省力，但不一定完全适合自己的 PPT。必须抵制绚丽动画的诱惑，避免华而不实的动画效果。动画完成后，需要多放映几遍仔细检查，修改顺序错误的动画和看起来稍显做作的动画。

5．预演排练

对于演示型 PPT，这步是绝对不能跳过、非常重要的一步。因为在 PPT 完成之后，演示者需要花大量的时间在每一页 PPT 的备注中写下当前页的详细讲稿，然后多次排练、计时、修改讲稿，直到能够熟练、自然地背诵出这些讲稿，特别要注意不能有错别字。此外，还需要注意宣讲时的态度、声音、语调，提醒自己克服身体晃动、摇摆，以及其他不得体的行为，设想可能的突发情况并预先想好解决办法 。

4.2　PowerPoint 2016 的基础操作

4.2.1　PowerPoint 2016 的启动、保存与退出

1. 启动 PowerPoint 2016

在 Windows 系统中安装 Microsoft Office 2016 成功以后，通常使用以下三种方法之一启动 PowerPoint 2016。

（1）从“开始”菜单启动

① 单击“开始”按钮，将鼠标指针指向“所有程序”命令。

② 选择 PowerPoint 命令，即可启动 PowerPoint 2016。

（2）利用已有的 PPT 文件打开

如果在系统中存有 PowerPoint 2016 生成的文件（扩展名为 pptx），双击即可打开该文件，同时进入 PowerPoint 2016。

（3）利用快捷方式打开

如果在“开始”菜单或桌面上已经建立了 PowerPoint 2016 的快捷方式，可以直接启动快捷方式将其打开，或直接在桌面空白处右击选择“新建”→“Microsoft PowerPoint 演示文稿”命令。

2. PowerPoint 2016 的保存

制作完成演示文稿之后，选择“文件”→“另存为”命令，弹出“另存为”窗口，如图 4-24 所示。选择存储位置后，在弹出对话框的“文件名”文本框中，输入 PowerPoint 演示文稿的名称，选择存储位置和保存类型，然后单击“保存”按钮，如图 4-24 所示。

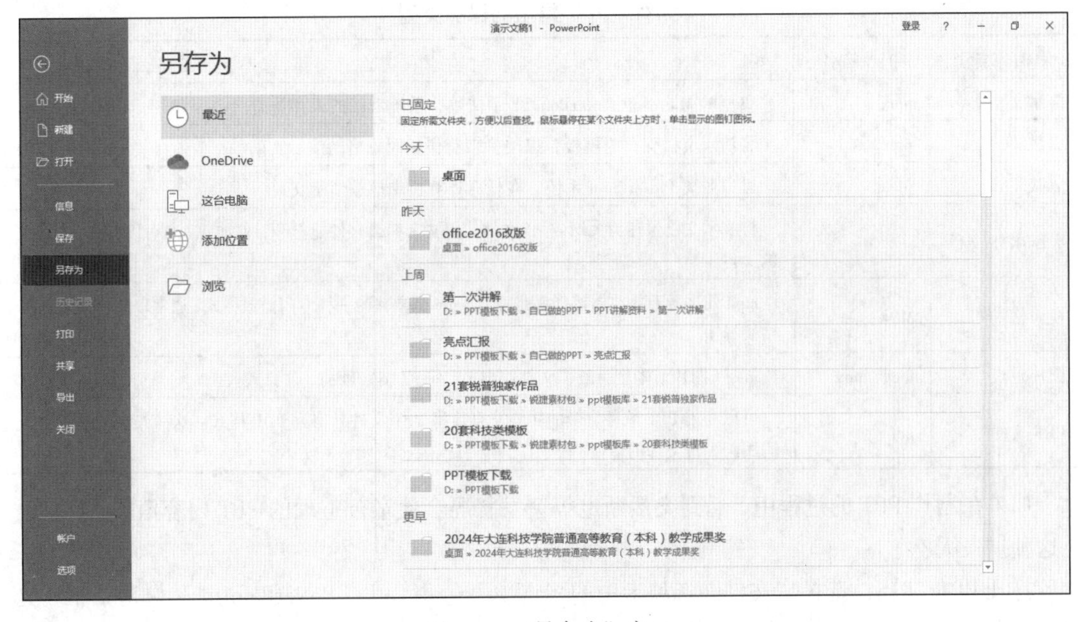

图 4-24　“另存为”窗口

◎温馨提示

默认情况下，PowerPoint 2016 将文件保存为 PowerPoint 演示文稿（pptx）文件格式。因版本原因 PowerPoint 2003 是打不开的。保存类型下拉列表，如图 4-25 所示。如果需要向低版本兼容，需要保存成*.ppt 格式。

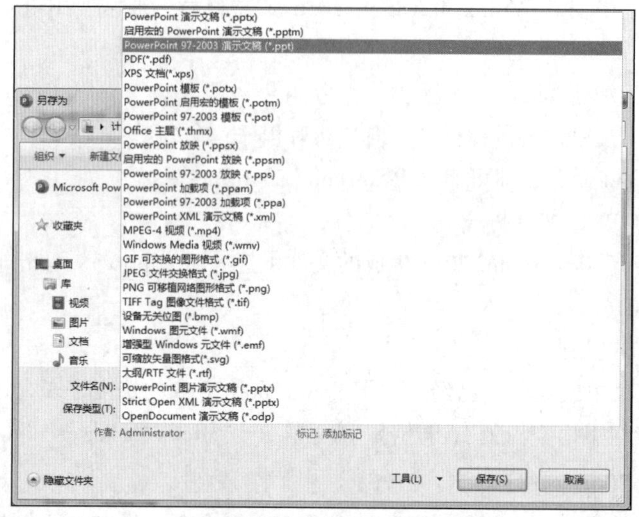

图 4-25 “保存类型”下拉列表

常见的保存类型见表 4-1。

表 4-1 PPT 常用的保存类型

保存类型	扩展名	用途
演示文稿	pptx	典型的 Microsoft PowerPoint 演示文稿，系统默认的保存类型
模板	potx	将演示文稿保存为模板，以便将来制作相同风格的演示文稿
放映	ppsx	可以脱离 PowerPoint 系统，在任意计算机中播放演示文稿
大纲/RTF 文件	rtf	将演示文稿保存为大纲或 rtf 文件，用文字编辑软件能打开，例如 Word 可以打开 rtf 格式的文件
视频格式	MP4、wmv	mp4 几乎所有播放器都能满足播放,wmv 是微软的一种专门播放格式，通常以兼容性的 mp4 格式导出
图片格式	jpeg、png	jpeg（图片清晰度一般，文件较小）、png（清晰度高，文件较大）
PDF 文件	pdf	可以利用 PPT 软件自带的功能，直接将 PPT 文件导出为 PDF 格式。这种方法简单快捷，适用于少量文件的转换

如果在制作 PPT 的过程中，遇到突然断电等突发状况会使辛苦整理的 PPT 内容消失，如何避免这种损失呢？

打开 PPT 2016，选择“文件”选项卡中的“选项”命令。在“PowerPoint 选项”对话框中选择“保存”选项，选中“保存自动恢复信息时间间隔”复选框，设置自动保存时间间隔，可以将自动保存时间间隔设置为 1 分钟，还可以设置自动保存文档地址，单击“确定”按钮保存设置，如图 4-26 所示。

图 4-26 “PowerPoint 选项”对话框

◎温馨提示

养成良好的保存习惯，按【Ctrl+S】组合键，可以更有效地避免损失。

3. 退出 PowerPoint 2016

退出 PowerPoint 2016 的方法非常简单，单击 PowerPoint 2016 窗口标题栏右上角的控制按钮 ☒，即可退出程序。

4.2.2 PowerPoint 2016 的界面

启动 PowerPoint 2016 后，将打开 PowerPoint 2016 的工作界面。PowerPoint 2016 的工作界面除了具有 Office 2016 相同的标题栏、功能选项卡、命令组、状态栏等组成部分外，还具有其特有的组成部分，主要包括幻灯片左侧的导航窗格、幻灯片编辑区、备注区和视图切换按钮等，如图 4-27 所示。

1. 标题栏

标题栏在 PowerPoint 2016 窗口的最上端，用来显示 PowerPoint 2016 的名称和正在编辑的演示文稿的名称。

2. “文件”菜单

用于执行 PowerPoint 演示文稿的新建、打开、保存和退出等基本操作。

3. 功能选项卡与命令组

PowerPoint 2016 的所有命令集成在几个功能选项卡中，选择某个功能选项卡可切换到相应的命令组。在功能面板中有许多自动适应窗口大小的工具栏，不同的工具栏中又放置了与此相关的命令按钮或列表框。

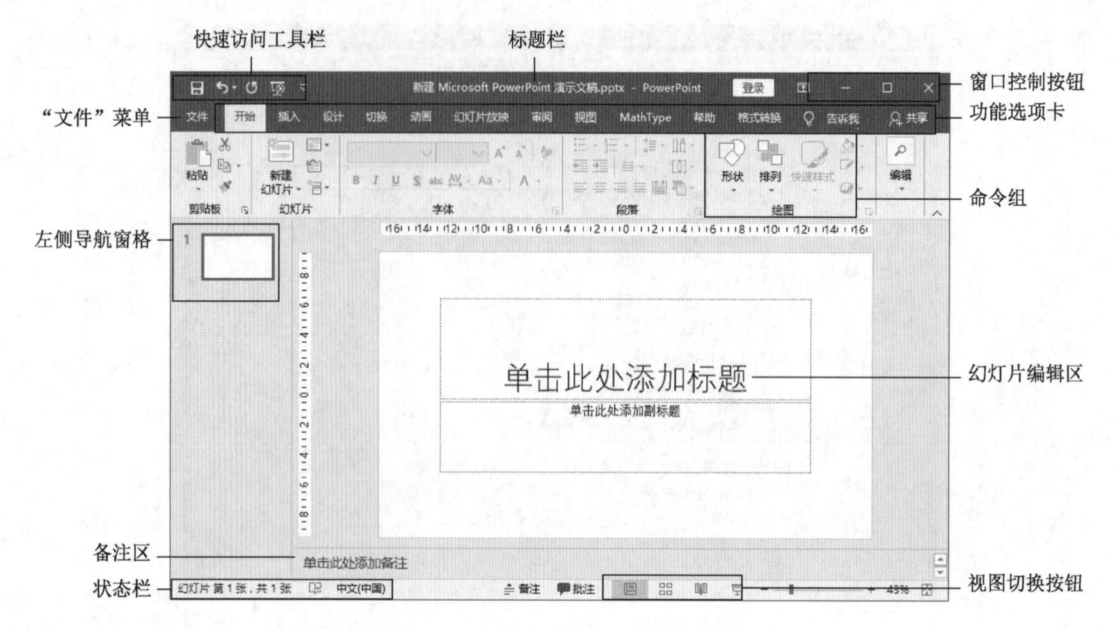

图 4-27　PowerPoint 2016 的工作界面

4. 快速访问工具栏

"快速访问工具栏"位于 PowerPoint 2016 窗口的最左上端，提供了最常用的"保存"按钮、"撤销"按钮和"恢复"按钮，单击对应的按钮可执行相应的操作。如果需在"快速访问工具栏"中添加其他按钮，可单击其后的▾按钮，选择其中的一项即可在工具栏中设置其命令按钮，在项目前面有"✓"的表示已经在工具栏中设置，此时单击它即可取消设置。

5. 视图切换按钮

分别单击此栏中的四个按钮，可以切换到相应的模式，四种视图为普通视图、幻灯片浏览视图、阅读视图和幻灯片放映视图。

6. 幻灯片左侧导航窗格

在幻灯片左侧导航窗格中显示的是幻灯片缩略图，并且在每一张幻灯片前面都有序号和动画播放按钮。单击某个幻灯片缩略图，在幻灯片编辑区就出现该幻灯片，用户可以进行编辑等操作。

7. 幻灯片编辑区

在普通视图模式下，中间部分是"幻灯片编辑区"，用于查看每张幻灯片的整体效果，可以进行输入文本、编辑文本、插入各种媒体和编辑各种效果，幻灯片编辑区是进行幻灯片处理和操作的主要环境。

8. 备注区

备注区位于幻灯片编辑区下方，可供幻灯片制作者或幻灯片演讲者查阅该幻灯片信息或在播放演示文稿时对需要的幻灯片添加说明和注释。

9. 状态栏

状态栏位于工作界面最下方，用于显示演示文稿中所选的当前幻灯片、幻灯片总张数、幻灯片采用的模板类型、视图切换按钮，以及页面显示比例等。

4.2.3　PowerPoint 2016 的视图

PowerPoint 2016 为用户提供了普通视图、大纲视图、幻灯片浏览视图、阅读视图和备注页视图五种不同的视图方式，使用户在不同的工作需求条件下，都能拥有一个舒适的工作环境。每种视图包含特定的工作区、功能区和其他工具。在不同的视图中，用户可以对演示文稿进行编辑和加工，同时这些改动也会反映到其他视图中。

1．普通视图

单击“视图”选项卡中的“普通”视图按钮，或者单击“视图切换”按钮，进入普通视图方式，如图 4-28 所示。普通视图是最主要的编辑视图，可用于撰写或设计演示文稿。在该视图中，可以看到整张幻灯片。如果要显示其他幻灯片，可以直接拖动垂直滚动条上的滚动块，系统会提示切换的幻灯片编号和标题。当已经指到所需要的幻灯片时，松开鼠标，即可切换到该幻灯片中。

图 4-28　PowerPoint 2016 的普通视图

2．幻灯片大纲视图

在“视图”选项卡中单击“大纲视图”按钮，进入幻灯片大纲视图中。大纲视图含有大纲窗格、幻灯片左侧导航窗格和幻灯片备注页窗格。在大纲窗格中显示演示文稿的文本内容和组织结构，不显示图形、图像、图表等对象。在大纲视图下编辑演示文稿，可以调整各幻灯片先后顺序；在一张幻灯片内可以调整标题的层次级别和前后次序；可以将某幻灯片的文本复制或移动到其他幻灯片中。

3．幻灯片浏览视图

在“视图”选项卡中单击“幻灯片浏览”按钮，或者单击“视图切换”按钮，进入幻灯片浏览视图中，如图 4-29 所示。在幻灯片浏览视图中，各个幻灯片将按次序排列，用户可以看到整个演示文稿的内容，浏览各幻灯片及其相对位置。在该视图中，也可以对演示文稿进行编辑，包括改变幻灯片的背景设计和配色方案、重新排列幻灯片、添加或删除幻灯片、复制幻灯片及制作现有幻灯片的副本。但在该视图中，不能编辑幻灯片中的具体内容，类似的工作只能在普通视图中进行。

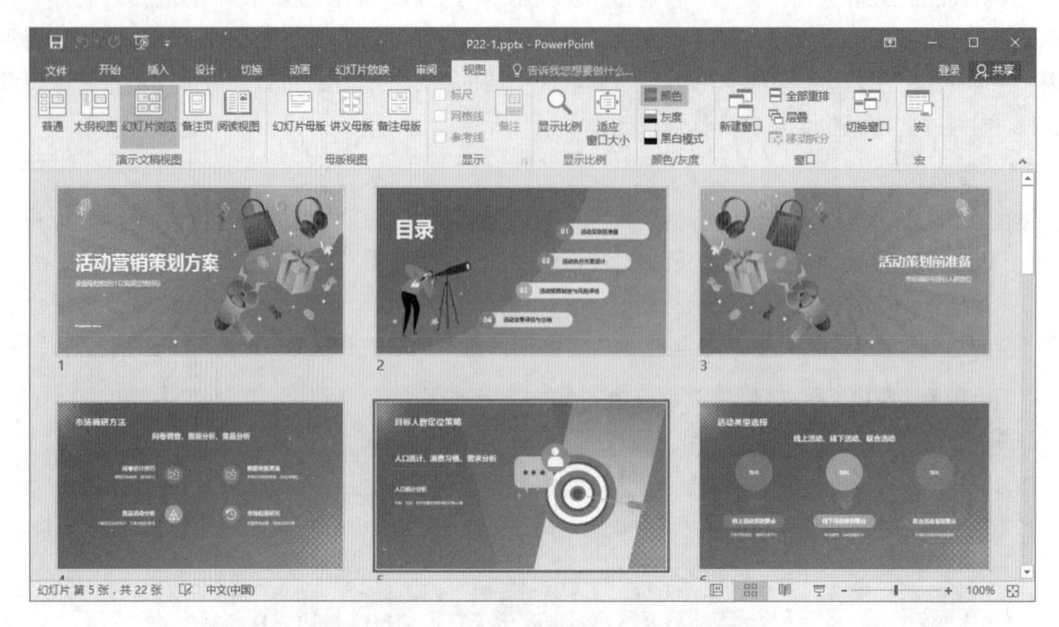

图 4-29 PowerPoint 2016 的幻灯片浏览视图

4．幻灯片阅读视图

在“视图”选项卡中单击“阅读视图”按钮，进入幻灯片阅读视图中，如图 4-30 所示。用于以阅读模式查看演示文稿,类似于幻灯片放映视图,不是全屏显示。

图 4-30 PowerPoint 2016 的阅读视图

5．备注页视图

在“视图”选项卡中单击“备注页”按钮，进入备注页视图，如图 4-31 所示，用户可以添加演讲者的备注信息或与幻灯片相关的说明内容。备注视图与普通视图相似，只是没有“幻灯片左侧导航”窗格，在此视图下编辑幻灯片，在备注页视图方式中完全显示当前幻灯片的备注信息。

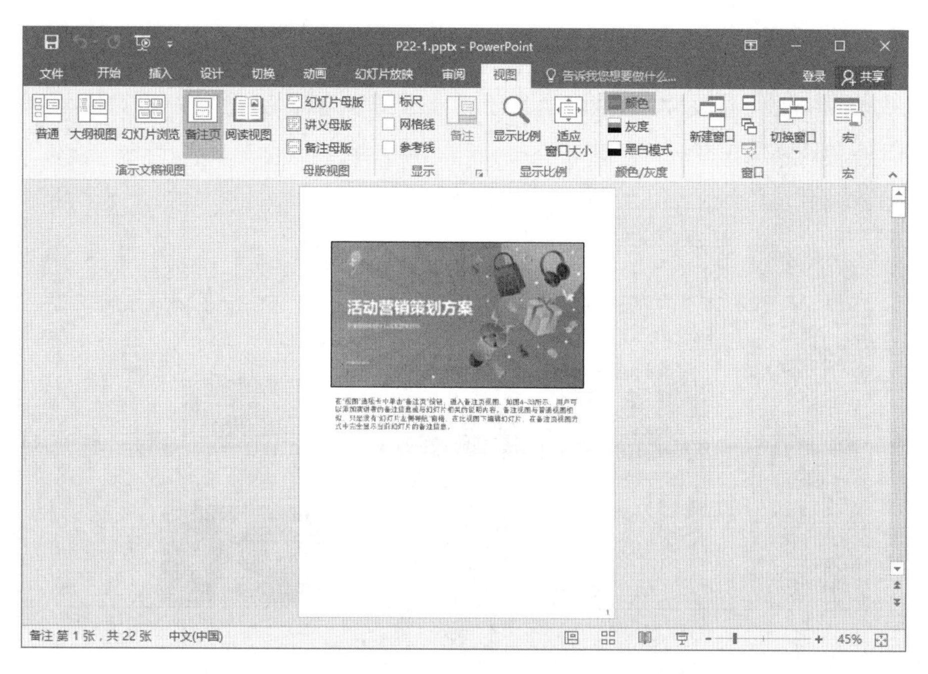

图 4-31 PowerPoint 2016 的备注页视图

4.2.4 创建演示文稿

为了满足各种办公需要，PowerPoint 2016 提供了多种创建演示文稿的方法，下面就对这些创建方法进行讲解。

1. 新建空白演示文稿

① 通过快捷菜单创建：右击桌面空白处，在弹出的快捷菜单中选择“新建”→“Microsoft PowerPoint 演示文稿”命令，在桌面上将新建一个空白演示文稿，如图 4-32 所示。

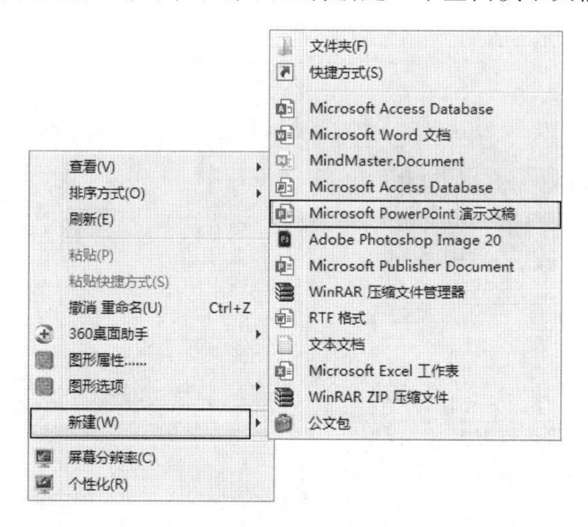

图 4-32 右击桌面选择“新建”命令

② 通过命令创建：启动 PowerPoint 2016 后，选择“文件”→“新建”命令，在“新建”栏中单击“空白演示文稿”图标，即可创建一个空白演示文稿，如图 4-33 所示。

图 4-33 选择“空白演示文稿”

◎温馨提示

启动 PowerPoint 2016 后，按【Ctrl+N】组合键可快速新建一个空白演示文稿。

2. 使用设计模板新建演示文稿

对于时间不宽裕或者不知如何制作演示文稿的用户，可利用 PowerPoint 2016 提供的模板创建，其方法与通过命令创建空白演示文稿的方法类似。启动 PowerPoint 2016，选择“文件”→“新建”命令，在“新建”栏中单击样本模板按钮（见图 4-34），在打开的页面中选择所需的模板，单击“创建”按钮。返回 PowerPoint 2016 工作界面，即可看到新建的演示文稿效果，如图 4-35 所示。

图 4-34 选择样本模板

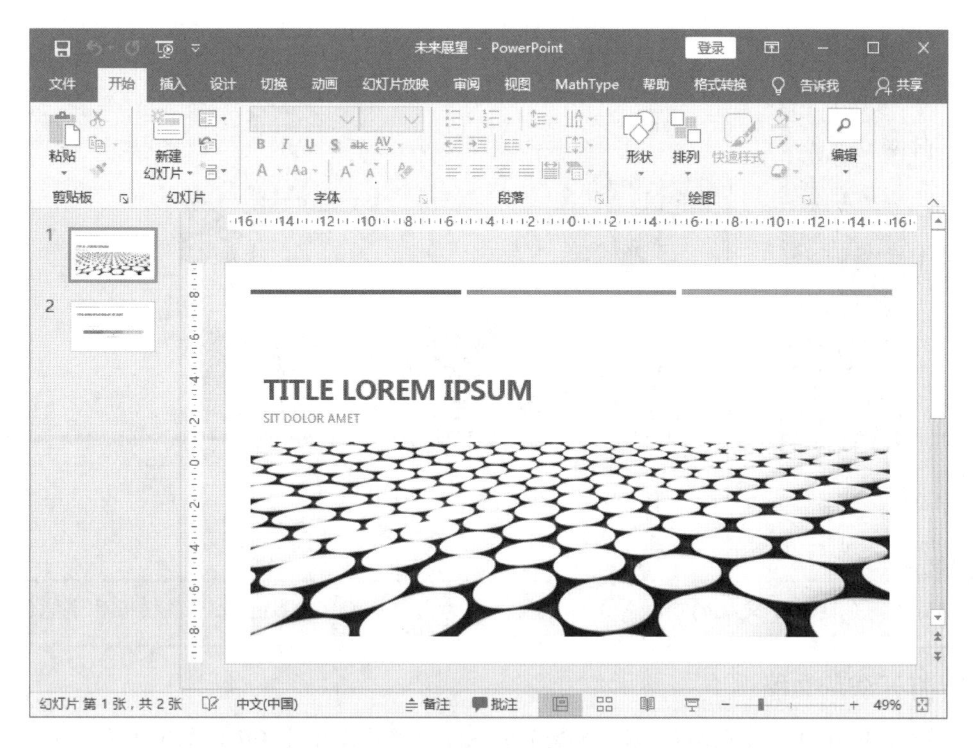

图 4-35　使用模板新建的演示文稿

使用主题创建演示文稿可使没有专业设计水平的用户设计出专业的演示文稿效果。其方法是：选择“文件”→“新建”命令，在“搜索联机模板和主题”栏中搜索需要的主题，例如输入“教育”（见图 4-36），单击“搜索”按钮🔍，即可返回该关键字对应主题下的模板演示文稿，如图 4-37 所示。

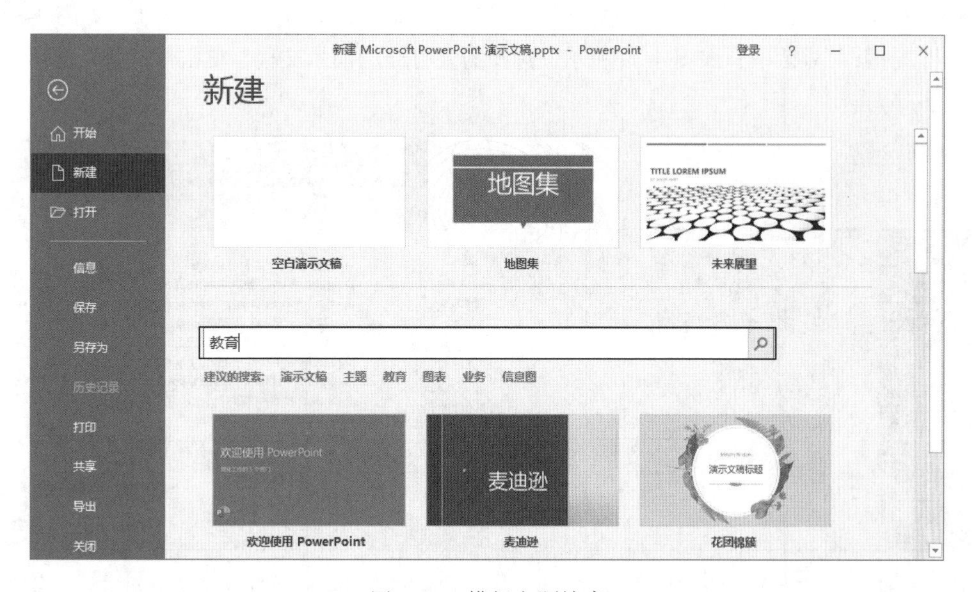

图 4-36　模板主题搜索

图 4-37 “教育”主题模板搜索结果

◎温馨提示

使用主题创建演示文稿的前提是必须联网，因为需要从 Office.com 上下载模板后才能创建。

4.2.5 打开演示文稿

当需要对现有的演示文稿进行编辑和查看时，需要将其打开。打开方式有以下三种。

1. 双击现有演示文稿

进入将要打开演示文稿的所在文件夹，用双击 PowerPoint 文稿即可将其打开，这是最常用的一种打开方式，简单快捷。

2. 使用菜单打开一般演示文稿

启动 PowerPoint 2016 后，选择“文件”→“打开”命令，单击“浏览”按钮（见图 4-38）按钮，弹出“打开”对话框，如图 4-39 所示。选择需要打开的演示文稿，单击“打开”按钮，即可将其打开。

图 4-38 “打开”-“浏览”方式启动 PPT

图 4-39 “打开”对话框

3. 打开最近使用的演示文稿

PowerPoint 2016 提供了记录最近打开演示文稿保存路径的功能。如果想打开刚关闭的演示文稿，可选择“文件”→“打开”命令，在打开的页面中将显示最近使用的演示文稿名称和保存路径，选择需要打开的演示文稿即可将其打开，如图 4-40 所示。

图 4-40　最近使用的演示文稿

4.2.6　新建幻灯片

演示文稿是由多张幻灯片组成的，用户可以根据需要在演示文稿的任意位置新建幻灯片。常用的新建幻灯片的方法有如下三种：

1. 执行新建幻灯片快捷键

将鼠标光标定位到要新建幻灯片的位置，然后按快捷键【Ctrl+M】或者【Enter】键新建幻灯片。

2. 通过快捷菜单新建幻灯片

启动 PowerPoint 2016，右击新建的空白演示文稿的“幻灯片左侧导航窗格”空白处，在弹出的快捷菜单中选择“新建幻灯片”命令，如图 4-41 所示。

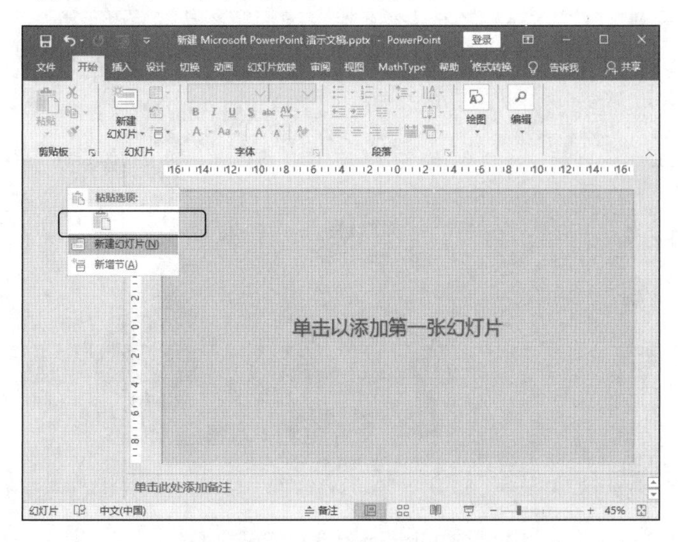

图 4-41　新建幻灯片

3．通过功能区创建幻灯片

单击“开始”选项卡“幻灯片”命令组中的“新建幻灯片”下拉按钮，会展开新建幻灯片选项，可以看到有不同的幻灯片板式可供选择，如图 4-42 所示。选择一个想要的幻灯片版式，即可创建一个指定版式的幻灯片。

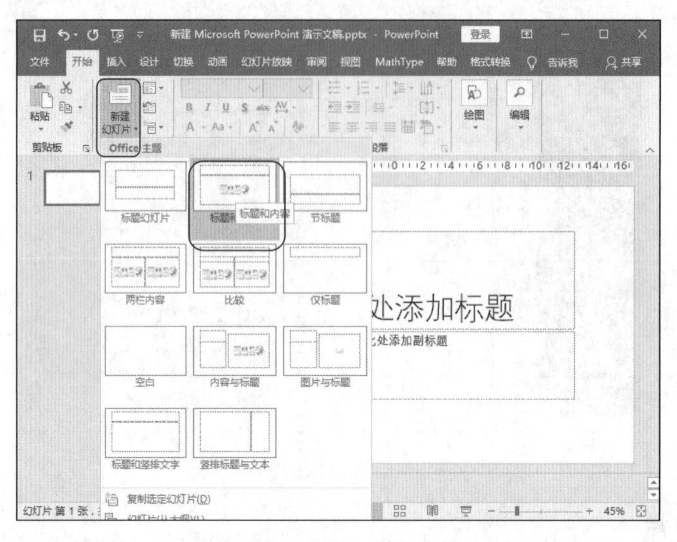

图 4-42　选择幻灯片版式

4.2.7　选择幻灯片

在幻灯片中输入内容之前，首先要掌握选择幻灯片的方法。根据实际情况不同，选择幻灯片的方法也有所区别，主要有以下四种：

1．选择单张幻灯片

在“幻灯片左侧导航窗格”或幻灯片浏览视图中，单击幻灯片缩略图，可选择单张幻灯片，如图 4-43 所示。

图 4-43　选择单张幻灯片

2. 选择多张连续的幻灯片

在“幻灯片左侧导航窗格”或幻灯片浏览视图中，单击要连续选择的第 1 张幻灯片，按住【Shift】键不放，再单击需要选择的最后一张幻灯片，释放【Shift】键后两张幻灯片之间的所有幻灯片均被选择，如图 4-44 所示。

图 4-44　选择多张连续的幻灯片

3. 选择多张不连续的幻灯片

在“幻灯片左侧导航窗格”或幻灯片浏览视图中，单击要选择的第 1 张幻灯片，按住【Ctrl】键不放，再依次单击需要选择的幻灯片，可选择多张不连续的幻灯片，如图 4-45 所示。

图 4-45　选择多张不连续的幻灯片

4. 选择全部幻灯片

在“幻灯片左侧导航窗格”或幻灯片浏览视图中，按【Ctrl+A】组合键，可选择当前演示文稿中所有的幻灯片，如图 4-46 所示。

◎温馨提示

若在选择的多张幻灯片中选择了不需要的幻灯片，可在不取消其他幻灯片的情况下，取消选择不需要的幻灯片。其方法是：选择多张幻灯片后，按住【Ctrl】键不放，单击需要取消选择的幻灯片。

图 4-46 选择全部幻灯片

制作的演示文稿可根据需要对各幻灯片的顺序进行调整。在制作演示文稿的过程中，若制作的幻灯片与某张幻灯片非常相似，可复制该幻灯片后再对其进行编辑，这样既能节省时间又能提高工作效率。

① 通过鼠标拖动移动和复制幻灯片。选择需要移动的幻灯片，按住鼠标左键不放，拖动到目标位置后，释放鼠标完成移动操作。选择幻灯片后，按住【Ctrl】键的同时拖动到目标位置可实现幻灯片的复制。

② 通过菜单命令移动和复制幻灯片。选择需要移动或复制的幻灯片，右击，在弹出的快捷菜单中选择“剪切”或“复制”命令，然后将鼠标定位到目标位置右击，在弹出的快捷菜单中选择“粘贴”命令，完成移动或复制幻灯片。

③ 在不同文档间复制幻灯片。在某一文档选中幻灯片，右击，选择“复制”命令，在另一文档合适的位置右击，选择“粘贴选项”中的“使用目标主题”命令，如图 4-47 所示。

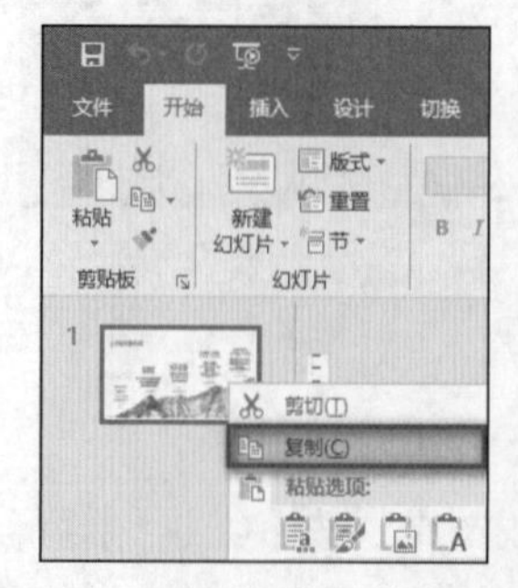

图 4-47 在不同文档间复制幻灯片

◎温馨提示

选择需要移动或复制的幻灯片，按【Ctrl+X】或【Ctrl+C】组合键，然后在目标位置按【Ctrl+V】组合键，也可移动或复制幻灯片。

④ 删除幻灯片。在幻灯片左侧导航窗格中可对演示文稿中多余的幻灯片进行删除。其方法是：选择需删除的幻灯片缩略图后，按【Delete】键或右击，在弹出的快捷菜单中选择“删除幻灯片”命令。

◎温馨提示

在操作幻灯片的过程中如果发现当前操作有误，可单击“快速访问工具栏”中的按钮返回上一步操作；或者按【Ctrl+Z】组合键。

4.3　幻灯片版面设置

4.3.1　创建与使用幻灯片模板

为演示文稿设置好统一的风格和版式后，可将其保存为模板文件，这样方便以后制作演示文稿。

1．创建模板

创建模板就是将设置好的演示文稿另存为模板文件。其方法是：打开设置好的演示文稿，选择“文件”→“导出”命令，在“导出类型”栏中选择“更改文件类型”选项，在“更改文件类型”栏中双击“模板”选项（见图 4-48），弹出“另存为”对话框，选择模板的保存位置，单击“保存”按钮，如图 4-49 所示。

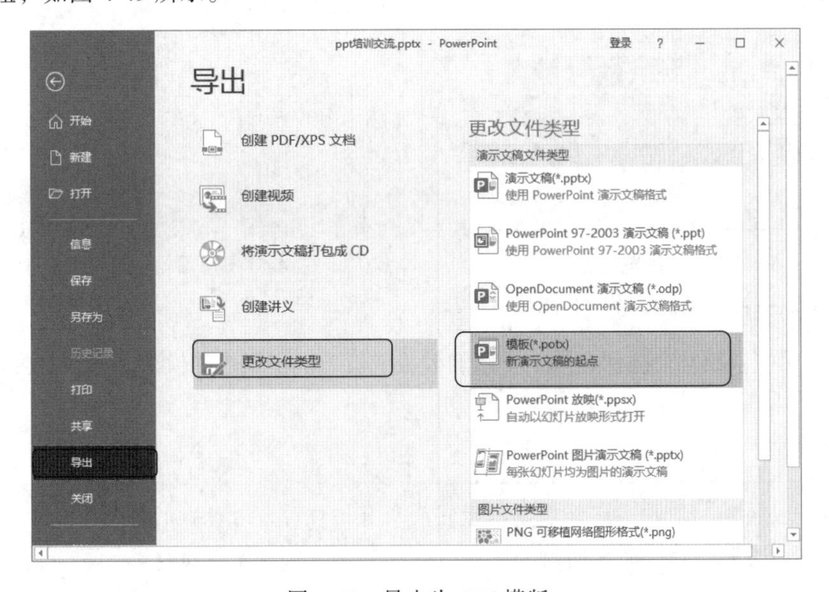

图 4-48　导出为 PPT 模版

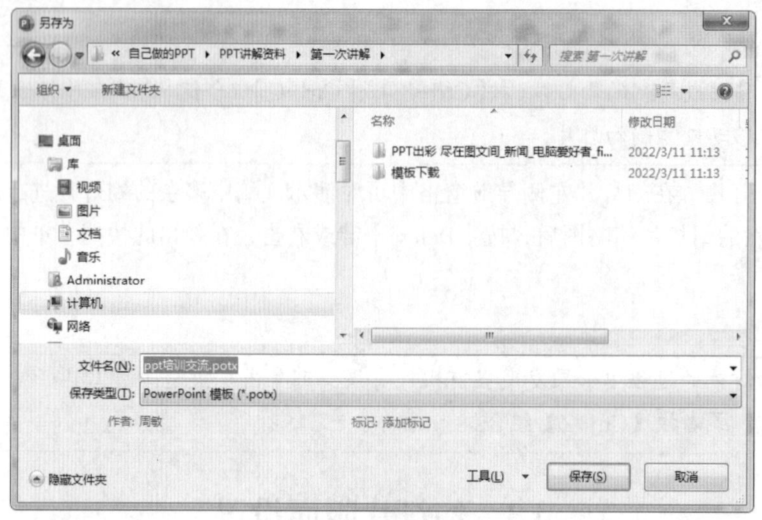

图 4-49　保存模板

2. 使用自定义模板

单击“设计”选项卡“主题”命令组右下角的▽按钮，在下拉列表中选择“浏览主题”命令（见图 4-50），弹出“选择主题或主题文档”对话框，选择所需的*.potx 模板，单击“打开”按钮，PowerPoint 将根据自定义模板创建演示文稿，此时的 PPT 就被替换为新的模板主题，如图 4-51 所示。

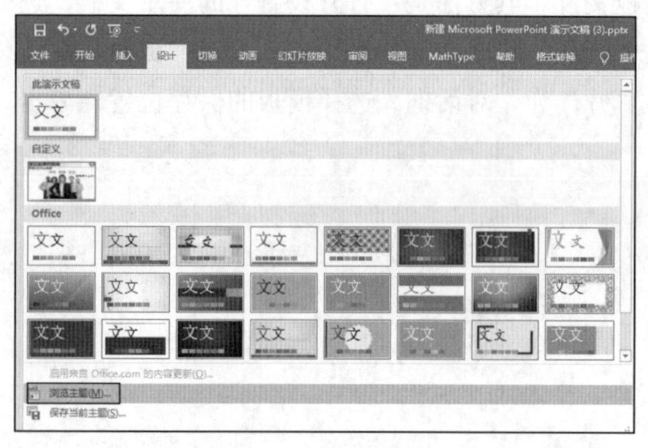

图 4-50　选择“浏览主题”

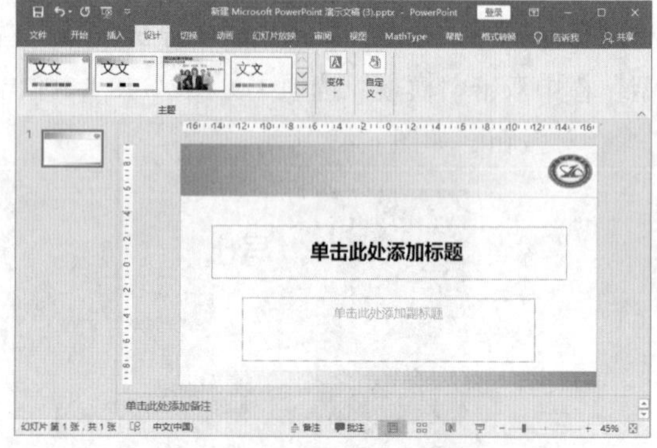

图 4-51　使用模板改变幻灯片主题

3. 幻灯片母版

在日常使用中，经常会碰到在网上下载的模板或者系统中提供的模板不太符合要求时，就需要修改模板。

◎温馨提示

母版是一类特殊幻灯片，它能控制基于它的所有幻灯片，对母版的任何修改会体现在很多幻灯片上，所以每张幻灯片的相同内容往往用母版来做，从而提高效率。

模板：演示文稿中的特殊一类，扩展名为.potx。用于提供样式文稿的格式、配色方案、母版样式及产生特效的字体样式等。应用设计模板可快速生成风格统一的演示文稿。

① 打开 PPT 模板文件，然后分别单击“视图”选项卡“母版视图”命令组中的“幻灯片母版”按钮，进入母版操作视图，如图 4-52 所示。

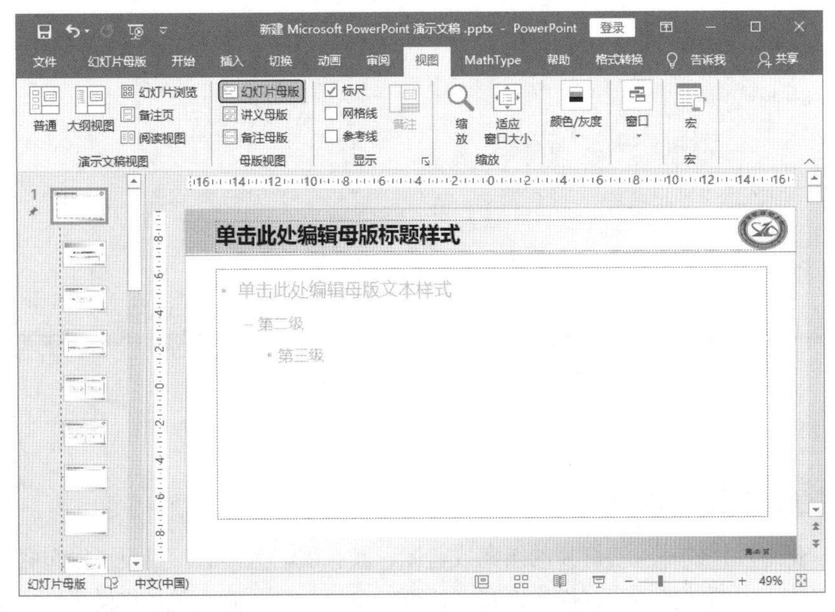

图 4-52　单击“幻灯片母板”按钮

② 进入母版编辑界面，单击左侧第一张幻灯片母版，选择右上角的“大连科技学院 LOGO”图片，按【Delete】键，LOGO 图标即可删除，调整位置后单击“关闭模板视图”按钮，如图 4-53 所示。返回普通视图中，可以看到所有幻灯片的 LOGO 图片全部清除。使用幻灯片浏览视图查看设计效果，如图 4-54 所示。

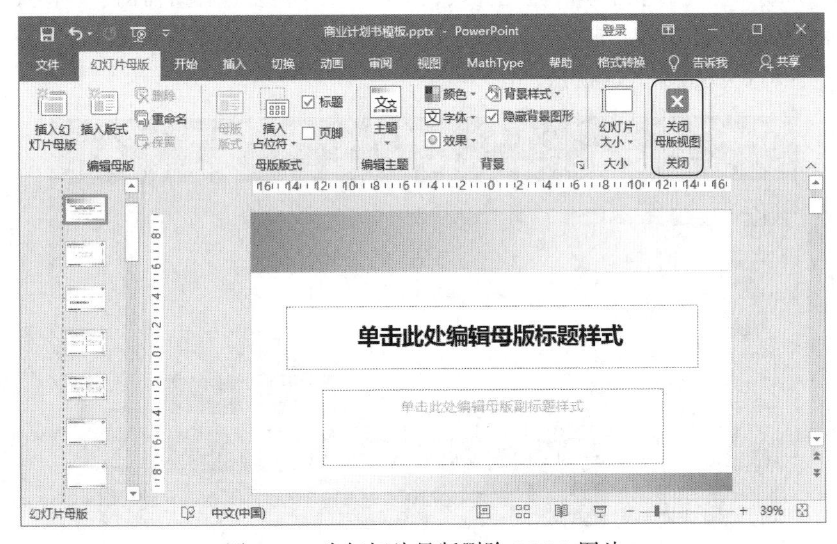

图 4-53　为幻灯片母版删除 LOGO 图片

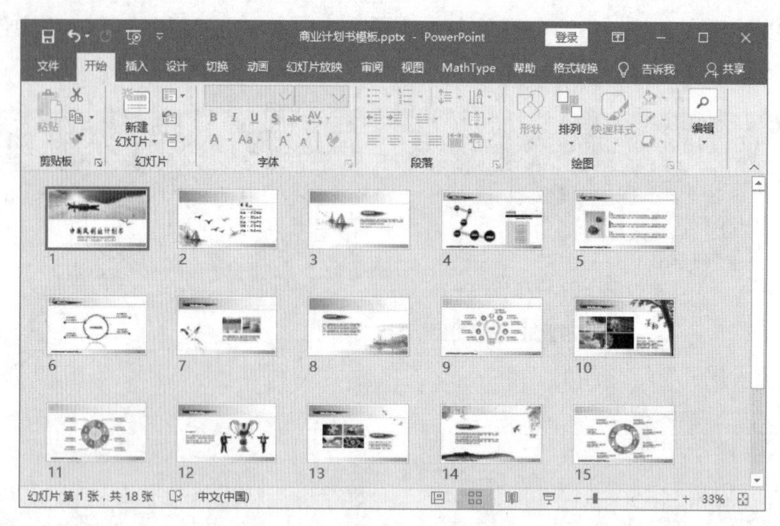

图 4-54　删除 LOGO 完成效果

4.3.2　设置主题与配色方案

模板是一张幻灯片或一组幻灯片的图案或蓝图，其扩展名为.potx。模板可以包含版式、主题颜色、主题字体、主题效果和背景样式，甚至还可以包含内容。而主题是将设置好的颜色、字体和背景效果整合到一起，一个主题中只包含这三部分。

PowerPoint 模板和主题的最大区别是：PowerPoint 模板中可包含多种元素，如图片、文字、图表、表格、动画等，而主题中则不包含这些元素。

1. 为演示文稿应用主题

在 PowerPoint 2016 中预设了多种主题样式，用户可根据需要选择所需的主题样式，这样可快速为演示文稿设置统一的外观。其方法是：打开演示文稿，在“设计”选项卡“主题”命令组中选择所需的主题样式，如图 4-55 所示。

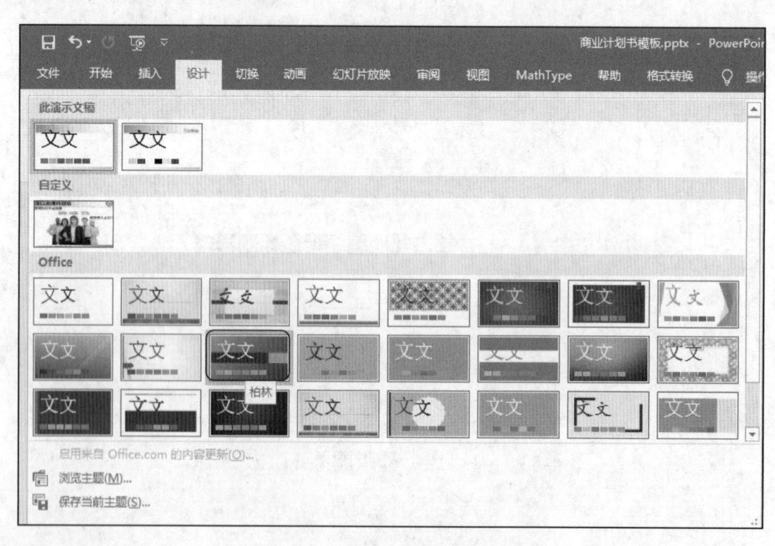

图 4-55　预设的主题样式

◎温馨提示

若想将主题样式只应用于选定的幻灯片，首先选择需要应用主题样式的幻灯片，然后右击选择的主题样式，在弹出的快捷菜单中选择“应用于选定幻灯片”命令即可，如图 4-56 所示。此时，会看到只有选中的幻灯片应用了主题效果，而其他幻灯片的主题并没有改变。

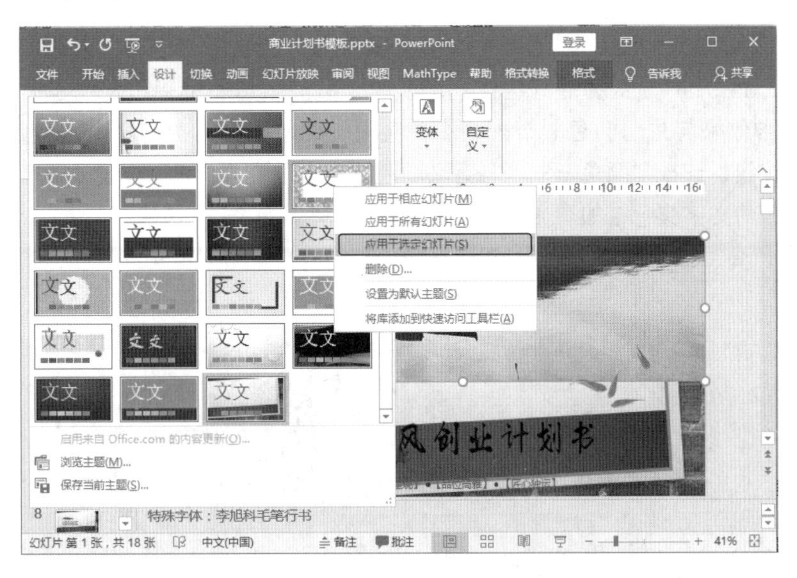

图 4-56　样式应用于选定幻灯片

2．主题颜色设置

PowerPoint 2016 为每种设计模板提供了几十种内置的主题颜色，用户可以根据需要选择不同的颜色来设计演示文稿。这些颜色是预先设置好的协调色，自动应用于幻灯片的背景、文本线条、阴影、标题文本、填充、强调和超链接。PowerPoint 2016 的背景样式功能可以控制母版中的背景图片是否显示，以及控制幻灯片背景颜色的显示样式。

改变幻灯片的主题颜色的做法如下：应用设计模板后，在“设计”选项卡中单击“变体”命令组下拉按钮，选择“颜色”命令，将打开主题颜色菜单，如图 4-57 所示。

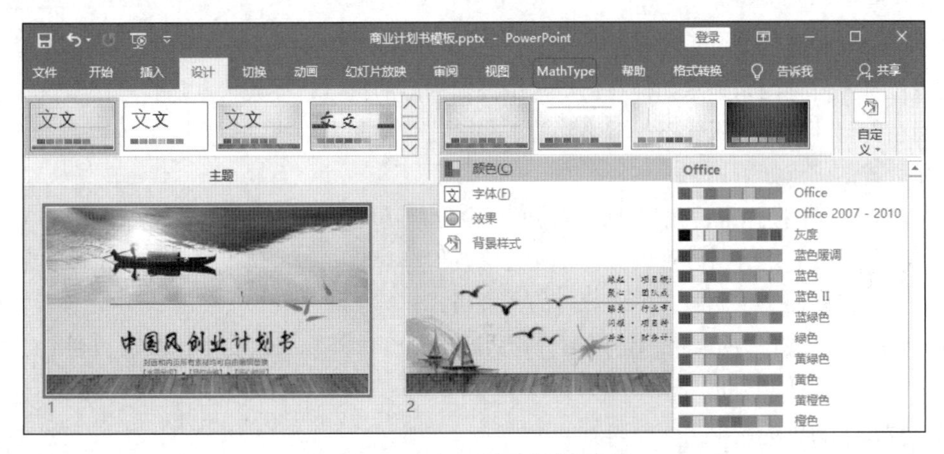

图 4-57　改变幻灯片的主题颜色

◎温馨提示

有时从一份 PPT 复制一部分到另一份 PPT 后发现图表上的颜色变了，原因是两份文件的主题颜色设置不一样，复制到另一份 PPT 文件后便默认改为相同的主题颜色。解决方案是将两份文件 PPT 主题的颜色改成相同。修改 PowerPoint 2016 主题颜色设置：单击“设计”选项卡“变体”命令组下拉按钮，选择“颜色”命令。

在做 PPT 幻灯片时经常会遇到这样一个问题，给文字加超链接后发现超链接的文字颜色不能更改，这种效果与主题的色彩搭配会影响美观。此时，可单击“设计”选项卡“变体”命令组中的下拉按钮，选择“颜色”→“自定义颜色”命令，在弹出的“新建主题颜色”对话框中可以更改超链接的文字颜色，如图 4-58 所示。

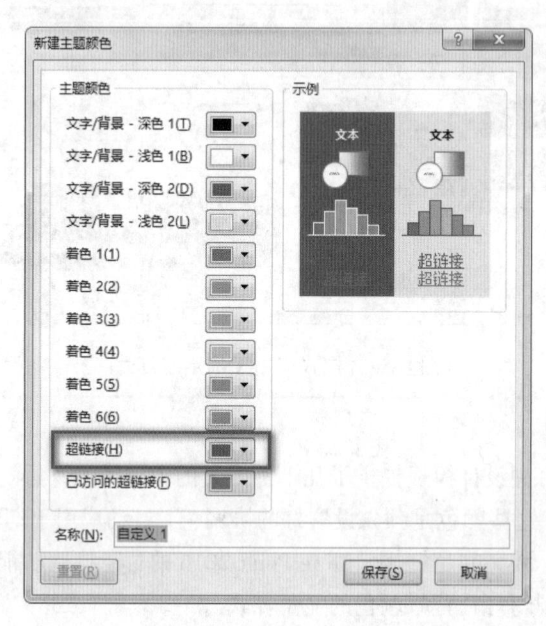

图 4-58 “新建主题颜色”对话框

4.3.3 设置幻灯片版式

在 PowerPoint 中，版式可以理解为“已经按一定的格式预置好的幻灯片模板”，它主要是由幻灯片的占位符（一种用来提示如何在幻灯片中添加内容的符号，最大特点是其只在编辑状态下才显示，而在幻灯片放映的版式下是看不到的）和一些修饰元素构成。

使用版式的优点如下：

① 提高了 PPT 操作自动化程度，直接通过占位符就可以在幻灯片中插入指定内容。

② 实现了 PPT 内容与外观的分离，通过修改幻灯片版式的占位符格式（如字体、字号、样式等）就可以修改使用了此版式的幻灯片的内容格式。

③ 方便统一幻灯片的风格，使用幻灯片版式的幻灯片外观直接受主题影响，利用幻灯片的主题，可以统一管理 PPT 的外观。

1. 更改幻灯片版式

PowerPoint 中已经内置了许多常用的幻灯片的版式，如标题幻灯片、标题图片幻灯片、标题内容幻灯片、两栏内容幻灯片等。实际上，如果经常使用一种固定的布局幻灯片，可以将其设计成一种幻灯片的版式。在 PowerPoint 及自己下载的 PPT 主题中，所包含的样式是固定的，如果里面的版式与想要的版式不符，就可以自己动手设计想要的主题版式。

启动 PowerPoint 时，将会显示要作为演示文稿封面的幻灯片。将作为封面的幻灯片称为“标题幻灯片”，若有必要，可将此版式更改为另一个版式。单击“开始”选项卡“幻灯片”中的“版式”按钮，即可选择需要的版式，如图 4-59 所示。

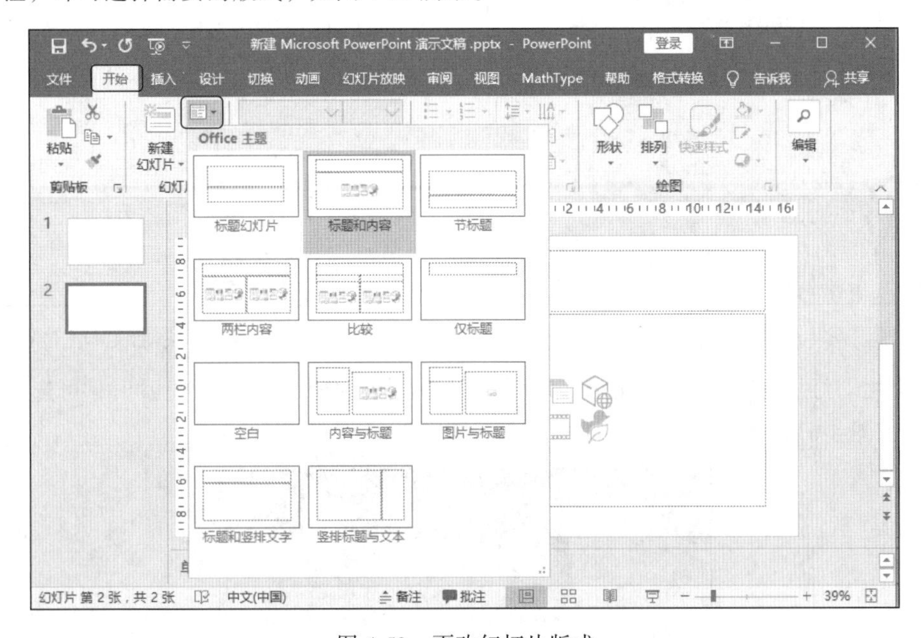

图 4-59　更改幻灯片版式

2. 自己设计版式

如果认为内置的版式没有个性，不够艺术，产生的效果也不理想，可以重新设计自己需要或喜欢的版式。操作步骤如下：

① 选择“视图”选项卡，单击“母版视图”命令组中的“幻灯片母版”按钮，进入幻灯片的母版视图，如图 4-60 所示。

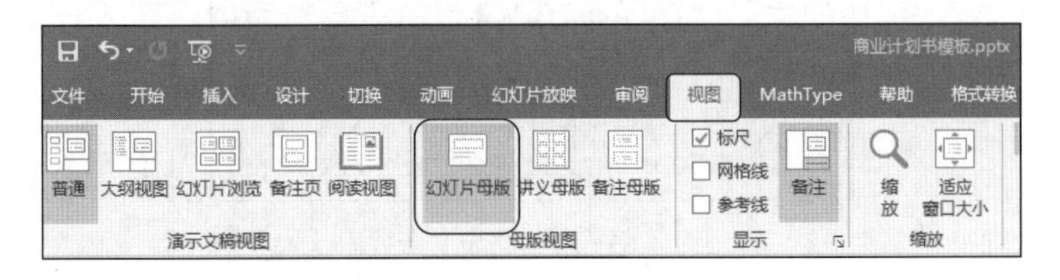

图 4-60　进入幻灯片母版视图

② 添加幻灯片自定义版式并命名，如图 4-61 所示。

③ 设计和编辑幻灯片自定义版式，在自定义版式中添加内容（占位符），编辑幻灯片自定义版式，如图 4-62 所示。可以为幻灯片版式中的占位符设置格式及样式，设置方法和设置幻灯片普通内容相同，建议在占位符中提供使用说明文字，以起到明确的指示作用。

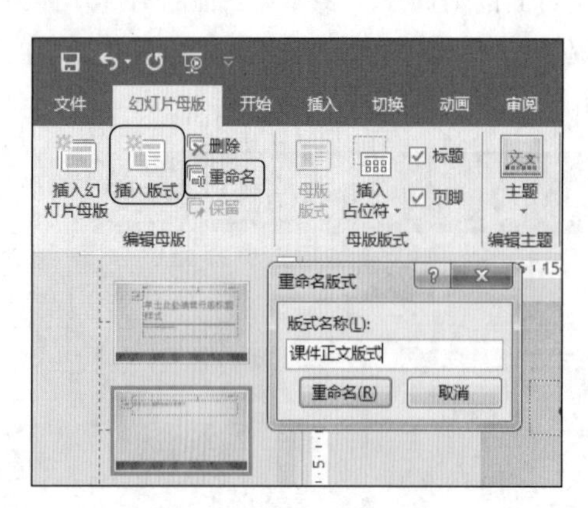

图 4-61 重命名自定义版式

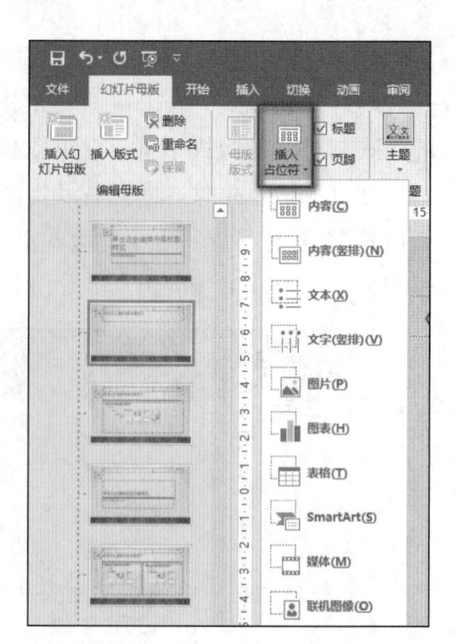

图 4-62 添加文本占位符

④ 应用幻灯片自定义版式，退出幻灯片的母版视图，向作品添加幻灯片时，可选择自定义的版式，如图 4-63 所示。

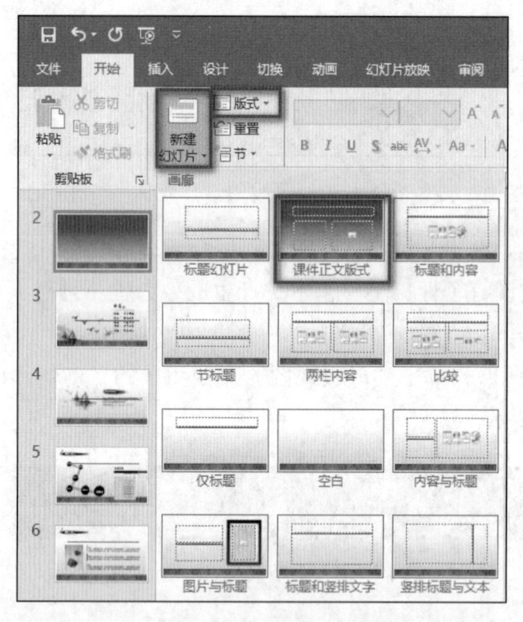

图 4-63 应用自定义版式

◎温馨提示

PPT 页面的布局并没有硬性规定，只要这些元素在页面上排列的结果能够取得较为和谐的视觉效果，就是成功的。初学者可能对如何布局这些页面中的对象没有任何想法或构思，建议多看一下别人的作品或者从一些经典的网页中寻找一些灵感，使自己的 PPT 页面也能为别人带来赏心悦目的感觉。

4.3.4　设置幻灯片的背景

一个 PPT 要吸引人，不仅需要内容充实、明确，外表的装潢也很重要。如同 PPT 的背景，一个漂亮、清新或淡雅的背景图片，能够提升 PPT 的整体阅览效果。而 PowerPoint 2016 新建幻灯片之后，它的背景色默认是白色的。幻灯片之所以能够吸引人们的眼球是因为它的图片精美，版式奇妙。

1. 添加背景

在打开的文档中，右击任意幻灯片页面的空白处，选择“设置背景格式”命令，如图 4-64 所示；或者单击“设计”选项卡“自定义”命令组中的“设置背景格式”按钮，如图 4-65 所示。

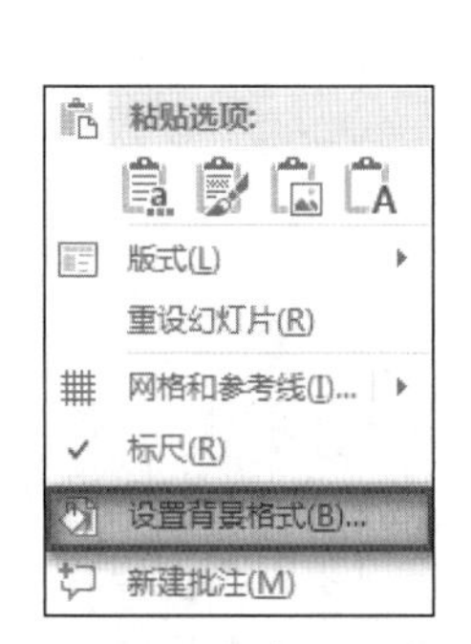

图 4-64　选择“设置背景格式”命令

图 4-65　设置背景格式

在右侧的“设置背景格式”窗格中，选择 “填充”，就可以看到有“纯色填充”“渐变填充”“图片或纹理填充”“图案填充”四种填充模式，如图 4-66 所示。在幻灯片中不仅可以插入自己喜爱的图片背景，还可以将背景设为纯色或渐变色。如果希望插入漂亮的背景图片，选择“图片或纹理填充”，如图 4-67 所示。

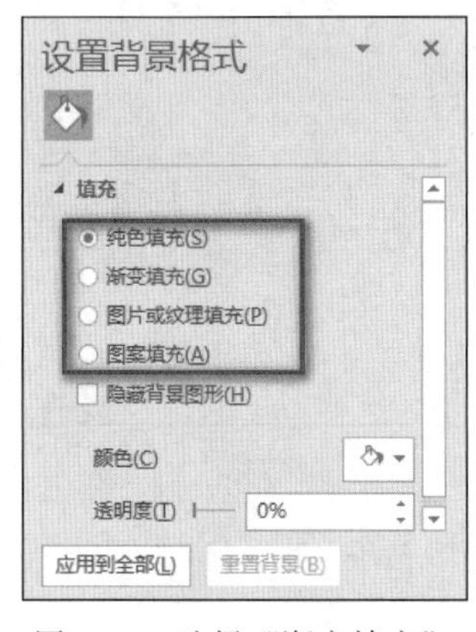

图 4-66　选择“渐变填充”

图 4-67　选择“图片或纹理填充”

单击“图片源”中的“插入”按钮，可弹出“插入图片”对话框，如图 4-68 所示。单击“浏览”按钮，可选择图片的存放路径。然后单击“插入”按钮即可插入选择的图片。

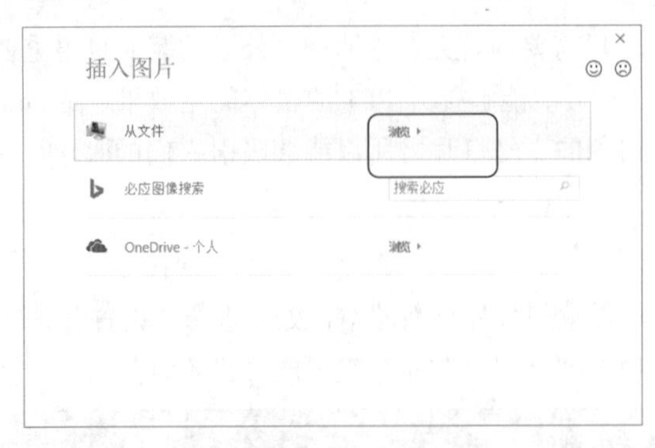

图 4-68 “插入图片”对话框

返回“设置背景格式”窗格，之前的步骤只是为本张幻灯片插入了 PPT 背景图片，如果想要全部幻灯片应用同张 PPT 背景图片，可单击“设置背景格式”窗格中的“应用到全部”按钮，如图 4-69 所示。

2. 修改背景

在网上下载的 PPT 模板有时会有其他公司的 LOGO 或者水印图片背景、文字等信息，如何将其修改成自己的信息？有时直接更换图片或者修改背景是行不通的，这时必须进入前文介绍的“幻灯片母板”模式来修改。进入“视图”选项卡，单击“幻灯片母版”按钮即可对模板中的内容进行修改、编辑和删除。修改时，选择“幻灯片母版”选项中的“背景”命令组→“背景样式”→“设置背景格式”命令，即可进行修改，如图 4-70 所示。修改完毕后，返回“幻灯片母版”选项卡，单击“关闭母版视图”按钮。

图 4-69 单击“应用到全部”按钮

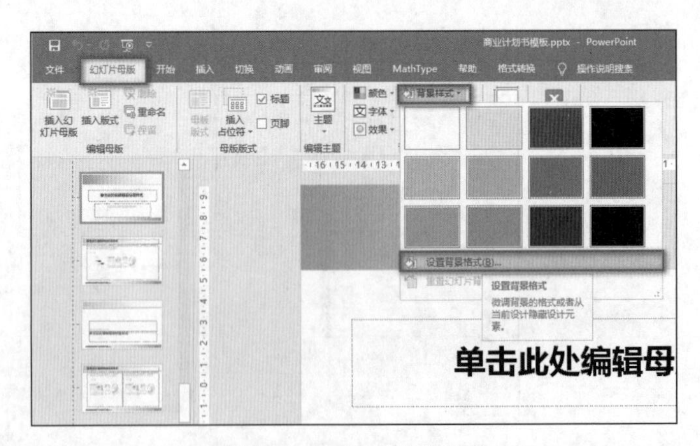

图 4-70 母版下设置背景

◎温馨提示

作为 PPT 的背景，不能太花哨，否则会喧宾夺主。

4.3.5　上机练习

制作五张幻灯片，将第一张幻灯片背景（即标题幻灯片）使用图案填充（任选一种图案即可）。其余四张幻灯片背景设置为“水滴”纹理效果。编辑幻灯片母版，在标题幻灯片版式中添加“太阳”形状，放置在页面中央。进入母版视图，编辑幻灯片版式，在左上角添加“笑脸”形状。设置完毕后关闭母版视图，如图 4-71 所示。尝试为每张幻灯片设置不同的版式。

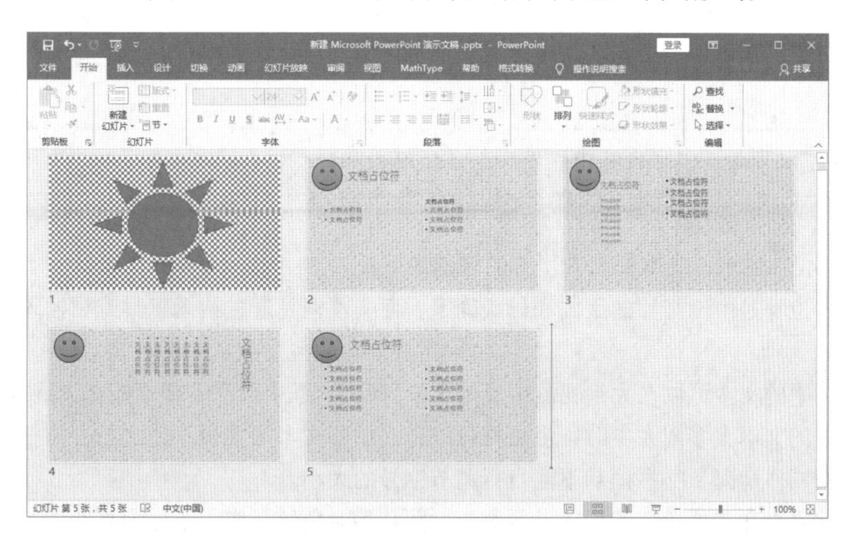

图 4-71　上机练习操作效果

◎温馨提示

Office 用户都知道“编辑”“撤销”命令，默认情况下 PowerPoint 2016 最多允许撤销 20 次操作，能增加更多的撤销操作数吗？

实际上可以把撤销操作数上限提高到 150 次。选择“文件”→“选项”命令，然后单击左侧的“高级”选项，如图 4-72 所示。在“编辑选项”区域的“最多可取消操作数”字段输入想要的数值（从 3 到 150 均可），然后单击“确定”按钮。需要注意的是，当增加 PowerPoint 的最多可取消操作数时，它所占用的 PC 内存也会随之增加。

图 4-72　“PowerPoint 选项”对话框

4.4 对象的添加

4.4.1 编辑文本

1. 输入文本

① 用占位符输入文本，占位符带有虚线或影线标记边框，能容纳标题和正文以及图表、表格和图片等对象。在占位符中输入文本之后，还可以对其进行格式设置。

◎温馨提示

在应用了版式之后，占位符不能添加，只能删除。

② 用文本框输入文本。

③ 如图 4-73 所示，文本框与占位符的区别如下：

- 文本占位符是由幻灯片的版式和母版确定，而文本框是通过绘图工具或“插入”选项卡插入的。
- 占位符中的文本可以在大纲视图中显示出来，而文本框中的文本却不能在大纲视图中显示。
- 当其中的文本太多或太少时，占位符可以自动调整文本的字号，使之与占位符的大小相适应，而同样情况下文本框却不能自行调节字号的大小。
- 文本框可以和其他自选图形、自绘图形、图片等对象组合成一个更为复杂的对象，占位符却不能进行这样的组合。

2. 设置文本格式

对幻灯片中文本的字体、字号、颜色等格式进行设置，可以使演示文稿中的文字更加醒目且更富有吸引力。另外，通过设置项目符号、段落对齐方式和段落行间距，使文本看起来条理有序。

（1）设置文字格式

利用“开始”选项卡能够对文字进行格式设置。选中文字后可以在“字体”命令组中设置文字格式，单击“字体”命令组右下角的对话框启动器按钮（见图 4-74），可弹出“字体”对话框。

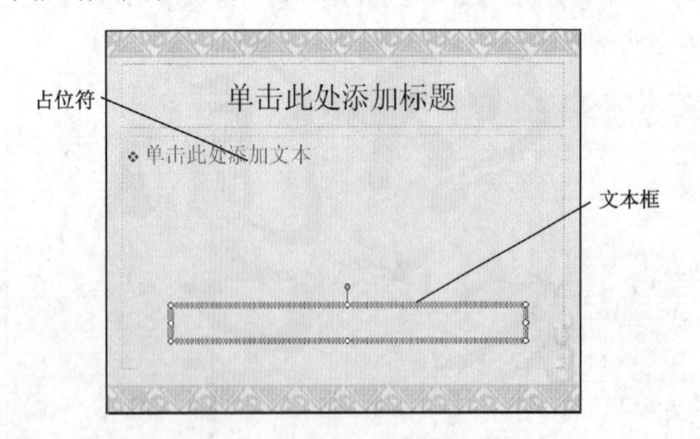

图 4-73 文本占位符和文本框

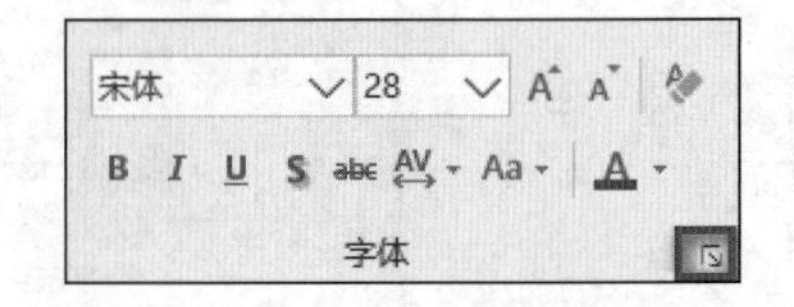

图 4-74 单击启动器按钮

◎温馨提示

需要强调的是，拿到一篇文章，在做幻灯片之前首先要分析一下文章的结构，大标题、小标题、内容等总共分几个层次，尽量压缩文字，多用图、表。文章中不同层次的文字尽可能用不同的字体、字号和颜色，这样幻灯片的层次会更加清晰。

（2）设置文本的段落格式

利用“开始”选项卡能够对文字进行段落设置。选中文字后，可以在“段落”命令组中设置段落格式，单击“段落”命令组右下角的对话框启动器按钮，可弹出“段落”对话框。还可以设置项目符号/编号，如图 4-75 所示。

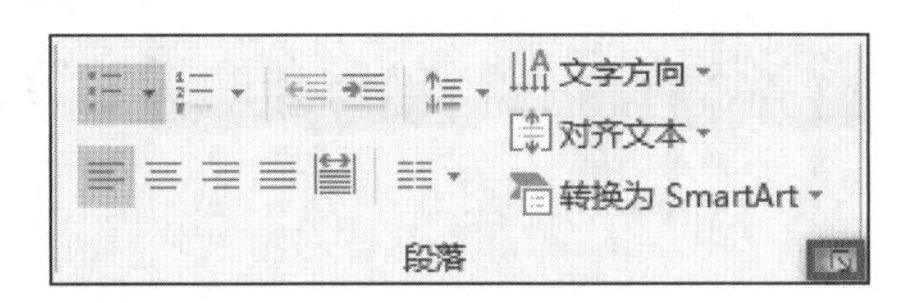

图 4-75 “段落”命令组

4.4.2 插入艺术字

艺术字通常用在编排报头、广告、请柬及文档标题等特殊位置，在演示文稿中一般用于制作幻灯片标题，插入艺术字后，可以改变其样式、大小、位置等。下面介绍如何插入艺术字并改变其位置。

首先启动 Microsoft PowerPoint 2016，单击“插入”选项卡“文本”命令组中的“艺术字”按钮，如图 4-76 所示。在弹出的下拉列表中选择艺术字样式，每一个样式都有名字，如选择第一行第二个“填充：蓝色，主题色 1；阴影”。

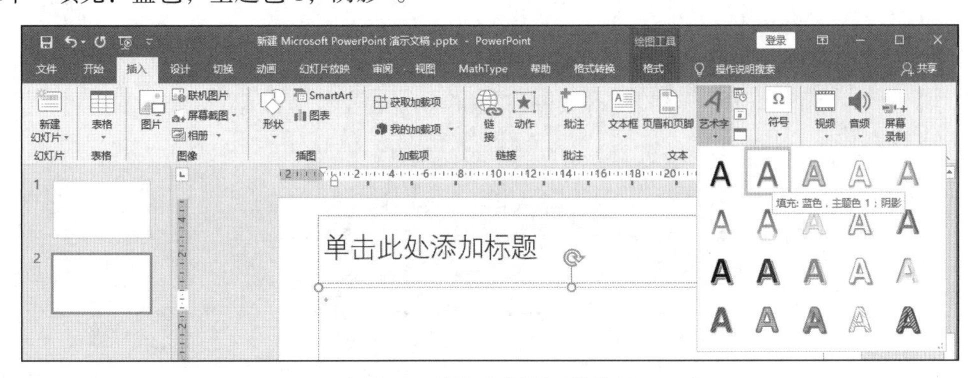

图 4-76 “艺术字”下拉按钮

在“请在此放置您的文字”处录入所需要的文字，如图 4-77 所示。如果需要编辑艺术字字体大小，可在“开始”选项卡“字体”命令组中根据需要设置字体、字号、颜色等。

图 4-77 插入艺术字

如果需要改变艺术字的位置，首先选中艺术字（注意是整个艺术字在选中状态，而不是艺术字中文字的编辑状态，如图 4-78 所示），鼠标指针指向艺术字外边框处，当指针变成四个箭头时按住鼠标左键不放，拖动即可改变艺术字位置。

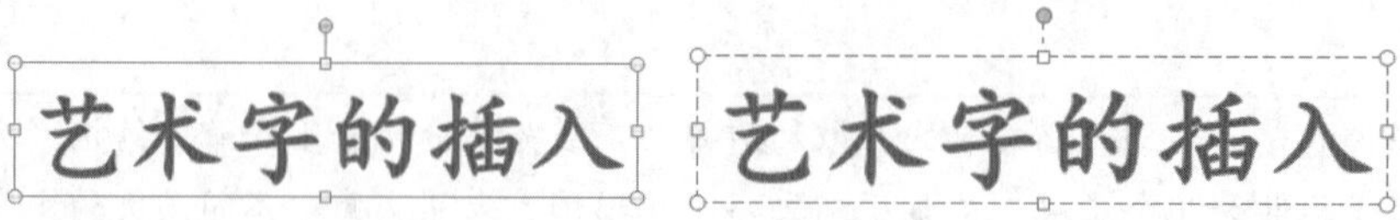

艺术字的插入 艺术字的插入

图 4-78 艺术字选中状态（左），艺术字编辑状态（右）

如果需要改变艺术字位置：如水平 5.8 厘米，垂直 4.3 厘米，自左上角；需要选中艺术字，在功能区选项卡中会弹出 “绘图工具-格式”选项卡，如图 4-79 所示，在“大小”命令组中单击右下角的功能扩展按钮，会在右侧显示“设置形状格式”窗格。单击“位置”按钮，就可以对艺术字在幻灯片中的位置进行准确的定位，具体参数设置如图 4-80 所示。

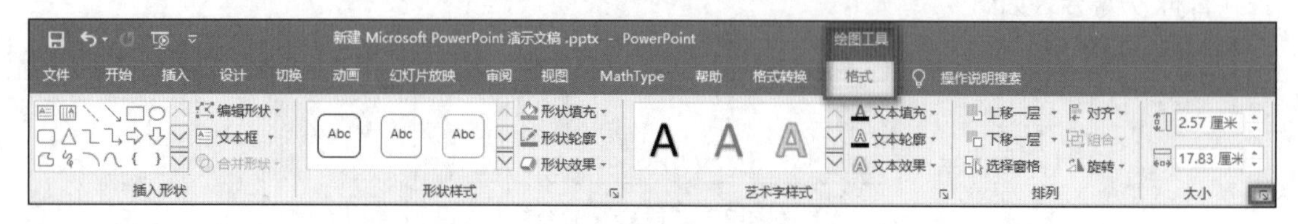

图 4-79 “绘图工具-格式”选项卡

图 4-80 “设置形状格式”窗格

4.4.3 插入自选图形

自选图形是一组现成的形状，包括如矩形和圆这样的基本形状，以及各种连接符、箭头汇总、流程图符号、星与旗帜及标注等。自选图形的组合使用可以在幻灯片上制作出一些特殊的效果。

首先打开需要插入自选图形的 PPT 文档。打开 PPT 文档后，新建一个幻灯片，单击“插入”选项卡“插图”命令组中的“形状”按钮，找到“椭圆”形状，如图 4-81 所示。

可以设置椭圆自选图形的样式，选中自选图形，在“绘图工具-格式”选项卡的“形状样式”命令组中可以分别设置形状填充、形状轮廓、形状效果，如图 4-82 所示。如果需要为自选图形添加文本，可选中自选图形，右击选择“编辑文字”命令，如图 4-83 所示。此时输入所需文本即可，如图 4-84 所示。

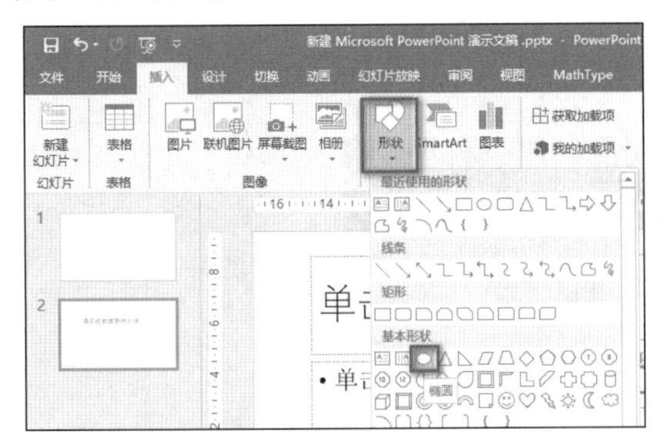

图 4 81　“插入”选项卡“形状”

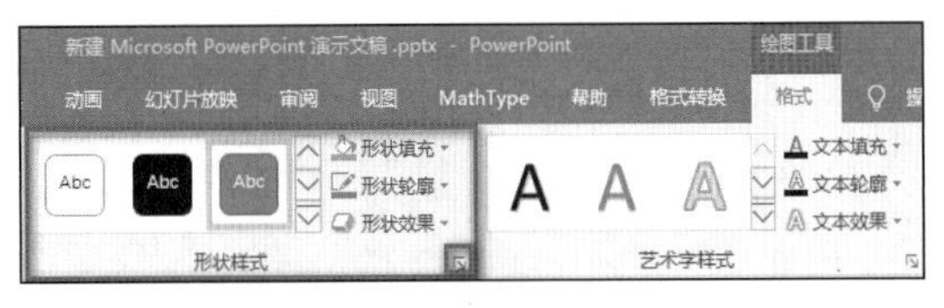

图 4-82　“形状样式”命令组

图 4-83　选择“编辑文字”命令

图 4-84　自选图形编辑文字效果

如果需要调整自选图形叠放次序，可选中自选图形，单击“绘图工具–格式”选项卡“排列”命令组中的“上移一层”/“下移一层”按钮，如图 4-85 所示。图 4-86 所示为乌云遮住太阳效果。

右击该图形，选择“设置形状格式”命令，右侧显示出“设置形状格式”窗格，如图 4-87 所示，选择“效果”选项，可以设置该图形的外观，如阴影、发光等格式。

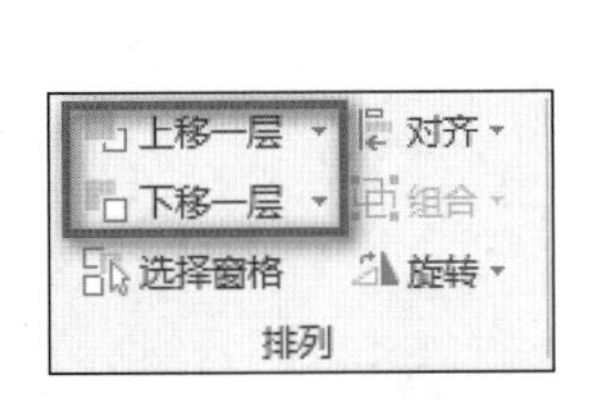

图 4-85　“排列”命令组

图 4-86　乌云遮住太阳效果

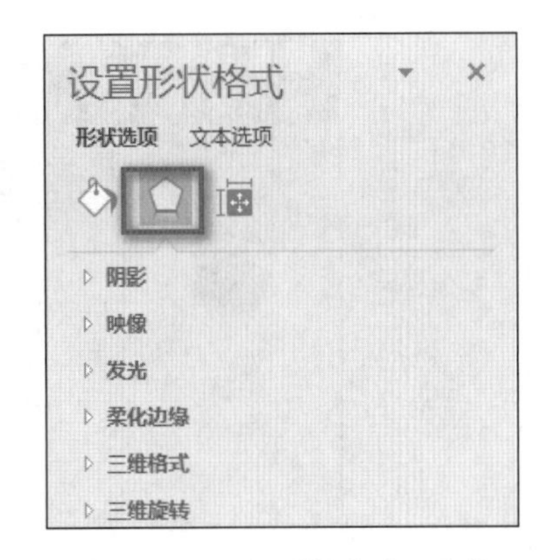

图 4-87　“设置形状格式”窗格

4.4.4　插入表格

与页面文字相比较，表格采用行列化的形式，更能体现内容的对应性及内在的联系。表格的结构适合表现比较性、逻辑性、抽象性强的内容。下面介绍如何在 PowerPoint 2016 中插入与设置表格。

1. 创建表格

首先在“插入”选项卡中单击“表格”按钮，可以自动创建表格（最多创建 8 行 10 列的表格），或者直接输入插入表格的行数和列数插入表格，如图 4-88 所示。

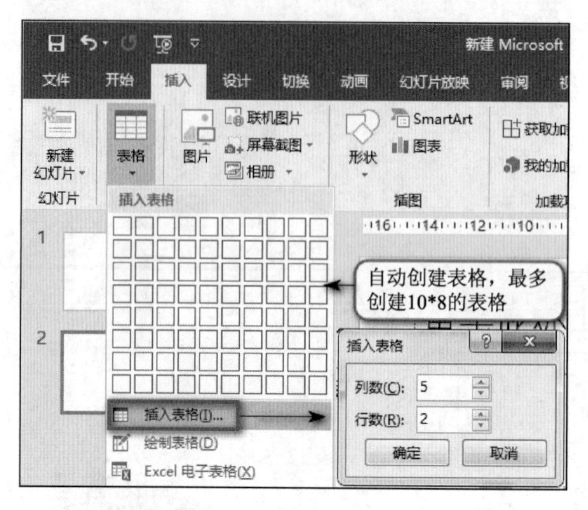

图 4-88 创建表格功能

当插入的表格并不是完全规则时，也可以直接在幻灯片中绘制表格。绘制表格的方法很简单，在“插入”选项卡中选择“表格”→“绘制表格”命令，鼠标指针将变为笔的形状，此时可以在幻灯片中绘制需要的表格。

◎温馨提示

绘制斜线表头：

首先选定需要绘制斜线表头的表格单元格。在“表格工具-设计”选项卡中单击“表格样式”命令组中的◸按钮，即可生成斜线表头，如图 4-89 所示。

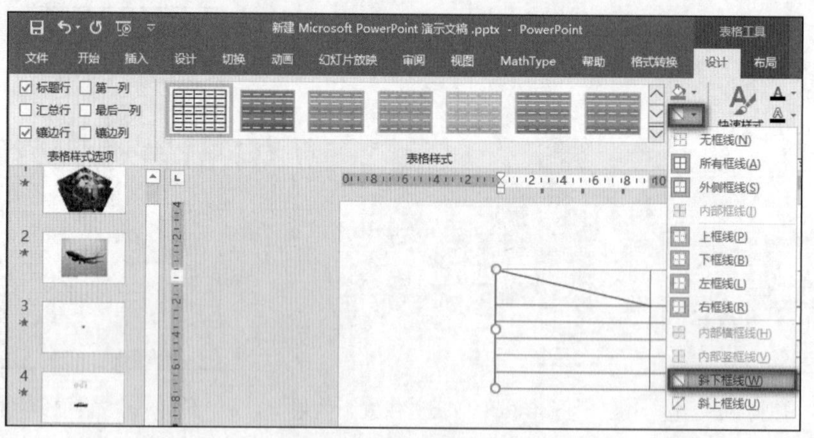

图 4-89 绘制斜线表头

2. 插入、删除表格的行和列

首先将光标定位到相应单元格，选择“表格工具-布局”选项卡，在“行和列”命令组中单击“在上方插入/在下方插入”按钮，如图 4-90 所示。

如果需要删除行/列，首先将光标定位到相应单元格，选择“表格工具–布局”选项卡，在“行和列”命令组中选择“删除”→“删除行/列”命令，如图 4-91 所示。

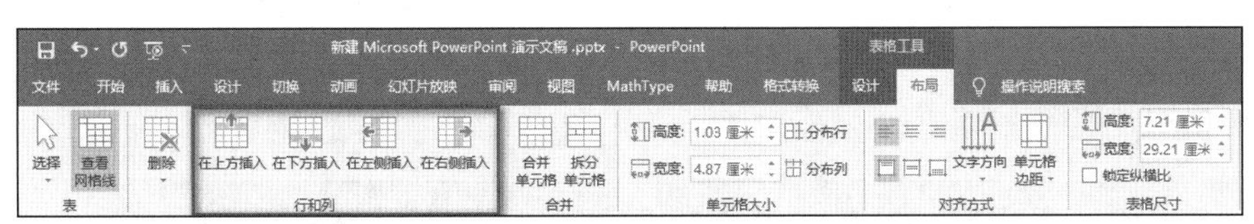

图 4-90　插入表格行/列

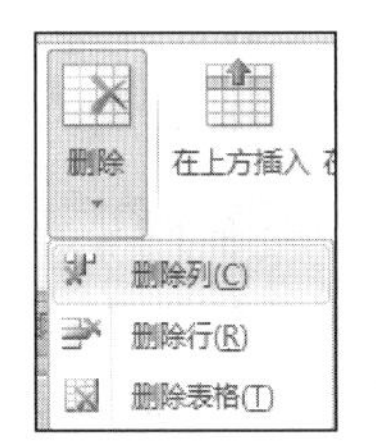

图 4-91　删除表格行/列

3. 设置表格行高和列宽

如果需要设置表格行高和列宽可以使用如下两种方法：

① 将鼠标指针放在行或列的分隔线上，当光标变为双向箭头时，即可粗略地调整行高或列宽。

② 选中表格行或列，在“表格工具–布局”选项卡的“单元格大小”命令组中，可以精确设置高度/宽度，如图 4-92 所示。

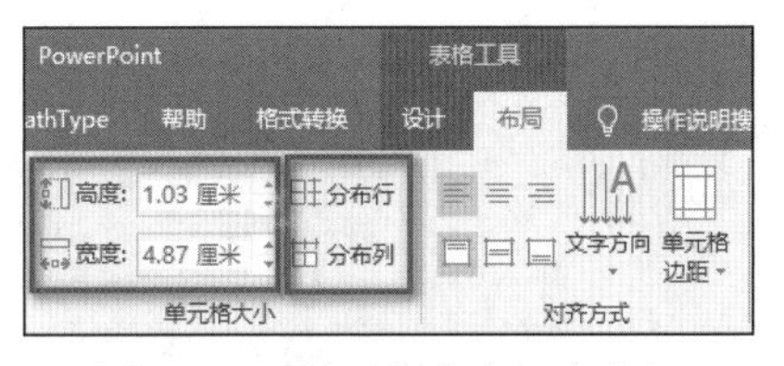

图 4-92　“单元格大小”命令组

套用表格格式功能可以根据预设的格式，将制作的报表格式化，产生美观的报表，从而节省使用者将报表格式化的许多时间，同时使表格符合数据库表单的要求。具体做法：将光标定位在表格内，选择“表格工具–设计”选项卡，在“表格样式”命令组中可以通过快翻按钮设置表格的底纹/边框，如图 4-93 所示。

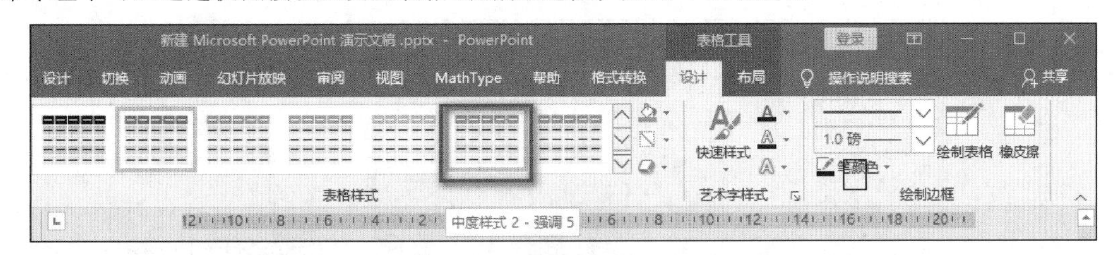

图 4-93　“表格样式”命令组

4.4.5　插入 SmartArt

使用 SmartArt 可以设计出精美的图形，如人力资源部门人员可以利用 SmartArt 在 PowerPoint 中非常轻松地插入组织结构、业务流程等图示，加上增强的动画设计工具，还可以让死板的培训课程变得活泼起来。在 Office 办公组件的 Word、Excel 和 PowerPoint 中都可以直接调用一些 SmartArt 图形。应用时要注意将 SmartArt 图形与图表加以区分，图表是针对数据的一种图示表示方式，而 SmartArt 图形则是一种逻辑和抽象信息的可视化表示，通常针对一些文本信息。

下面就以在 PPT 幻灯片文稿中插入公司销售业务流程图为例，介绍具体的实现过程。

首先启动 PowerPoint 2016，新建一个名为“新员工培训”的演示文稿，然后选择“插入”选项卡，单击“新建幻灯片”按钮，新建一个幻灯片，用来存放公司业务流程图，并在其中输入幻灯片标题：公司销售业务流程图。

由于这次需要在幻灯片中编辑一张关于公司销售业务流程的图示，因此单击“插入”选项卡中的 SmartArt 按钮，弹出“选择 SmartArt 图形”对话框，选择“流程”类别中的“交替流”图形，然后单击“确定”按钮，如图 4-94 所示。这样，就在幻灯片中插入一个业务流程图模板，同时在流程图的左侧会显示一个名为“在此处键入文字”文本窗格，在其中可以输入流程图中各个环节形状的标题以及相关说明文字。当然，也可以直接在环节形状中直接输入相应的文字，而且也能够显示在这个文本窗格中，如图 4-95 所示。

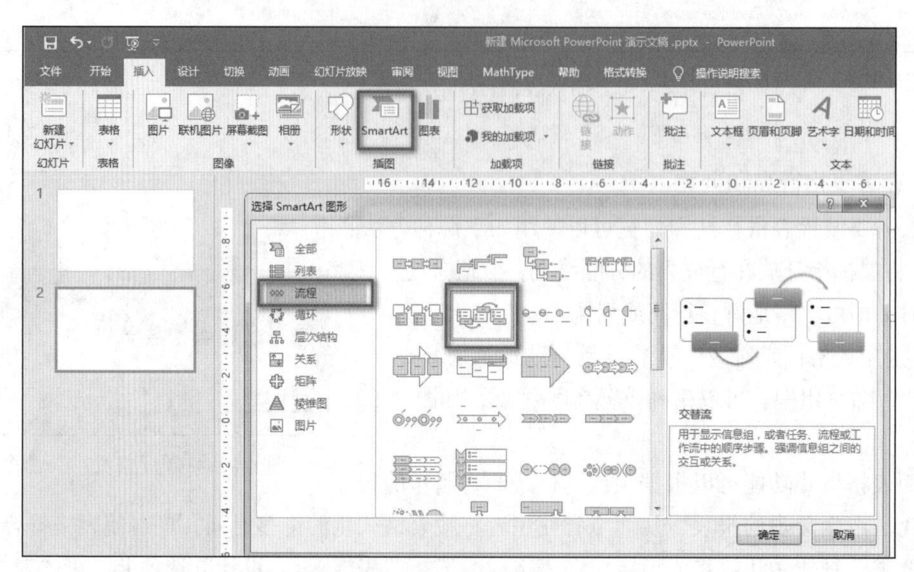

图 4-94 “选择 SmartArt 图形”对话框

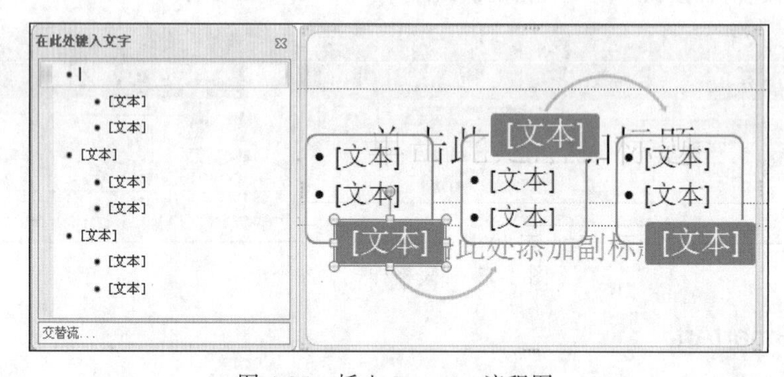

图 4-95 插入 SmartArt 流程图

◎温馨提示

通常每个流程图的环节形状都附带一个说明形状框，并可以在其中输入文字，但是新增的形状，并不能在说明形状框中输入文字，这时可以在左侧的文本窗格单击需要添加说明文字的环节。

在编辑流程图过程中，如果觉得文本窗格影响操作，可以单击右上角的“关闭”按钮☒，取消这个窗格的显示。需要显示这个窗格时，右击流程图，在弹出的快捷菜单中选择“显示文本窗格”命令即可，而且在播放幻灯片时，这个文本窗格不会显示。

在默认情况下，业务流程图中只存在三个环节形状，但如果公司的业务流程包括六个环节形状，即业务洽谈→签订合同→客户付款→发货→客户收货→信息反馈，还需要添加三个环节。添加新形状时，选择“SmartArt 工具-设计”→“添加形状”→“在后面添加形状”命令，即可在现有业务流程图的后面新增一个形状，如图 4-96 所示。重复此操作，添加其余的形状，然后在流程图中的各个环节形状或者文本窗格中输入业务流程的各个环节名称。

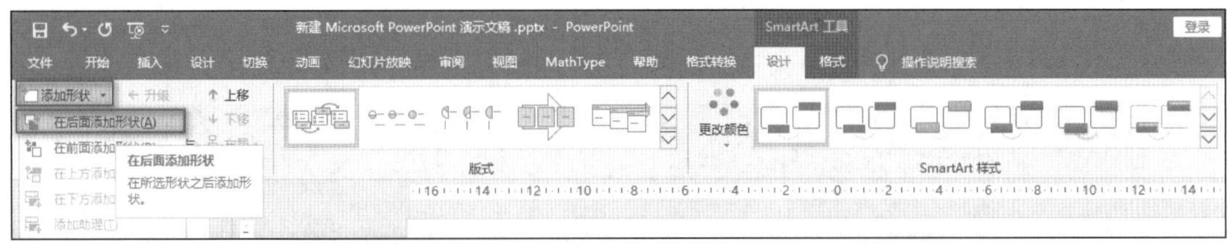

图 4-96　添加形状

虽然在每个环节形状中输入了标题，但是这样介绍公司的销售业务流程图有点太简单，必须对每个业务环节做进一步说明。例如，对于“业务洽谈”环节需要添加“需做详细的文字记录、部门经理需同意”等说明文字，可以在流程图中文本窗格的“业务洽谈”环节下面的次级文本框输入描述文字。

销售业务流程图制作基本完成后，还可进行修饰。操作步骤如下：

单击“SmartArt 工具-设计”选项卡中的“更改颜色”按钮（见图 4-97），从弹出的颜色列表框中，为流程图选择一种颜色方案，如彩色强调文字颜色，这样就会发现所做的销售业务流程图立刻亮丽起来。

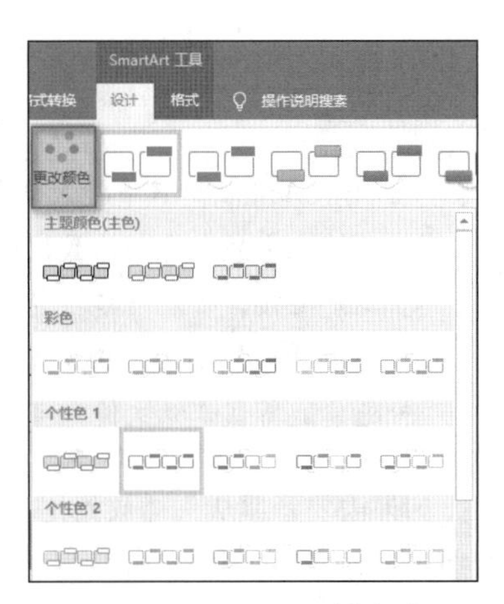

图 4-97　SmartArt 更改颜色

◎温馨提示

在幻灯片中选定某个 SmartArt 图示后，会在功能区中显示一个“SmartArt 工具”选项卡，在其下面具有“设计”“格式”两个子选项卡。

4.4.6　插入声音

恰到好处的声音可以使幻灯片具有更出色的表现力。在某些场合，声音需要连续播放，如相册中背景音乐，伴随着声音出现一幅幅图片，在幻灯片切换时需要声音保持连续。操作步骤如下：

首先在第一张幻灯片中，选择“插入”选项卡“媒体”命令组中的“音频”→“PC 上的音频”命令（见图 4-98），在弹出的“插入音频”对话框中找到音乐路径，选择音乐，然后单击“插入”按钮，在幻灯片中间会出现一个小喇叭,如图 4-99 所示。选中小喇叭图标，可显示出“音频工具”选项卡。单击“播放”子选项卡（见图 4-100），可以设置播放参数。

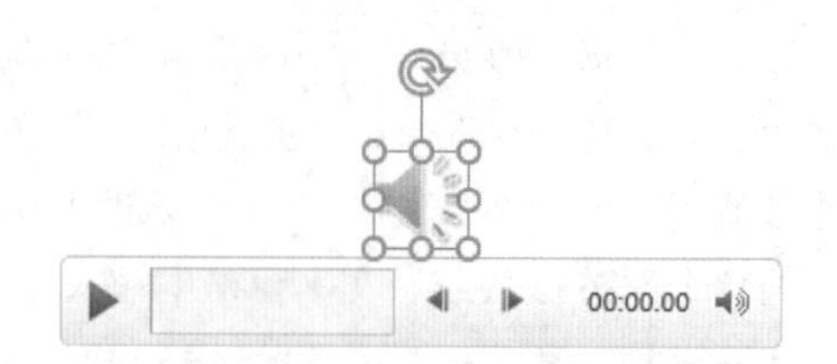

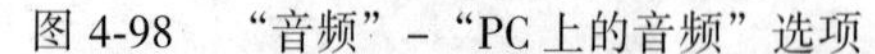

图 4-98 “音频”-“PC 上的音频”选项　　　图 4-99 音频插入后效果

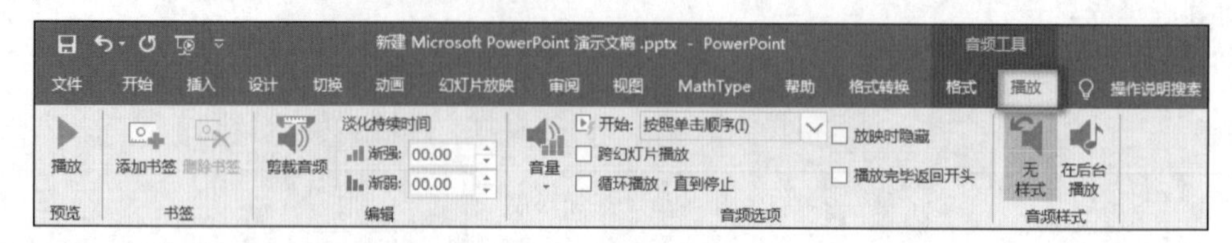

图 4-100 “音频工具-播放”选项卡

◎温馨提示

在 PowerPoint 2016 中插入音频及视频很方便，较以前的版本做了些改进。

- 能够完全嵌入音频格式，以前版本中只支持 WAV 格式文件的嵌入，其他格式的音频文件均是链接，必须一起打包音频文件。
- 对于 PowerPoint 2016 来说，可直接内嵌 MP3 音频文件，不用担心音频文件丢失问题。
- 随意地剪裁音频文件，可以设置为淡入淡出，音频不会感到突兀。

如果需要音频从头播放到尾，中间不间断，可以选中“音频工具-播放”→“音频选项”命令组中“跨幻灯片播放”复选框；还可以选择“动画”选项卡，单击“高级动画”命令组中的“动画窗格”按钮，右侧弹出“动画窗格”，单击歌曲信息右边的下拉按钮，选择“效果选项”命令，如图 4-101 示。然后，将“停止播放”设置为在“在 × 张幻灯片后”，如图 4-102 示。如果想让歌曲一直连续不断地播放，输入最后一张幻灯片的编号即可。如果此时希望插入音乐在第 3 张幻灯片后停止，可以输入“在 3 张幻灯片后”，设置完成后单击“确定”按钮，会发现再也不会因为幻灯片的切换导致重新播放歌曲。

图 4-101 “动画窗格”任务窗格　　　图 4-102 “播放音频”对话框

4.4.7 插入视频

视频跟 PPT 的兼容性一直是让人头痛的问题。在 PowerPoint 2003 和 2007 中，只能插入视频，发给别人时，还要把视频和 PPT 打包一起发给别人。从 PowerPoint 2010 开始，可以安全嵌入视频，不必担心在传递演示文稿时会丢失文件。

1. 插入视频

在“插入”选项卡中的“媒体”命令组中，选择“视频”→“PC 上的视频”命令，如图 4-103 示。在“插入视频”对话框中，找到并单击要嵌入的视频，然后单击“插入”按钮。PowerPoint 2016 支持的视频格式有 mp4、avi、wmv 等格式的视频，其他格式的视频需要转化格式才能插入到幻灯片，如“格式工厂”。选择“视频工具-格式”选项卡，在“视频样式”命令组中可以设置视频样式，如图 4-104 示。

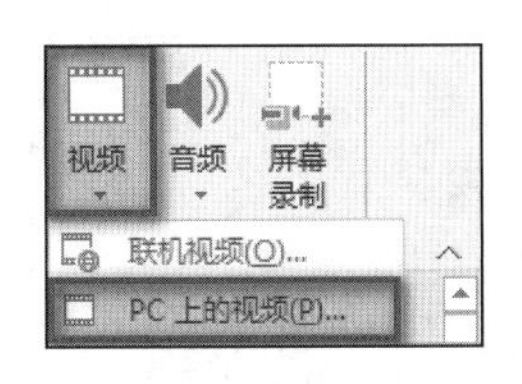

图 4-103 插入 PC 上的视频

图 4-104 “视频工具-格式”选项卡

2. 从演示文稿链接到视频文件

可以从 Microsoft PowerPoint 2016 演示文稿中链接到外部视频文件或电影文件。通过链接视频，可以减小演示文稿的文件大小。若要在 PowerPoint 演示文稿中添加指向视频的链接，可执行下列操作：

在“插入”选项卡的“媒体”命令组中，单击“视频”下拉按钮，选择“PC 中的视频”命令，找到并单击要链接到的文件。单击“插入”下拉按钮，选择“链接到文件”命令，如图 4-105 所示。

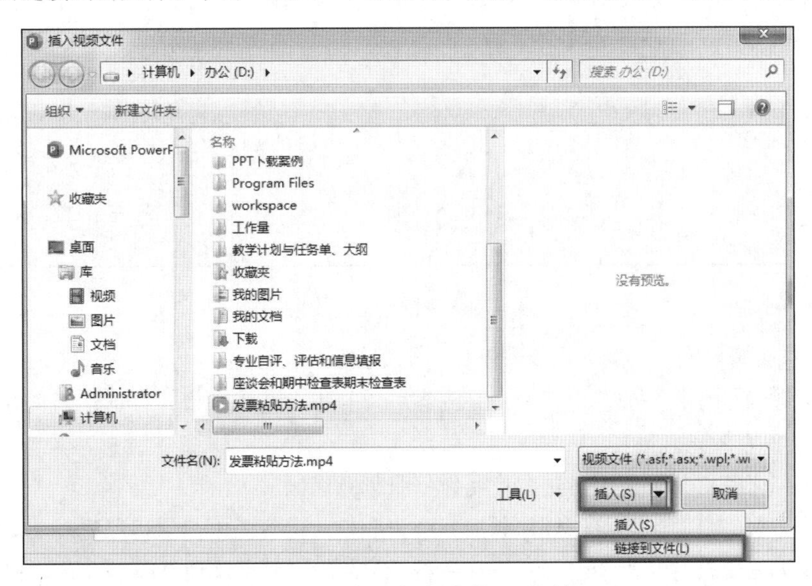

图 4-105 “插入视频文件”对话框

4.4.8 上机练习

① 文本操作练习，按下列步骤制作四页幻灯片文档：

- 插入第一张版式为“标题幻灯片”，第二张版式为“图片与标题”的幻灯片，第三张和第四张版式为“竖排标题与文本”的幻灯片。
- 在各张幻灯片上输入文本信息，第四张幻灯片上的文本分为两级文本。
- 在第一张幻灯片上插入图片“岳麓书院”。
- 应用设计模板古瓶荷花（如未找到该模板，请使用与其风格相配的其他模板，可从网上下载）。
- 将母版文本设为华文行楷，一级文本字号设为 28 号，二级文本字号设为 24 号。

最终效果如图 4-106 示。

图 4-106 制作完成效果

② 对象添加综合练习，按下列步骤制作 4 页幻灯片文档：

- 制作标题幻灯片，添加艺术字（文字内容可以自拟，艺术字样式自选，以良好视觉效果为准）。
- 插入第二张幻灯片，使用自选图形制作一张创意图画。
- 插入第三张幻灯片，为该幻灯片添加一个张表格（内容为本门课程课程表），美化表格。
- 插入第四张幻灯片，为该幻灯片添加一种 SmartArt，要求这种 SmartArt 能准确表达出班级班委的设置情况，美化该 SmartArt。
- 选择一首喜欢的音乐作为背景音乐插入，要求设置音乐播放直到幻灯片放映结束。

4.5　幻灯片中的图像处理

4.5.1　插入与调整图片

1. 插入图片

在幻灯片的编辑过程中，用户可以插入来自本机其他文件夹的图片，以丰富幻灯片的视觉效果。

在幻灯片中插入图片的具体操作步骤如下：

① 单击“插入”选项卡“图像”命令组中的“图片”按钮，弹出“插入图片”对话框，如图 4-107 所示。

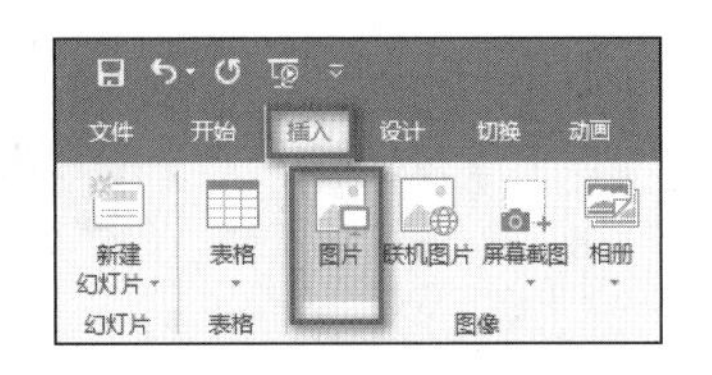

图 4-107　插入图片

② 在“查找范围”下拉列表中选择图片所在的位置；在文件列表中选择需要插入的图片；在“文件类型”下拉列表中选择要打开的图片的类型。如果此时希望插入多张图片，可以按住【Ctrl】键选中多张图片，或者使用鼠标选中一个区域，如图 4-108 所示。

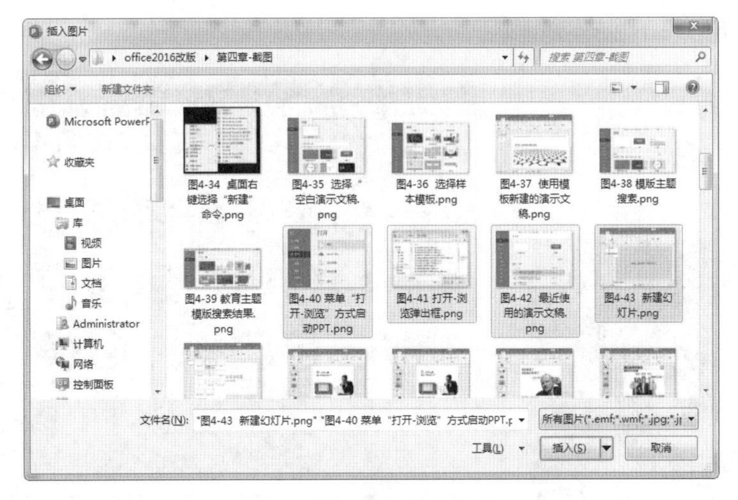

图 4-108　选择多张图片

③ 设置完成后，单击“插入”按钮。

2. 调整图片大小、位置与旋转

如果需要调整图片大小，首先选中图片，在“图片工具–格式”上下文选项卡的“大小”命令组中可以对高度/宽度进行精确设置，如图 4-109 所示。

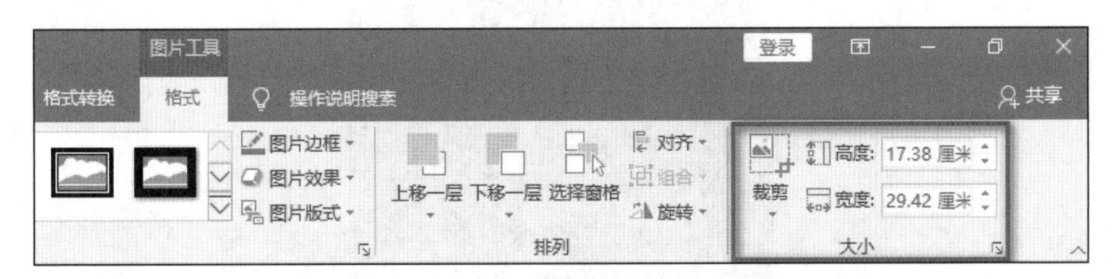

图 4-109　调整图像大小

如果需要调整插入图片的位置，首先选中图片，当光标变为双向十字箭头形状时，直接拖动即可移动图片位置。如果需要旋转图片，则通过如图 4-110 所示的旋转控制点对图片进行旋转。

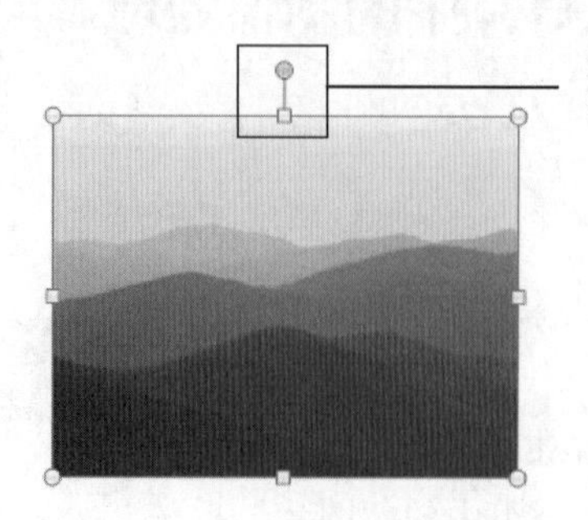

图 4-110　图片旋转

4.5.2　设置图片背景的透明色

如果将一张纯色白色背景的 LOGO 图片插入 PPT 中，而 PPT 的背景是蓝色的，那么图片的融合度不高，如图 4-111 所示。如何将图片修改为透明背景呢？

单击图片，出现“图片工具–格式”选项卡，单击“颜色”按钮，在下拉列表中选择“设置透明色”命令，如图 4-112 所示。

图 4-111　图像需要设置背景透明

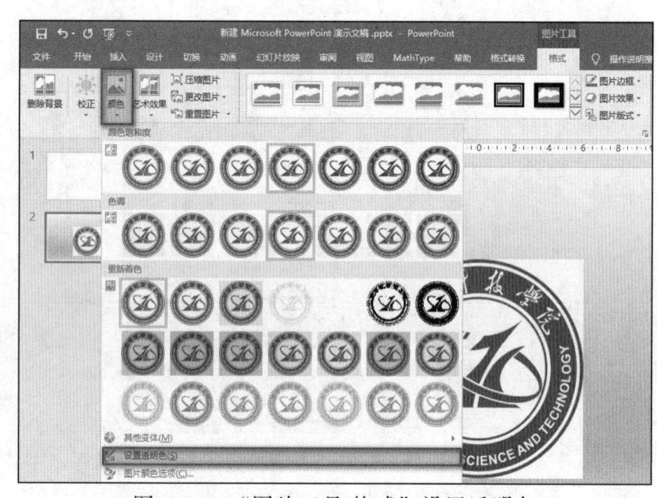

图 4-112　“图片工具/格式”设置透明色

此时会发现鼠标指针变成“铅笔”样式，再单击图片上的背景颜色处，就会发现背景变透明，如图 4-113 所示。

图 4-113　图像背景透明色设置完成效果

◎温馨提示

设置图片背景透明化，只适用于背景色为单一的纯色，如果背景颜色过于复杂，采用“删除背景”功能较好。

4.5.3　图片的裁剪

裁剪操作通过减少垂直或水平边缘来删除或屏蔽不希望显示的图片区域。裁剪通常用来隐藏或修整部分图片，以便进行强调或删除不需要的部分。例如，经常在网上下载的图片会有水印的LOGO，可以通过裁剪功能将其去除。

首先插入一张图片，选择“图片工具–格式”选项卡，单击“裁剪”旋钮，如图 4-114 所示。然后拖动图片裁剪边线，直到选取需要的图片大小的位置，如图 4-115 所示。单击空白位置，这时图片的样式就是裁剪后的样子，可以轻松地将右下角图片中的水印效果去除。

图 4-114　单击“裁剪”按钮

图 4-115　拖动图片裁剪边线

裁剪功能经过增强后，可以轻松地裁剪为特定形状、经过裁剪来适应或填充形状。在“图片工具–格式”选项卡，选择“裁剪”→“裁剪为形状”命令，在“基本形状”栏中选择“正五边形”，如图 4-116 所示，设置完成效果如图 4-117 所示。

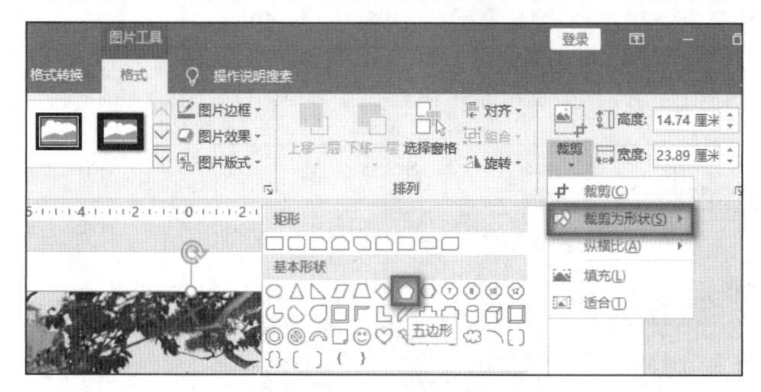

图 4-116　裁剪为形状

图 4-117　裁剪后的形状效果

4.5.4　插入联机图片

选择“插入”选项卡，单击“联机图片”按钮，如图 4-118 所示（这是代替老版本剪贴画的功能），打开联机图片对话框，如图 4-119 所示，在里面搜索想要的图片关键字描述，或者选择所需要的图片类别，如图 4-120 所示。例如，选择“飞机”类别，则显示如图 4-121 所示的搜索结果。选中一张图片，单击“插入”按钮（见图 4-122），即可将该图片插入 PPT 中，如图 4-123 所示。

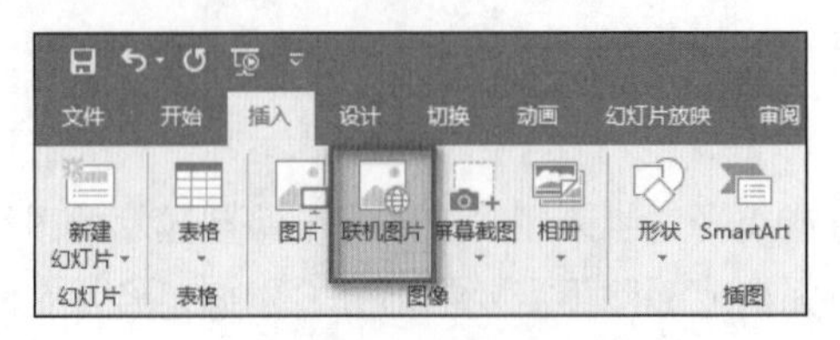

图 4-118　插入联机图片

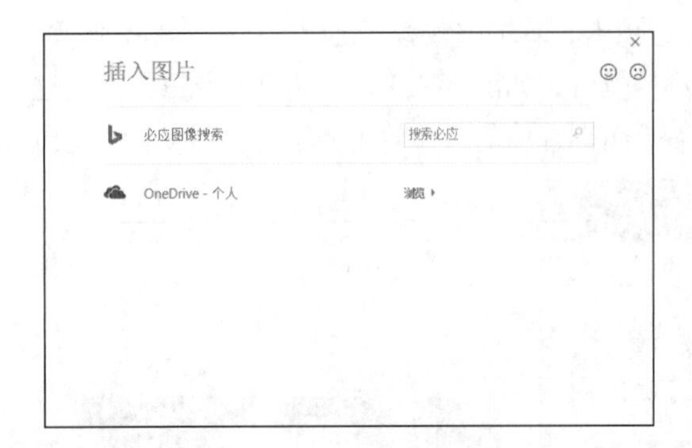

图 4-119　打开联机图片对话框

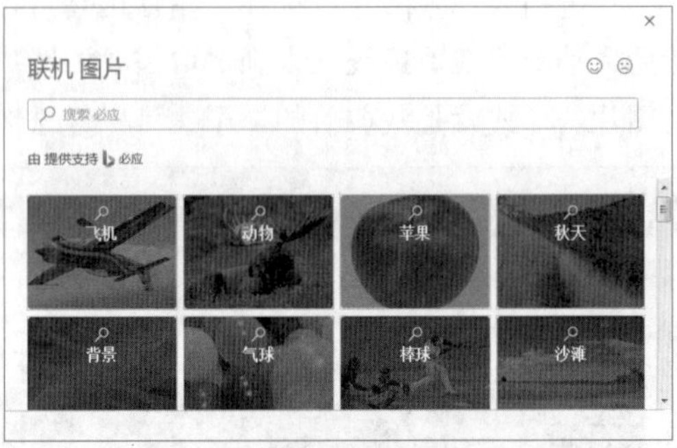

图 4-120　联机图片搜索分类

图 4-121　选择“飞机”类别搜索结果

图 4-122　插入图片

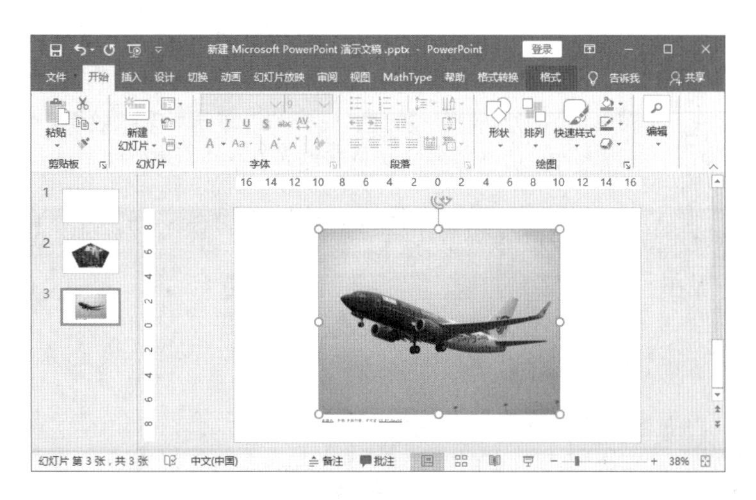

图 4-123 插入联机图片完成效果

4.5.5 快速应用图片样式与艺术效果

PPT 中的图片排版设计容易显得太“平”，特别是要在一页幻灯片上编排多张图片时，如何才能将这些图片排列得美丽而精彩？实际上，使用 PowerPoint 2016 中的“图片样式”功能，可以为不同的图片应用不同的样式，通过更改图片的边框、方向等选项在视觉上形成立体效果。

PowerPoint 2016 中内置的图片样式非常丰富，而且它支持即时查看功能，可以方便用户快速找到合适的图片样式。

选中要设置样式的图片，在“图片工具–格式”选项卡的“图片样式”命令组中单击“其他”按钮，展开整个“图表样式”列表，然后用鼠标指向列表中的样式，幻灯片中的图片会显示应用该样式的预览效果，确定某个样式后，单击该样式选项即可，如图 4-124 所示。

图 4-124 图片样式

此外，PowerPoint 2016 图像处理整合了很多 PS 的功能，使用起来非常简单，还可以自行调节图像处理效果的强弱。操作方式如下：首先插入图片，这里将图片调整为和幻灯片一样大小。选择图片，在“图片工具–格式”选项卡的“调整”命令组中单击“颜色”按钮，选择“黑白：25%”，效果如图 4-125 所示。如果单击“艺术效果”按钮，选择“混凝土”艺术效果，如图 4-126 所示。这时，如果再选择另一种艺术效果，以前设置的艺术效果就会消失，只保留了最近一次的艺术效果。

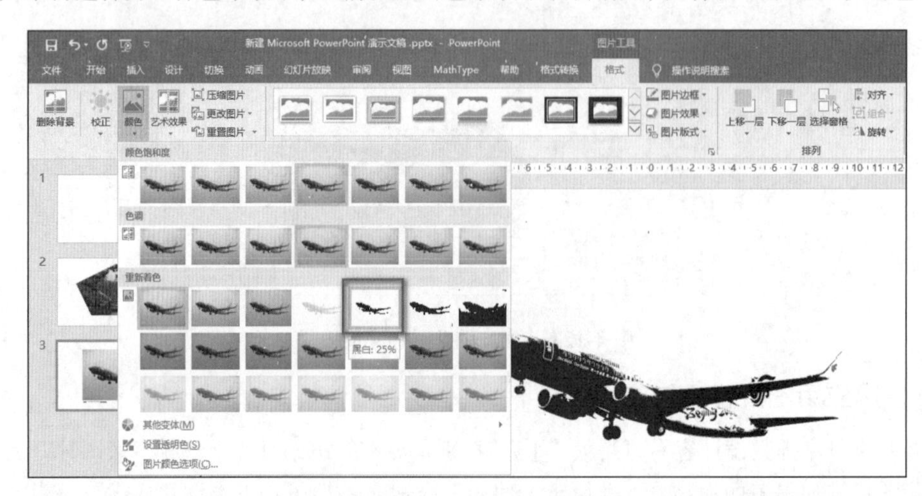

图 4-125 颜色效果

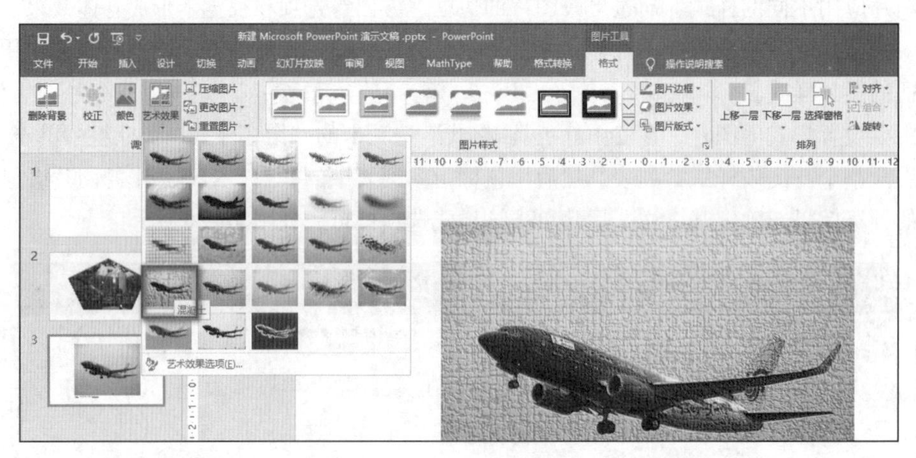

图 4-126 艺术效果

4.5.6 电子相册的制作

照片能够很好地保存人们对以前生活的美好记忆，也能记录平时的点点滴滴。

启动 PowerPoint 2016，选择“插入”→“相册”→“新建相册”命令（见图 4-127），弹出“相册”对话框，单击“文件/磁盘”按钮，选取本地的几张相片，单击“插入”按钮。通过上下箭头可以调整相片出现的顺序，也可以进行删除。下方“相册版式”模块中可以设置同时显示的张数，以及相框的样式，如图 4-128 所示。单击“创建”按钮，生成新的相册，如图 4-129 所示，此时会自动产生一个黑色背景的封面，只有简单的几个字。封面的设计不能大意，否则会影响到相册的第一感觉。

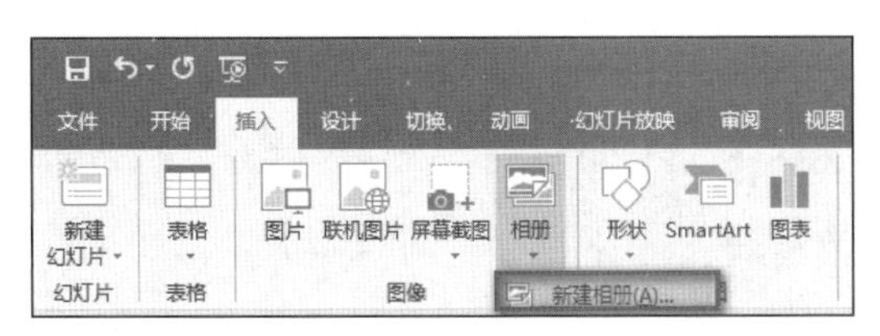

图 4-127　新建相册

图 4-128　“相册”对话框

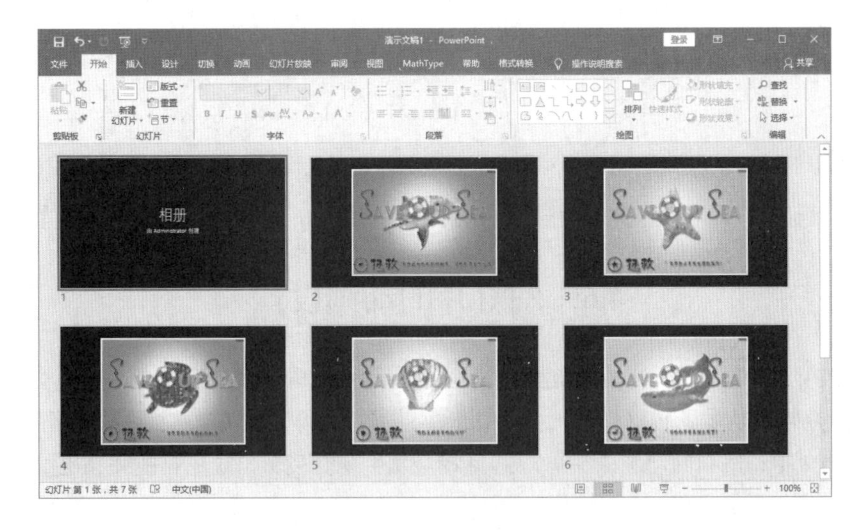

图 4-129　“相册”创建完成效果

4.5.7　使用屏幕截图

PowerPoint 2016 内置的屏幕截图功能，用起来很方便。在“插入”选项卡的“图像”命令组中单击“屏幕截图”下拉按钮，会出现“可用的视窗”和“屏幕剪辑”，如图 4-130 所示。选择“可用的视窗”可插入任何未最小化到任务栏程序的图片，选择“屏幕剪辑”可通过拖动插入屏幕任何部分的图片。

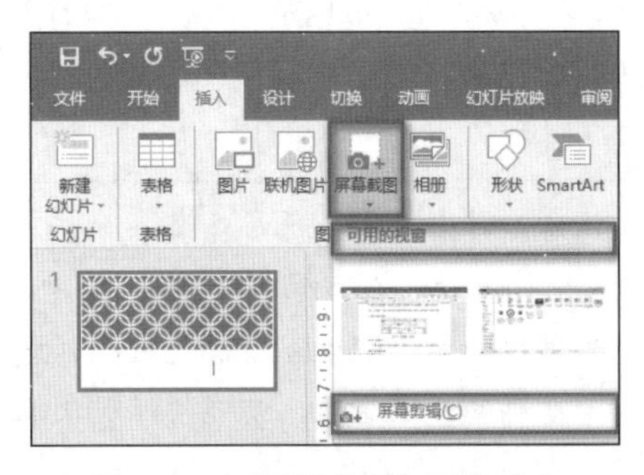

图 4-130　“屏幕截图”下拉列表

4.5.8 上机练习

① 图片的裁剪练习与透明色设置练习。按照如图4-131所示的样例，下载几张图片进行裁剪与透明背景色设置。

图4-131 对图像进行裁剪与透明色设置案例

② 电子相册制作练习。选择20张照片，制作电子相册，注意使用图片样式功能美化相册。

4.6 幻灯片的动画设置

动画是PPT设计中饱受争议的内容，有人认为在学术报告或商务演讲中，动画会分散听众的注意力，将听众视线从主题转移到动画上，对于演讲本身会得不偿失。然而，在形象或产品宣传、课件等一类PPT中，适当的动画效果可以避免观众发生视觉疲劳，避免打瞌睡，还可以为PPT增色不少。

动画可以吸引人的注意力，所以恰当地利用动画可将观众引向问题的关键点；同时正是由于动画的这种吸引力，很可能会将观众的视线吸引到这些动画本身，而不是想要表达的内容上。所以，无论PPT动画设计得多么精美，如果在一场演示完成后，观众却不知演示的主要内容，那么此PPT肯定是失败的。如果舍弃内容，再华丽的动画也会失去意义。

大部分PPT大师认为PPT的动画并不一定要多复杂，要简洁而又能恰到好处地对内容进行展示烘托，使动画为PPT的内容服务。但真正要做到这一点，并不是很容易的，需要日积月累。想要设计出真正的好动画，除了反复历练之外，可以从以下几方面着手：自定义动画有进入、强调、退出、动作路径效果，还可以设置一定的效果选项和动作按钮。

◎温馨提示

巧用开场动画，吸引观众注意、引出演示主题。

在演示者登上讲台的一刻，也许观众还在回味前一个演示，也许还在思考没有完成的工作，也许还在与邻座侃侃而谈……如果用话筒提醒大家肃静就太没创意了。此时，放上一套精彩而简短的开场动画，再配以富有节奏感的开场音乐，就能紧抓观众眼球，而且顺利地将其带入演示的主题。

4.6.1 进入动画

动画是演示文稿的精华，在画中尤其以“进入”动画最为常用。对象从无到有采用“进入”动画效果。在触发动画之前，被设置为“进入”动画的对象是不出现的，在触发之后，采用何种方式出现是“进入”动画要解决的问题。

PowerPoint 中的进入动画效果非常丰富，其中基本型有十六种动作，如“出现”“百叶窗”“飞入”等；细微型共有四种，如“淡出”“旋转”“缩放”“展开”；温和型共九种，如“翻转式由远及近”“基本缩放”等；华丽型有十一种，包括“弹跳”“浮动”“螺旋飞入”等。如果是标题文字，可以选择比较夸张的华丽型动画效果。

下面以设置“回旋”的进入动画为例，介绍一下具体的设置过程。

选中需要设置动画的对象，选择“动画”选项卡，单击“添加动画”按钮，其中有“进入”类别，此时并没有列出“回旋”进入动画（见图 4-132），需要选择“更多进入效果”命令，弹出如图 4-133 所示的对话框，选择“温和型”栏中的“回旋”进入动画效果。

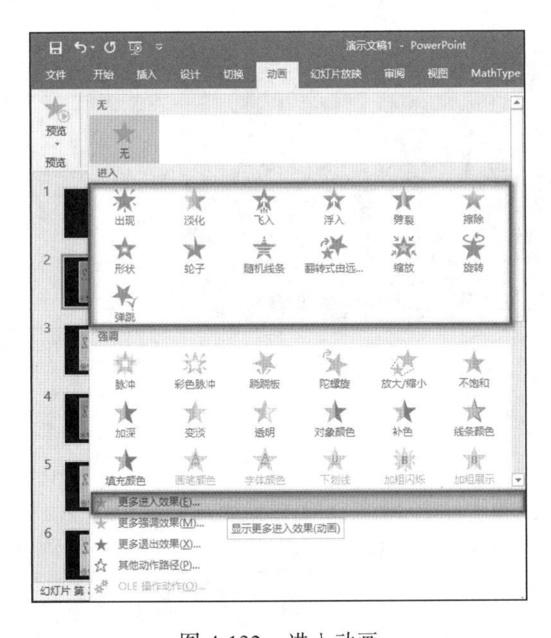

图 4-132 进入动画

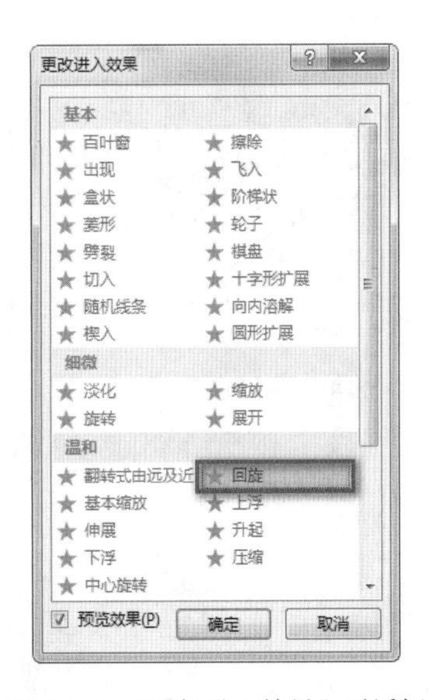

图 4-133 “添加进入效果”对话框

4.6.2 强调动画

“进入”动画可以使对象从无到有，而“强调”动画可以使对象从“有”到“有”，前面的“有”是对象的初始状态，后面的“有”是对象的变化状态。这样两个状态上的变化，起到了将对象强调突出的目的。

下面以设置“放大/缩小”的强调动画为例，介绍具体的设置过程。

① 在“动画”选项卡中单击“添加动画”→“强调”栏中的“放大/缩小”按钮（见图 4-134），

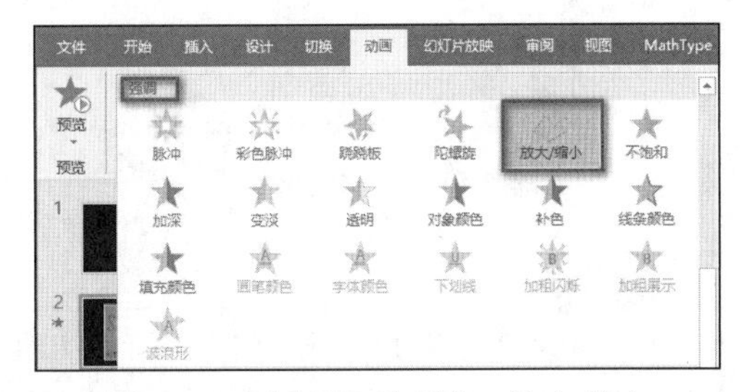

图 4-134 “动画”选项卡—放大/缩小

或选择“更多强调效果”命令，再选择“放大/缩小”强调动画。系统默认对强调的物件进行放大效果演示。

② 在“动画”选项卡“高级动画”命令组中单击“动画窗格”按钮（见图 4-135），再双击右侧动画窗格中动画标签可以设置强调动画方案，如图 4-136 所示。打开“放大/缩小”对话框，切换到“效果”选项卡，可以修改“尺寸”栏中的比例，当选择的比例大于 100%时，既为放大结果，如图 4-137 所示。

③ 如果一张幻灯片中的多个对象都设置了动画，并且希望将第二个动画设置在上一个动画之后自动播放，具体操作方法：在“动画窗格”中，右击第二个强调动画图标，选择“从上一项之后开始”命令，如图 4-138 所示。

图 4-135 “动画”选项卡—动画窗格

图 4-136 “动画窗格”任务窗格

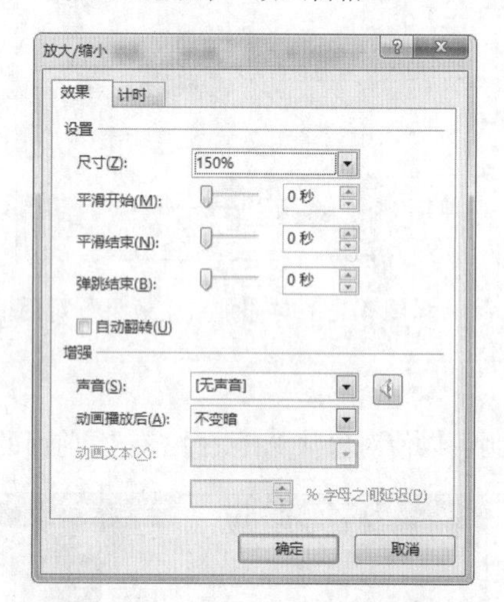

图 4-137 “放大/缩小”对话框

图 4-138 设置动画播放顺序

◎温馨提示

无论是多么华丽的进入效果，作为 PPT 的片头，似乎还是不够分量。此时，除了添加进入效果外，还可以继续为标题添加强调动画效果，使之更醒目，吸引观众注意。

4.6.3 退出动画

“进入”动画可以使对象从无到有，而“退出”动画正好相反，它可以使对象从“有”到“无”。触发后的动画效果与“进入”效果正好相反，对象在没有触发动画之前存在屏幕上，而当其被触发后，则从屏幕上消失。操作步骤如下：

① 选中相应的对象，在“动画”选项卡中单击“添加动画”下拉列表中“消失”按钮（见图 4-139）或选择“更多退出效果”命令，再选择“消失”退出动画。

② 在“动画窗格”任务窗格中双击该条退出动画标签，弹出“消失”对话框，切换到“计时”选项卡，把“开始”选项设置为“之后”，并设置一个“延迟”时间（如 2 秒），确定返回，让“退出”动画在“进入”动画之后 2 秒自动播放，如图 4-140 所示。

图 4-139 选择“退出”动画

图 4-140 “消失”对话框

4.6.4 动作路径

动作路径动画的实质是使对象沿着引导线运动。如果对 PowerPoint 2016 演示文稿中内置的动画路径不满意，还可以自定义动画路径。下面以演示“布朗运动”为例，介绍具体的实现过程。

① 单击“插入”选项卡“插图”命令组中的“形状”按钮，在幻灯片中画出一个小“质点”。

② 分别选中相应的“质点”，单击“动画”选项卡中的“添加动画”按钮，单击“动作路径”栏中的“自定义路径”按钮（此时鼠标变成一支笔），如图 4-141 所示。

③ 自“质点”处开始，随意绘制曲线，如图 4-142 所示。

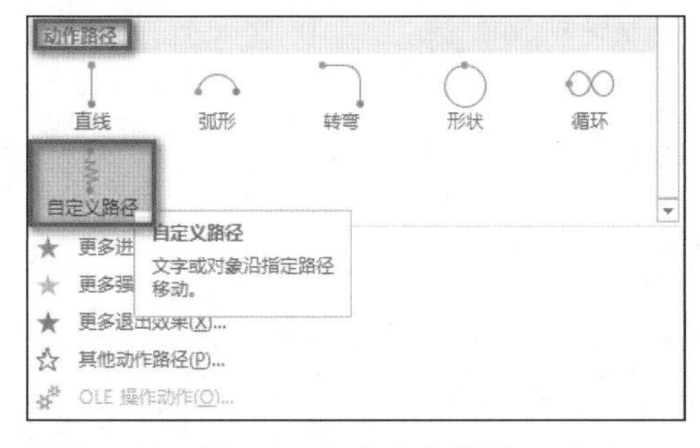

图 4-141 自定义路径

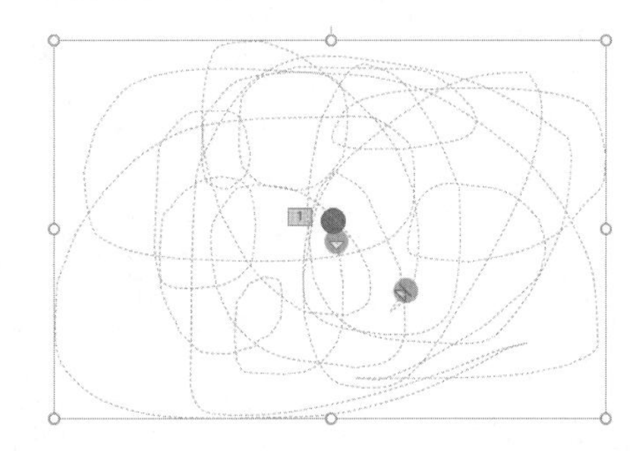

图 4-142 “自定义路径”绘制自由曲线效果

④ 双击设置的动画方案，弹出“自定义路径”对话框，切换到“计时”选项卡，将“重复”项设置为“直到下一次单击”，如图 4-143 所示。

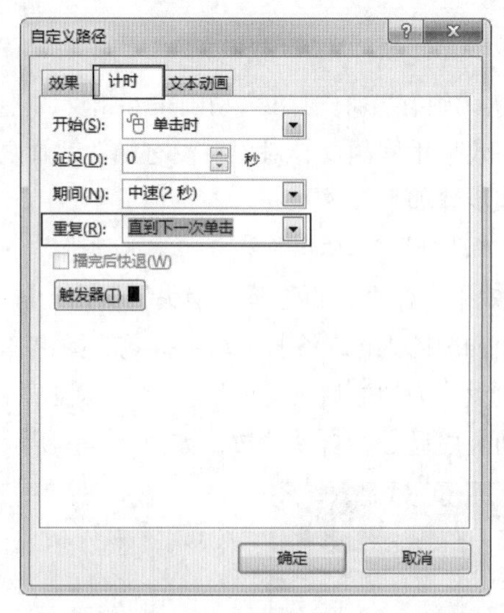

图 4-143 “自定义路径”对话框

4.6.5 删除动画

在使用 PowerPoint 2016 过程中，如果编辑了很多动画效果，但是发现有些问题，希望推倒重来，就需要清空所有动画效果。

打开用 PowerPoint 2016 编辑好的文件，最好是插入动画的文件，在“动画”选项卡中单击“动画窗格”按钮，右侧动画窗格中就出现了动画列表，右击需要删除的动画效果，选择“删除”命令，即可清除该条动画标签，如图 4-144 所示。

图 4-144 删除动画

◎温馨提示

删除多个特定动画效果：

按住【Ctrl】键，然后在“动画任务”窗格中，选择要删除的动画效果，右击，选择“删除”命令。如果需要取消整个幻灯片的动画效果，可单击“幻灯片放映”选项卡“设置”命令组中的“设置幻灯片放映”按钮，弹出“设置放映方式”对话框，选中“放映时不加动画”复制框即可，如图 4-145 所示。

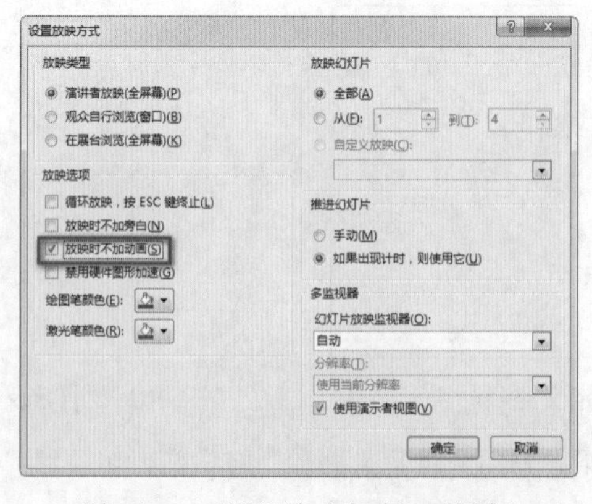

图 4-145 “设置放映方式”对话框

4.6.6　调整动画顺序

在 PowerPoint 演示文稿中设置好动画后，如果发现播放的顺序不理想，该怎样快速调整？下面以将第三个动画方案调整到第二个顺序播放为例，介绍一下具体的操作过程。

在默认情况下，系统会按照添加动画的先后顺序播放，也可以在右侧“动画窗格”中调整顺序。

在“动画窗格”中选中要调整的动画，单击“向上”或“向下”按钮进行调整，或者直接使用鼠标拖动动画进行调整，如图 4-146 所示。

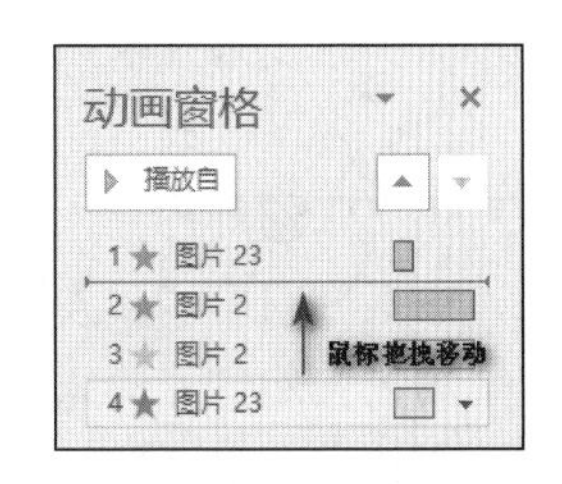

图 4-146　调整动画顺序

4.6.7　使用动画刷

制作 PPT 时，添加动画是比较烦琐的事情，尤其还要逐个调节时间及速度。PowerPoint 2016 具有“动画刷”功能，可以像用“格式刷”那样，只需要轻轻一刷就可以把原有对象上的动画复制到新的目标对象上，非常方便。具体操作如下：选择已经添加了动画上面的卡通车时，单击“动画刷”按钮，然后单击下面的卡通车，动画即被复制，如图 4-147 所示。

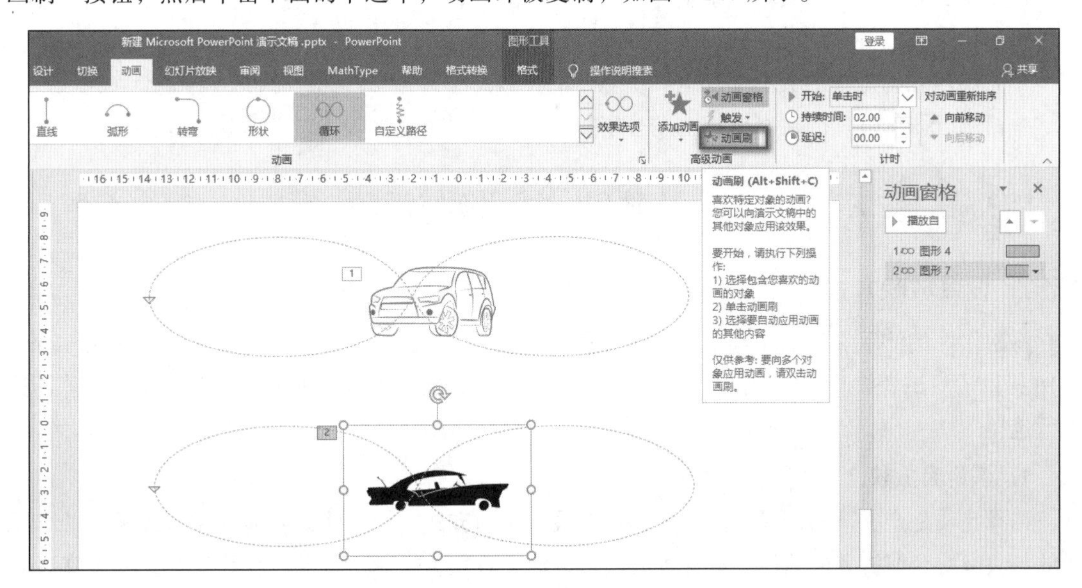

图 4-147　复制动画

4.6.8　上机练习

① 制作一个演示文稿，其中有两张幻灯片，第一张幻灯片背景的纹理填充效果设置为“深色木质”，在第一张幻灯片中输入自己的班级和姓名，并将其设置成艺术字，为艺术字添加进入动画、强调动画和退出动画。添加第二张幻灯片，要求插入一个文本框，设置内容为“我的动画”，要求设置沿指定的自由曲线运动。

② 使用 PPT 动画实现小球跳动效果的制作（提示：使用动作路径）。

③ 使用 PPT 动画实现水注入杯中的效果（提示：使用进入动画—擦除效果，注意擦除方向的选择）。

④ 使用PPT动画实现生字书写笔顺效果。

⑤ 制作有五张幻灯片的演示文稿，每张一个文本框和一个动画效果。具体要求如下：

- 第一张幻灯片输入文字“盒状非常快”，添加与文字说明相应的进入动画，在效果选项中把“内”改成“外”，并设置字体、颜色、字号。
- 第二张幻灯片输入文字“菱形缩小中速”，添加与文字说明相应的进入动画，在效果选项中把方向由“放大”改成“缩小”，速度设为中速，设置文本格式。
- 第三张幻灯片输入文字“棋盘之前慢速”，添加与文字说明相应的进入动画，在效果选项中把“单击鼠标”改为“之前”，速度慢速，设置文本格式。
- 第四张输入文字“出现效果”，添加与文字说明相应的进入动画，在“添加效果—进入—其他效果”中找到“出现”，设置文本格式。
- 第五张输入文字“颜色打字机”，添加与文字说明相应的进入动画，同样在“其他效果”中找到，并设置文本格式。
- 给第一张中的文本框加上“风声”的音效，单击右边的“下拉按钮—效果选项”，选择风声。
- 给第二张幻灯片的文本框加上“电压”的音效，选中文本框后，在右边的效果选项中设置。
- 给第三张幻灯片的文本框加上“推动”的音效。
- 给第四张幻灯片的文本框加上“疾驰”的音效。
- 给第五张幻灯片的文本框加上“打字机”的音效，把速度设为“非常快”。

4.7 幻灯片的切换与放映

4.7.1 设置放映方式

将制作好的演示文稿展示给观众之前，需要对要放映的幻灯片设置其放映方式。PowerPoint 2016提供了演讲者放映、观众自行浏览和在展台浏览三种放映幻灯片的方式，用户可以根据需要进行选择。

1. 演讲者放映

选择此项是全屏幕幻灯片放映方式，也是最常用的方式，用于演讲者播放演示文稿，以幻灯片的放映来配合演讲者的演讲。在这种方式下，演讲者完全控制放映的过程和节奏，在播放演示文稿时可以随时暂停演示文稿添加其他细节，还可右击，在弹出的快捷菜单的“指针选项”中将鼠标指针设置成绘图笔，在幻灯片上边勾画边重点演讲。

2. 观众自行浏览

幻灯片在PowerPoint窗口中放映。通过按【PageUp】【PageDown】键前后浏览幻灯片或动画，也可以通过移动窗口中的滚动条来浏览幻灯片，要结束放映可以按【Esc】键或右击，在弹出的快捷菜单中选择“结束放映”命令。

3. 在展台浏览

在展台浏览是三种放映类型中最简单的方式，这种方式将自动全屏放映幻灯片，并且循环放映演示文稿。在放映过程中，除了通过超链接或动作按钮进行切换以外，其他的功能都不能使用，如果要停止放映，只能按【Esc】键终止。

设置放映方式的操作步骤如下：

① 选择“幻灯片放映”选项卡，单击“设置”命令组中的“设置幻灯片放映”按钮，如图 4-148 所示，弹出“设置放映方式”对话框，如图 4-149 所示。

② 在该对话框的“放映类型”区域设置放映类型；在“放映幻灯片”区域设置具体放映演示文稿中的哪几张幻灯片；在“放映选项”区域选择是否让幻灯片中所添加的旁白和动画在放映时出现；在“推进幻灯片”区域设置幻灯片的切换方式。

③ 设置完成后，单击“确定”按钮。

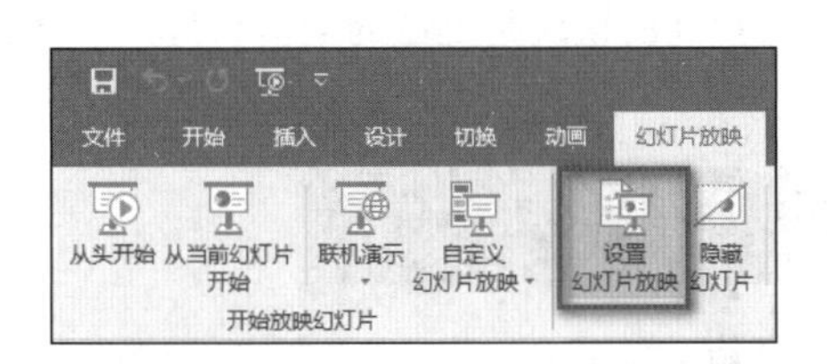

图 4-148　单击“设置幻灯片放映”按钮

图 4-149　“设置放映方式”对话框

◎温馨提示

在幻灯片放映情况下，隐藏鼠标指针按【Ctrl+H】组合键，显示鼠标指针按【Ctrl+A】组合键。

4.7.2　PPT 放映中如何显示备注内容

有时幻灯片需要借助备注提示，有什么方法可以做到投影幕上不显示，而在演讲者的计算机却可以看到？操作方法如下：

① 硬件连接，把笔记本计算机与投影仪连接好（否则有些选项不能设置），打开投影仪。

② 对笔记本计算机进行“双屏显示”设置，右击桌面空白处，在弹出的快捷菜单中选择“个性化”→“显示”命令，弹出“更改显示器外观”对话框。

③ 在显示属性中可以看到两个显示器。选择 2 号显示器并选择多显示器“扩展这些显示”，同时设置适当的分辨率，如图 4-150 所示。

④ 打开制作好的 PPT 文件，设置一下放映方式。选择“幻灯片放映”选项卡，单击“设置”命令组中的“设置幻灯片放映”按钮，选择“放映类型”为“演讲者放映”，并在“多监视器”设置中将“幻灯片放映显示”选择为“监视器 2”，并选中“使用演示者视图”复选框，单击“确定”按钮返回，如图 4-151 所示。

图 4-150 “更改显示器外观”对话框

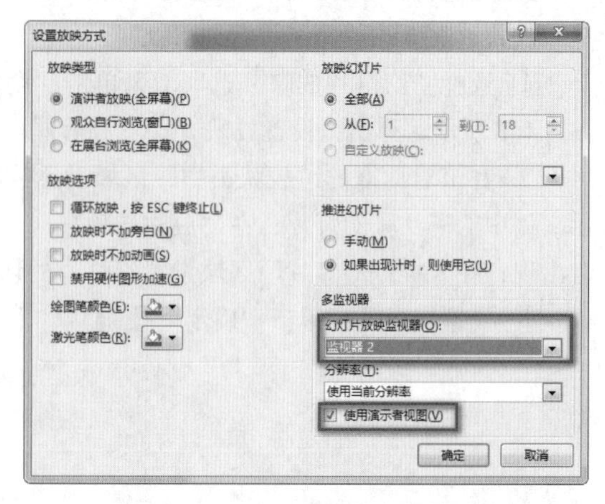

图 4-151 “设置放映方式”对话框

⑤ 按【F5】键播放幻灯片，这次的播放界面上方可以看到当前播放页面，下方为幻灯片添加的备注，以及下一张 PPT 的大致内容，左侧还可以看到多张幻灯片的预览，如图 4-152 所示。最重要的是，这一切都不会显示在外面的大屏幕上，观众看到的仅仅是上方的当前幻灯片的播放页面。

图 4-152 演讲者计算机上幻灯片播放效果

4.7.3 设置幻灯片切换方式

在 PowerPoint 2016 中，可以在两张幻灯片之间设置一种过渡效果，即幻灯片切换效果，这样可以使两张幻灯片的衔接更加自然和谐。

设置幻灯片切换效果的操作步骤如下：

① 选中要设置切换效果的幻灯片。

② 单击“切换”选项卡“切换到此幻灯片”命令组中的“其他”按钮，效果如图 4-153 所示，可以选择任意一种切换效果。

③ 在“切换”选项卡“计时”命令组的“声音”区域设置切换速度和声音；在“换片方式”区域设置换片方式，如图 4-154 所示。设置完成后单击“播放”按钮，即可预览切换效果。

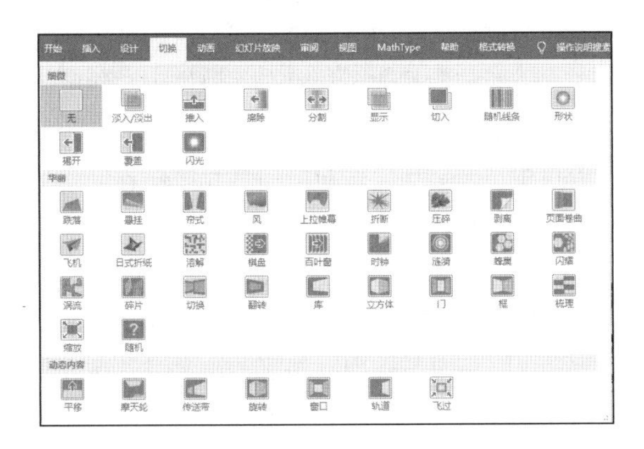

图 4-153　设置换片方式

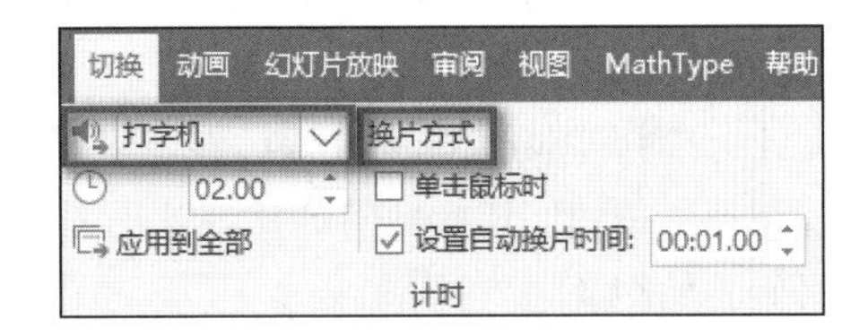

图 4-154　“计时”命令组

◎温馨提示

如果在放映过程中需要临时跳到某一张幻灯片，如果记得是第几张，例如是第六张，输入“6”然后按【Enter】键，就会跳到第六张幻灯片。或者右击，选择“定位”命令来完成跳页。

4.7.4　排练计时和录制旁白

1．排练计时

在演示文稿的放映方面，PowerPoint 2016 还提供了“排练计时”功能。排练计时可跟踪每张幻灯片的显示时间并相应地设置计时，为演示文稿估计一个放映时间，用于自动放映。排练计时之后，就会按照指定的时间依次播放动画效果。

例如，市场部的刘经理制作了产品市场宣传幻灯片，希望利用排练计时功能给自己的演讲彩排。操作步骤如下：

① 在演示文稿中，切换到“幻灯片放映”选项卡，在“设置”命令组中单击“排练计时”按钮，如图 4-155 所示。

② 此时，PowerPoint 2016 立刻进入全屏放映模式。屏幕左上角显示一个“预演”工具栏，借助它可以准确记录演示当前幻灯片时所使用的时间（工具栏左侧显示的时间），以及从开始放映到目前为止总共使用的时间（工具栏右侧显示的时间），如图 4-156 所示。

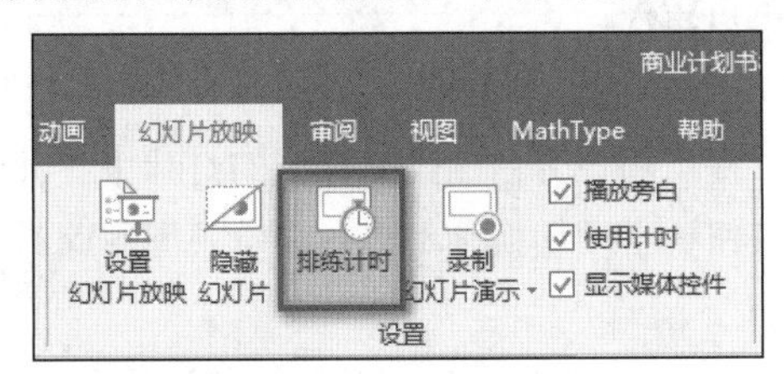

图 4-155　单击“排练计时”按钮

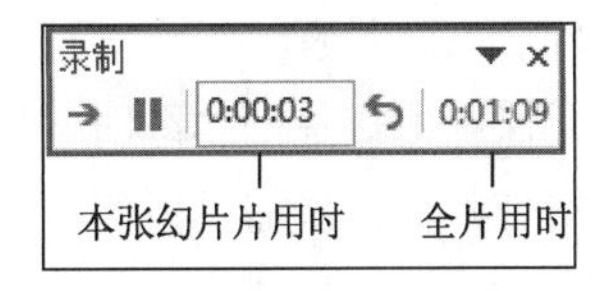

图 4-156　“预演”工具栏

③ 按照预先设想的演讲时间控制方案，一边看着屏幕上的幻灯片内容，一边尽情地练习演讲。另外，在练习演讲的过程中，还可以利用“预演”工具栏中的其他工具进行时间控制，具体如下：

- 如果觉得当前幻灯片的整体演讲时间过短或过长，可以单击“重复”按钮，将当前幻灯片的已用时间清零，同时从总时间中将这个时间扣除，并重新开始练习对该幻灯片的演讲和计时。

- 如果对当前幻灯片前半部分演讲的时间控制比较满意，但需要暂停一下，对后半部分的讲解方式进行思考或对语言进行整理，可以单击“暂停”按钮，计时会立即停止。然后，待准备工作就绪，就可以再次单击该按钮继续练习。
- 如果当前幻灯片的演讲练习非常成功，可以单击“下一项”按钮或幻灯片的任意位置，进行下一张幻灯片的演讲练习。演讲完成时，会显示提示信息，单击“是”按钮可将排练时间保留下来。

④ 此时，PowerPoint 2016 已经记录下放映每张幻灯片所用的时长。通过单击状态栏中的“幻灯片浏览”按钮，切换到幻灯片浏览视图，在该视图下，即可清晰地看到演示每张幻灯片所使用的时间，如图 4-157 所示。

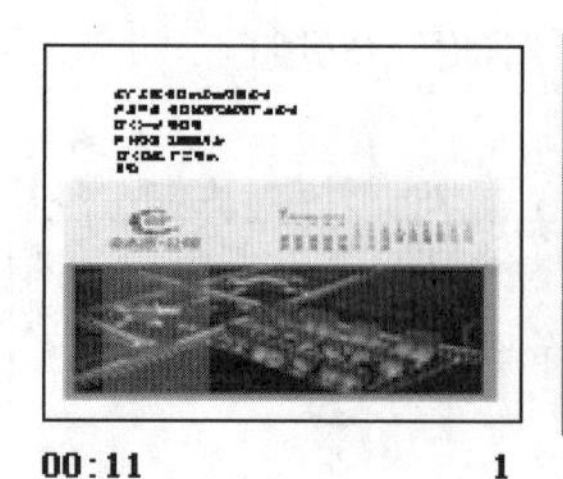
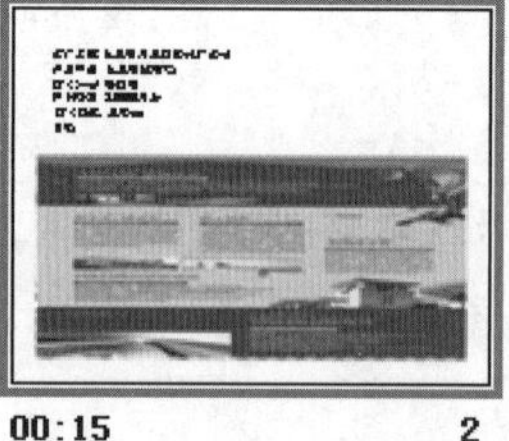
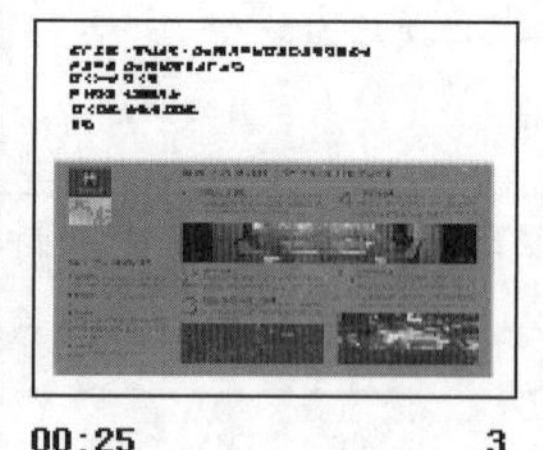
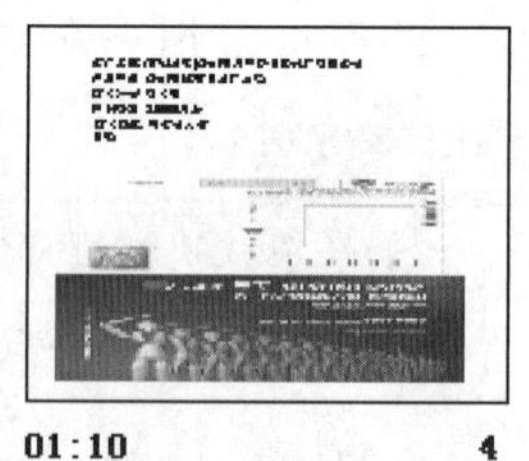

00:11 1 00:15 2 00:25 3 01:10 4

图 4-157 排练计时效果浏览

2. 录制旁白

录制 PPT 可以在确保版权的情况下实现资源的共享，尤其是加上笔迹和旁白的 PPT，可以直接成为用于学习的教程。一般情况下，PPT 的录制可能借助一些专门的视频录制软件实现，但在 PowerPoint 2016 中可通过本身具备的录制功能轻松实现。为幻灯片添加旁白的具体操作步骤如下：

① 选择需要录制旁白的幻灯片，在“幻灯片放映”选项卡的“设置”命令组中选择“录制”→“从头开始”命令，在弹出的“录制幻灯片演示”对话框中可以选择想要录制的内容，如图 4-158 所示。

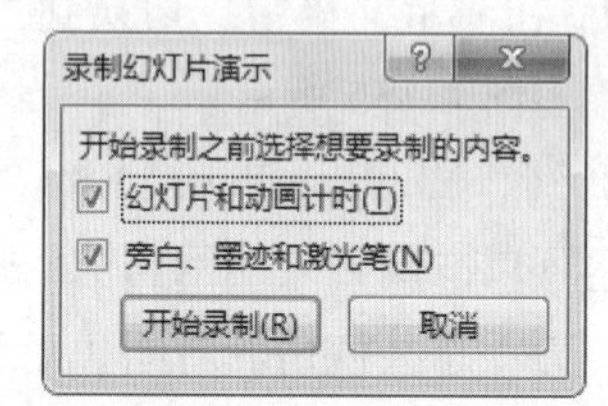

图 4-158 “录制幻灯片演示”对话框

② 单击“开始录制”按钮，随即将进入幻灯片放映模式，这时可以一边放映幻灯片，一边通过麦克风录制旁白。若要暂停录制旁白，可右击幻灯片，在弹出的快捷菜单中选择“暂停旁白”命令。若要继续录制，则可以再次右击幻灯片，选择“继续旁白”命令。

③ 录制完成后按【Esc】键退出放映，系统会提示用户旁白已经保存到幻灯片中，并询问用户是否需要保存幻灯片的排练时间，单击“是”按钮，自动切换到幻灯片浏览视图，此时可以看到播放此幻灯片旁白所需的时间。

4.7.5 幻灯片上做标记

利用 PowerPoint 2016 放映幻灯片时，为了让效果更直观，有时需要现场在幻灯片上做些标记。操作步骤如下：

① 在放映时右击，在弹出的快捷菜单中选择“指针选项”命令，在打开的子菜单依次选择“激光笔”/“笔”/“荧光笔”，如图 4-159 所示。

② 如果对绘图笔颜色不满意，还可在右击幻灯片时弹出的快捷菜单中选择“指针选项”→

"墨迹颜色"命令，就可以挑一种喜欢的颜色，如图 4-160 所示。

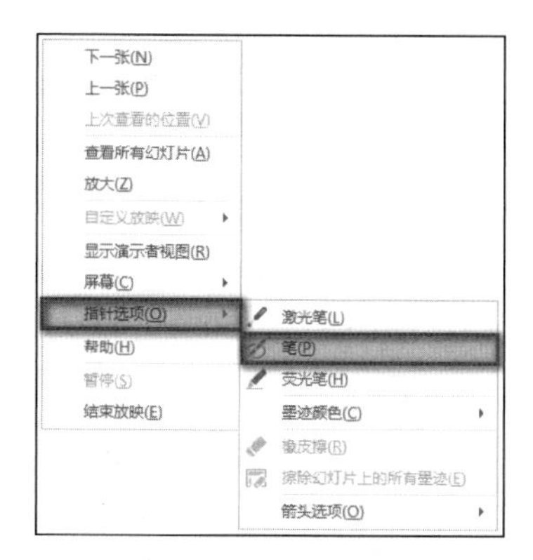

图 4-159　指针选项

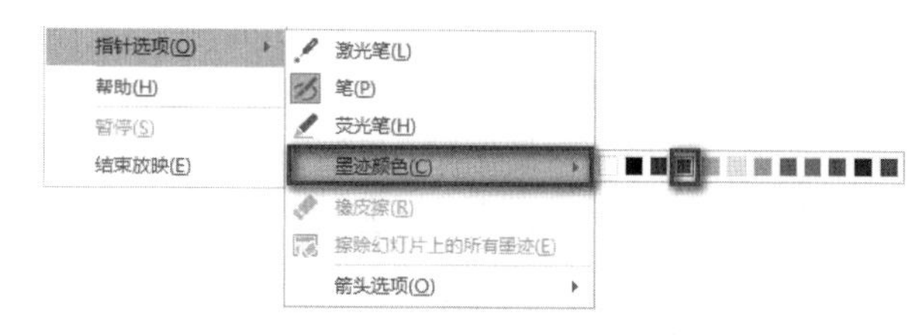

图 4-160　选择墨迹颜色

◎温馨提示

在播放的 PPT 中使用画笔标记的快捷键是【Ctrl+P】，擦除所画内容的快捷键是【E】键。

③ 做这些标记不会修改幻灯片本身的内容，在右键弹出的快捷菜单中选择"指针选项"→"擦除幻灯片上的所有墨迹"命令，幻灯片即复原。

④ 当不需要进行绘图笔操作时，可以再次在屏幕上右击，选择"指针选项"→"自动"命令，即可把鼠标指针恢复为箭头状。

4.7.6　上机练习

① 选择一个做得比较满意的演示文稿，练习使用排练计时功能，记录演示每个幻灯片所需的时间，然后在向观众演示时使用记录的时间自动播放幻灯片，在放映过程中可在幻灯片上添加标记。

② 制作倒计时效果。首先创建五张幻灯片，内容分别为 5、4、3、2、1，设置字号、颜色、幻灯片背景，之后设置所有幻灯片切换效果为"水平百叶窗""间隔 1 秒换页"，并伴有"疾驰"声响。

③ 利用 PowerPoint 制作一份电子报刊（以下题目任选其一）：

题目：①古诗赏析；②动画故事（成语故事）；③书目节选。

制作要求：

- 幻灯片不少于五张，图案或图片、过渡色，艺术字、设置自定义动画、动画效果和切换、每张幻灯片应有超链接或动作按钮，方便浏览。
- 在作品上写上班级、姓名、作品题目，位置摆放要合理、美观。
- 上网搜集下载图片、文字资料。
- 保存所做的文稿，文件名为"班级＋自己姓名"，保存位置为"d:\年班＋自己姓名"文件夹。

习　　题

1. 制作一个自我介绍的演示文稿，要求有五张以上幻灯片，要有文本、图片、表格、声音，要求使用各不相同的幻灯片版式和背景，要有必需的动画。

2. 建立演示文稿《回乡偶书》，整体效果如图 4-161 所示。

（1）插入第一张版式为“仅标题”的幻灯片，第二张和第四张版式均为“标题和内容”的幻灯片，第三张版式为“竖排标题与文本”的幻灯片。

（2）在第一张幻灯片上插入自选图形（星与旗帜下的横卷形）。

（3）设置所有幻灯片的背景为褐色大理石。

（4）将幻灯片的配色方案设置标题为白色，文本和线条为黄色。

（5）将母版标题格式设为宋体、44 号、加粗。

（6）设置文本格式设为华文细黑、32 号、加粗，行距为 2 行，项目符号为⌘（windings 字符集中），橘红色。

（7）在母版的右下角插入符合情景的图片。

（8）设置第一张幻灯片的各个自选图形的填充颜色为无，字体为隶书、48 号。在自选图形上加入对应幻灯片的链接。

（9）设置动画效果：第一个自选图形自左侧切入，随后第二个自选图形自动自右侧切入，第三个自选图形自动自底部切入。

图 4-161 《回乡偶书》完成效果图

3. 制作演示文稿《公司宣传》，具体排版要求如下：

（1）将背景设为蓝色面巾纸纹理效果。

（2）编辑幻灯片母版：

① 在左上角插入自选图形：月亮和星星，适当旋转，将填充颜色设为浅绿色（153，204，0），线条颜色设为黄色。

② 插入圆角矩形，填充颜色设为无，线条颜色设为深黄，线条粗细设为 1 磅。

③ 将母版标题样式设为华文行楷，36 号；文本样式设为宋体、14 号，项目符号设为➢。将标题移到圆角矩形之上，文本移到圆角矩形之中。

④ 在母版中插入圆角矩形，放置左侧合适位置。填充颜色设为浅绿色（153，204，0），无线条颜色，设置阴影效果：阴影样式 17，三维旋转样式设置（透视：左透视）。添加文本：最新

信息，设为华文行楷、24 号、黑色。用同样的方法将其余的圆角矩形及文字添加上去。

（3）插入第一张版式为“标题和内容”的幻灯片，输入标题“最新信息”，文本内容如下：

某广告公司自成立以来，遵循“高层次、高素质、高标准”的发展轨迹，一直在向最优秀的广告代理与平面设计企业的方向努力，并提出了“广告急先锋”的自身定位，追求最新的广告理念，学习最新的广告技巧，并力争使每一项业务均不落俗套，超前创新。

最近公司成立了电子多媒体及互联网广告部，主要代理主页制作、互联网广告、代办上网等业务，以专业的工作水准、良好的创作能力、优惠的价格为客户提供多项科技前卫的广告服务。

电话：2366××××，2366××××

地址：北京市海淀区××大厦十层

E-mail 地址：service@new-century.com

（4）插入第二张幻灯片版式为“内容与标题”，输入标题“业务报价”，文本及表格内容如下：

某广告公司拥有专业的影视广告设备，包括非线性脱机编辑系统，BATACOM 后期编辑设备、三维动画制作工作站、视频工作站、字幕编辑机及大型录音室。本公司将以独特的创意、完整的策划创意、专业的工作水平为您提供优良的服务。（文本无项目符号设置）

业务报价见表 4-2。

表 4-2　业务报价表

策划、脚本、创意费		3 000 元至 10 000 元
拍摄		400 元/天
节目编辑		100 元/15 秒
配音		30 元/1 分钟
字幕		60 元/100 字
母版费		1 800 元/张
三色以下丝网印刷		2 元/张
柯式印刷		2.7 元/张
菲林（光盘盘面）	设计	500 元/张
	输出	200 元/张
三维动画制作		800 元至 1 500 元/秒（视难度而定）

（5）插入第三张幻灯片，输入标题“组织结构”，输入如图 4-162 所示的组织结构图：董事会图框设置阴影效果，海绿色；总裁图框填充设置为蓝色；其余图框填充设置为黄色。

（6）插入第四张幻灯片，输入标题“公司业绩”，建立图表，图表数据见表 4-3。

（7）在幻灯片母版中，将圆角矩形链接到对应的幻灯片。

（8）设置显示幻灯片的页脚为“日期和时间”自动更新。

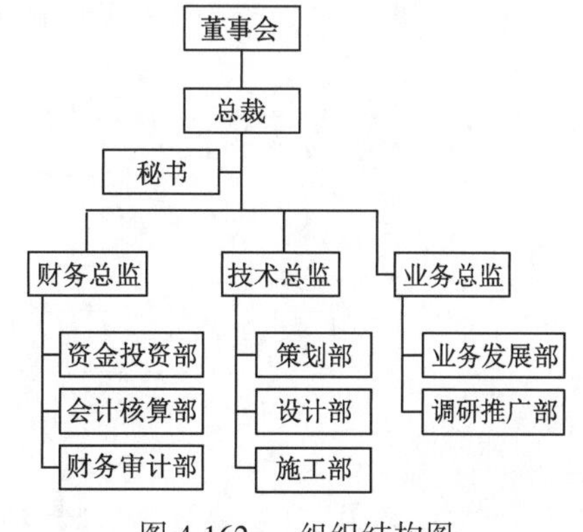

图 4-162　组织结构图

（9）将文件保存，取名“操作题 3”。

表 4-3 公司业务表

年　份	2020	2021	2022	2023
主营业务额	1500000	2000000	2200000	2500000
其他业务额	500000	800000	1200000	1500000
利润	250000	300000	320000	400000

完成效果如图 4-163 所示。

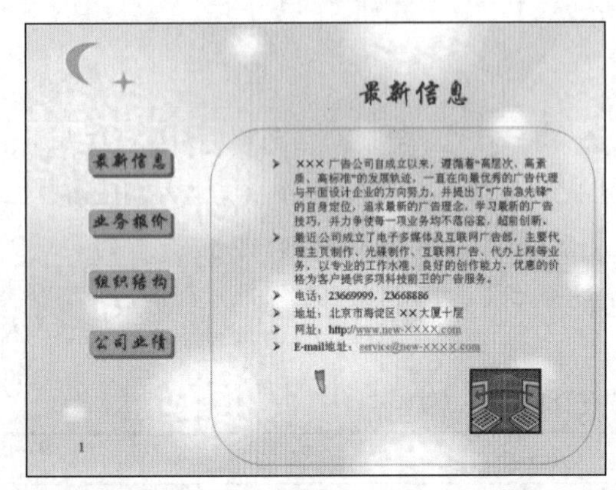

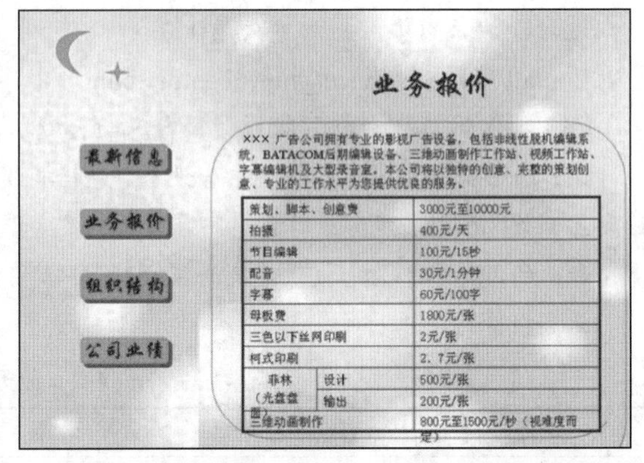

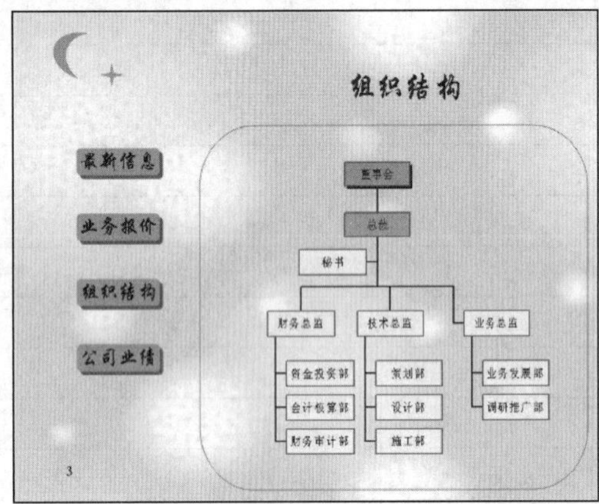

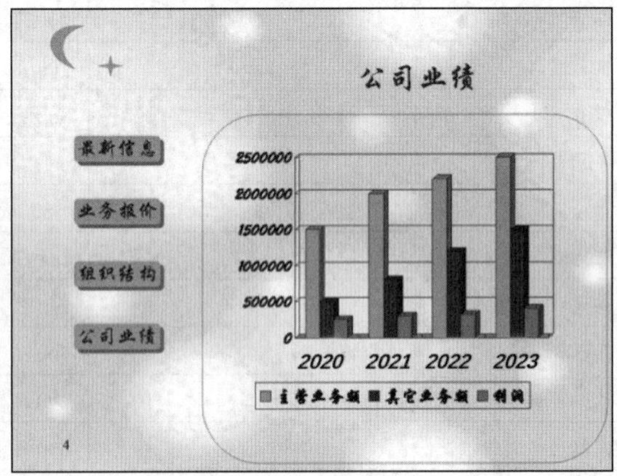

图 4-163　习题 3 完成效果图

第 5 章 Word 2016 综合案例

本章通过综合案例，使读者进一步熟悉 Word 文档的制作技巧，熟练掌握如何进行文档管理、编辑排版、表格处理、图形处理等技巧。

5.1 Word 综合案例 1——“C 语言概述”文档格式化

5.1.1 案例描述

在如图 5-1 所示的“C 语言概述”文档进行如下操作：

① 将标题段文字设置为三号绿色、华文行楷（西文+西文正文）、加粗、居中、加橙色方框、段后间距 0.5 行。

② 设置正文第一段和第二段（“C 语言是国际上……C 语言的主要特点如下：”）首行缩进 2 字符，为正文第三段至第七段（“语言简洁……和各种操作系统。”）添加项目符号“✧”。

③ 设置页面左、右边距各为 3.1 厘米。

④ 第一段首字下沉 3 行，字体为楷体。

⑤ 将“C”替换成“VFP”。

⑥ 将最后一段加边框，应用于文字，宽度 1.5 磅，三维边框，水绿色。

5.1.2 操作步骤解析

① 启动 Word，单击“快速访问工具栏”中的“新建”按钮，新建一个名为“C 语言概述”的文档，输入本文内容，如图 5-1 所示。

C 语言概述

C 语言是国际上广泛流行的、很有发展前途的计算机高级语言。它适合于作为系统描述语言，即用来编写系统软件，也可用来编写应用软件。

C 语言之所以能存在和发展，并具生命力，有其不同于其他语言的特点。C 语言的主要特点如下：

语言简洁、紧凑，使用方便、灵活。

运算符丰富。

数据结构丰富。

具有结构化的控制语句（如 if...else 语句、while 语句、do...while 语句、switch 语句、for 语句）。

用 C 语言编写的程序可移植性好（与汇编语言比），基本上不作修改就能用于各种型号的计算机和各种操作系统。

其设计目标是提供一种能以简易的方式编译、处理低级存储器、产生少量的机器码以及不需要任何运行环境支持便能运行的编程语言。

图 5-1 输入文字

② 选取标题“C 语言概述”，切换至“开始”选项卡，在“字体”命令组中单击右下方的对话框启动器按钮，弹出“字体”对话框，此时默认为“字体”选项卡。在“中文字体”下拉列表中选择“华文行楷”，在“西文字体”下拉列表中选择“+西文正文”，在“字形”列表中选择“加粗”，在“字号”列表中选择“三号”，在“字体颜色”下拉列表中选择“绿色”，然后单击“确定”按钮，如图 5-2 所示。

③ 选取标题“C 语言概述”，切换至“开始”选项卡，在“段落”命令组中单击“居中”按钮。

④ 选取标题“C 语言概述”，切换至“设计”选项卡，在“页面背景”中单击“页面边框”按钮，弹出“边框和底纹”对话框，选择“边框”选项卡，在“设置”中选择“方框”，在“颜色”中选择“橙色”，在“应用于”中选择“文字”，单击“确定”按钮，如图 5-3 所示。

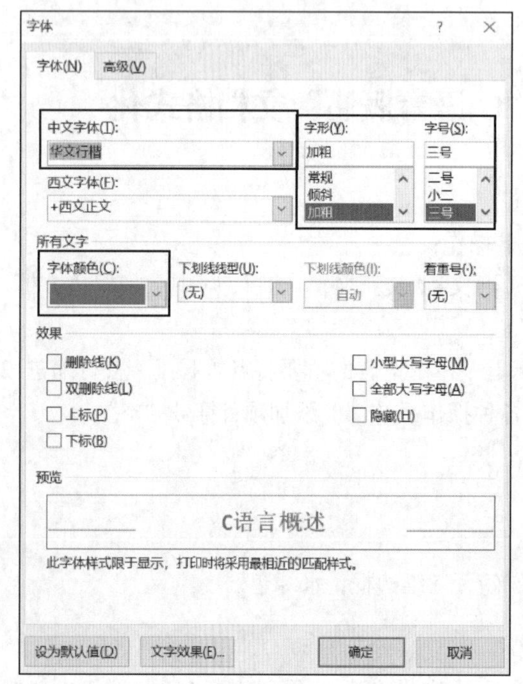

图 5-2 设置字体

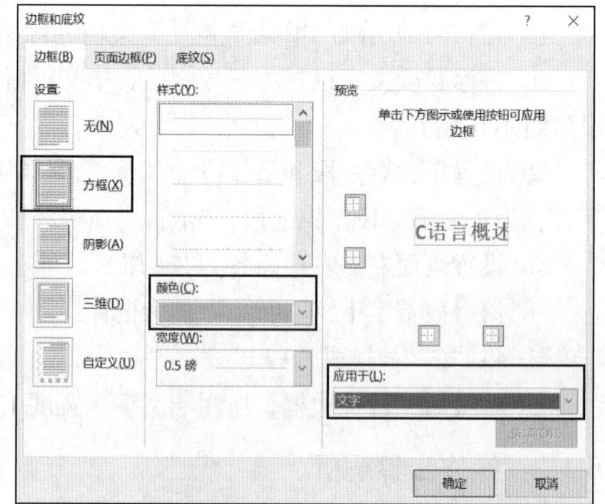

图 5-3 设置边框

⑤ 选取标题“C 语言概述”，切换至“布局”选项卡，将“段落”命令组中的“间距”的“段后”设为“0.5 行”，如图 5-4 所示。

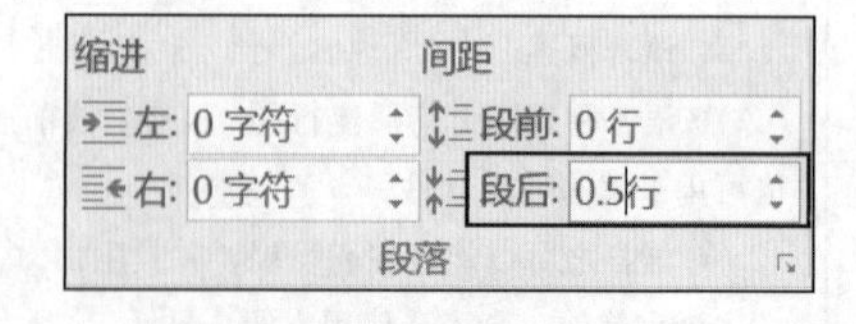

图 5-4 设置间距

⑥ 选中第一段，按住【Ctrl】键的同时选中第二段，切换至“开始”选项卡，在“段落”命令组中单击右下角的对话框启动器按钮，弹出“段落”对话框，此时默认为“缩进和间距”选项卡，在“缩进”选项中，选择“特殊格式”中的“首行缩进”后，默认“磅值”为“2 字符”，单击“确定”按钮，如图 5-5 所示。

⑦ 选中第三段，按住【Ctrl】键依次选中第四段、第五段直到第七段，右击，在弹出的快捷菜单中选择“项目符号”命令，然后在弹出的列表框中选择“✧”符号，如图 5-6 所示。

⑧ 切换至“布局”选项卡，选择“页面设置”命令组“页边距”下拉列表中的“自定义边

距”命令，在弹出对话框的“页边距”选项卡中设置“左”“右”都为“3.1 厘米”后，单击“确定”按钮，如图 5-7 所示。

⑨ 选中第一段，切换至“插入”选项卡，在“文本”命令组中选择“首字下沉”下拉列表中的“首字下沉选项”命令，弹出“首字下沉”对话框，在“位置”中选择“下沉”，在“选项”中选择“字体”为“楷体”，“下沉行数”为“3 行”，单击“确定”按钮，如图 5-8 所示。

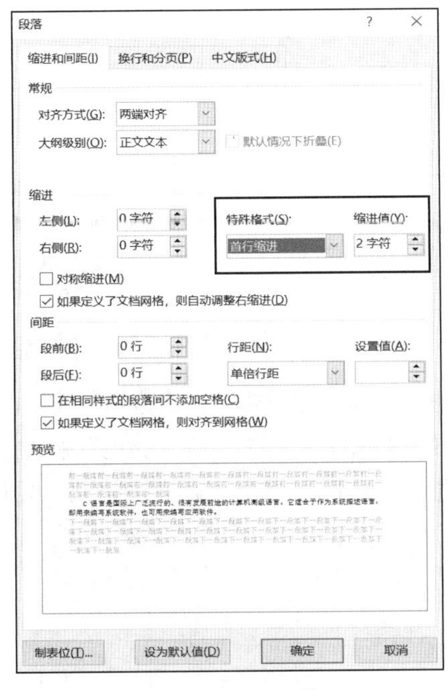

图 5-5　设置段落

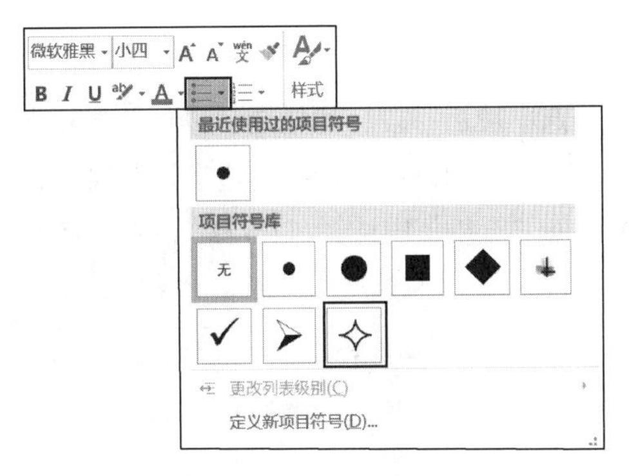

图 5-6　添加项目符号

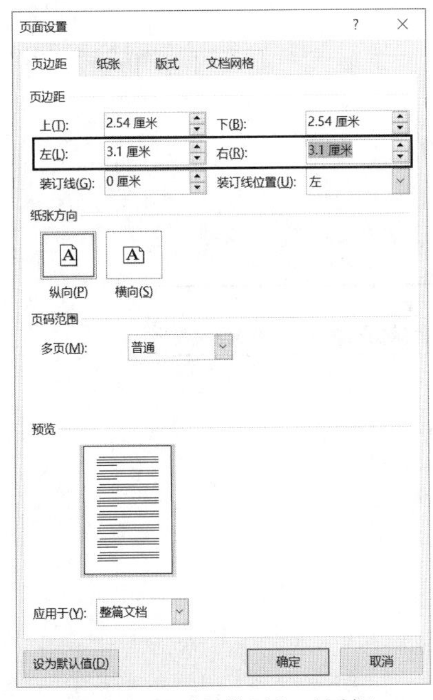

图 5-7　“页面设置”对话框

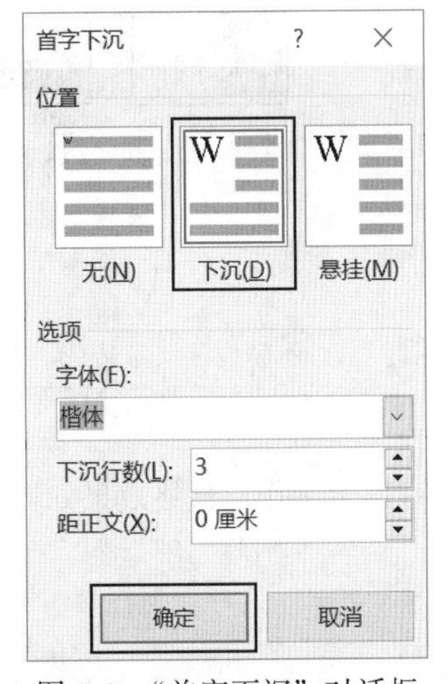

图 5-8　“首字下沉”对话框

⑩ 按【Ctrl+H】组合键打开“查找和替换”对话框，选择“替换”选项卡，在“查找内容”文本框中输入“C”，在“替换为”文本框中输入“VFP”，单击“全部替换”按钮（见图 5-9），出现如图 5-10 所示的替换提示对话框，单击“确定”按钮。

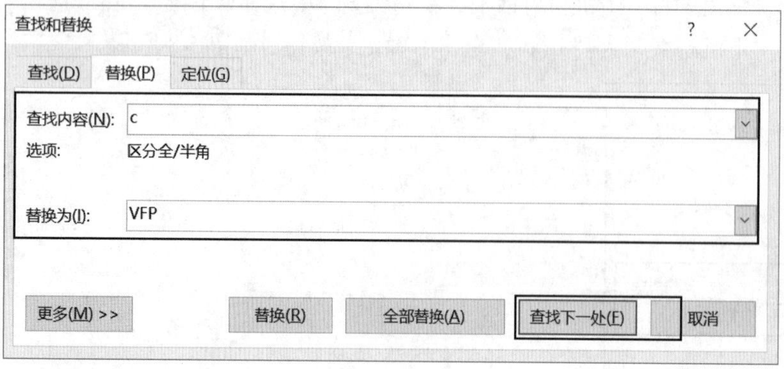

图 5-9 替换设置

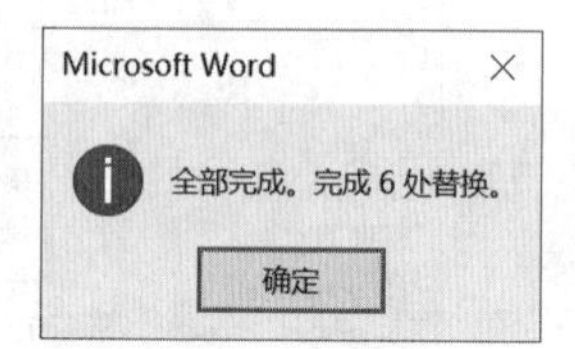

图 5-10 替换提示

⑪ 选中最后一段，切换至“设计”选项卡，在“页面背景”中单击“页面边框”按钮，弹出“边框和底纹”对话框，选择“边框”选项卡，在“设置”中选择“三维”，在“颜色”中选择“水绿色”，在“宽度”中选择“1.5 磅”，在“应用于”中选择“文字”，单击“确定”按钮，如图 5-11 所示。

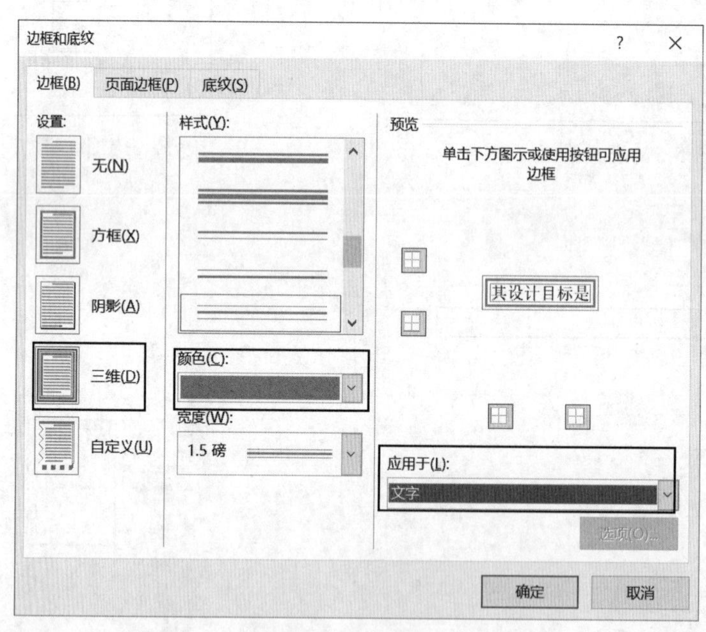

图 5-11 设置边框

⑫ 通过以上操作，最终效果如 5-12 所示。

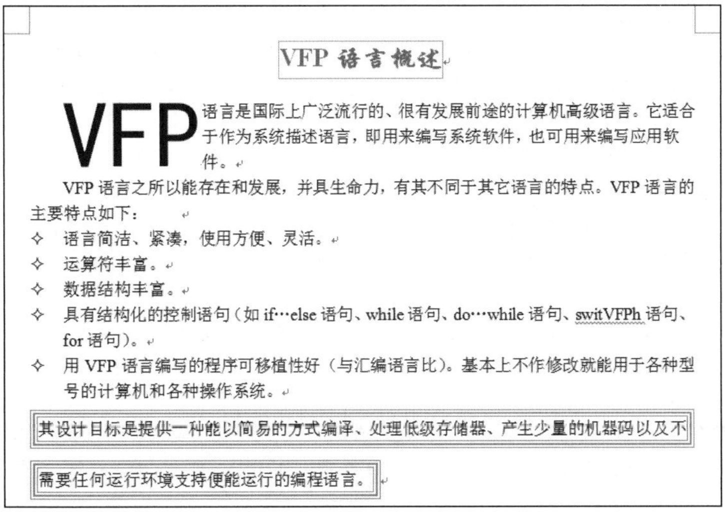

VFP 语言概述

VFP 语言是国际上广泛流行的、很有发展前途的计算机高级语言。它适合于作为系统描述语言，即用来编写系统软件，也可用来编写应用软件。

VFP 语言之所以能存在和发展，并具生命力，有其不同于其它语言的特点。VFP 语言的主要特点如下：

- 语言简洁、紧凑，使用方便、灵活。
- 运算符丰富。
- 数据结构丰富。
- 具有结构化的控制语句（如 if…else 语句、while 语句、do…while 语句、switVFPh 语句、for 语句）。
- 用 VFP 语言编写的程序可移植性好（与汇编语言比）。基本上不作修改就能用于各种型号的计算机和各种操作系统。

其设计目标是提供一种能以简易的方式编译、处理低级存储器、产生少量的机器码以及不

需要任何运行环境支持便能运行的编程语言。

图 5-12　案例 1 最终效果

5.2　Word 综合案例 2——设计“大连科技学院简介”文档

5.2.1　案例描述

① 选中正文（从“在浪漫之都滨城大连”至“向着全国同类一流院校的目标迈进。”），设置字体为宋体，字号小四，行距为 1.5 倍行距，首行缩进 2 个字符。

② 将“本科院系及其专业（部分）”的字体设置为幼圆，字号小三，字形加粗，对齐方式设置为居中，段前间距设置为 0.5 行。

③ 选中“机械工程系”至“日语”，对齐方式设置为居中，将其分为三栏，中间有分隔线。

④ 将各院系名称的字体设置为华文行楷，字号小三号，深蓝色。在各院系名称前插入符号❁（Windings 字体下的符号）。

⑤ 将联系地址和咨询电话设置为右对齐，字符底纹，字形加粗。

⑥ 在文档首页眉处输入“大连科技学院欢迎你”。在页脚处输入页号，居中。

⑦ 插入竖排文本框，在文本框内输入“简介”，字体为黑体，字号为一号。在文本框内输入“大连科技学院”，字体为华文行楷，字号小初，两端对齐。

⑧ 设置文本高度为 10.5 厘米，宽度为 4 厘米，版式为四周型，距正文上、下边距为 0.8 厘米，无颜色，无轮廓。

⑨ 将图片文件移动到文档的右上角，设置图片版式为四周型。

⑩ 设置页面颜色为浅绿，图案为 90%，“背景”为“橄榄色，个性色，深色 50%”。

5.2.2　操作步骤解析

① 新建 Word 文档，录入文本如 5-13 所示。

在浪漫之都滨城大连，在钟灵毓秀、风光旖旎的月亮湾畔，镶嵌有一颗璀璨的明珠——大连科技学院。学院成立于2002年7月，时为大连交通大学信息工程学院。2011年4月，经教育部批准转设为独立设置的省属普通本科高等学校。

校址位于辽东半岛最南端的大连旅顺经济开发区大学城内。校区位于国家自然保护区老铁山北麓延伸带之上，环视渤黄两海，驻足世界和平公园之东，毗邻沈海高速公路与烟大火车轮渡交会之地。校园占地面积约36.6万平方米，现有教学行政用房面积约9.5万平方米，专任教师414人，其中副高级职称以上103人，教学仪器设备价值3784.50万元，图书59万册。建有各类实验室32个，校外实习实训基地49个。学院校园正在扩建中，扩建完成后，总建筑面积将达到31万平方米。

学院下设机械工程系、电气工程系、信息科学系、管理工程系、外语系、艺术系、基础部、国际合作与交流学院、软件技术学院（专科）等9个教学系部院，设置有31个本科专业（方向），8个高职（专科）专业，涉及工、管、文、法、艺等五大学科门类。

大连科技学院将秉承“以人为本、依法治校、质量立校、特色兴校、开放办学”的办学理念，不断深化教育教学改革，不断加强内涵建设，努力打造专科、本科、工程硕士为一体的应用型人才培养教育体系，向着全国同类一流院校的目标迈进。

本科院系及其专业（部分）

机械工程系

设计制造及其自动化

机械电子工程

电气工程系

电气工程及其自动化

自动化

信息科学系

计算机科学与技术

物联网工程

管理工程系

会计学

物流管理

艺术系

工业设计（普通类）

产品设计（艺术类）

外语系

英语

日语

联系地址：大连市旅顺经济开发区滨港路999-26号

咨询电话：0411-86245×××

图5-13　输入文字

② 将光标置于文档最前，按住鼠标左键不动，拖动鼠标至第四段段尾，切换至“开始”选项卡，在“字体”命令组中将“字体”修改为“宋体”，“字号”修改为“小四”，如图 5-14 所示。右击，选择“段落”命令，弹出“段落”对话框，选择“缩进和间距”选项卡，在“特殊格式”中选择“首行缩进”，同时“缩进值”设置为“2 字符”，“行距”选择“1.5 倍行距”，单击“确定”按钮，如图 5-15 所示。

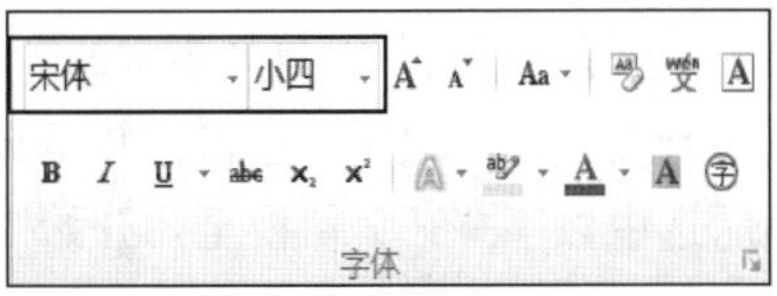

图 5-14　设置字体

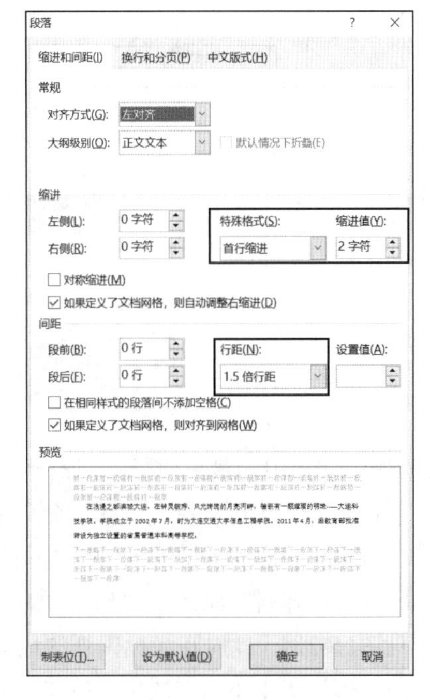

图 5-15　设置段落

③ 选中文字“本科院系及其专业（部分）”，切换至“开始”选项卡，在“字体”命令组中将“字体”修改为“幼圆”，“字号”修改为“小三”，单击“加粗”按钮，如图 5-16 所示，在“段落”命令组中单击“居中”按钮；切换至“页面布局”选项卡，在“段落”命令组中将“间距”的“段前”修改为“0.5 行”，如图 5-17 所示。

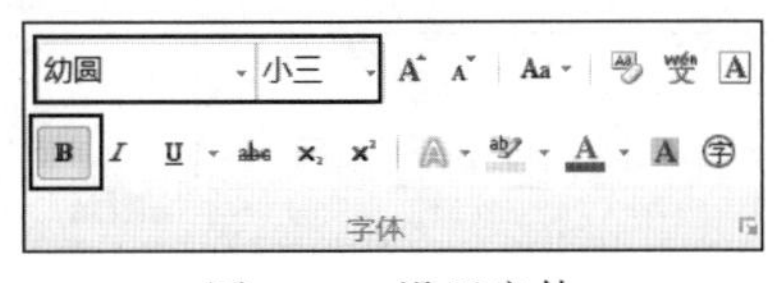

图 5-16　设置字体

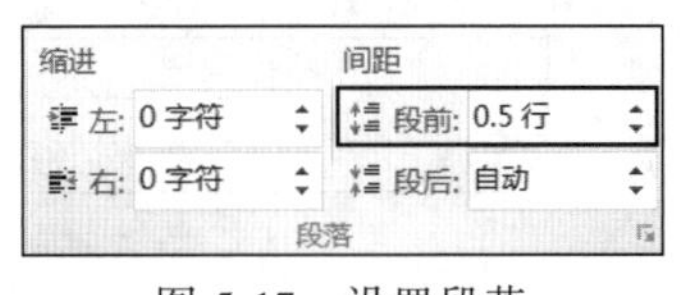

图 5-17　设置段落

④ 选中“机械工程系”至“日语”文字，切换至“开始”选项卡，在“段落”命令组中单击“居中”按钮。切换至“布局”选项卡，在“页面设置”命令组中选择“分栏”下拉列表中的“更多分栏”命令，弹出“分栏”对话框，在“预设”选项中选择“三栏”，选中“分隔线”复选框，单击“确定”按钮，如图 5-18 所示。

⑤ 通过【Ctrl】键和鼠标组合选中各个院系，切换至“开始”选项卡，在“字体”命令组中将“字体”修改为“华文行楷”，“字号”为“小三”，在“颜色”下拉列表中选择“深蓝”。将光标置于机械工程系前，切换至“插入”选项卡，在“符号”命令组中，选择“符号”下拉列表中

的“其他符号”选项，弹出“符号”对话框，在“字体”文本框中输入 Wingdings，在其下的符号中找到“✿”符号，单击“插入”按钮，如图 5-19 所示。选中“✿”符号，按【Ctrl+C】组合键复制此符号，依次按【Ctrl+V】组合键复制于其他院系前。

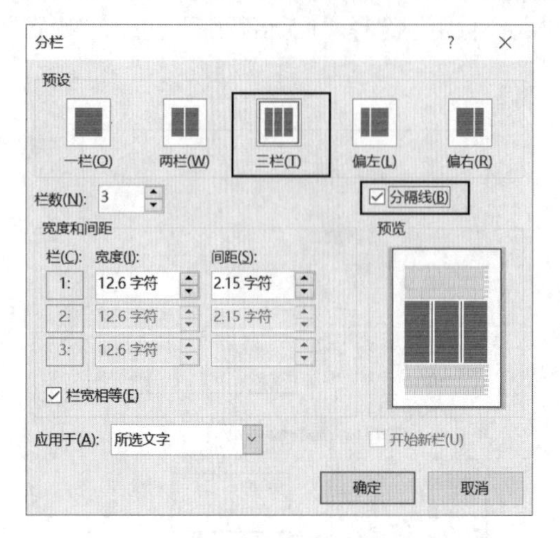

图 5-18 设置分栏

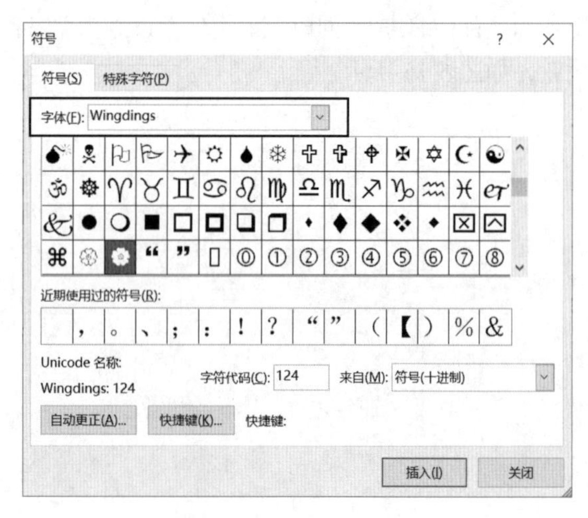

图 5-19 添加符号

⑥ 选中文档中的最后两行，切换至“开始”选项卡，在“字体”命令组中单击“加粗”按钮和“字符底纹”按钮，在“段落”命令组中单击“文本右对齐”按钮。

⑦ 切换至“插入”选项卡，在“页眉和页脚”命令组中选择“页眉”下拉列表中的“空白”选项，输入“大连科技学院欢迎你”，如图 5-20 所示。在“导航”命令组中，单击“转至页脚”按钮（见图 5-21），此时在光标闪烁的地方输入“1”，随后选中数字“1”，切换至“开始”选项卡，在“段落”组中单击“居中”按钮，双击上方空白处，退出页眉和页脚状态。

⑧ 切换至“插入”选项卡，在“文本”命令组中选择“文本框”下拉列表中的“绘制竖排文本框”命令，输入文字“简介大连科技学院”。在文字“大连科技学院”与“简介”之间通过【Enter】键添加分隔符。选中文字“简介”，切换至“开始”选项卡，在“字体”命令组中将“字体”修改为“黑体”，“字号”为“一号”；选中文字“大连科技学院”，将“字体”修改为“华文行楷”，“字号”为“小初”，在“段落”命令组中单击“两端对齐”按钮，如图 5-22 所示。

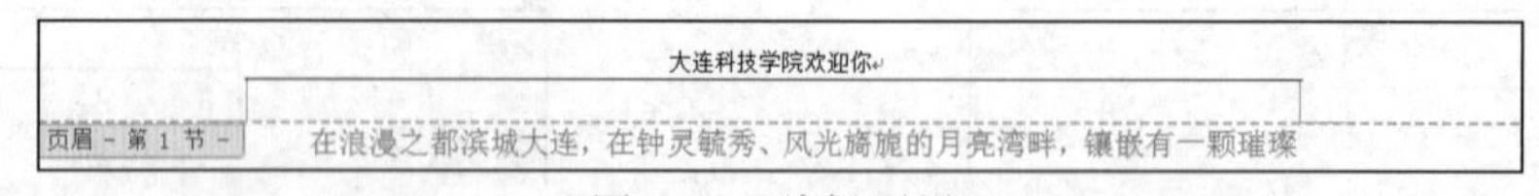

图 5-20 编辑页眉

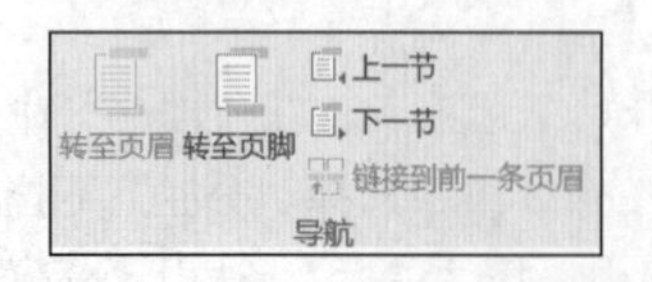

图 5-21 单击“转至页脚”按钮

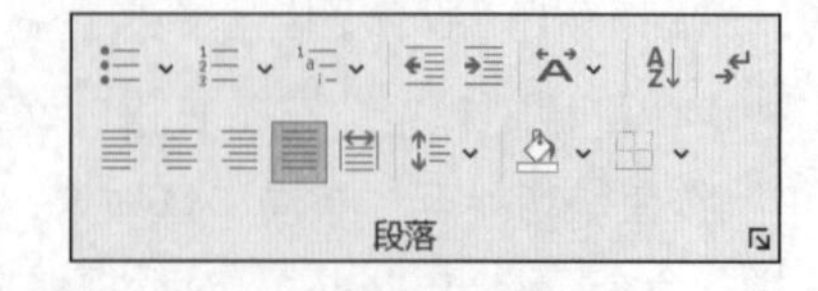

图 5-22 设置格式

⑨ 切换至“绘图工具-格式”选项卡，在“大小”命令组中将“高度”修改为“10.5 厘米”，“宽度”修改为“4 厘米”，如图 5-23 所示，单击“排列”命令组中的“环绕文字”按钮，在弹出的下拉列表中选择“其他布局选项”命令，在弹出的“布局”对话框中选择的“文字环绕”选项

卡，“环绕方式”选择“四周型”，在“距正文”区域，将“上”和“下”都修改为“0.8 厘米”，如图 5-24 所示。在“形状样式”命令组中，选择“形状填充”中的“无填充”、“形状轮廓”中的“无轮廓”选项。

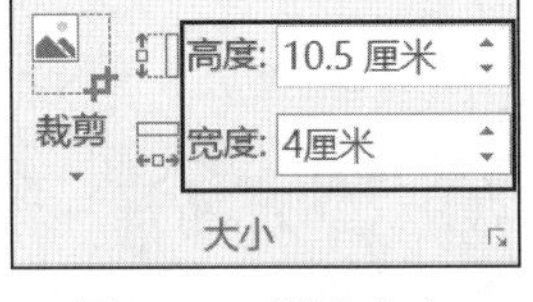

图 5-23 设置大小

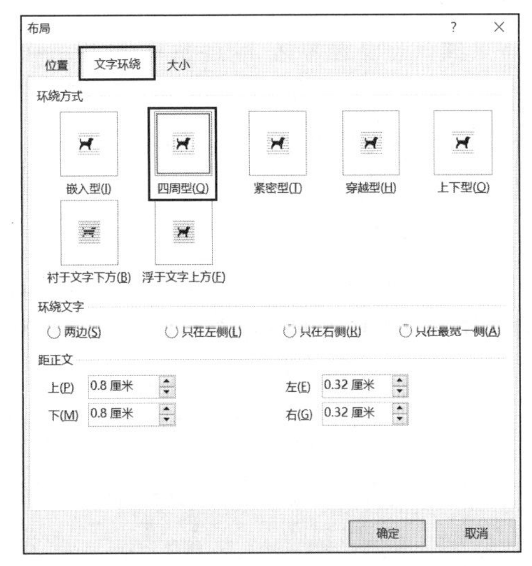

图 5-24 设置文字环绕

⑩ 选中图片，在“图片工具-格式”选项卡中单击“环绕文字”，在弹出的下拉列表中选择 “四周型”命令，然后将其拖动至文档的右上角。

⑪ 切换至“设计”选项卡，在“页面背景”命令组中单击“页面颜色”按钮，选择“标准色”中的“浅绿”后，选择“填充效果”命令，弹出“填充效果”对话框，选择“图案”选项卡，在“图案”选项中选择“90%”，在“背景”中选择“橄榄色，个性色，深色 50%”，单击“确定”按钮，如图 5-25 所示。

最终效果如图 5-26 所示。

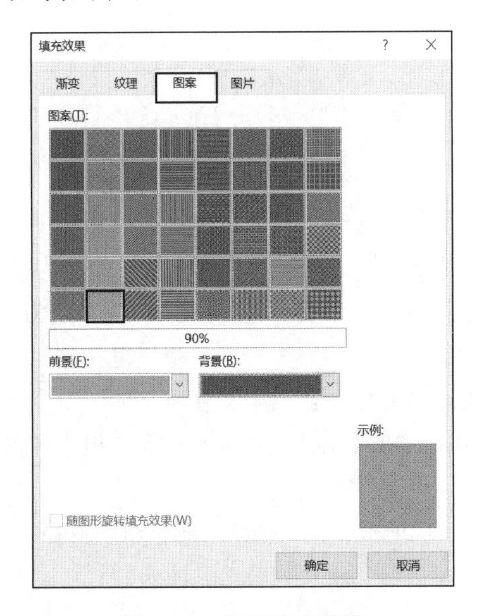

图 5-25 设置填充效果

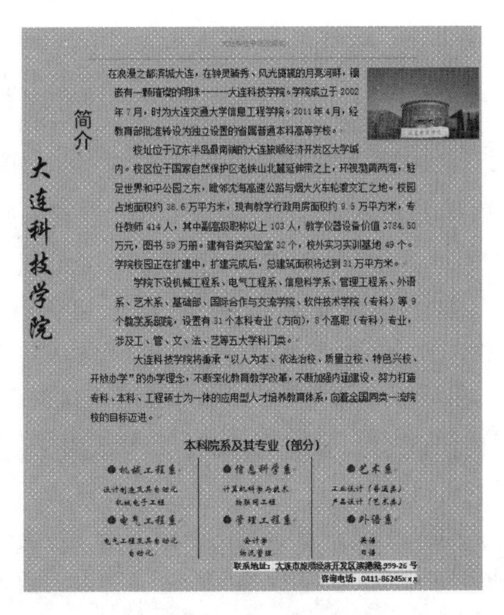

图 5-26 案例 2 最终效果

5.3 Word 综合案例 3——制作一份数学试卷

5.3.1 案例描述

① 将页面纸张设置为宽 20 厘米，高 29.7 厘米，设置上、下边距为 2.54 厘米，左、右边距为 3.17 厘米。

② 输入试卷标题“数学课程考试试卷”，字体设置为黑体、二号、居中。

③ 插入表格，设置第 1 列、第 10 列的列宽为 2 厘米，第 2 到第 9 列的列宽为 1.5 厘米。表格中的文字水平居中显示。

④ 输入各题的内容，如图 5-27 所示，其中公式利用公式编辑器来编辑，图形通过绘图工具栏来绘制。注意不用输入题目编号。

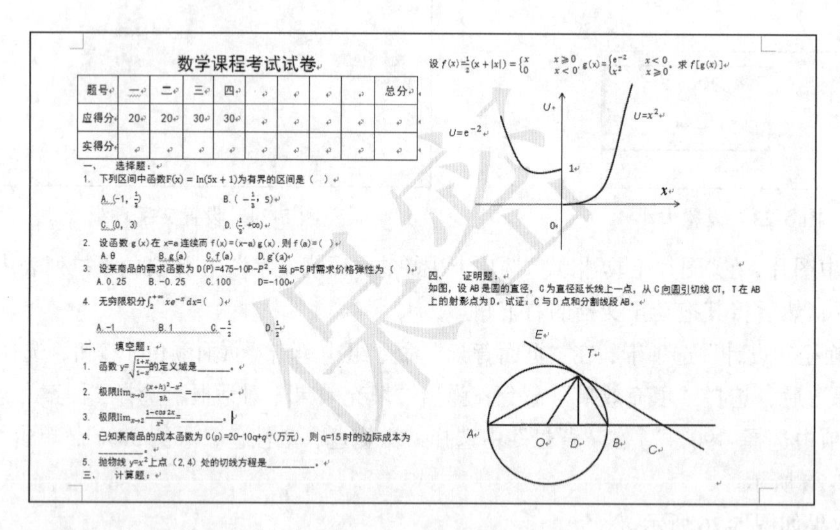

数学课程考试试卷

题号	一	二	三	四					总分
应得分	20	20	30	30					
实得分									

一、 选择题：

1. 下列区间中函数 $F(x)=\ln(5x+1)$ 为有界的区间是（ ）

A. $(-1, \frac{1}{3})$ B. $(-\frac{1}{3}, 5)$

C. (0, 3) D. $(\frac{1}{3}, +\infty)$

2. 设函数 g(x) 在 x=a 连续而 f(x)=(x-a)g(x)，则 f'(a)=( )

A. 0 B. g(a) C. f(a) D. g'(a)

3. 设某商品的需求函数为 $D(P)=475-10P-P^2$，当 p=5 时需求价格弹性为（ ）

A. 0.25 B. -0.25 C. 100 D=-100

4. 无穷限积分 $\int_2^{+\infty} xe^{-x}dx$=( )

A. -1 B. 1 C. $-\frac{1}{2}$ D. $\frac{1}{2}$

二、 填空题：

1. 函数 $y=\sqrt{\frac{1+x}{1-x}}$ 的定义域是______。

2. 极限 $\lim_{x\to 0}\frac{(x+h)^2-x^2}{2h}$=______。

3. 极限 $\lim_{x\to 2}\frac{1-\cos 2x}{x^2}$=______。

4. 已知某商品的成本函数为 $C(p)=20-10q+q^2$（万元），则 q=15 时的边际成本为______。

5. 抛物线 $y=x^2$ 上点（2, 4）处的切线方程是______。

三、 计算题：

设 $f(x)=\frac{1}{2}(x+|x|)=\begin{cases}x & x\geqslant 0\\0 & x<0\end{cases}$，$g(x)=\begin{cases}e^{-2} & x<0\\x^2 & x\geqslant 0\end{cases}$，求 $f[g(x)]$

四、 证明题：

如图，设 AB 是圆的直径，C 为直径延长线上一点，从 C 向圆引切线 CT，T 在 AB 上的射影点为 D。试证：C 与 D 点和分割线段 AB。

图 5-27 试卷样式

⑤ 将试卷分两栏，纸张方向为横向。

⑥ 对试卷加上红色半透明的水印背景“保密”。

5.3.2 操作步骤解析

① 切换至“布局”选项卡，在“页面设置”命令组中选择“纸张大小”下拉列表中的“其他纸张小”命令，弹出“页面设置”对话框，默认为“纸张”选项卡，将“宽度”修改为“20 厘米”，“高度”修改为“29.7 厘米”；切换至“页边距”选项卡，将“左”和“右”修改为“3.17 厘米”后，单击“确定”按钮，如图 5-28 和图 5-29 所示。

② 输入并选中文字“数学课程考试试卷”，切换至“开始”选项卡，在“字体”命令组中将“字体”修改为“黑体”，“字号”修改为“二号”，如图 5-30 所示；在“段落”命令组中单击“居中”按钮。

将插入点定位到标题的下面一行，切换至“插入”选项卡，在“表格”命令组中选择“表格”下拉列表中的“插入表格”命令，弹出“插入表格”对话框，将“列数”修改为“12”，“行数”修改为“3”，单击“确定”按钮，如图 5-31 所示。

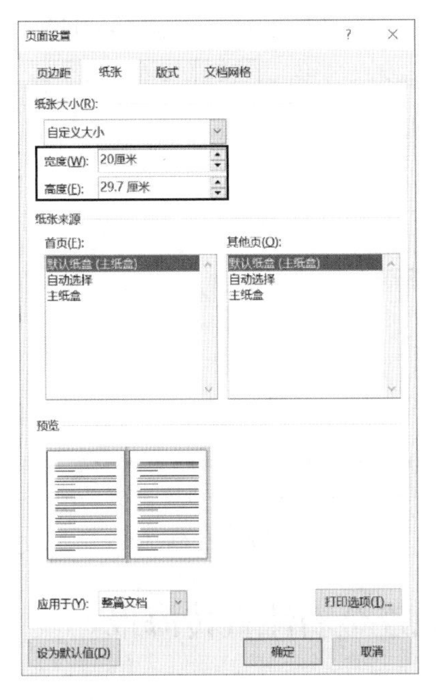

图 5-28　设置纸张

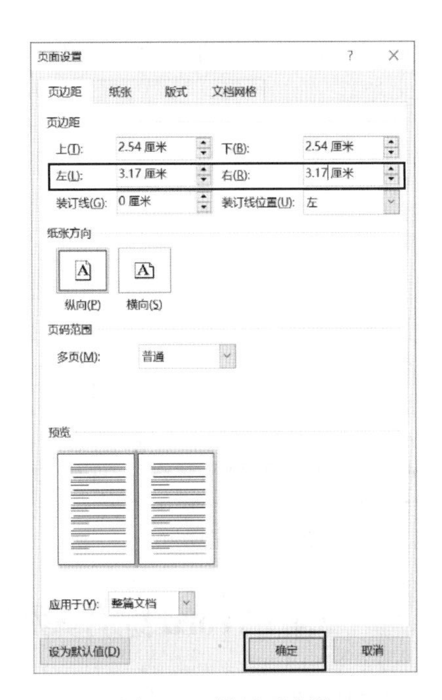

图 5-29　设置页边距

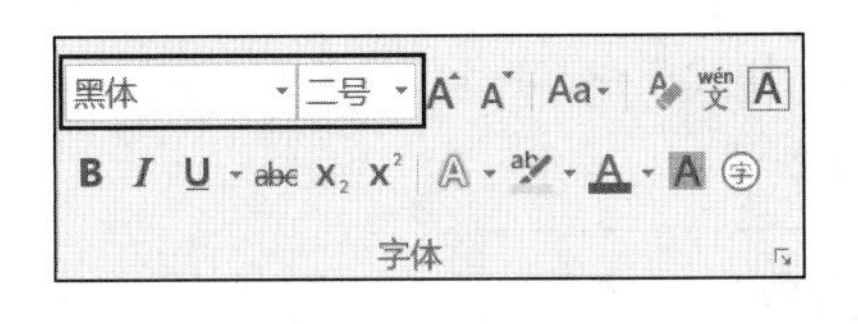

图 5-30　设置字体

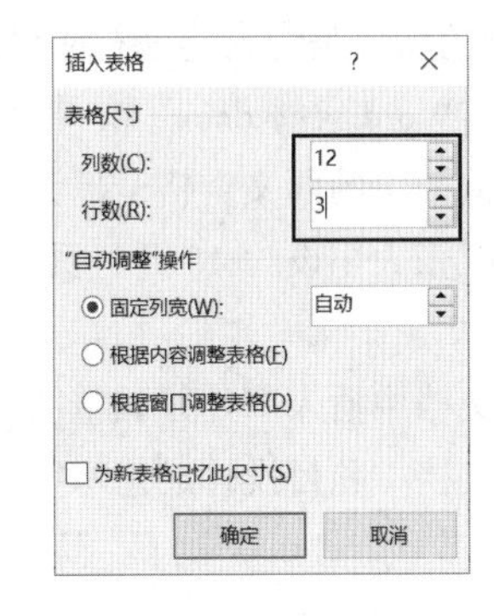

图 5-31　设置表格

选中第一列，切换至“表格工具–布局”选项卡，在“单元格大小”命令组中将“宽度”修改为“2 厘米”后，选中第二列按照相同的操作方法将“宽度”修改为“1.5 厘米”，如图 5-32 所示；操作同上，依次修改余下的列。完成后，选中表格，切换至“表格工具–布局”选项卡，在“对齐方式”命令组中单击“水平居中”按钮。

将光标置于第一行第一列中，输入文字“题号”，按【→】键，输入文字“一”，依次修改第一行内容，第二行第三行操作同上。

输入图 5-27 中的内容，其中的公式、分数和数学符号，可以切换至“插入”选项卡，在“符号”命令组中单击“公式”按钮，在弹出的编辑框中编辑和插入公式。其中的图形可以切换至“插入”选项卡，在“插图”命令组中单击“形状”下拉列表中的“新建绘图画布”按钮绘制。

切换至“布局”选项卡，在“页面设置”命令组中选择“纸张方向”下拉列表中的“横向”命令，选择“分栏”下拉列表中的“两栏”命令。

切换至“设计”选项卡，在“页面背景”命令组中选择“水印”下拉列表中的“自定义水印”

命令，弹出“水印”对话框，选择“文字水印”后，单击“确定”按钮，如图 5-33 所示。

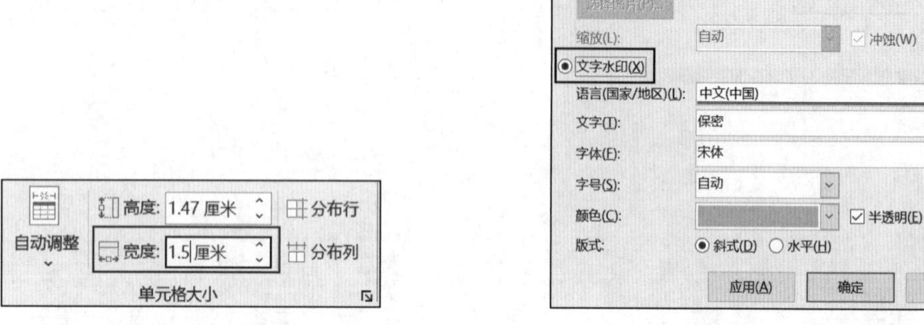

图 5-32 设置宽度　　　　图 5-33 “水印”对话框

5.4 Word 综合案例 4——大连金石滩宣传海报

5.4.1 案例描述

本案例的任务是为大连金石滩设计一个宣传海报

① 将“Word 素材.docx”文件另存为宣传海报.docx。

② 将文档中的西文空格全部删除。

③ 将纸张大小设为 16 开，页面上边距设为 3.2 厘米、下边距设为 3 厘米，左、右页边距均设为 2.5 厘米。

④ 在文档中插入图片并调整图片的位置、大小、样式。

⑤ 将文档中题目设计成艺术字效果，如图 5-34 所示。

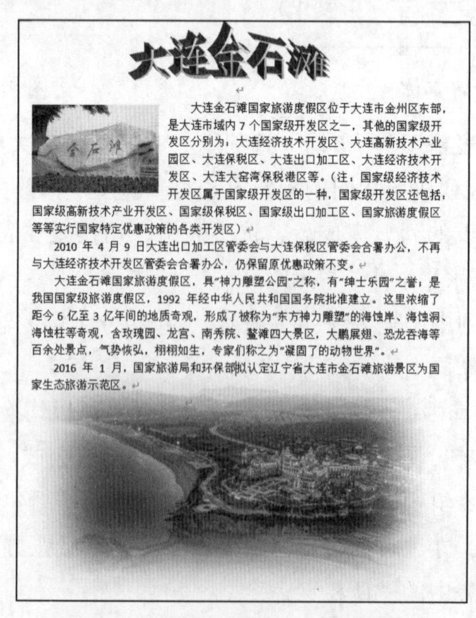

大连金石滩

大连金石滩国家旅游度假区位于大连市金州区东部，是大连市域内 7 个国家级开发区之一，其他的国家级开发区分别为：大连经济技术开发区、大连高新技术产业园区、大连保税区、大连出口加工区、大连经济技术开发区、大连大窑湾保税港区等。（注：国家级经济技术开发区属于国家级开发区的一种，国家级开发区还包括：国家级高新技术产业开发区、国家级保税区、国家级出口加工区、国家旅游度假区等等实行国家特定优惠政策的各类开发区）

2010 年 4 月 9 日大连出口加工区管委会与大连保税区管委会合署办公，不再与大连经济技术开发区管委会合署办公，仍保留原优惠政策不变。

大连金石滩国家旅游度假区，具“神力雕塑公园”之称，有“绅士乐园”之誉；是我国国家级旅游度假区，1992 年经中华人民共和国国务院批准建立。这里浓缩了距今 6 亿至 3 亿年间的地质奇观，形成了被称为“东方神力雕塑”的海蚀岸、海蚀洞、海蚀柱等奇观，含玫瑰园、龙宫、南秀院、鳌滩四大景区，大鹏展翅、恐龙吞海等百余处景点，气势恢弘，栩栩如生，专家们称之为“凝固了的动物世界”。

2016 年 1 月，国家旅游局和环保部拟认定辽宁省大连市金石滩旅游景区为国家生态旅游示范区。

图 5-34 “大连金石滩”页最终效果

5.4.2　操作步骤解析

1．另存为与删除空格操作

① 打开 Word 素材.docx，选择“文件”菜单中的“另存为”命令，单击“浏览”按钮，在弹出的“另存为”对话框中输入“宣传海报”，选择“保存”按钮，如图 5-35 所示。

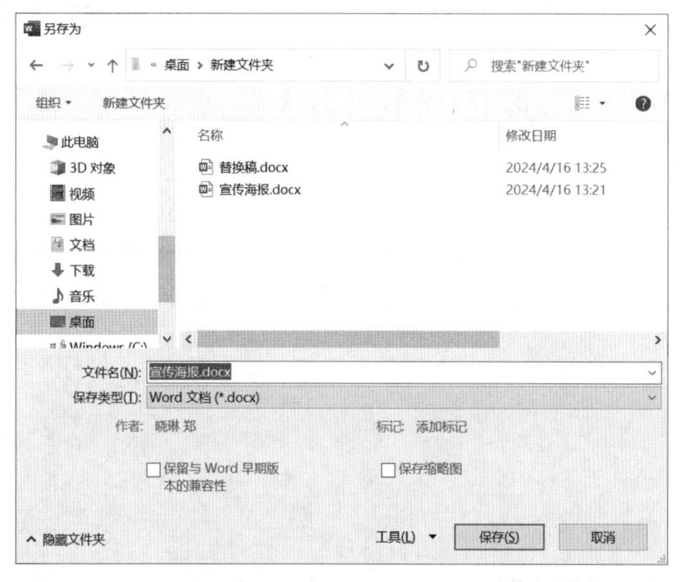

图 5-35　“另存为”对话框

② 单击“开始”选项卡“编辑”命令组中的“替换”按钮，在“查找内容”文本框中按空格键，单击“全部替换”按钮，如图 5-36 所示。

图 5-36　“查找和替换”对话框

③ 在弹出的对话框中单击“确定”按钮，然后关闭“查找和替换”对话框。

2. 设置纸张大小

① 切换到“布局”选项卡，图 5-37 所示。

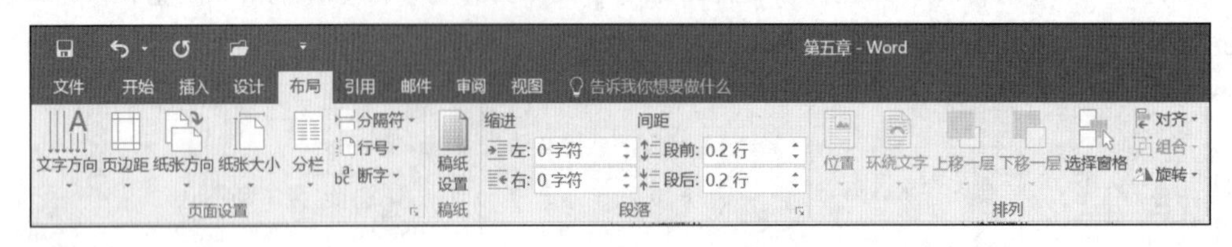

图 5-37 “布局”选项卡

② 单击“纸张大小”下拉按钮，选择纸张选项，设置为 16 开，如图 5-38 所示。

③ 单击“页边距”下拉按钮，选择“自定义页边距”命令，弹出“页面设置”对话框切换到“页边距”选项卡，设置上边距 3.2 厘米、下边距 3 厘米，左右也边距均 2.5 厘米，单击“确定”按钮，如图 5-39 所示。

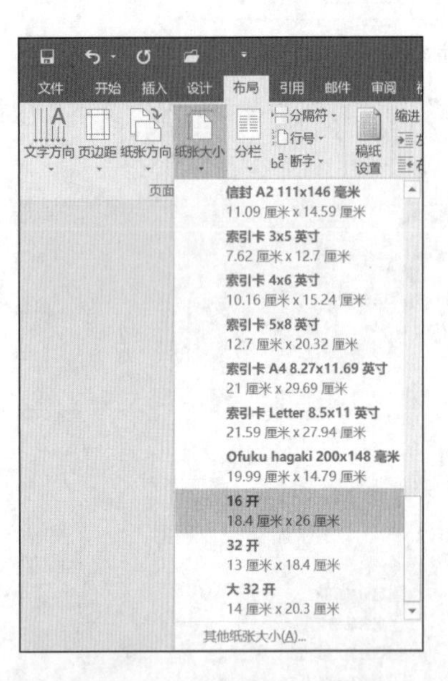

图 5-38 设置纸张大小

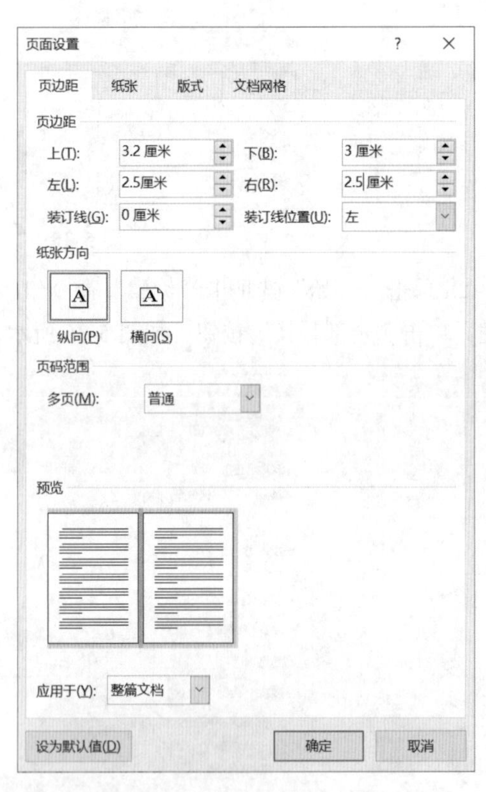

图 5-39 “页面设置”对话框

3. 在文档中插入图片并调整图片的位置、大小、样式

在 Word 2016 中插入图片的操作如下：

① 在文档中单击，确定要插入图片的大致位置。

② 切换到“插入”选项卡，如图 5-40 所示。

③ 在“插图”命令组中单击“图片”按钮，打开“插入图片”对话框，如图 5-41 所示。

图 5-40　“插入”选项卡

图 5-41　“插入图片”对话框

④ 通过“查找范围”下拉列表找到图片所在的位置，选定图片文件后单击“插入”按钮将其插入文档。

插入图片后，“图片工具–格式”选项卡被激活，如图 5-42 所示。

图 5-42　“图片工具–格式”选项卡

选中要编辑的图片，选择“图片工具–格式”选项卡，就可以对图片进行各种编辑，例如，缩放、移动、复制、设置样式和排列方式，并且可以调整色调、亮度和对比度等。通常需要考虑以下几方面：

- 设置图片效果：亮度、对比度、重新着色、压缩图片、重新设置。
- 设置图片样式：图片样式、图片边框、图片效果。
- 设置图片排列方式：环绕文字、对齐、旋转。
- 设置图片大小：剪裁、高度和宽度。

⑤ 通过“调整”命令组中的按钮可对图片效果进行调整，这些按钮的功能介绍如下：

- 更正按钮：单击该按钮，在弹出的列表中可选择相应的图片亮度、对比度或清晰度，如图 5-43 所示。
- 颜色按钮：单击该按钮，在弹出的列表中可为图片选择不同的颜色模式，为图片重新着色，如图 5-44 所示。
- 艺术效果按钮：单击该按钮，可将艺术效果添加到图片，使其更像草图或油画。
- 压缩图片按钮：单击该按钮，可对选中图片的分辨率、大小进行调整，减小图片文件大小，节省空间。

- 更改图片 按钮：单击该按钮，更改为其他图片，但保存当前图片的格式和大小。
- 重设图片 按钮：单击该按钮，将恢复原图片样式，取消对图片的一切调整。

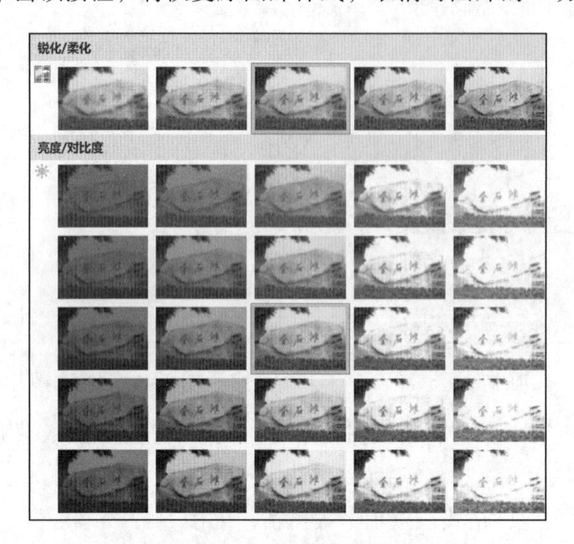

图 5-43 “更正”下拉列表

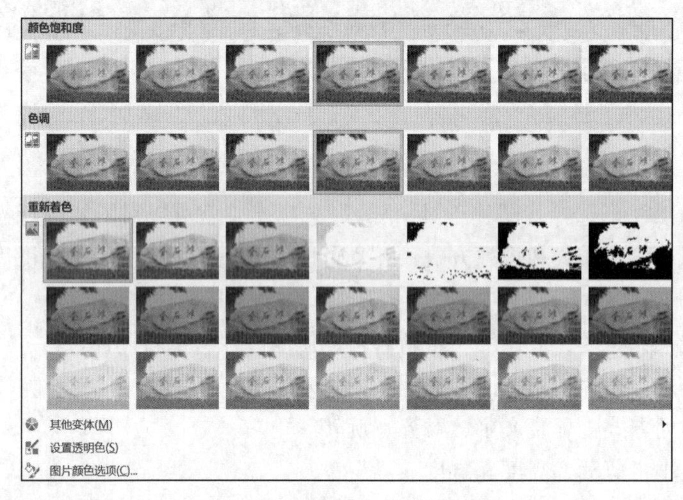

图 5-44 “颜色”下拉列表

⑥ 图片插入之后，通过“环绕文字”按钮可根据需要改变环绕方式。图片环绕方式有如下几种：

- 四周型：文字环绕图片四周。
- 紧密型环绕：文字紧密环绕图片四周。
- 穿越型环绕：文字穿越图片。
- 上下型环绕：图片占据独立的行。
- 衬于文字下方：作为文字背景衬托在文字下方。
- 浮于文字上方：浮在文字上，遮蔽文字。
- 嵌入型：嵌入在文字中间。

⑦ 如果希望图片与文字紧密结合，不余留空白空间，可采取四周型环绕方式。

- 双击插入的图片，打开“图片工具–格式”选项卡（见图 5-42）。
- 在“排列”命令组单击“环绕文字”下拉按钮，选择“四周型”选项，如图 5-45 所示。
- 将鼠标置于图片之上，看到鼠标显示为四箭头时，将图片拖动到合适的位置，使图文很好地搭配起来，如图 5-46 所示。

图 5-45　“环绕文字”下拉列表

大连金石滩

大连金石滩国家旅游度假区位于大连市金州区东部，是大连市域内 7 个国家级开发区之一，其他的国家级开发区分别为：大连经济技术开发区、大连高新技术产业园区、大连保税区、大连出口加工区、大连经济技术开发区、大连大窑湾保税港区等。（注：国家级经济技术开发区属于国家级开发区的一种，国家级开发区还包括：国家级高新技术产业开发区、国家级保税区、国家级出口加工区、国家旅游度假区等等实行国家特定优惠政策的各类开发区）

2010 年 4 月 9 日大连出口加工区管委会与大连保税区管委会合署办公，不再与大连经济技术开发区管委会合署办公，仍保留原优惠政策不变。

大连金石滩国家旅游度假区，具“神力雕塑公园”之称，有“绅士乐园”之誉；是我国国家级旅游度假区，1992 年经中华人民共和国国务院批准建立。这里浓缩了距今 6 亿至 3 亿年间的地质奇观，形成了被称为“东方神力雕塑”的海蚀岸、海蚀洞、海蚀柱等奇观，含玫瑰园、龙宫、南秀院、鳌滩四大景区，大鹏展翅、恐龙吞海等百余处景点，气势恢弘，栩栩如生，专家们称之为“凝固了的动物世界”。

2016 年 1 月，国家旅游局和环保部拟认定辽宁省大连市金石滩旅游景区为国家生态旅游示范区。

图 5-46　调整图片位置

◎注意

当图片的环绕方式为“嵌入型”时，图片不能被移动，为其他方式时都可以移动。

⑧ 如果插入文中的图片的大小不合适或还有其他方面需要调整，可继续执行操作如下：

- 如果需要调整图片的整体大小，可将鼠标指向图片四角的圆形控点上，向左上、左下、右下、右上拖动。
- 如果需要调整图片的长度和宽度，可将鼠标指向图片四边中间的方形控点上，向上、下、左、右拖动。
- 如果需要精确调整图片的大小，可以在“大小”命令组中输入图片的高度、宽度数值，如图 5-47 所示。
- 如果需要在对话框中对图片大小进行详细设置，可单击“大小”工具组中的对话框启动器按钮，打开图片“布局”对话框，在“大小”选项卡中进行设置，如图 5-48 所示。
- 若原有图片的边缘部分不要，则可使用“裁剪”按钮。单击该按钮，鼠标光标将变成形状，将其移向图片边框上的控制点，然后按住鼠标左键不放进行拖动可对图片进行剪裁，如图 5-49 所示。

⑨ Word 2016 的一个显著改进就是增加了丰富多彩的图片效果设置。要应用现成的图片样式，可执行如下操作：

- 选中图片，单击“图片工具–格式”选项卡。
- 在“图片样式”列表中选择一种样式，单击应用该样式。应用之前可以预览应用效果，如图 5-50 所示。

图 5-47 设置高度、宽度

图 5-48 设置图片大小

（a）原图

（b）裁剪后

图 5-49 裁剪图片

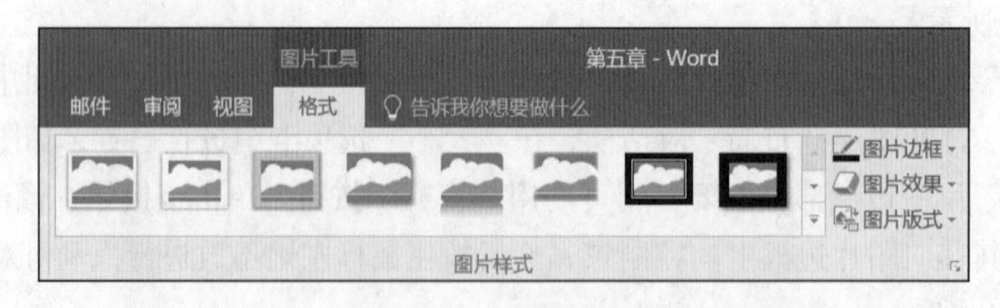

图 5-50 应用图片样式

⑩ 要对图片应用更多效果，可单击图片效果下拉按钮，对图片应用“预设、阴影、映像、发光、柔化边缘、棱台、三维旋转”等多项设置。每项设置下面又有多种效果，应用恰当可使图片更添色彩，如图 5-51 所示。

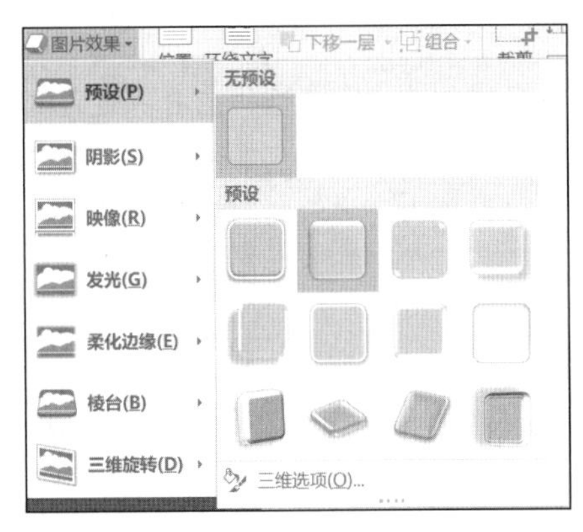

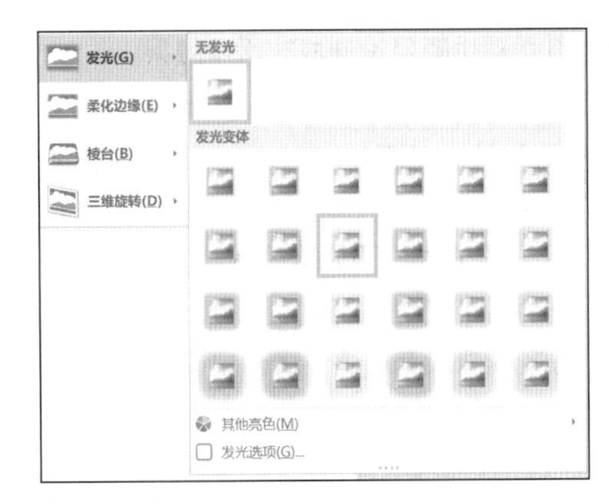

图 5-51　“图片效果”下拉列表

单击图片边框下拉按钮，在弹出的下拉列表中可为图片选择边框线样式及颜色。

⑪ 在文档的合适位置插入图片。

⑫ 图片的环绕方式设置为“衬于文字下方”，调整图片位置和大小，如图 5-52 所示。

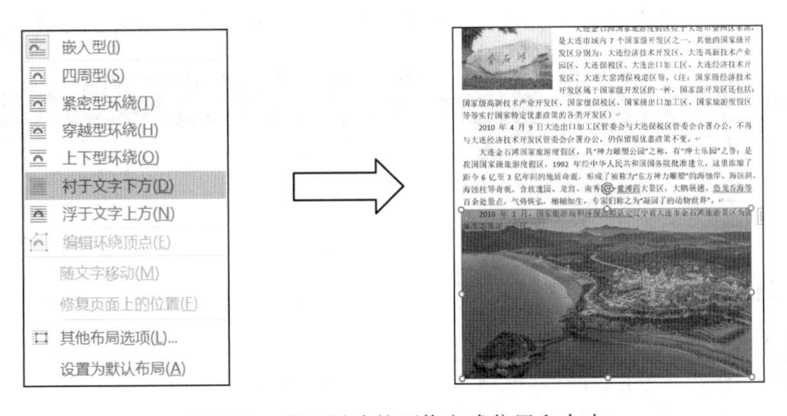

图 5-52　设置图片的环绕方式位置和大小

⑬ 选中图片，单击图片效果下拉按钮，选择“柔化边缘”命令，选中“50 磅”，调整图片大小和位置，效果如图 5-53 所示。

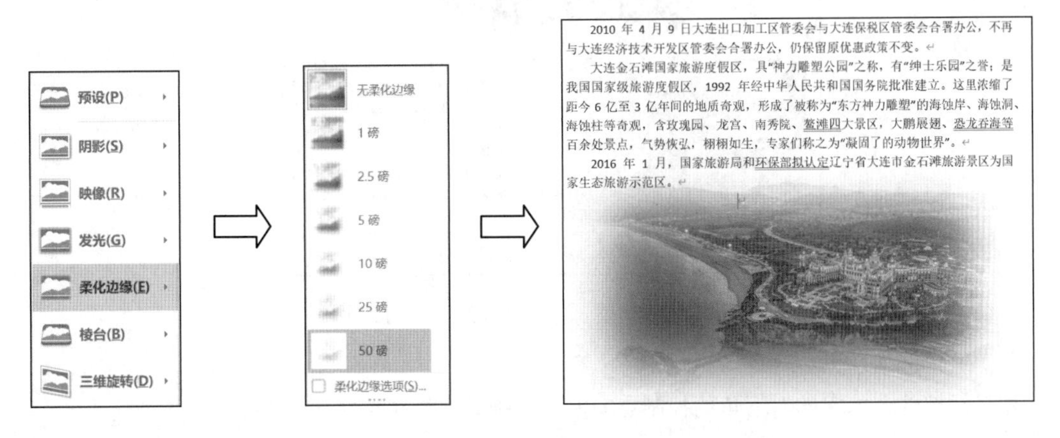

图 5-53　柔化图片边缘

4．将文档中题目设计成艺术字效果

在流行的报纸杂志、各种广告中，经常会看到各种各样的艺术字，这些艺术字给文章增添了强烈的视觉效果。在 Word 2016 中可以创建出各种文字的艺术效果，将艺术字插入文档中后对其进行编辑，甚至可以把文本扭曲成各种各样的形状，也可设置为三维轮廓的效果。该任务中需要将题目“大连金石滩”设置为艺术字。

插入艺术字的方法如下：

① 将文本插入点定位到文档中要插入艺术字的位置。

② 单击“插入”选项卡“文本”命令组中的“艺术字”按钮，打开艺术字库样式列表框，在其中选择需要的艺术字样式，如图 5-54 所示。

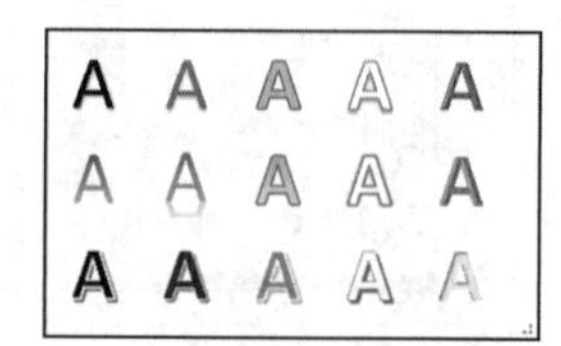

图 5-54 选择艺术字样式

③ 在插入的文本框中输入需要创建的艺术字文本。

5．编辑艺术字

创建好艺术字后，如果对艺术字的样式不满意，可以对其进行编辑修改。选择艺术字即会出现绘图工具，选择“格式”选项卡，就可以对艺术字进行各种设置，如图 5-55 所示。

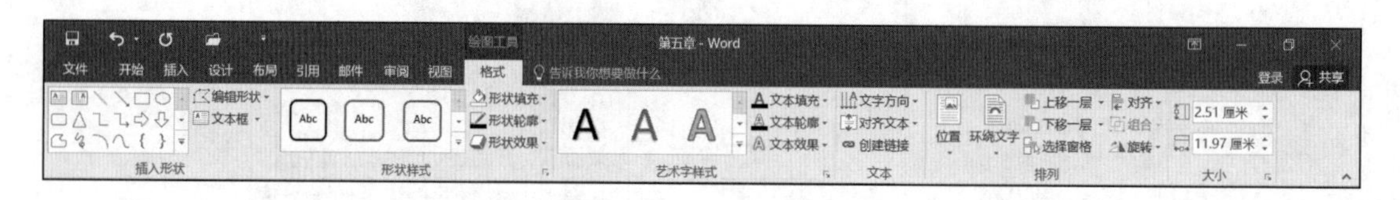

图 5-55 设置艺术字

操作步骤如下：

（1）设置文字环绕方式

① 选中艺术字“大连金石滩”，激活艺术字工具的“格式”选项卡。

② 单击“排列”命令组中的环绕文字按钮。

③ 在弹出的列表中选择“上下型环绕”选项，结果如图 5-56 所示。

大连金石滩

大连金石滩国家旅游度假区位于大连市金州区东部，是大连市域内 7 个国家级开发区之一，其他的国家级开发区分别为：大连经济技术开发区、大连高新技术产业园区、大连保税区、大连出口加工区、大连经济技术开发区、大连大窑湾保税港区等。（注：国家级经济技术开发区属于国家级开发区的一种，国家级开发区还包括：国家级高新技术产业开发区、国家级保税区、国家级出口加工区、国家旅游度假区等等实行国家特定优惠政策的各类开发区）

2010 年 4 月 9 日大连出口加工区管委会与大连保税区管委会合署办公，不再与大连经济技术开发区管委会合署办公，仍保留原优惠政策不变。

图 5-56 选项“上下型环绕”后的结果

（2）编辑艺术字大小

用鼠标按住艺术字的右下角的控制点向左上方拖动，即可缩小艺术字。

（3）编辑艺术字位置

选择艺术字，当鼠标光标变为✥时，按住鼠标左键不放，拖动到适当位置可改变艺术字的位置。

（4）改变艺术字形状

选择艺术字，选择“艺术字样式”库中的某种样式，如图 5-57 所示。也可单击A·按钮，在弹出的下拉列表中选择效果，如图 5-58 所示。

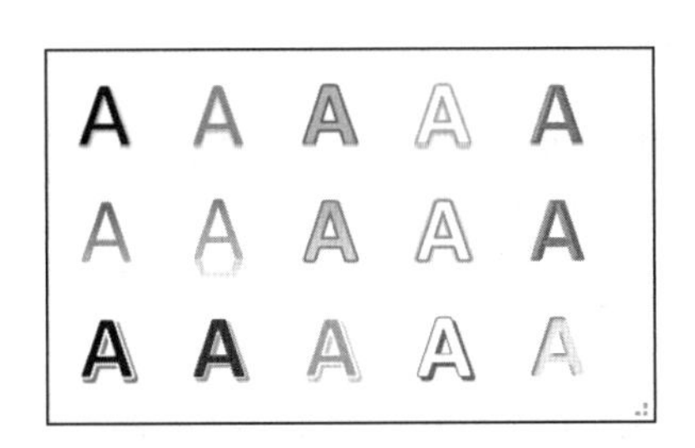

图 5-57　选择艺术字样式

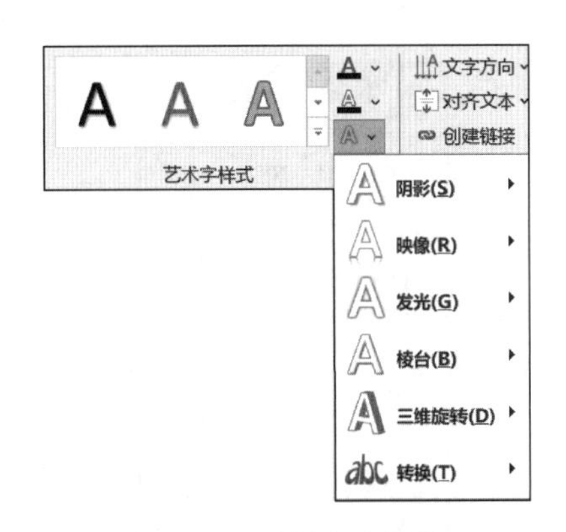

图 5-58　选择文本效果

（5）设置艺术字的颜色

选择艺术字，单击“艺术字样式”工具栏中的形状填充·下拉按钮，在弹出的下拉列表中可选择颜色选项，即可设置艺术字的填充色彩。单击形状轮廓·按钮可设置艺术字边框颜色。

经过艺术字的插入和编辑，就完成了本案例的制作。

5.5　Word 综合案例 5——设计一张工资表

5.5.1　案例描述

在如图 5-59 所示的“某公司销售部人员工资表”文档进行如下操作：

① 将文中后 5 行文字转换成一个 5 行 4 列的表格；设置表格居中，表格中的所有内容水平居中，在表格下方添加一行，并在该行第一列中输入“平均工资”，计算“基本工资”、“职务工资”和“岗位津贴”的平均值分别填入该行的第二、三、四列单元格中；按“基本工资”列依据“数字”类型升序排列表格前五行内容。

某公司销售部人员工资表

职工姓名	基本工资	职务工资	岗位津贴
张三	3078	7022	4112
李四	2252	5454	3263
王五	4625	8206	6208
赵六	3623	7808	4709

图 5-59　某公司销售部人员工资表

② 设置表格各列列宽为 3 厘米、各行行高为 0.7 厘米；设置外框线为蓝色（标准色）0.75 磅双窄线、内框线为绿色（标准色）1 磅单实线；设置表格所有单元格的左、右边距均为 0.25 厘米；

为表格第一行添加“金色，个性色 4，淡色 60%”的主题颜色底纹。

5.5.2 操作步骤解析

① 选择文中的后 5 行文字，切换至“插入”选项卡，在“表格”命令组中选择“文本转换成表格”命令（见图 5-60），在弹出的“文字转换成表格”对话框中设置“列数”为“4”，其他选项默认，单击“确定”按钮，如图 5-61 所示。

图 5-60 表格下拉列表

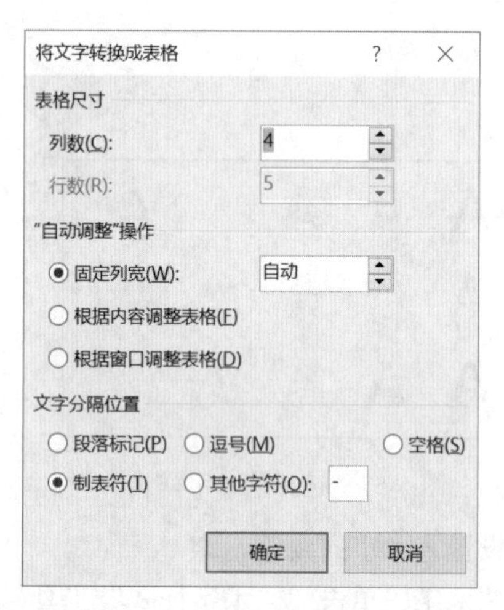

图 5-61 “将文字转换成表格”对话框

② 单击表格左上角⊞图标，选中表格，切换至“开始”选项卡，在“段落”命令组中选择“居中”，如图 5-62 所示。切换至“表格工具-布局”选项卡，在“对齐方式”命令组中单击“水平居中”按钮，如图 5-63 所示。

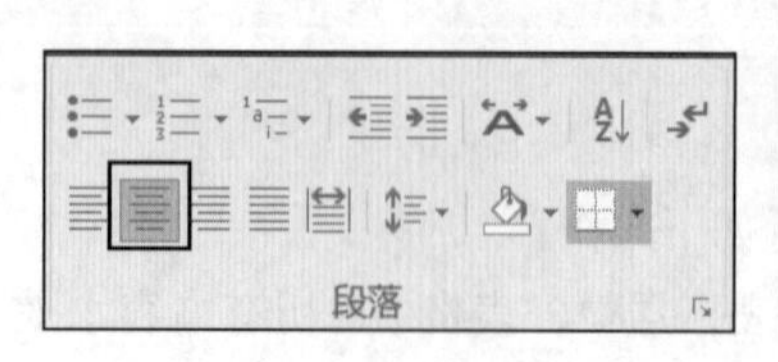

图 5-62 设置表格居中

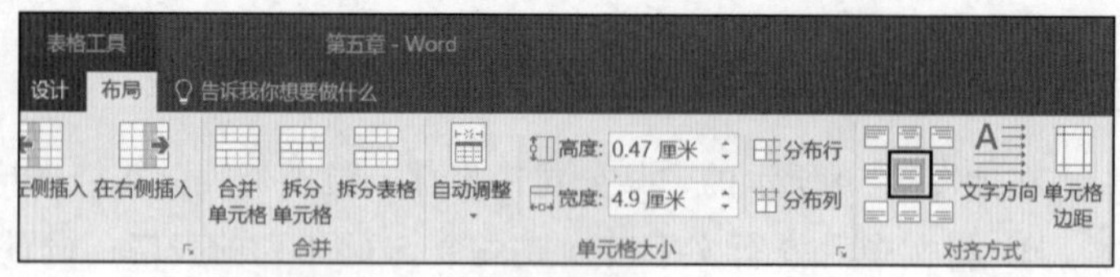

图 5-63 设置表格中内容水平居中

③ 选中表格的最后一行，右击，在弹出的快捷菜单中选择“插入”命令，然后在弹出的列表框中选择“在下方插入行”命令，如图 5-64 所示，在第一列中输入“平均工资”，单击最后一行第二列的单元格，切换至“表格工具-布局”选项卡，在“数据”命令组中单击“*fx* 公式”按钮（见图 5-65），在弹出的“公式”对话框的“公式”文本框中输入“=AVERAGE(ABOVE)”单击“确定”按钮，如图 5-66 所示。选中已应用公式的单元格，右击，选择“复制”命令，在其他的单元格中右击选择“粘贴”命令，再按【F9】键进行“刷新”，获得平均分。

图 5-64 在表格下方添加行

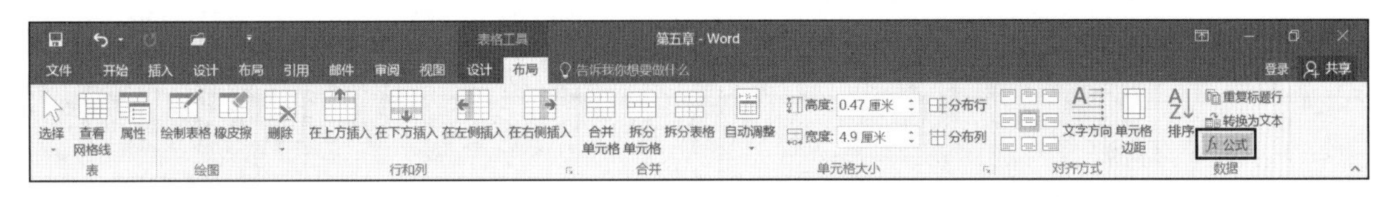

图 5-65 在单元格中插入公式

图 5-66 “公式”对话框

④ 切换至“表格工具–布局”选项卡，在“数据”命令组中单击“排序”按钮，如图 5-67 所示，在弹出的“排序”对话框中，“主要关键字”选项选择“基本工资”，“类型”选项选择“数字”，选中“升序”单选按钮，单击“确定”按钮，如图 5-68 所示。

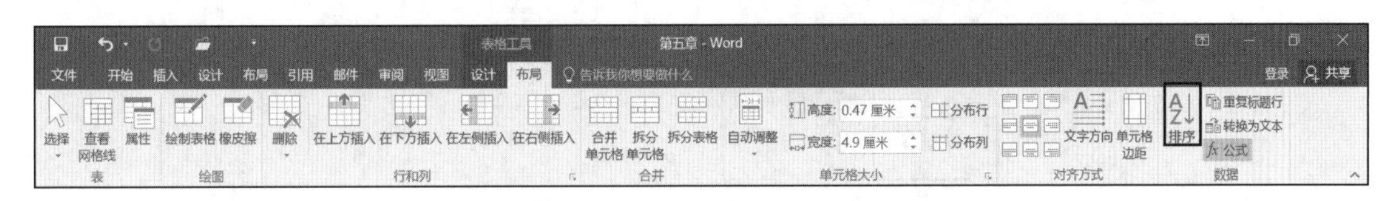

图 5-67 “表格工具–布局”选项卡

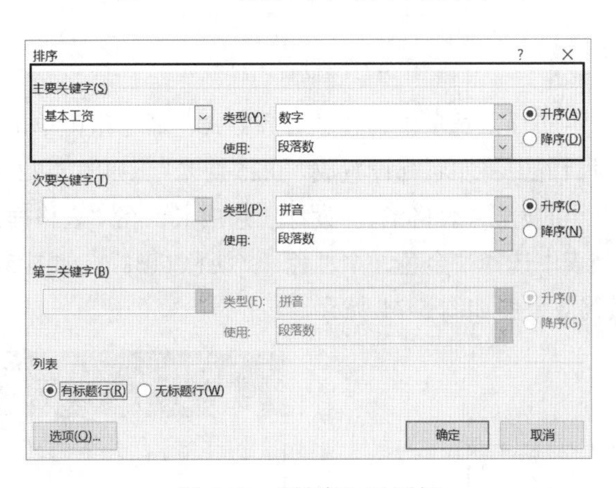

图 5-68 “排序”对话框

⑤ 选中表格，切换至“表格工具–布局”选项卡，在“单元格大小”命令组中设置“高度”为“0.7 厘米”，“宽度”为“3 厘米”，如图 5-69 所示。切换至“表格工具–设计”选项卡，单击“边框”命令组中的对话框启动器按钮，在弹出的“边框和底纹”对话框中选择“边框”选项卡，在“设置”中选择“自定义”，分别设置内外框线的线型和颜色，外框线设置如图 5-70 所示，内框线设置如图 5-71 所示。

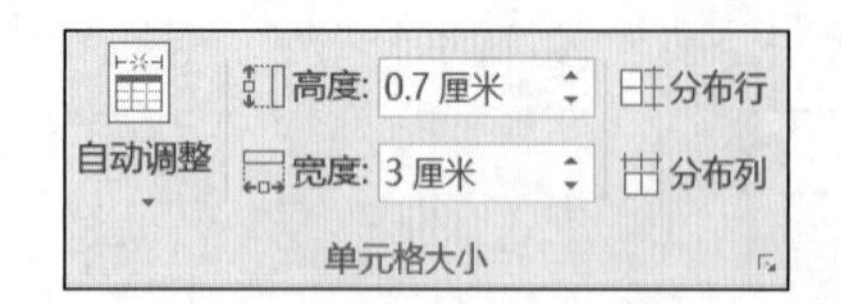

图 5-69 设置单元格大小

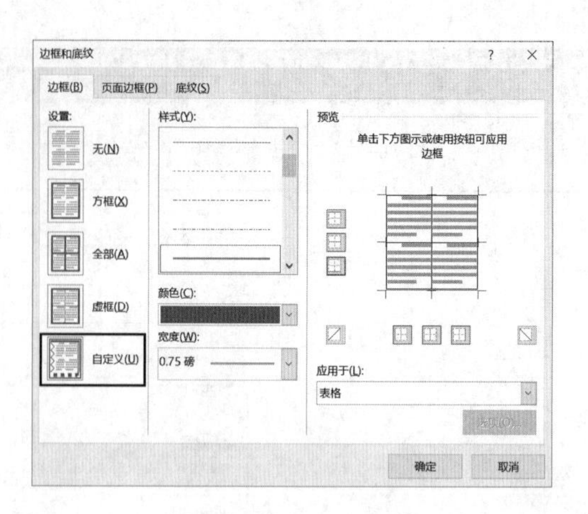

图 5-70 设置外框线

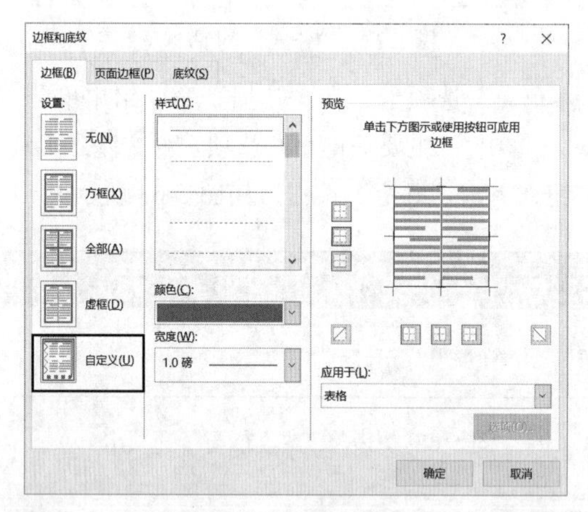

图 5-71 设置内框线

⑥ 切换至“表格工具–布局”选项卡，在“对齐方式”命令组中单击“单元格边距”按钮，在弹出的“表格选项”对话框中将左右都设置成“0.25 厘米”，如图 5-72 所示。

⑦ 选择表格第一行，切换至“表格工具–设计”选项卡，在“表格样式”命令组中单击“底纹”下拉按钮，在下拉列表中选择“金色，个性色 4，淡色 60%”，如图 5-73 所示。

⑧ 通过以上操作最终效果图如图 5-74 所示。

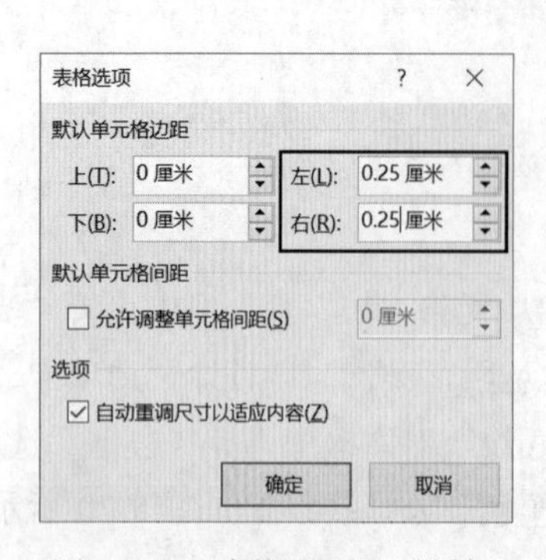

图 5-72 “表格选项”对话框

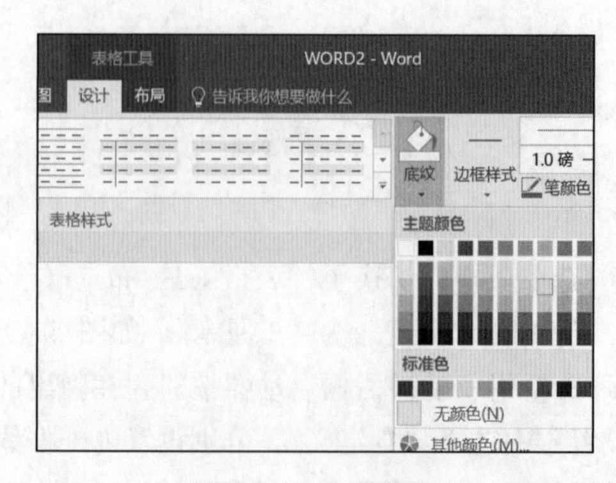

图 5-73 设置底纹

某公司销售部人员工资表

职工姓名	基本工资	职务工资	岗位津贴
李四	2252	5454	3263
张三	3078	7022	4112
赵六	3623	7808	4709
王五	4625	8206	6208
平均工资	3394.5	7122.5	4573

图 5-74　案例 5 最终效果

5.6 Word 综合案例 6——设计“中国研究生创新实践设计大赛”文档

5.6.1 案例描述

为如图 5-75 所示的文档添加如下操作：

中国研究生创新实践系列大赛启动大会在汉举办

4 月 12 日，中国研究生创新实践系列大赛启动大会（2024）在武汉理工大学举办。

活动现场，武汉市人才工作局与中国学位与研究生教育学会签订战略合作协议，东湖高新区有关负责人进行主题交流并推介人才政策，长江新区、武汉经开区代表与来自 7 所高校的 8 支“研究生创新实践之星”团队代表签订意向引才协议。19 项主题赛事承办高校获授旗，第七届中国研究生创“芯”大赛、第三届中国研究生网络安全创新大赛、第三届中国研究生“双碳”创新与创意大赛落户武汉，分别由华中科技大学、武汉大学、武汉理工大学承办。

武汉市委组织部（市人才工作局）相关负责人介绍，近年来，武汉不断深化与中国学位与研究生教育学会对接合作，共同举办首届中国学位与研究生教育大会，支持举办“光谷杯”第三届机器人创新设计大赛、“车谷杯”第九届能源装备创新设计大赛、“中国光谷·华为杯”第六届创“芯”大赛等多项主题赛事，中国研究生教育长江论坛、中国研究生创新实践成果孵化基地落户武汉，探索形成校城携手、校企联动、产才融合的育才用才新模式，支持研究生创新实践成为武汉人才工作鲜明标识。

活动期间同步举办“就在武汉 创赢未来”研究生就业招聘会，共有 149 家用人单位参会，提供 3 261 个就业岗位，其中面向博士、博士后岗位 400 余个，吸引 1 100 余名硕博士研究生进场求职。

全国各地 80 多所高校来汉参加启动大会的 128 名高校师生走进光谷，参观中国信息通信科技集团有限公司、华工科技智能制造未来产业园、武汉联影智融医疗科技有限公司，乘坐“光子号”空轨参观光谷生态大走廊。

在江汉大学，主办方举行中国研究生数学建模竞赛宣讲会，围绕竞赛基本情况、参赛重点环节等方面进行了交流分享，来自人工智能学院、智能制造学院、光电材料与技术学院、数字建造与爆破工程学院、生命科学学院的近 200 名研究生参加宣讲会。

中国研究生创新实践系列大赛是在教育部学位管理与研究生教育司指导下的全国性赛事。今年启动大会由中国学位与研究生教育学会、武汉市委组织部（市人才工作局）共同主办，武汉理工大学、武汉东湖高新区承办，全国 80 余所高校代表出席启动大会。

图 5-75　输入文字

① 设置纸张大小为 B5（JIS），页边距(上、下)为 3 厘米,页边距(左、右)为 2 厘米。

② 设置页面颜色为标准色浅蓝。

③ 为文档添加页眉，页眉内容为"2024 中国研究生创新实践大赛"，并设置为居中对齐。

④ 为文档添加页脚，页脚内容为"网络媒体"，并设置为居中对齐。

⑤ 为全文添加尾注：编号格式"i,ii,iii....",内容为"本文来源于网络"。

⑥ 设置文档标题的格式为宋体二号字，加着重号，居中对齐，标题文字底纹为标准色绿色。

⑦ 设置文档正文文字为黑体、五号、标准色红色。

⑧ 设置文档正文第 1 段首字下沉，下沉 2 行。

⑨ 正文其他段落首行缩进 2 字符，设置文档正文行距为固定值 20 磅，段后间距为 0.5 行。

5.6.2 操作步骤解析

① 切换至“布局”选型卡，在“页面设置”功能组中单击右下角的 按钮，打开“页面设置”对话框，在对话框中分别设置纸张大小和页边距的尺寸，如图 5-76 和图 5-77 所示。

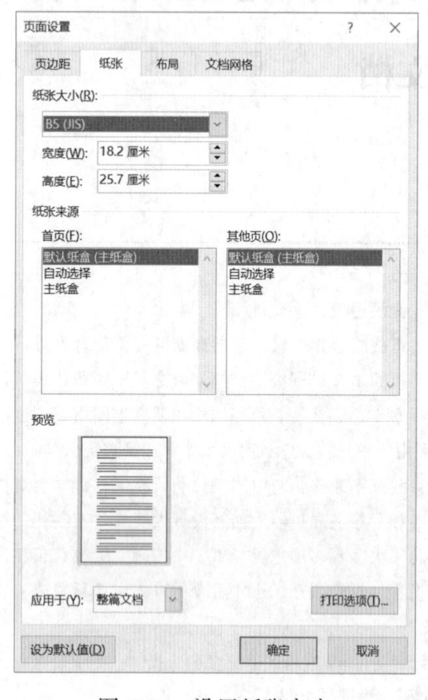

图 5-76 设置纸张大小

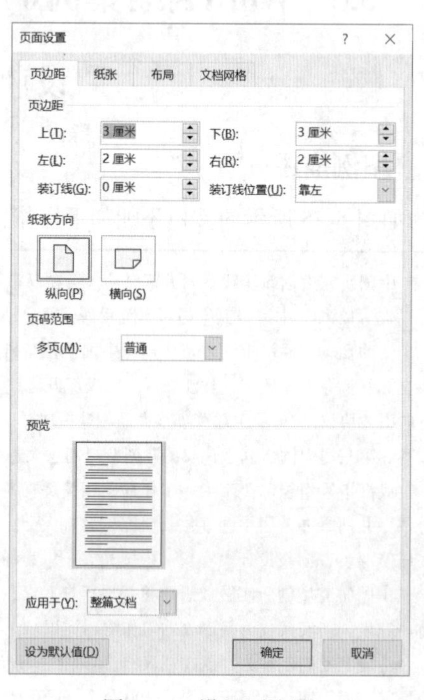

图 5-77 设置页边距

② 切换至“设计”选项卡，在“页面背景”命令组中单击“页面颜色”按钮，设置页面颜色为“浅蓝”，如图 5-78 所示。

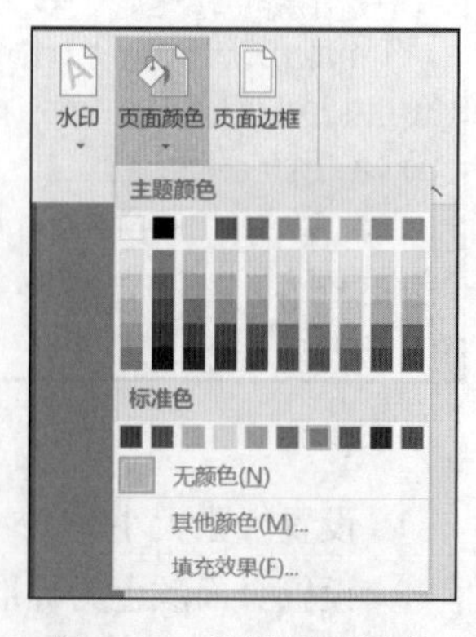

图 5-78 设置页面颜色

③ 切换至“插入”选项卡，在“页眉和页脚”工作组中选择“页眉”，页眉内容设为“2024 中国研究生创新实践大赛”。切换至“页眉和页脚”的“设计”选项卡，在“页眉和页脚”命令组中选择“页脚”，如图 5-79 所示，设置页脚内容为“网络媒体”。

④ 退出页眉和页脚编辑模式，选中全文，切换至“引用”选项卡，在“脚注”命令组中单击 按钮，弹出“脚注和尾注”对话框，“位置”选择“尾注”，“编号格式”选择"i,ii,iii....",单击“插入”按钮，如图 5-80 所示，在尾注处标注“本文来源于网络”。

⑤ 选中标题行，设置字体颜色，着重号以及对齐方式，切换

至“设计”选项卡，在“页面背景”命令组中选择“页面边框”，在“边框和底纹”对话框中选择“底纹”，如图 5-81 所示。

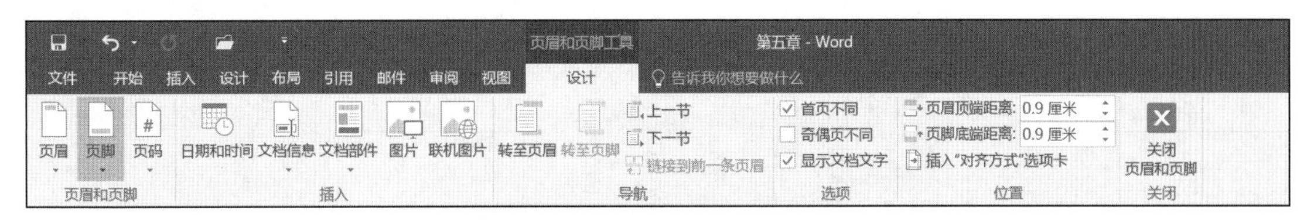

图 5-79　设置页眉页脚

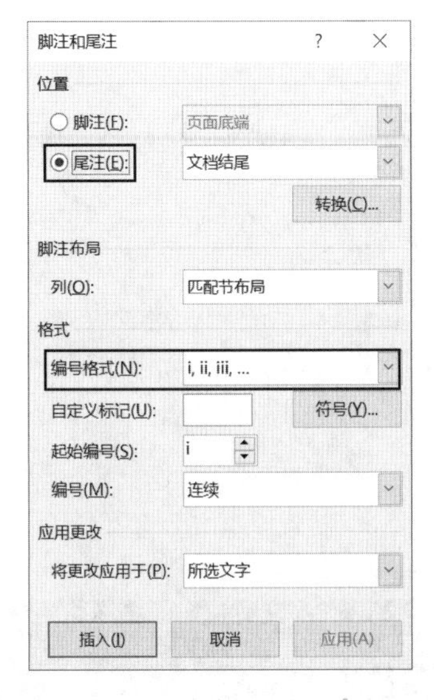

图 5-80　“脚注和尾注”对话框

图 5-81　“边框和底纹”对话框

⑥ 设置正文的字体、字号及颜色。

⑦ 切换至“插入”选项卡，在“文本”命令组中选择“首字下沉”，如图 5-82 所示，在“首字下沉”对话框中选择“下沉”，下沉行数设为“2”，如图 5-83 所示。

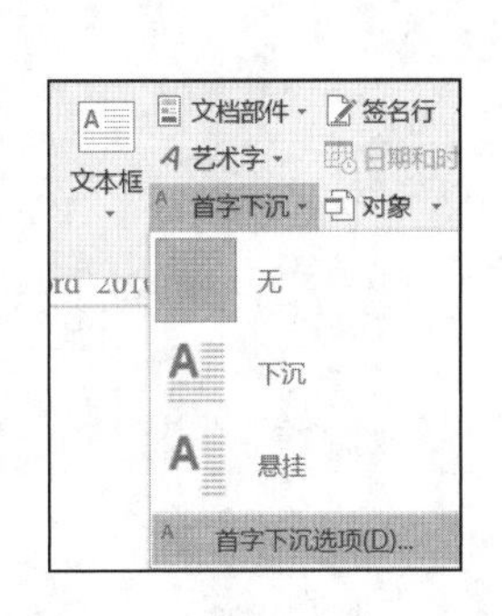

图 5-82　设置首字下沉

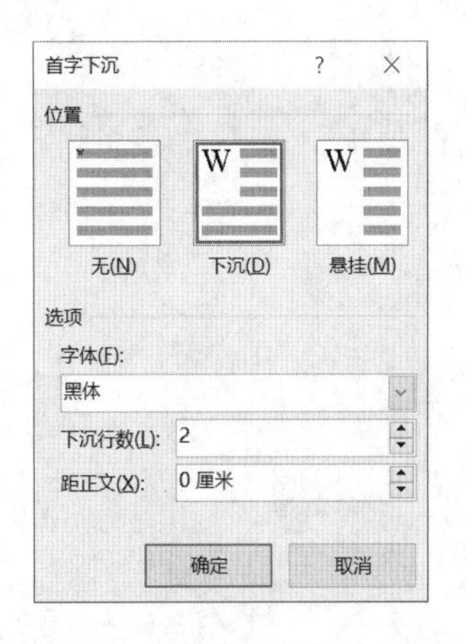

图 5-83　“首字下沉”对话框

⑧ 选择正文其他段落，切换至“开始”选项卡，在“段落”命令组中单击 按钮，弹出“段

落”对话框，设置首行缩进、行间距以及段后间距，如图 5-84 所示。

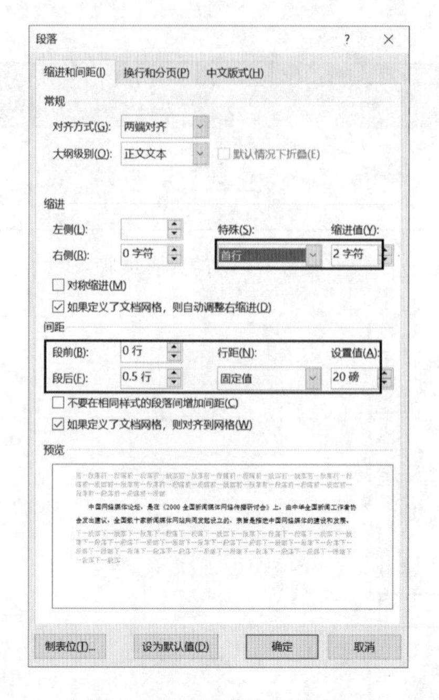

图 5-84 “段落”对话框

⑨ 通过以上操作最终效果图如图 5-85 所示。

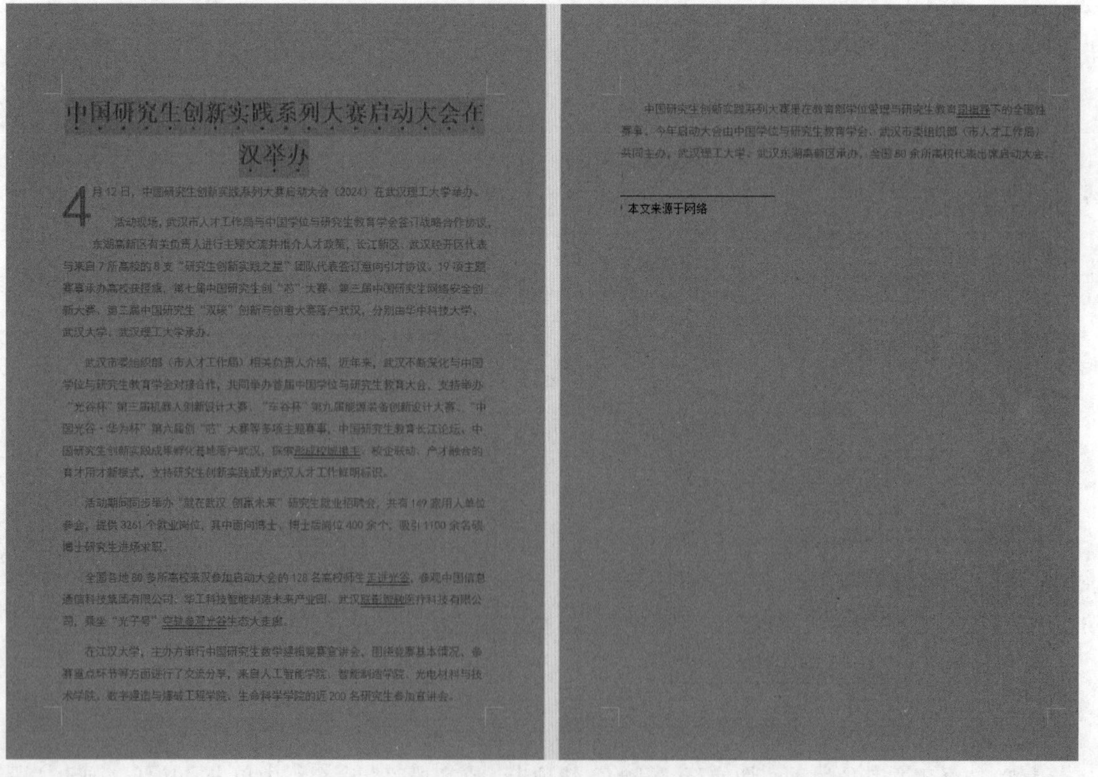

中国研究生创新实践系列大赛启动大会在汉举办

4月12日，中国研究生创新实践系列大赛启动大会（2024）在武汉理工大学举办。

活动现场，武汉市人才工作局与中国学位与研究生教育学会签订战略合作协议，东湖高新区有关负责人进行主题交流并推介人才政策，长江新区、武汉经开区代表与来自7所高校的8支“研究生创新实践之星”团队代表签订意向引才协议。19项主题赛事承办高校获授旗，第七届中国研究生创“芯”大赛、第三届中国研究生网络安全创新大赛、第二届中国研究生“双碳”创新与创意大赛落户武汉，分别由华中科技大学、武汉大学、武汉理工大学承办。

武汉市委组织部（市人才工作局）相关负责人介绍，近年来，武汉不断深化与中国学位与研究生教育学会对接合作，共同举办首届中国学位与研究生教育大会、支持举办“光谷杯”第三届机器人创新设计大赛、“车谷杯”第九届能源装备创新设计大赛、“中国光谷·华为杯”第六届创“芯”大赛等多项主题赛事，中国研究生教育长江论坛、中国研究生创新实践成果孵化基地落户武汉，探索形成校城携手、校企联动、产才融合的育才用才新模式，支持研究生创新实践成为武汉人才工作鲜明标识。

活动期间同步举办“就在武汉 创赢未来”研究生就业招聘会，共有149家用人单位参会，提供3261个就业岗位，其中面向博士、博士后岗位400余个，吸引1100余名硕博士研究生进场求职。

全国各地80多所高校来汉参加启动大会的128名高校师生走进光谷，参观中国信息通信科技集团有限公司、华工科技智能制造未来产业园、武汉联影智融医疗科技有限公司，乘坐“光子号”空轨参观光谷生态大走廊。

在江汉大学，主办方举行中国研究生数学建模竞赛宣讲会，围绕竞赛基本情况、参赛重点环节等方面进行了交流分享，来自人工智能学院、智能制造学院、光电材料与技术学院、数字建造与城市工程学院、生命科学学院的近200名研究生参加宣讲会。

中国研究生创新实践系列大赛是在教育部学位管理与研究生教育司指导下的全国性赛事。今年启动大会由中国学位与研究生教育学会、武汉市委组织部（市人才工作局）共同主办，武汉理工大学、武汉东湖高新区承办，全国80余所高校代表出席启动大会。

本文来源于网络

图 5-85 最终效果图

第6章 Excel 2016 综合案例

6.1 Excel 综合案例 1——如何制作“提货单.xlsx”

6.1.1 案例描述

提货单是一种在各个企事业单位经常用到的一种单据，通常用来说明收货的地点、送出什么物品、物品的规格、价格和数量等，以保证交易的正常进行。本案例介绍如何在 Excel 中制作一份简单的提货单。提货单数据表如图 6-1 所示。

xxx公司提货单					
收货方					
送货日期					
产品编号	产品名称	单位	数量	单价	金额
B00001	图书	包	100	45	4500
B00002	光盘	盘	15	78	1170
B00003	教材	包	45	54	2430
B00004	CD	盘	26	21	546
B00005	衣服	袋	69	150	10350
B00006	洗发水	件	23	20	460
B00007	手机	箱	28	410	11480
B00008	打火机	打	323	12	3876
B00009	香烟	条	44	4	176
B00010	面包	箱	120	4	480
B00011	香油	瓶	53	45	2385
B00012	点插板	板	11	40	440
B00013	茶叶	袋	14	12	168
合计					38461

图 6-1　提货单数据表

6.1.2 操作要求

① 输入如图 6-1 所示的数据，并完成各产品金额和总金额的计算。

② 调整表格，要求行高 15、列宽 10。

③ 设置提货单的标题格式，要求为“黑体”“12”“水平居中”“跨列居中”。

④ 为提货单表格添加边框，外边框为黑色粗实线，内边框为黑色细实线。

6.1.3 操作步骤解析

1. 要求①步骤解析

① 启动 Excel 2016。

② 在 Sheet1 工作表中输入基本数据，如图 6-2 所示。

	A	B	C	D	E	F
1	XXX公司提货单					
2	收货方					
3	送货日期					
4	产品编号	产品名称	单位	数量	单价	金额
5	B00001	图书	包	100	45	
6	B00002	光盘	盘	15	78	
7	B00003	教材	包	45	54	
8	B00004	CD	盘	26	21	
9	B00005	衣服	袋	69	150	
10	B00006	洗发水	件	23	20	
11	B00007	手机	箱	28	410	
12	B00008	打火机	打	323	12	
13	B00009	香烟	条	44	4	
14	B00010	面包	箱	120	4	
15	B00011	香油	瓶	53	45	
16	B00012	点插板	板	11	40	
17	B00013	茶叶	袋	14	12	
18	合计					
19						

Sheet1　Sheet2　Sheet3

图 6-2　提货单-输入基础数据图

选中单元格 F5，并输入公式“=D5*E5”，如图 6-3 所示，按【Enter】键并利用填充柄，完成其他产品金额的计算，如图 6-4 所示。

	A	B	C	D	E	F
1	XXX公司提货单					
2	收货方					
3	送货日期					
4	产品编号	产品名称	单位	数量	单价	金额
5	B00001	图书	包	100	45	=D5*E5
6	B00002	光盘	盘	15	78	
7	B00003	教材	包	45	54	
8	B00004	CD	盘	26	21	
9	B00005	衣服	袋	69	150	
10	B00006	洗发水	件	23	20	
11	B00007	手机	箱	28	410	
12	B00008	打火机	打	323	12	
13	B00009	香烟	条	44	4	
14	B00010	面包	箱	120	4	
15	B00011	香油	瓶	53	45	
16	B00012	点插板	板	11	40	
17	B00013	茶叶	袋	14	12	
18	合计					

图 6-3 提货单-输入金额计算公式

	A	B	C	D	E	F
1	XXX公司提货单					
2	收货方					
3	送货日期					
4	产品编号	产品名称	单位	数量	单价	金额
5	B00001	图书	包	100	45	4500
6	B00002	光盘	盘	15	78	1170
7	B00003	教材	包	45	54	2430
8	B00004	CD	盘	26	21	546
9	B00005	衣服	袋	69	150	10350
10	B00006	洗发水	件	23	20	460
11	B00007	手机	箱	28	410	11480
12	B00008	打火机	打	323	12	3876
13	B00009	香烟	条	44	4	176
14	B00010	面包	箱	120	4	480
15	B00011	香油	瓶	53	45	2385
16	B00012	点插板	板	11	40	440
17	B00013	茶叶	袋	14	12	168
18	合计					

图 6-4 提货单-金额计算效果

选中 F18 单元格，输入“=sum(F5:F17)”，并按【Enter】键，完成总金额的计算效果图如 6-5 所示。

2．要求②步骤解析

选取 4～18 行，右击，从弹出的快捷菜单中选择“行高”命令（见图 6-6），弹出“行高”对话框，输入行高为 15（见图 6-7），单击“确定”按钮，效果图如 6-8 所示。

	A	B	C	D	E	F
1	XXX公司提货单					
2	收货方					
3	送货日期					
4	产品编号	产品名称	单位	数量	单价	金额
5	B00001	图书	包	100	45	4500
6	B00002	光盘	盘	15	78	1170
7	B00003	教材	包	45	54	2430
8	B00004	CD	盘	26	21	546
9	B00005	衣服	袋	69	150	10350
10	B00006	洗发水	件	23	20	460
11	B00007	手机	箱	28	410	11480
12	B00008	打火机	打	323	12	3876
13	B00009	香烟	条	44	4	176
14	B00010	面包	箱	120	4	480
15	B00011	香油	瓶	53	45	2385
16	B00012	点插板	板	11	40	440
17	B00013	茶叶	袋	14	12	168
18	合计					38461

图 6-5 提货单-总金额计算效果

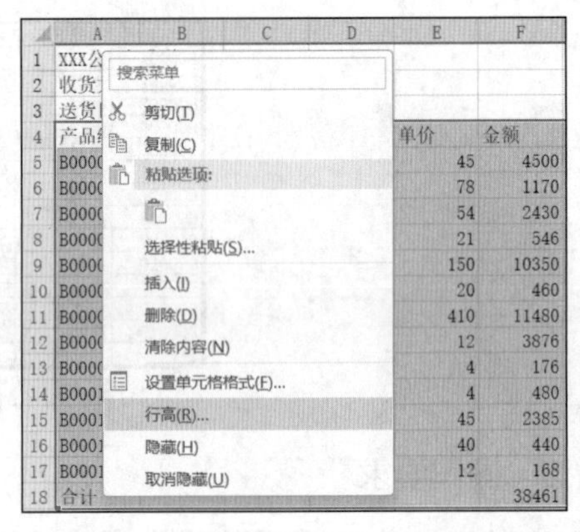

图 6-6 提货单-行高设置选取

	A	B	C	D	E	F
1	XXX公司提货单					
2	收货方					
3	送货日期					
4	产品编号	产品名称	单位	数量	单价	金额
5	B00001	图书	包	100	45	4500
6	B00002	光盘	盘	15	78	1170
7	B00003	教材	包	45	54	2430
8	B00004	CD	盘	26	21	546
9	B00005			69	150	10350
10	B00006			23	20	460
11	B00007			28	410	11480
12	B00008			323	12	3876
13	B00009			44	4	176
14	B00010	面包	箱	120	4	480
15	B00011	香油	瓶	53	45	2385
16	B00012	点插板	板	11	40	440
17	B00013	茶叶	袋	14	12	168
18	合计					38461

行高 ? ×
行高(R): 15
确定 取消

图 6-7 提货单-行高设置

1	XXX公司提货单					
2	收货方					
3	送货日期					
4	产品编号	产品名称	单位	数量	单价	金额
5	B00001	图书	包	100	45	4500
6	B00002	光盘	盘	15	78	1170
7	B00003	教材	包	45	54	2430
8	B00004	CD	盘	26	21	546
9	B00005	衣服	袋	69	150	10350
10	B00006	洗发水	件	23	20	460
11	B00007	手机	箱	28	410	11480
12	B00008	打火机	打	323	12	3876
13	B00009	香烟	条	44	4	176
14	B00010	面包	箱	120	4	480
15	B00011	香油	瓶	53	45	2385
16	B00012	点插板	板	11	40	440
17	B00013	茶叶	袋	14	12	168
18	合计					38461

图 6-8 提货单-行高设置效果

选择 A～F 列，右击，选择“列宽”命令，设置列宽为 10（见图 6-9），效果图如 6-10 所示。

	A	B	C	D	E	F
1	XXX公司提货单					
2	收货方					
3	送货日期					
4	产品编号	产品名称	单位	数量	单价	金额
5	B00001	图书	包	100	45	4500
6	B00002	光盘	盘	15	78	1170
7	B00003	教		5	54	2430
8	B00004	CD		6	21	546
9	B00005	衣		9	150	10350
10	B00006	洗		3	20	460
11	B00007	手		8	410	11480
12	B00008	打火机	打	323	12	3876
13	B00009	香烟	条	44	4	176
14	B00010	面包	箱	120	4	480
15	B00011	香油	瓶	53	45	2385
16	B00012	点插板	板	11	40	440
17	B00013	茶叶	袋	14	12	168
18	合计					38461

图 6-9　提货单–列宽设置图

A	B	C	D	E	F
XXX公司提货单					
收货方					
送货日期					
产品编号	产品名称	单位	数量	单价	金额
B00001	图书	包	100	45	4500
B00002	光盘	盘	15	78	1170
B00003	教材	包	45	54	2430
B00004	CD	盘	26	21	546
B00005	衣服	袋	69	150	10350
B00006	洗发水	件	23	20	460
B00007	手机	箱	28	410	11480
B00008	打火机	打	323	12	3876
B00009	香烟	条	44	4	176
B00010	面包	箱	120	4	480
B00011	香油	瓶	53	45	2385
B00012	点插板	板	11	40	440
B00013	茶叶	袋	14	12	168
合计					38461

图 6-10　提货单–列宽设置效果图

3．要求③步骤解析

选择 A1：F1 单元格，在“开始”选项卡的“字体”命令组中设置“黑色”字体，字号“12”，如图 6-11 所示。在选择区右击，选择“设置单元格格式”命令，弹出“设置单元格格式”对话框，并设置“水平对齐”和“垂直对齐”为“居中”，选中“合并单元格”复选框（见图 6-12），单击“确定”按钮，效果图如 6-13 所示。

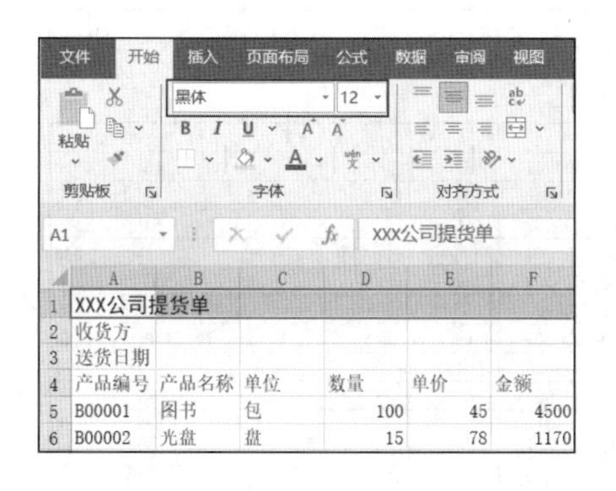

	A	B	C	D	E	F
1	XXX公司提货单					
2	收货方					
3	送货日期					
4	产品编号	产品名称	单位	数量	单价	金额
5	B00001	图书	包	100	45	4500
6	B00002	光盘	盘	15	78	1170

图 6-11　提货单–标题字体字号设置

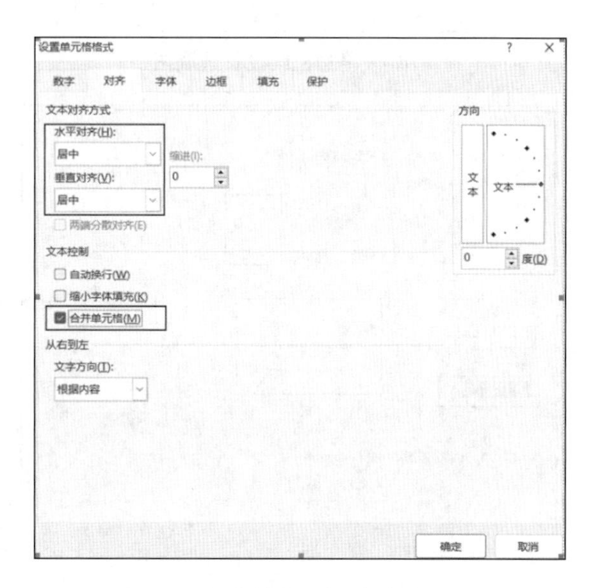

图 6-12　提货单–标题对齐方式设置图

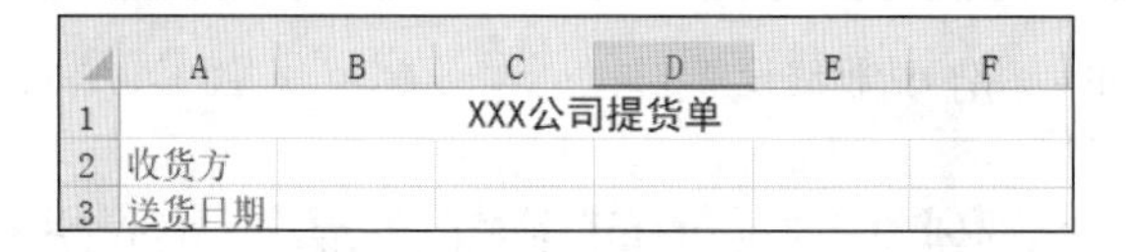

	A	B	C	D	E	F
1	XXX公司提货单					
2	收货方					
3	送货日期					

图 6-13　提货单–标题对齐方式设置效果

4．要求④步骤解析

选取 A4:F18 单元格，在“开始”选项卡的“字体”命令组中单击“下框线”下拉按钮选择“其他边框”命令（见图 6-14），弹出“设置单元格格式”对话框，设置“样式”为“加粗实线”，颜色为“黑色”，“预置”为“外边框”如图 6-15 所示。接着继续设置“样式”为“细实线”，颜色“黑色”，“预置”为“内部”（见图 6-16），单击“确定”按钮，效果如图 6-17 所示。

图 6-14　提货单-表格边框线设置选取图

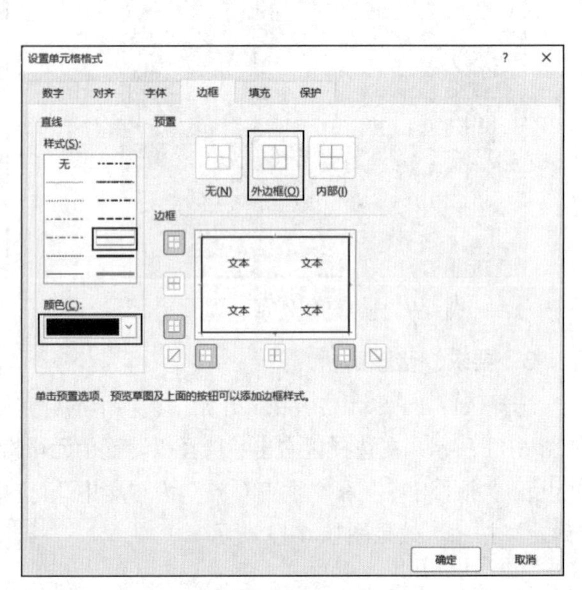

图 6-15　提货单-表格外边框线设置

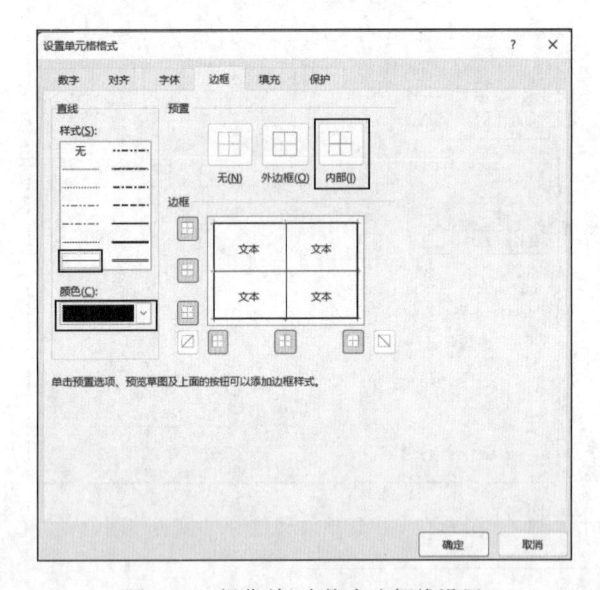

图 6-16　提货单-表格内边框线设置

	A	B	C	D	E	F
1	XXX公司提货单					
2	收货方					
3	送货日期					
4	产品编号	产品名称	单位	数量	单价	金额
5	B00001	图书	包	100	45	4500
6	B00002	光盘	盘	15	78	1170
7	B00003	教材	包	45	54	2430
8	B00004	CD	盘	26	21	546
9	B00005	衣服	袋	69	150	10350
10	B00006	洗发水	件	23	20	460
11	B00007	手机	箱	28	410	11480
12	B00008	打火机	打	323	12	3876
13	B00009	香烟	条	44	4	176
14	B00010	面包	箱	120	4	480
15	B00011	香油	瓶	53	45	2385
16	B00012	点插板	板	11	40	440
17	B00013	茶叶	袋	14	12	168
18	合计					38461

图 6-17　提货单-效果图

6.2　Excel 综合案例 2——如何根据产品销售情况进行统计分析

6.2.1　案例描述

销售部助理小王需要根据 2022 年和 2023 年的图书产品销售情况进行统计分析，以便制订新一年的销售计划和工作任务。请按照如下要求，完成工作并保存：

① 将“产品销售情况-素材.xlsx”文件另存为“产品销售情况.xlsx”，后续操作均基于此文件。

② 在“销售订单”工作表的“图书编号”列中，使用 VLOOKUP 函数填充所对应“图书名称”的“图书编号”，“图书名称”和“图书编号”的对照关系请参考“图书编目表”工作表，如图 6-18 所示。

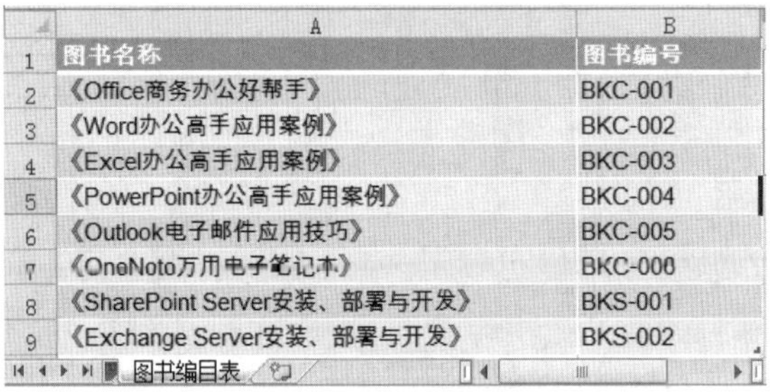

图书名称	图书编号
《Office商务办公好帮手》	BKC-001
《Word办公高手应用案例》	BKC-002
《Excel办公高手应用案例》	BKC-003
《PowerPoint办公高手应用案例》	BKC-004
《Outlook电子邮件应用技巧》	BKC-005
《OneNote万用电子笔记本》	BKC-006
《SharePoint Server安装、部署与开发》	BKS-001
《Exchange Server安装、部署与开发》	BKS-002

图 6-18　图书编目表

③ 将“销售订单”工作表的“订单编号”列按照数值升序方式排序，并将所有重复的订单编号数值标记为紫色（标准色）字体，然后将其排列在销售订单列表区域的顶端。

④ 在“2023 年图书销售分析”工作表中，统计 2023 年各类图书每月的销售量，并将统计结果填充在所对应的单元格中。为该表添加汇总行，在汇总行单元格中分别计算每月图书的总销量。

⑤ 在“2023 年图书销售分析”工作表的 N4:N11 单元格中，插入用于统计销售趋势的迷你折线图，各单元格中迷你图的数据范围为所对应图书的 1～12 月销售数据，并为各迷你折线图标记销量的最高点和最低点。

⑥ 根据“销售订单”工作表的销售列创建数据透视表，并将创建完成的数据透视表放置在新工作表中，以 A1 单元格为数据透视表的起点位置，将工作表重命名为“2022 年书店销量”。

⑦ 在“2022 年书店销量”工作表的数据透视表中，设置“日期”字段为列标签，“书店名称”字段为行标签，“销量（本）”字段为求和汇总项，并在数据透视表中显示 2022 年期间各书店每季度的销量情况。

◎温馨提示

为了统计方便，请勿对完成的数据透视表进行额外的排序操作。

6.2.2　操作步骤解析

1．要求①步骤解析

打开“产品销售情况-素材.xlsx”文件，将其另存为“产品销售情况.xlsx”。

2．要求②步骤解析

① 将光标定位到“销售订单”工作表的 E3 单元格，切换到“公式”选项卡，在“函数库”命令组的“查找与引用”下拉列表中选择 VLOOKUP 函数，如图 6-19 所示。

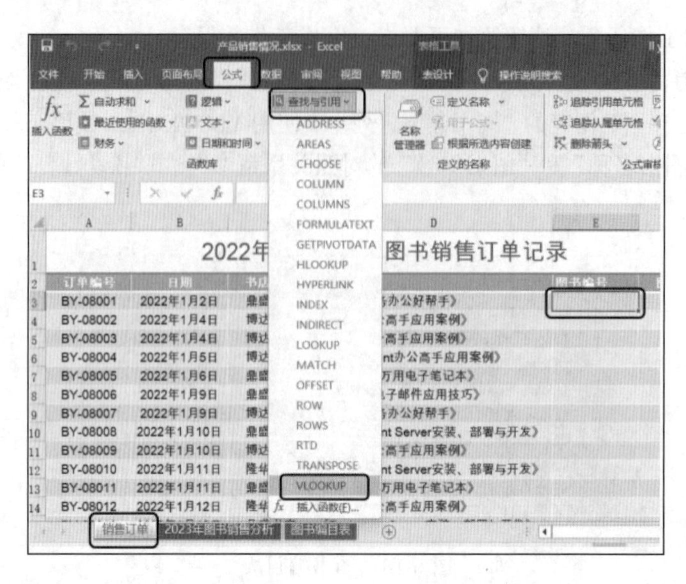

图 6-19 为“销售订单”使用 VLOOKUP 函数

② 在弹出的 VLOOKUP 函数的“函数参数”设置对话框中进行参数设置，如图 6-20 所示。

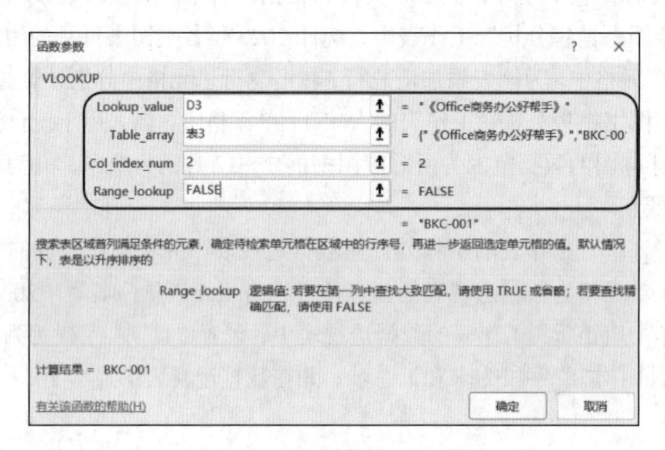

图 6-20 “函数参数”对话框

VLOOKUP 函数的参数说明：

- Lookup_value：待查询数据项，本题中 E3 单元格为结果单元格，显示的应该为图书编号，该编号应依据图书名称查得，因此这里待查数据项图书名称为 D3 单元格的值，即参数一为 D3。
- Table_array：结果数据源，即结果单元格 E3 值的数据来源区域，且首列包含待查询数据项 D3，因此参数二为表 3。
- Col_index_num：结果值来自数据来源区域（Table_array）的第几列，此题参数三应为 2。
- Range_lookup：查询模式，FALSE 为精确查询，TRUE 或缺省为模糊匹配。

单击“确定”按钮，并利用填充柄完成“图书编号”列的数据填充。

3．要求③步骤解析

① 选中 A2:G678 单元格数据区域,单击“数据”选择卡“排序和筛选”命令组中的“排序”

按钮，弹出“排序”对话框，“排序依据”依次设置为“订单编号”“单元格值”“升序”，如图 6-21 所示。单击“确定”按钮完成排序操作。

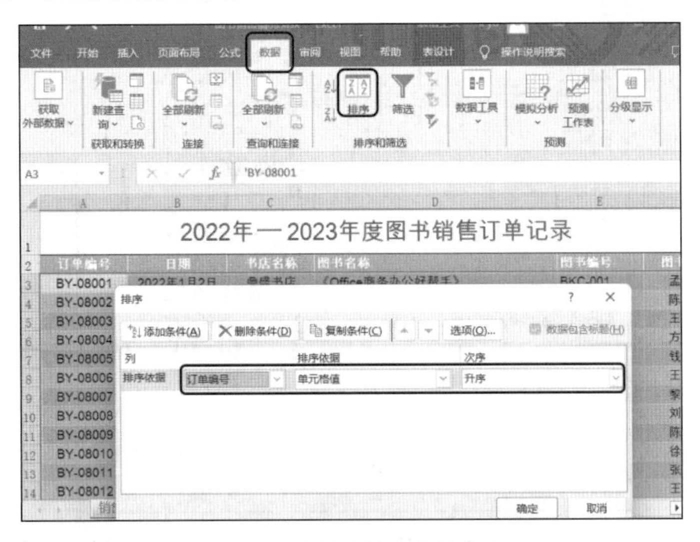

图 6-21 设置排序关键字

② 设置升序后，选中“订单编号”列，单击“开始”选项卡“样式”命令组中“条件格式”下拉按钮，选择“突出显示单元格规则”→“重复值”命令（见图 6-22），弹出“重复值”对话框。

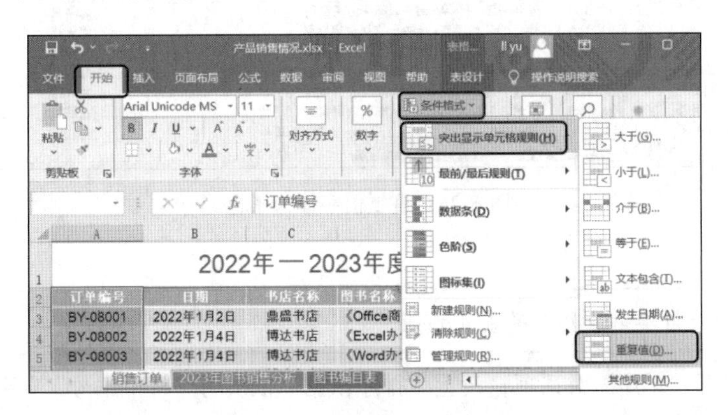

图 6-22 条件格式功能选取

③ 在“重复值”对话框中，选择“自定义格式”（见图 6-23），弹出“设置单元格格式”对话框，设置字体为标准紫色（见图 6-24），单击“确定”按钮。返回“重复值”对话框后单击“确定”按钮。

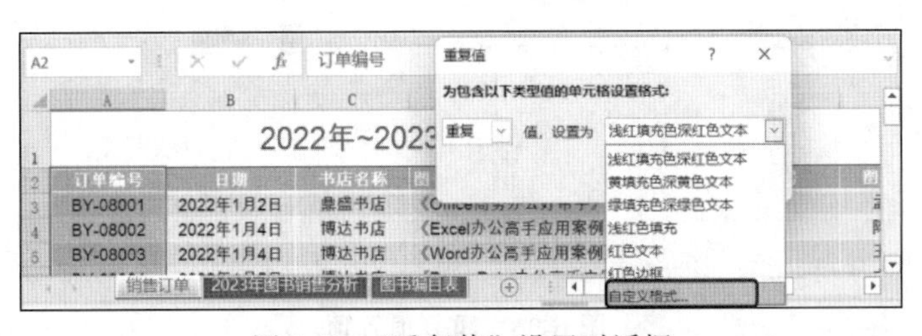

图 6-23 “重复值”设置对话框

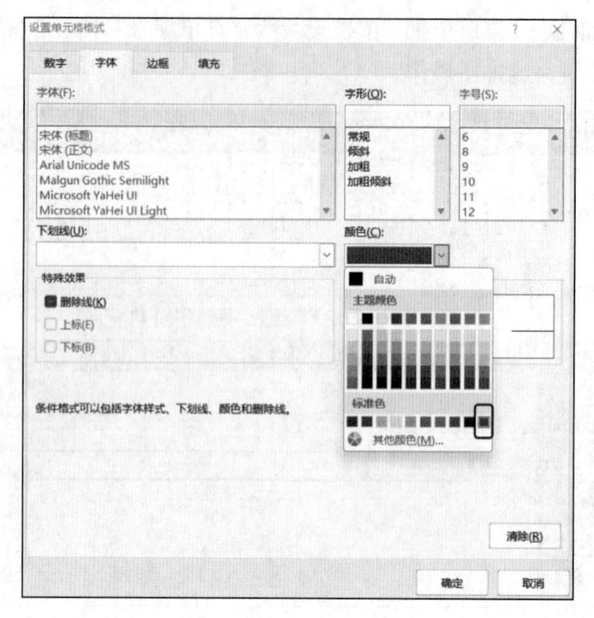

图 6-24 “重复值”字体颜色设置

将重复值设置为紫色的效果如图 6-25 所示。

	订单编号	日期	书店名称	图书名称	图书编号	图书作者	销量（本
84	BY-08083	2022年3月28日	隆华书店	《Word办公高手应用案例》		赵琳艳	19
85	BY-08084	2022年3月28日	鼎盛书店	《Excel办公高手应用案例》		孟天祥	23
86	BY-08085	2022年3月29日	鼎盛书店	《Excel办公高手应用案例》		刘露露	40
87	BY-08086	2022年3月30日	隆华书店	《SharePoint Server安装、部署与开发》		徐亚楠	40
88	BY-08086	2023年10月26日	鼎盛书店	《Word办公高手应用案例》		孟天祥	7
89	BY-08087	2022年3月31日	隆华书店	《Word办公高手应用案例》		谢丽秋	48
90	BY-08088	2022年4月3日	隆华书店	《Exchange Server安装、部署与开发》		王炫皓	43

图 6-25 重复值字体为紫色

◎温馨提示

BY-08086 就是订单编号列中的重复的值。

④ 参照①打开“排序”对话框，设置“排序依据”依次为“订单编号”“字体颜色”“紫色”“在顶端”，如图 6-26 所示。

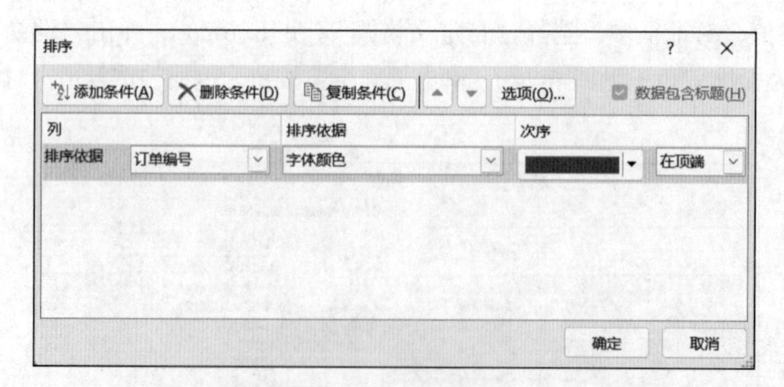

图 6-26 重复值置顶

单击对话框中的“确定”按钮，设置效果如图 6-27 所示。

	A	B	C	D	E	F	G
1	2022年—2023年度图书销售订单记录						
2	订单编号	日期	书店名称	图书名称	图书编号	图书作者	销量（本
3	BY-08086	2022年3月30日	隆华书店	《SharePoint Server安装、部署与开发》	BKS-001	徐亚楠	40
4	BY-08086	2023年10月26日	鼎盛书店	《Word办公高手应用案例》	BKC-002	孟天祥	7
5	BY-08137	2022年5月25日	隆华书店	《OneNote万用电子笔记本》	BKC-006	余雅丽	49
6	BY-08137	2023年10月5日	鼎盛书店	《Excel办公高手应用案例》	BKC-003	关天胜	12
7	BY-08591	2022年3月16日	鼎盛书店	《Word办公高手应用案例》	BKC-002	王崇江	40
8	BY-08591	2023年9月14日	隆华书店	《Excel办公高手应用案例》	BKC-003	赵琳艳	42
9	BY-08001	2022年1月2日	鼎盛书店	《Office商务办公好帮手》	BKC-001	孟天祥	12
10	BY-08002	2022年1月4日	博达书店	《Excel办公高手应用案例》	BKC-003	陈祥通	5

销售订单　2023年图书销售分析　图书编目表

图 6-27　将重复值订单编号设置在顶端的效果

4．要求④步骤解析

① “2023 年图书销售分析”工作表 B4 单元格的值应为 2023–1–31 前（包括 2023–1–31）销售的《Office 商务办公好帮手》图书总量和 2023–1–1 前（不包括 2023–1–1）销售的《Office 商务办公好帮手》图书总量的差。求多条件和可以用 SUMIFS 函数。因此，B4 单元格输入的内容为：=SUMIFS(表 1[销量（本）],表 1[图书名称],[@图书名称],表 1[日期],"<=2023–1–31")–SUMIFS(表 1[销量（本）] ,表 1[图书名称]　,[@图书名称],表 1[日期],"<2023–1–1")。

SUMIFS 函数的参数说明（以求 1 月份《Office 商务办公好帮手》图书销售量为例）:

SUMIFS(表 1[销量（本）],表 1[图书名称],[@图书名称] ,表 1[日期],"<=2023–1–31")

- Sum_range: 求和区域，本例求的是销售订单表即表 1 中图书名为《Office 商务办公好帮手》的图书销售数量，所以求和区域应为“表 1[销量（本）”。
- Criteria_rang1：条件 1 数据区域，本题的条件 1 为图书名为“《Office 商务办公好帮手》”，所以该参数为“表 1[图书名称]”。
- Criteria1：条件 1，本题条件 1 为图书　“《Office 商务办公好帮手》”，所以该参数为“[@图书名称]”（即 A4 的值）。
- Criteria_rang2：条件 2 数据区域，本题条件 2 为日期在 2023–1–31 前销售的图书数量，所以该参数为“表 1[日期]”。
- Criteria2：条件 2，本题条件 2 为 2023–1–31 之前，所以该参数为“"<=2023–1–31"”。

同理，可求 2023 年 2 月至 12 月图书的销售数量，统计结果如图 6-28 所示。

	图书名称	1月	2月	3月	4月	5月	6月	7月	8月	9月	10月	11月	12月
4	《Office商务办公好帮手》	126	3	33	76	132	41	135	46	42	91	44	81
5	《Word办公高手应用案例》	116	133	285	63	110	154	33	59	315	27	74	0
6	《Excel办公高手应用案例》	87	116	89	59	141	170	291	191	56	110	181	97
7	《PowerPoint办公高手应用案例》	99	82	16	138	237	114	198	149	185	66	125	94
8	《Outlook电子邮件应用技巧》	134	40	34	87	26	45	122	45	116	62	63	45
9	《OneNote万用电子笔记本》	104	108	93	48	36	59	91	58	61	68	73	6
10	《SharePoint Server安装、部署与开发》	141	54	193	103	106	56	28	0	41	38	34	104
11	《Exchange Server安装、部署与开发》	88	74	12	21	146	73	33	94	54	88	6	83

图 6-28　图书每月销售量统计

② 在 A12 单元格中输入“汇总”，在 B12 单元格中输入公式“=SUM(B4:B11)”，按【Enter】键，汇总出 2023 年 1 月图书销售总量，再利用填充柄完成其他月份的图书销售总量的汇总，如图 6-29 所示。

3	图书名称	1月	2月	3月	4月	5月	6月	7月	8月	9月	10月	11月	12月
4	《Office商务办公好帮手》	126	3	33	76	132	41	135	46	42	91	44	81
5	《Word办公高手应用案例》	116	133	285	63	110	154	33	59	315	27	74	0
6	《Excel办公高手应用案例》	87	116	89	59	141	170	291	191	56	110	181	97
7	《PowerPoint办公高手应用案例》	99	82	16	138	237	114	198	149	185	66	125	94
8	《Outlook电子邮件应用技巧》	134	40	34	87	26	45	122	45	116	62	63	45
9	《OneNote万用电子笔记本》	104	108	93	48	36	59	91	58	61	68	73	6
10	《SharePoint Server安装、部署与开发》	141	54	193	103	106	56	28	0	41	38	34	104
11	《Exchange Server安装、部署与开发》	88	74	12	21	146	73	33	94	54	88	6	83
12	汇总	895	610	755	595	934	712	931	642	870	550	600	510

图 6-29 图书每月销售量汇总设置

5．要求⑤步骤解析

① 选中“2023 年图书销售分析”工作表中的 N4:N11 数据区域，单击“插入”选项卡“迷你图”命令组中的“折线”按钮（见图 6-30）弹出“创建迷你图”对话框，在对话框的“数据范围”处填写 B4:M11，“位置范围”处填$N$4:$N$11，如图 6-31 所示。单击“确定”按钮，迷你图创建效果如图 6-32 所示。

2月	3月	4月	5月	6月	7月	8月	9月	10月	11月	12月	销售趋势
3	33	76	132	41	135	46	42	91	769	81	
133	285	63	110	154	33	59	315	27	1369	0	
116	89	59	141	170	291	191	56	110	1491	97	
82	16	138	237	114	198	149	185	66	1409	94	
40	34	87	26	45	122	45	116	62	774	45	
108	93	48	36	59	91	58	61	68	799	6	
54	193	103	106	56	28	0	41	38	794	104	
74	12	21	146	73	33	94	54	88	689	83	
610	755	595	934	712	931	642	870	550	8094	510	

图 6-30 插入迷你折线图

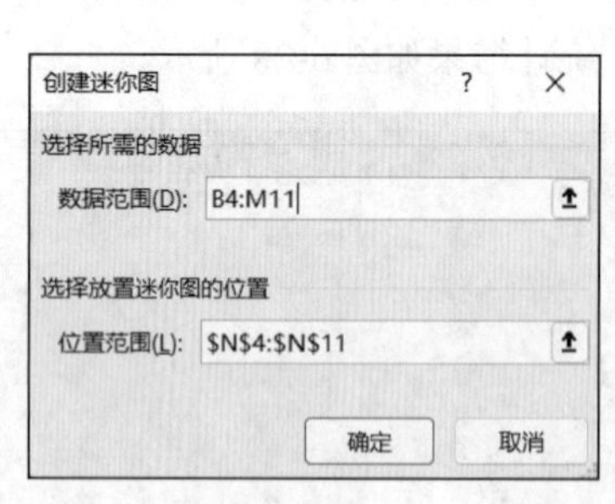

图 6-31 “创建迷你图”对话框

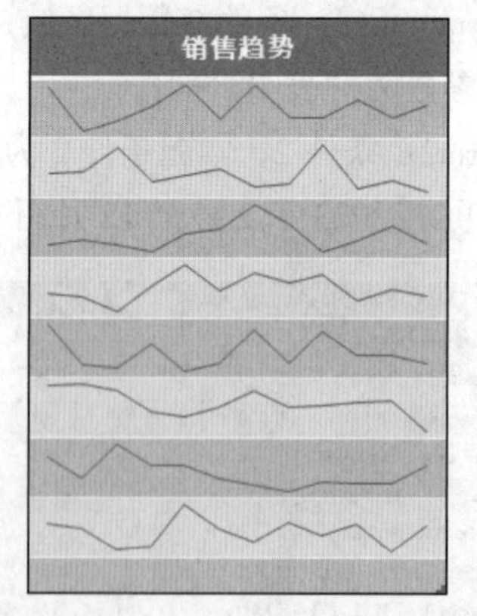

图 6-32 迷你折线图创建效果

② 选中迷你图后，显示“迷你图工具”选项卡，单击“迷你图”子选项卡,在“显示”命令组中选中“高点”和“低点”复选框，如图 6-33 所示。

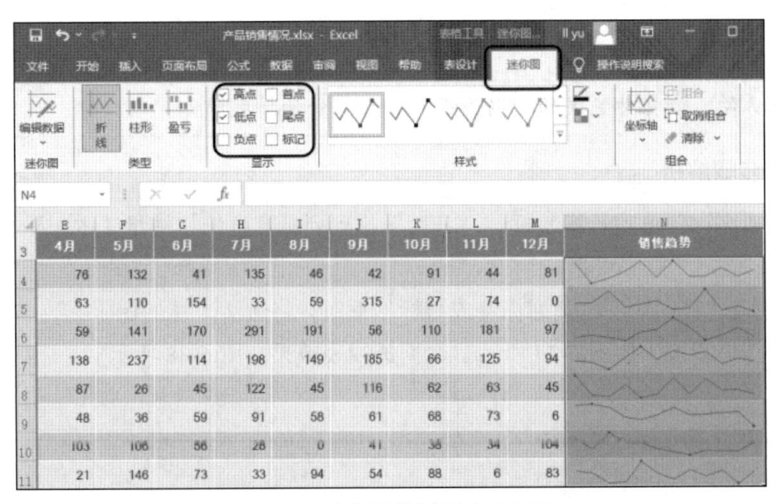

图 6-33　迷你折线图创建高低点

6．要求⑥步骤解析

① 单击工作表标签栏中的“插入新工作表”按钮插入工作表，并命名为“2022 年书店销售量”，如图 6-34 所示。

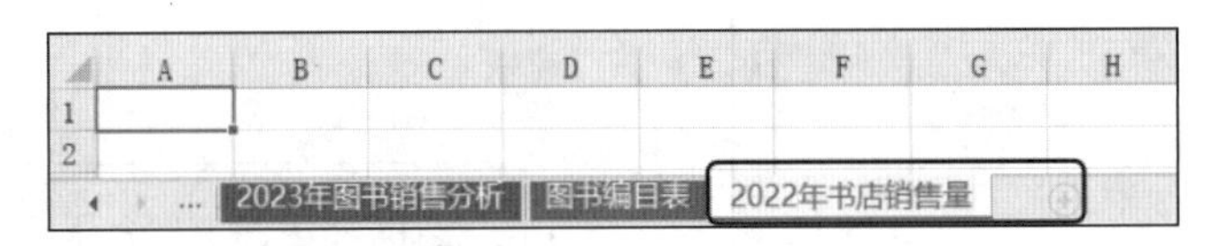

图 6-34　创建“2022 年书店销售量”工作表

② 单击“销售订单”，选定 A2:G678 区域，单击“插入”选项卡“表格”命令组中的“数据透视表”按钮，弹出“来自表格或区域的数据透视表”对话框，在“选择表格或区域”中选定“表 1”，然后选中“现有工作表”单选按钮，“位置”处选择“2022 年书店销售量！$A$1”，如图 6-35 所示。单击“确定”按钮后弹出“数据透视表字段”窗格，如图 6-36 所示。

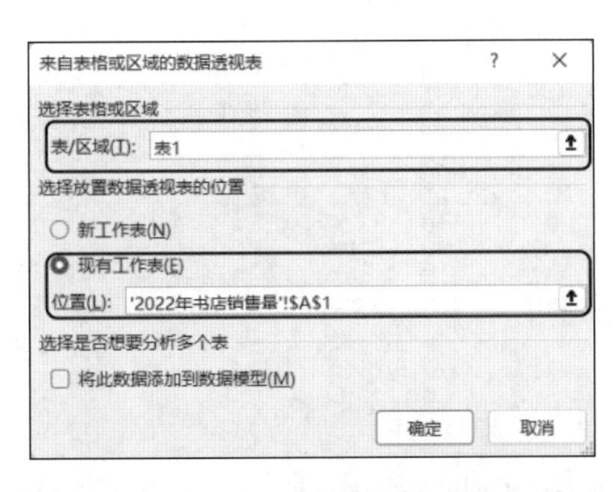

图 6-35　“来自表格或区域的数据透视表”对话框

图 6-36　“数据透视表字段”窗格

◎温馨提示

为了统计方便，请勿对完成的数据透视表进行额外的排序操作。

7．要求⑦步骤解析

① 把“书店名称”拖到行标签框，“日期”拖到列标签框，“销量（本）”拖到数值框，且为“求和项”。

注意：当拖动“日期”字段到列标签或行标签框时，将激活“月（日期）”“季度（日期）”“年（日期）”三个字段，如图 6-37 所示。数据透视表效果如图 6-38 所示。

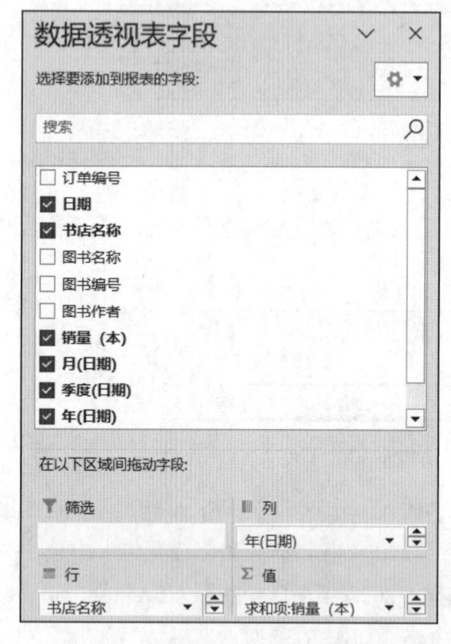

图 6-37 数据透视表字段设置结果

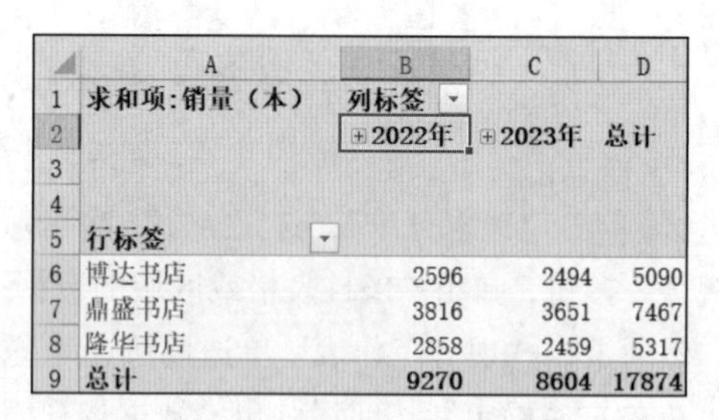

	A	B	C	D
1	求和项:销量（本）	列标签		
2		⊞2022年	⊞2023年	总计
3				
4				
5	行标签			
6	博达书店	2596	2494	5090
7	鼎盛书店	3816	3651	7467
8	隆华书店	2858	2459	5317
9	总计	9270	8604	17874

图 6-38 数据透视表效果图

② 单击“+”按钮可以展开查看某一年各季度的销售情况，甚至具体到某一天的销售情况，本题点选 2022 年前面“+”，即可查看 2022 年四个季度各书店图书的销售情况，如图 6-39 所示。

	A	B	C	D	E	F
1	求和项:销量（本）	列标签				
2		⊟2022年				2022年 汇总
3		⊞第一季	⊞第二季	⊞第三季	⊞第四季	
4						
5	行标签					
6	博达书店	439	761	711	685	2596
7	鼎盛书店	1098	836	844	1038	3816
8	隆华书店	571	772	889	626	2858
9	总计	2108	2369	2444	2349	9270
10						
11						
12						

… 图书编目表 2022年书店销售量

图 6-39 2022 年按季度统计各书店图书销量结果

6.3　Excel 综合案例 3——超市商品销售情况分析

6.3.1　案例描述

打开文件“超市商品销售情况分析.xlsx”，在工作表 Sheet1 中完成如下操作：

① 以"地区"字段为关键字，按升序排序。以"地区"为分类字段，汇总方式为"求和"，对"食品、服装、生活用品、消费品"进行分类汇总。要求汇总结果显示在数据下方。

② 设置 B7:G23 的外边框为"标准色　红色双实线"，内边框为"标准色　蓝色细实线"。

③ 设置标题"超市商品销售情况分析"字体为"黑体"，字号为"14"，字形为"加粗"。

6.3.2　操作步骤解析

打开工作簿“超市商品销售情况分析.xlsx”，选择工作表 Sheet1，按照如下步骤操作：

① 选中单元格 B7，单击“数据”选项“排序与筛选”命令组中的“排序”按钮（见图 6-40），弹出“排序”对话框，设置“排序依据”为“地区”“单元格值”“升序”（图 6-41），效果如图 6-42 所示。

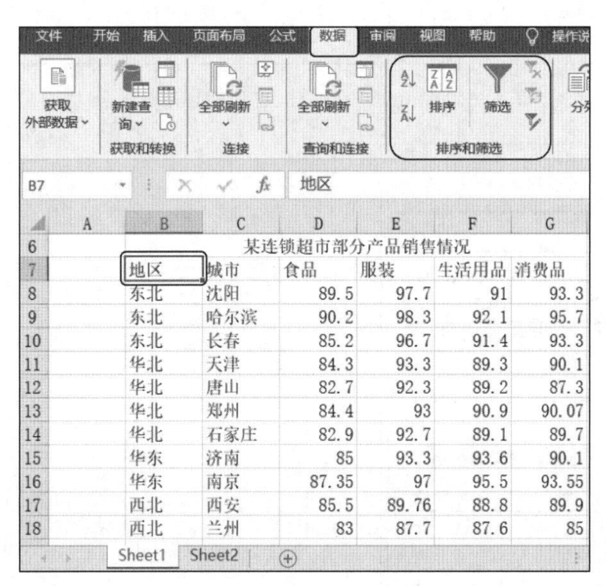

行	B	C	D	E	F	G
7	地区	城市	食品	服装	生活用品	消费品
8	东北	沈阳	89.5	97.7	91	93.3
9	东北	哈尔滨	90.2	98.3	92.1	95.7
10	东北	长春	85.2	96.7	91.4	93.3
11	华北	天津	84.3	93.3	89.3	90.1
12	华北	唐山	82.7	92.3	89.2	87.3
13	华北	郑州	84.4	93	90.9	90.07
14	华北	石家庄	82.9	92.7	89.1	89.7
15	华东	济南	85	93.3	93.6	90.1
16	华东	南京	87.35	97	95.5	93.55
17	西北	西安	85.5	89.76	88.8	89.9
18	西北	兰州	83	87.7	87.6	85

图 6-40　排序功能选取

图 6-41　“排序”对话框

	B	C	D	E	F	G
6	某连锁超市部分产品销售情况					
7	地区	城市	食品	服装	生活用品	消费品
8	东北	沈阳	89.5	97.7	91	93.3
9	东北	哈尔滨	90.2	98.3	92.1	95.7
10	东北	长春	85.2	96.7	91.4	93.3
11	华北	天津	84.3	93.3	89.3	90.1
12	华北	唐山	82.7	92.3	89.2	87.3
13	华北	郑州	84.4	93	90.9	90.07
14	华北	石家庄	82.9	92.7	89.1	89.7
15	华东	济南	85	93.3	93.6	90.1
16	华东	南京	87.35	97	95.5	93.55
17	西北	西安	85.5	89.76	88.8	89.9
18	西北	兰州	83	87.7	87.6	85

图 6-42　超市部分商品销售情况排序效果

单击“数据”选项卡“分级显示”命令组中的“分类汇总”按钮（见图 6-43），打开分类汇总对话框，设置如图 6-44 所示，效果如图 6-45 所示。

图 6-43　分类汇总功能选取

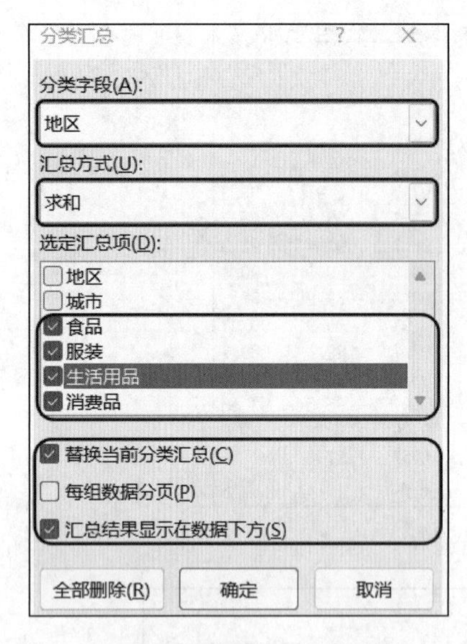

图 6-44　分类汇总功能设置

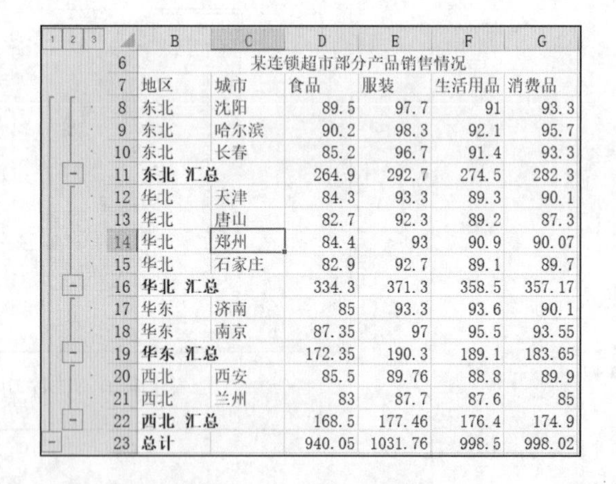

	B	C	D	E	F	G
6	某连锁超市部分产品销售情况					
7	地区	城市	食品	服装	生活用品	消费品
8	东北	沈阳	89.5	97.7	91	93.3
9	东北	哈尔滨	90.2	98.3	92.1	95.7
10	东北	长春	85.2	96.7	91.4	93.3
11	东北 汇总		264.9	292.7	274.5	282.3
12	华北	天津	84.3	93.3	89.3	90.1
13	华北	唐山	82.7	92.3	89.2	87.3
14	华北	郑州	84.4	93	90.9	90.07
15	华北	石家庄	82.9	92.7	89.1	89.7
16	华北 汇总		334.3	371.3	358.5	357.17
17	华东	济南	85	93.3	93.6	90.1
18	华东	南京	87.35	97	95.5	93.55
19	华东 汇总		172.35	190.3	189.1	183.65
20	西北	西安	85.5	89.76	88.8	89.9
21	西北	兰州	83	87.7	87.6	85
22	西北 汇总		168.5	177.46	176.4	174.9
23	总计		940.05	1031.76	998.5	998.02

图 6-45　分类汇总效果

② 选取 B7:G23 数据区域，单击“开始”选项卡“字体”命令组中的“边框”下拉按钮，选择“其他边框”命令，如图 6-46，打开“设置单元格格式”对话框，设置“样式”为“双实线”，“颜色”为“标准红色”，“预置”为“外边框”，如图 6-47 所示。接着在“设置单元格格式”对话框的样式中继续点选“单实线”，颜色选择“蓝色”，预置选择“内部”（见图 6-48），效果图如 6-49 所示。

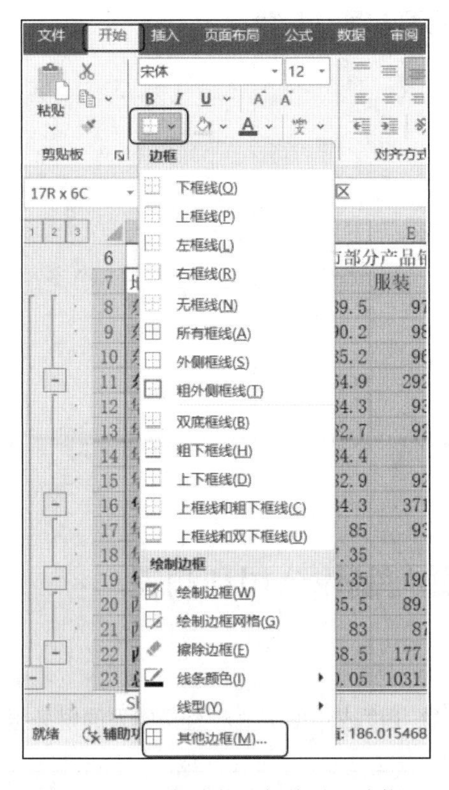

图 6-46　选择表格边框线设置功能

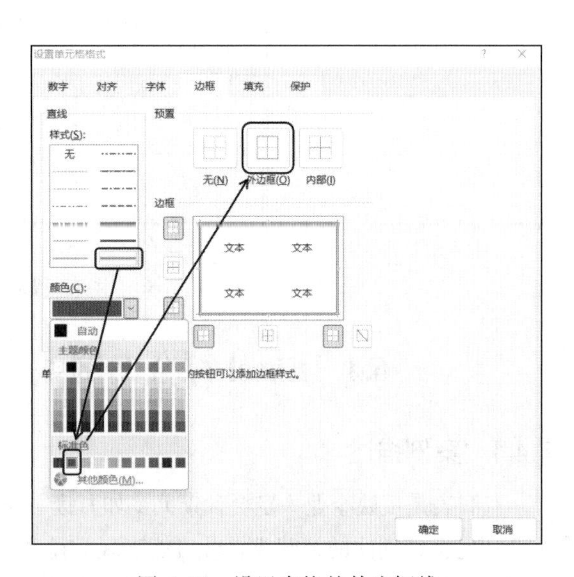

图 6-47　设置表格的外边框线

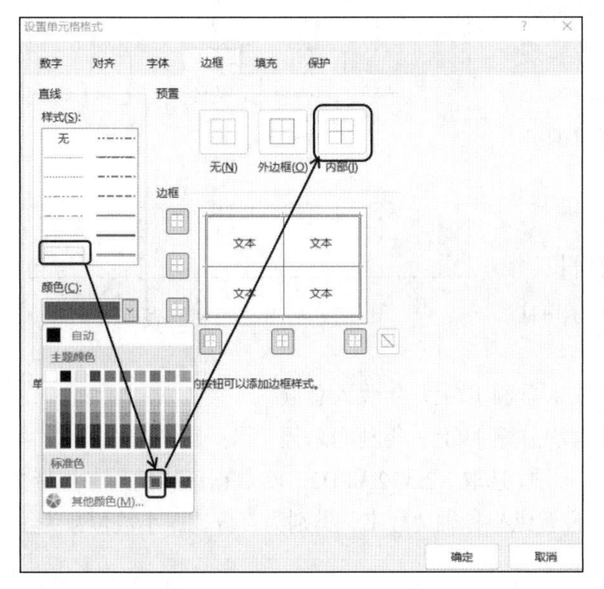

图 6-48　设置表格的内边框线

	B	C	D	E	F	G
6	某连锁超市部分产品销售情况					
7	地区	城市	食品	服装	生活用品	消费品
8	东北	沈阳	89.5	97.7	91	93.3
9	东北	哈尔滨	90.2	98.3	92.1	95.7
10	东北	长春	85.2	96.7	91.4	93.3
11	**东北 汇总**		264.9	292.7	274.5	282.3
12	华北	天津	84.3	93.3	89.3	90.1
13	华北	唐山	82.7	92.3	89.2	87.3
14	华北	郑州	84.4	93	90.9	90.07
15	华北	石家庄	82.9	92.7	89.1	89.7
16	**华北 汇总**		334.3	371.3	358.5	357.17
17	华东	济南	85	93.3	93.6	90.1
18	华东	南京	87.35	97	95.5	93.55
19	**华东 汇总**		172.35	190.3	189.1	183.65
20	西北	西安	85.5	89.76	88.8	89.9
21	西北	兰州	83	87.7	87.6	85
22	**西北 汇总**		168.5	177.46	176.4	174.9
23	**总计**		940.05	1031.76	998.5	998.02

图 6-49　表格边框线设置效果

③ 选中 B6:G6 数据区域，在“开始”选项卡的“字体”命令组内将“字体”设置为“黑体”，“字号”设置为“14”，“字形”设置为“加粗”，格式设置与效果如图 6-50 所示。

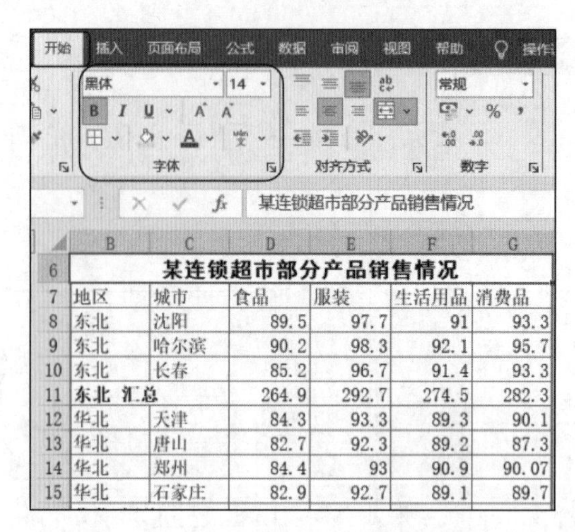

	B	C	D	E	F	G
6	某连锁超市部分产品销售情况					
7	地区	城市	食品	服装	生活用品	消费品
8	东北	沈阳	89.5	97.7	91	93.3
9	东北	哈尔滨	90.2	98.3	92.1	95.7
10	东北	长春	85.2	96.7	91.4	93.3
11	东北 汇总		264.9	292.7	274.5	282.3
12	华北	天津	84.3	93.3	89.3	90.1
13	华北	唐山	82.7	92.3	89.2	87.3
14	华北	郑州	84.4	93	90.9	90.07
15	华北	石家庄	82.9	92.7	89.1	89.7

图 6-50 图表标题格式设置及效果图

6.4 Excel 综合案例 4——如何制作公司利润表

6.4.1 案例描述

利润表是反映企业一定会计期间（如月度、季度、半年度或年度）生产经营成果的财务报表。企业一定会计期间的经营成果既可能表现为盈利，也可能表现为亏损，因此，利润表也称为损益表。它全面揭示了企业在某一特定时期实现的各种收入、发生的各种费用、成本或支出，以及企业实现的利润或发生的亏损情况。

	A	B	C	D	E
1	公司利润表				
2	年度	收入总额	利润总额	收入增长	利润增长
3	14	1000	320		
4	15	1100	350		
5	16	1250	390		
6	17	1380	440		
7	18	1500	520		
8	19	1700	600		
9	20	1750	670		
10	21	1810	720		
11	22	2000	800		
12	23	2225	900		
13					

图 6-51 公司利润表

本案例要求利用 Excel 2016 制作一个简单的公司利润表。具体要求如下：

① 建立如图 6-51 所示的工作表。

② 利用下面公式计算收入增长和利润增长，并将 D4:E12 区域单元格设置为百分比类型，保留 1 位小数。

收入增长=（当前年份收入总额-上一年收入总额）/上一年收入总额

利润增长=（当前年份利润总额-上一年利润总额）/上一年利润总额

③ 选取 A2:C12 数据区域插入二维簇状柱形图；选取 A2:A12 和 D2:E12 数据区域插入二维带数据标记的折线图，图中标题设为楷体、加粗，设置纵坐标轴“数字”类别为百分比，小数位数为 1。

6.4.2 操作步骤解析

1. 要求①步骤解析

创建一个新的 Excel 2016 文档，并在 Sheet1 中，按照图 6-51 完成数据录入。

2. 要求②步骤解析

① 选定工作表的 D3:E12 单元格区域，右击，在弹出的快捷菜单中选择“设置单元格格式”命令，在弹出的对话框中设置“类型”为“百分比”，“小数位数”为“1”，如图 6-52 所示。

图 6-52 公司利润表-数字类型设置

② 选中 D4 单元格，输入公式“=(B4-B3)/B3”，如图 6-53 所示。按【Enter】键，并利用填充柄，填充“收入增长”列数据，效果如图 6-54。

	A	B	C	D	E
1	公司利润表				
2	年度	收入总额	利润总额	收入增长	利润增长
3	14	1000	320		
4	15	1100	350	=(B4-B3)/B3	
5	16	1250	390		
6	17	1380	440		
7	18	1500	520		
8	19	1700	600		
9	20	1750	670		
10	21	1810	720		
11	22	2000	800		
12	23	2225	900		

图 6-53 公司利润表-利用公式计算收入增长

	A	B	C	D	E
1	公司利润表				
2	年度	收入总额	利润总额	收入增长	利润增长
3	14	1000	320		
4	15	1100	350	10.0%	
5	16	1250	390	13.6%	
6	17	1380	440	10.4%	
7	18	1500	520	8.7%	
8	19	1700	600	13.3%	
9	20	1750	670	2.9%	
10	21	1810	720	3.4%	
11	22	2000	800	10.5%	
12	23	2225	900	11.3%	

图 6-54 公司利润表-收入增长效果图

选中 E4 单元格，输入公式“=(C4-C3)/C3”，如图 6-55 所示。按【Enter】键，并利用填充柄填充“利润增长”列数据，效果如图 6-56 所示。

	A	B	C	D	E
1	公司利润表				
2	年度	收入总额	利润总额	收入增长	利润增长
3	14	1000	320		
4	15	1100	350	10.0%	=(C4-C3)/C3
5	16	1250	390	13.6%	
6	17	1380	440	10.4%	
7	18	1500	520	8.7%	
8	19	1700	600	13.3%	
9	20	1750	670	2.9%	
10	21	1810	720	3.4%	
11	22	2000	800	10.5%	
12	23	2225	900	11.3%	

图 6-55 公司利润表-利用公式计算利润增长

	A	B	C	D	E
1	公司利润表				
2	年度	收入总额	利润总额	收入增长	利润增长
3	14	1000	320		
4	15	1100	350	10.0%	9.4%
5	16	1250	390	13.6%	11.4%
6	17	1380	440	10.4%	12.8%
7	18	1500	520	8.7%	18.2%
8	19	1700	600	13.3%	15.4%
9	20	1750	670	2.9%	11.7%
10	21	1810	720	3.4%	7.5%
11	22	2000	800	10.5%	11.1%
12	23	2225	900	11.3%	12.5%

图 6-56 公司利润表-利润增长效果

3．要求③步骤解析

① 选取 A2:C12 单元格区域，单选“插入”选项卡“图表”命令组中的“插入柱形图或条形图”下拉列表中的“二维柱形图”→“簇状柱形图”（见图 6-57），效果图如 6-58 所示。

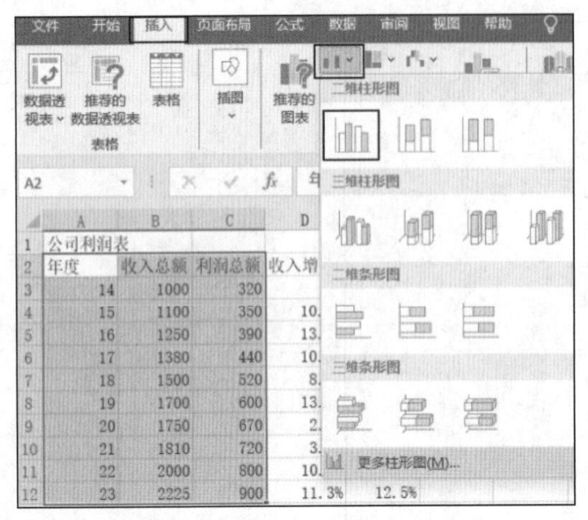

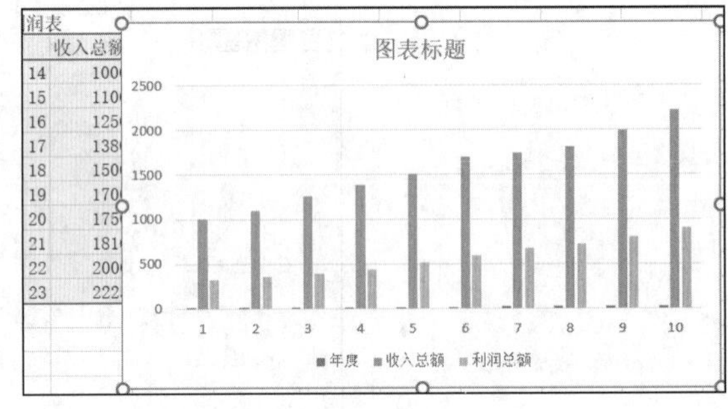

图 6-57　公司利润表–插入柱形图（一）　　　　图 6-58　公司利润表–插入柱形图（二）

② 在图表区域中右击，选择“更改图表类型”命令（见图 6-59），弹出“更改图表类型”对话框，选中第二种样式（见图 6-60），单击“确定”按钮，效果如图 6-61 所示。

③ 单击柱状图中“图表标题”，修改图表标题名字为“收入总额和利润总额柱状图”，并设置为楷体加粗，效果如图 6-62 所示。

④ 选取 A2:A12 和 D2:E12 单元格区域，单选“插入”选项卡“图表”命令组中“插入折线图或面积图”下拉列表中的“二维折线图”→“带数据标记的折线图”，如图 6-63，效果图如 6-64 所示。

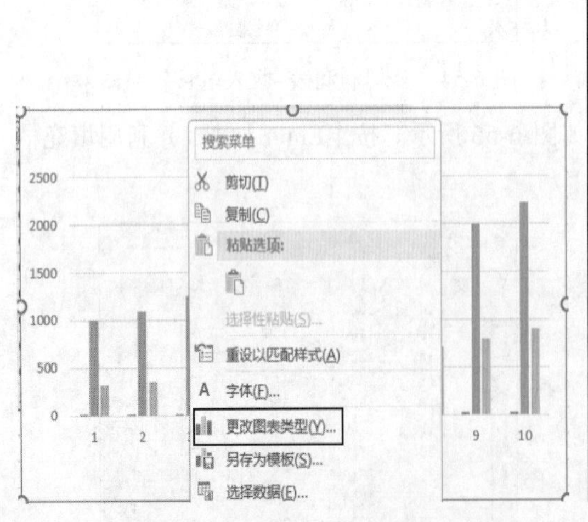

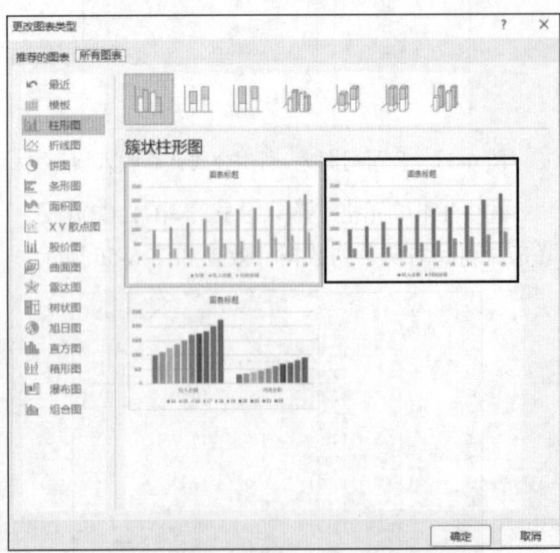

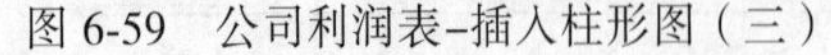

图 6-59　公司利润表–插入柱形图（三）　　　　图 6-60　公司利润表–插入柱形图（四）

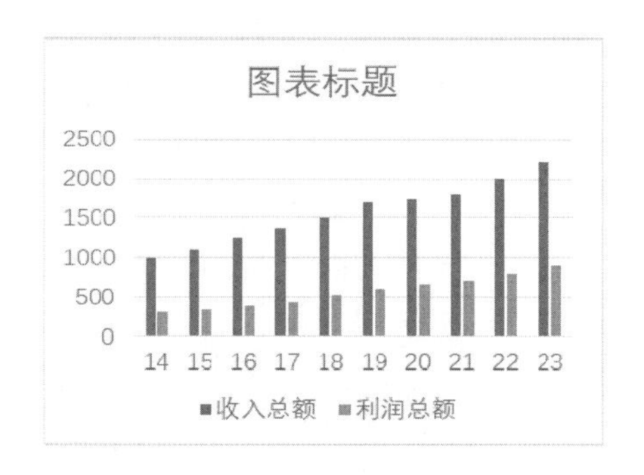

图 6-61　公司利润表–插入柱形图（五）

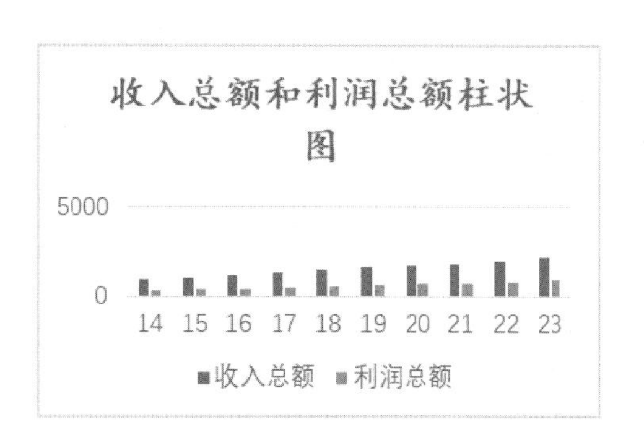

图 6-62　公司利润表–插入柱形图效果图

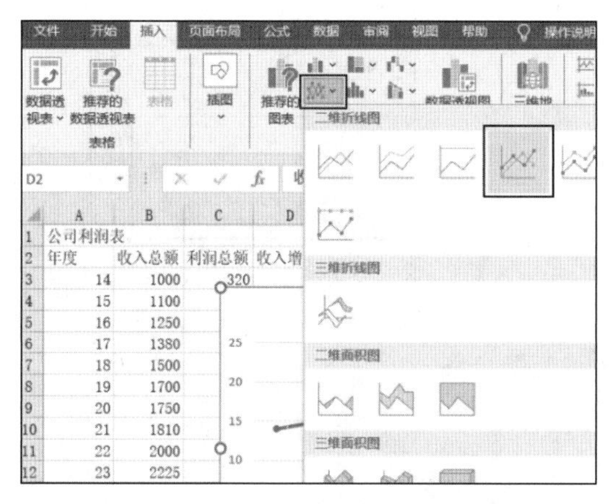

图 6-63 公司利润表–插入折线图（一）

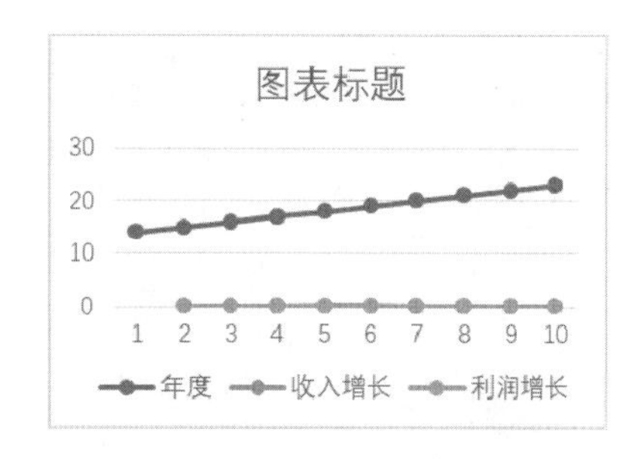

图 6-64　公司利润表–插入折线图（二）

⑤ 在图表区域中，右击，选取“更改图表类型”命令，打开“更改图表类型”对话框，选中第二种样式（见图 6-65），单击“确定”按钮，生成折线图，并在折线图中修改标题为“收入增长和利润增长折线图”，字体设置为楷体加粗，效果如图 6-66 所示。

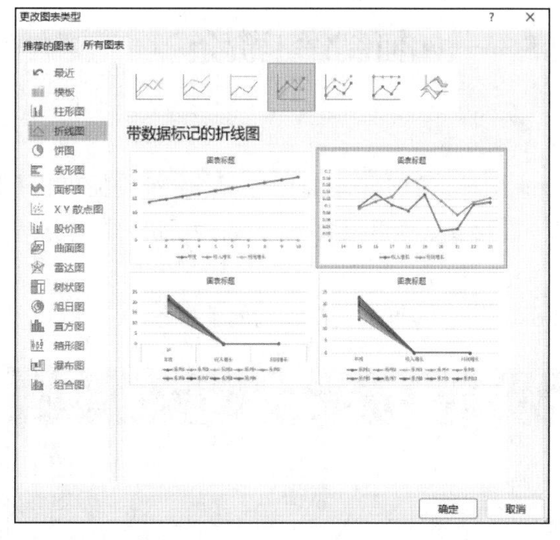

图 6-65　公司利润表–插入折线图（三）

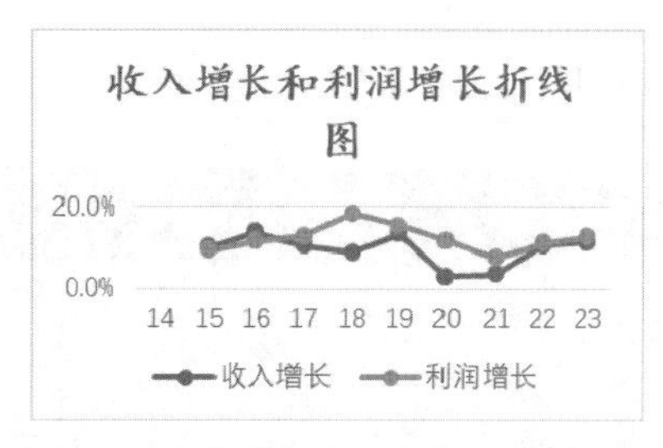

图 6-66　公司利润表–插入折线图（四）

⑥ 在折线图的纵坐标轴数据上右击，选择“设置坐标轴格式”命令，(见图 6-67)，在“设置坐标轴格式”窗口中设置“数字”“类别”为“百分比”，“小数位数”为 1（见图 6-68），效果如图 6-69 所示。

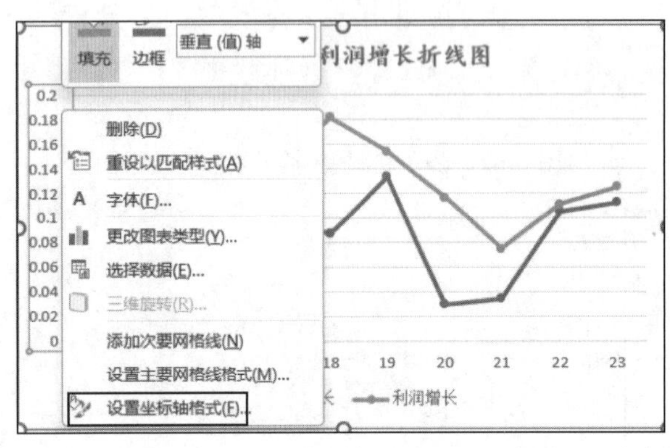

图 6-67 公司利润表-插入折线图（五）

图 6-68 公司利润表-插入折线图（六）

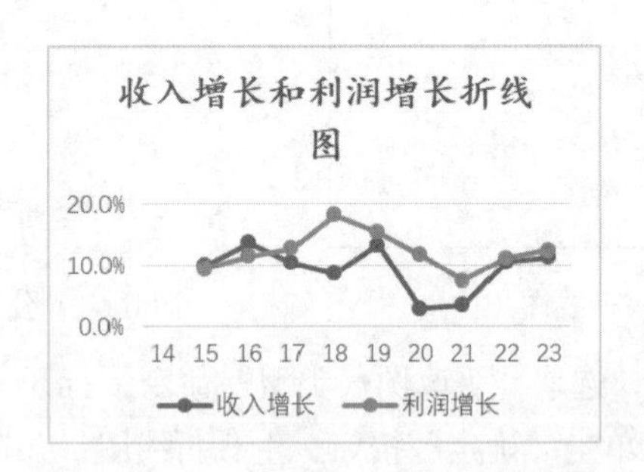

图 6-69 公司利润表-插入折线效果

6.5 Excel 综合案例 5——如何制作工资条

6.5.1 案例描述

工资条也称工资表，是员工所在单位定期反馈给员工的工资信息，工资条分纸质版和电子版两种，记录着每个员工的月收入分项和收入总额（设及数据为虚拟数据，只是为了讲解操作过程）。

具体要求如下：

请将如图 6-70 所示的工资表，修改成如图 6-71 所示的每个人都收到的工资条。

部门	序号	姓名	基本工资	补助	工伤退保	应发工资	代扣款项						实发工资
							养老金	医疗保险	大病险	失业险	扣款	考勤	
质检	1	甲	1000	1000	1000	3000	200	188	23	132	72.5	100	2284.5
投诉	2	乙	1000	1000	1000	3000	200	188	23	132	72.5	100	2284.5
后勤	3	丙	1000	1000	1000	3000	200	188	23	132	72.5	100	2284.5
财务	4	丁	1000	1000	1000	3000	200	188	23	132	72.5	100	2284.5
猎头	5	戊	1000	1000	1000	3000	200	188	23	132	72.5	100	2284.5
车队	6	己	1000	1000	1000	3000	200	188	23	132	72.5	100	2284.5

图 6-70 工资表

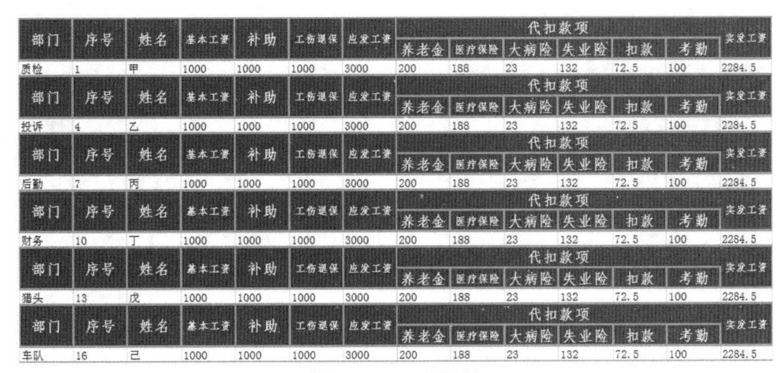

部门	序号	姓名	基本工资	补助	工伤退保	应发工资	代扣款项						实发工资
							养老金	医疗保险	大病险	失业险	扣款	考勤	
质检	1	甲	1000	1000	1000	3000	200	188	23	132	72.5	100	2284.5
部门	序号	姓名	基本工资	补助	工伤退保	应发工资	养老金	医疗保险	大病险	失业险	扣款	考勤	实发工资
投诉	4	乙	1000	1000	1000	3000	200	188	23	132	72.5	100	2284.5
部门	序号	姓名	基本工资	补助	工伤退保	应发工资	养老金	医疗保险	大病险	失业险	扣款	考勤	实发工资
后勤	7	丙	1000	1000	1000	3000	200	188	23	132	72.5	100	2284.5
部门	序号	姓名	基本工资	补助	工伤退保	应发工资	养老金	医疗保险	大病险	失业险	扣款	考勤	实发工资
财务	10	丁	1000	1000	1000	3000	200	188	23	132	72.5	100	2284.5
部门	序号	姓名	基本工资	补助	工伤退保	应发工资	养老金	医疗保险	大病险	失业险	扣款	考勤	实发工资
猎头	13	戊	1000	1000	1000	3000	200	188	23	132	72.5	100	2284.5
部门	序号	姓名	基本工资	补助	工伤退保	应发工资	养老金	医疗保险	大病险	失业险	扣款	考勤	实发工资
车队	16	己	1000	1000	1000	3000	200	188	23	132	72.5	100	2284.5

图 6-71　工资条

6.5.2 操作步骤解析

① 依据图 6-70 输入工资数据。

② 为工资表增加 3 列，如图 6-72 所示。

	部门	序号	姓名	基本工资	补助	工伤退保	应发工资	代扣款项						实发工资			
1-2								养老金	医疗保险	大病险	失业险	扣款	考勤				
3	质检	1	甲	1000	1000	1000	3000	200	188	23	132	72.5	100	2284.5	1	1.1	1.2
4	投诉	2	乙	1000	1000	1000	3000	200	188	23	132	72.5	100	2284.5	2	2.1	2.2
5	后勤	3	丙	1000	1000	1000	3000	200	188	23	132	72.5	100	2284.5	3	3.1	3.2
6	财务	4	丁	1000	1000	1000	3000	200	188	23	132	72.5	100	2284.5	4	4.1	4.2
7	猎头	5	戊	1000	1000	1000	3000	200	188	23	132	72.5	100	2284.5	5	5.1	5.2
8	车队	6	己	1000	1000	1000	3000	200	188	23	132	72.5	100	2284.5	6	6.1	6.2
9															7	7.1	7.2
10															8	8.1	8.2
11															9	9.1	9.2
12															10	10.1	10.2
13															11	11.1	11.2
14															12	12.1	12.2

工资表　Sheet1

图 6-72　为原工资表增加列

③ 改变一下添加的数据的位置，让 3 列数据变成 1 列，如图 6-73 所示。

	A	B	C	D	E	F	G	H	I	J	K	L	M	N	O	P	Q
1-2	部门	序号	姓名	基本工资	补助	工伤退保	应发工资	代扣款项						实发工资			
								养老金	医疗保险	大病险	失业险	扣款	考勤				
3	质检	1	甲	1000	1000	1000	3000	200	188	23	132	72.5	100	2284.5	1	1.1	1.2
4	投诉	2	乙	1000	1000	1000	3000	200	188	23	132	72.5	100	2284.5	2	2.1	2.2
5	后勤	3	丙	1000	1000	1000	3000	200	188	23	132	72.5	100	2284.5	3	3.1	3.2
6	财务	4	丁	1000	1000	1000	3000	200	188	23	132	72.5	100	2284.5	4	4.1	4.2
7	猎头	5	戊	1000	1000	1000	3000	200	188	23	132	72.5	100	2284.5	5	5.1	5.2
8	车队	6	己	1000	1000	1000	3000	200	188	23	132	72.5	100	2284.5	6	6.1	6.2
9															7	7.1	7.2
10															8	8.1	8.2
11															9	9.1	9.2
12															10	10.1	10.2
13															11	11.1	11.2
14															12	12.1	12.2
15															1.1		
16															2.1		
17															3.1		
18															4.1		
19															5.1		
20															6.1		
21															7.1		
22															8.1		
23															9.1		
24															10.1		
25															11.1		
26															12.1		
27															1.2		
28															2.2		
29															3.2		
30															4.2		
31															5.2		
32															6.2		

图 6-73　新增的 3 列变成 1 列

④ 排序前的准备：先将表头挪开至空白处（这样做是为了方便后续的排序操作），如图 6-74 所示，且一定要删除工资表头挪开之后的空表格；对新增加列的第一列数据进行排序。

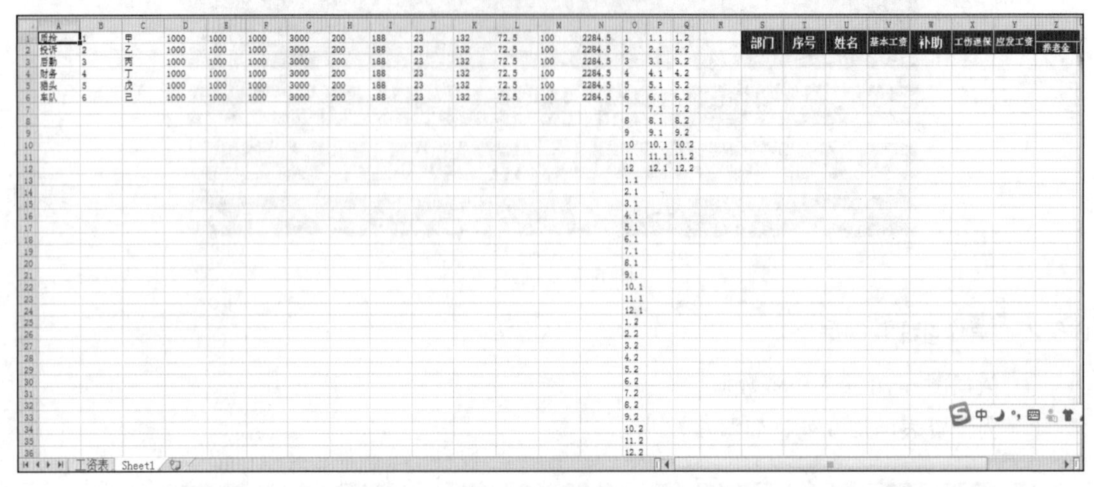

图 6-74　排序前准备

⑤ 扩展排序：给新增列的第一列数据进行升序排序，在“开始”选项卡的“编辑”命令组中选择“筛选和排序”下拉列表中的“升序”命令，如图 6-75 所示。

图 6-75　选择“升序”

⑥ 利用排序的方法，让每个人的工资信息下面增加两行空行，如图 6-76 所示。

⑦ 复制表头：利用“查找和选择”进行批量复制，首先复制表头，暂时不用粘贴，选中 A～N 列的数据，在“编辑”命令组的“查找和选择”下拉列表中选择“定位条件”命令，在弹出的对话框中选择“空值”，单击“确定”按钮，最后按【Ctrl+V】组合键，结果如图 6-77 所示。

⑧ 手动添加第一个员工信息的工资表头。

⑨ 删除多余的数据，如图 6-78 所示。

	A	B	C	D	E	F	G	H	I	J	K	L	M	N	O	P	Q
1	质检	1	甲	1000	1000	1000	3000	200	188	23	132	72.5	100	2284.5	1	1.1	1.2
2															1.1		
3															1.2		
4	投诉	2	乙	1000	1000	1000	3000	200	188	23	132	72.5	100	2284.5	2	2.1	2.2
5															2.1		
6															2.2		
7	后勤	3	丙	1000	1000	1000	3000	200	188	23	132	72.5	100	2284.5	3	3.1	3.2
8															3.1		
9															3.2		
10	财务	4	丁	1000	1000	1000	3000	200	188	23	132	72.5	100	2284.5	4	4.1	4.2
11															4.1		
12															4.2		
13	猎头	5	戊	1000	1000	1000	3000	200	188	23	132	72.5	100	2284.5	5	5.1	5.2
14															5.1		
15															5.2		
16	车队	6	己	1000	1000	1000	3000	200	188	23	132	72.5	100	2284.5	6	6.1	6.2
17															6.1		
18															6.2		

工资表　Sheet1

图 6-76　“排序”结果图

	A	B	C	D	E	F	G	H	I	J	K	L	M	N	O	P	Q	R
1	质检	1	甲	1000	1000	1000	3000	200	188	23	132	72.5	100	2284.5	1	1.1	1.2	
2	部门	序号	姓名	基本工资	补助	工伤退保	应发工资	代扣款项						实发工资	1.1			
3								养老金	医疗保险	大病险	失业险	扣款	考勤		1.2			
4	投诉	2	乙	1000	1000	1000	3000	200	188	23	132	72.5	100	2284.5	2	2.1	2.2	
5	部门	序号	姓名	基本工资	补助	工伤退保	应发工资	代扣款项						实发工资	2.1			
6								养老金	医疗保险	大病险	失业险	扣款	考勤		2.2			
7	后勤	3	丙	1000	1000	1000	3000	200	188	23	132	72.5	100	2284.5	3	3.1	3.2	
8	部门	序号	姓名	基本工资	补助	工伤退保	应发工资	代扣款项						实发工资	3.1			
9								养老金	医疗保险	大病险	失业险	扣款	考勤		3.2			
10	财务	4	丁	1000	1000	1000	3000	200	188	23	132	72.5	100	2284.5	4	4.1	4.2	
11	部门	序号	姓名	基本工资	补助	工伤退保	应发工资	代扣款项						实发工资	4.1			
12								养老金	医疗保险	大病险	失业险	扣款	考勤		4.2			
13	猎头	5	戊	1000	1000	1000	3000	200	188	23	132	72.5	100	2284.5	5	5.1	5.2	
14	部门	序号	姓名	基本工资	补助	工伤退保	应发工资	代扣款项						实发工资	5.1			
15								养老金	医疗保险	大病险	失业险	扣款	考勤		5.2			
16	车队	6	己	1000	1000	1000	3000	200	188	23	132	72.5	100	2284.5	6	6.1	6.2	
17															6.1			
18															6.2			
19															7	7.1	7.2	
20															7.1			
21															7.2			
22															8	8.1	8.2	
23															8.1			

工资表　Sheet1

图 6-77　批量复制表头

	A	B	C	D	E	F	G	H	I	J	K	L	M	N	O	P
1	部门	序号	姓名	基本工资	补助	工伤退保	应发工资	代扣款项						实发工资		
2								养老金	医疗保险	大病险	失业险	扣款	考勤			
3	质检	1	甲	1000	1000	1000	3000	200	188	23	132	72.5	100	2284.5		
4	部门	序号	姓名	基本工资	补助	工伤退保	应发工资	代扣款项						实发工资		
5								养老金	医疗保险	大病险	失业险	扣款	考勤			
6	投诉	2	乙	1000	1000	1000	3000	200	188	23	132	72.5	100	2284.5		
7	部门	序号	姓名	基本工资	补助	工伤退保	应发工资	代扣款项						实发工资		
8								养老金	医疗保险	大病险	失业险	扣款	考勤			
9	后勤	3	丙	1000	1000	1000	3000	200	188	23	132	72.5	100	2284.5		
10	部门	序号	姓名	基本工资	补助	工伤退保	应发工资	代扣款项						实发工资		
11								养老金	医疗保险	大病险	失业险	扣款	考勤			
12	财务	4	丁	1000	1000	1000	3000	200	188	23	132	72.5	100	2284.5		
13	部门	序号	姓名	基本工资	补助	工伤退保	应发工资	代扣款项						实发工资		
14								养老金	医疗保险	大病险	失业险	扣款	考勤			
15	猎头	5	戊	1000	1000	1000	3000	200	188	23	132	72.5	100	2284.5		
16	部门	序号	姓名	基本工资	补助	工伤退保	应发工资	代扣款项						实发工资		
17								养老金	医疗保险	大病险	失业险	扣款	考勤			
18	车队	6	己	1000	1000	1000	3000	200	188	23	132	72.5	100	2284.5		

图 6-78　完整的工资条

6.6　Excel 综合案例 7——学生选课信息数据分析

6.6.1　案例描述

打开电子表格“学生情况.xlsx”，按照下列要求完成对此电子表格的操作并保存。

① 选取 Sheet1 工作表，将工作表命名为“选修课程统计表”；将 A1:E1 单元格合并为一个单元格，文字居中对齐；利用 VLOOKUP 函数，依据本工作簿中“学生班级信息表”工作表中信息填写“选修课程统计表”中“班级”列的内容；利用 IF 函数给出“成绩等级”列的内容，成绩等级对照请依据 G4:H8 单元格区域信息；利用 COUNTIFS 函数分别计算每个班级(以班级号标识)各班的选课人数，分别置于 H14:H19 单元格区域；利用 AVERAGEIF 函数计算各门课程(以课程号标识)平均成绩置 K14:K17 单元格区域(数值型，保留小数点后 1 位)。利用条件格式修饰“成绩等级”列，将成绩等级为“A”的单元格设置颜色为“蓝色，个性色 5，淡色 40%”、样式为 “25%灰色”的图案填充。将 G13:K19 单元格区域设置为“浅蓝，表样式浅色 2”的套用表格格式。

② 选取“选修课程统计表”内“各班级选课人数表”下的“班级号”列、“人数”列数据区域的内容建立“簇状柱形图”，图例为各班的班级号,图表标题为“各班选课人数统计图”，利用图表样式“样式 7”修饰图表，将图插入当前工作表的 G21:K34 单元格区域。

③ 选取“选修课程统计表”工作表中 B2:D34 单元格区域，复制及值粘贴到“产品销售情况表”，并将工作表名改为“学生成绩透视表”。对工作表内数据清单的内容建立数据透视表，按行为“班级”，列为“课号”，数据为 “成绩 ”求和布局,利用“浅蓝，数据透视表样式浅色 9”修饰图表，添加“镶边行”和“镶边列”，将数据透视表置于现有工作表的 E8 单元格，保存该工作簿。

6.6.2 操作步骤解析

1. 要求①步骤解析

① 打开电子表格“学生情况.xlsx”，在 Sheet1 工作表名称上右击，选择“重命名”命令，如图 6-79 所示。输入文字“选修课程统计表”，完成工作表的重命名，如图 6-80 所示。

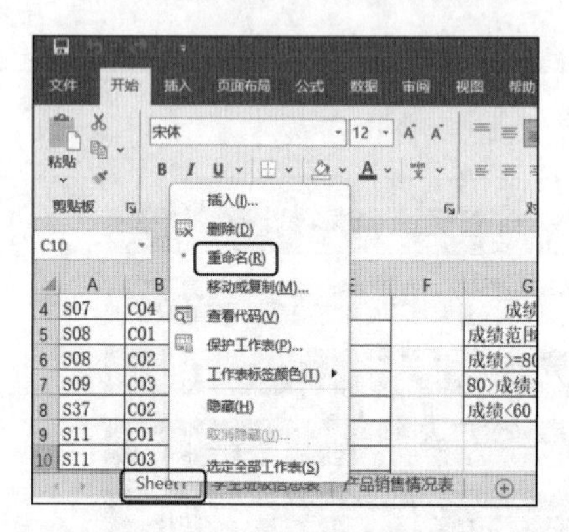

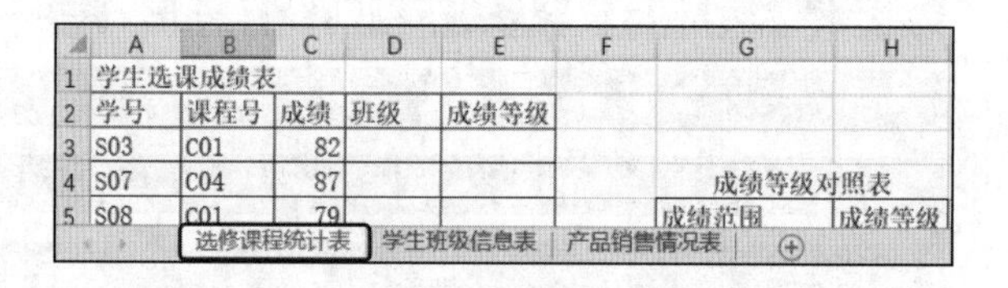

图 6-79 Sheet1 工作表重命操作

图 6-80 Sheet1 工作表重命名效果

② 选中 A1:E1 单元格区域，单击“开始”选项卡“对齐方式”命令组中的“合并后居中”按钮（见图 6-81），操作效果如图 6-82 所示。

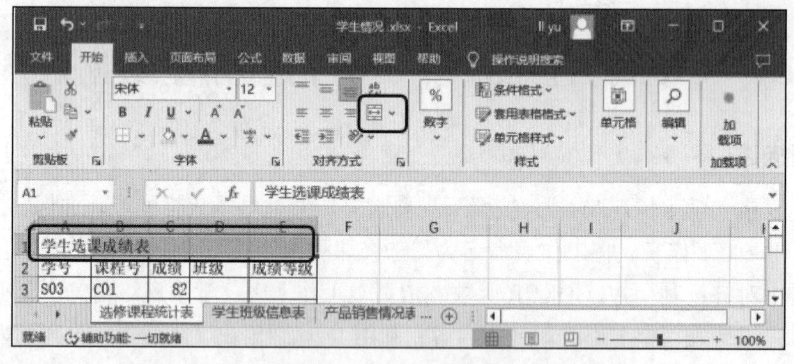

图 6-81 合并单元格操作

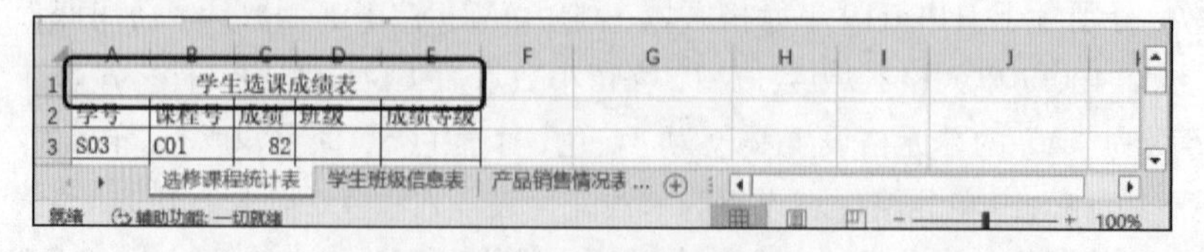

图 6-82 合并单元格效果

③ 选中 D3 单元格，单击“公式”选项卡“函数库”命令组中“插入函数”按钮，弹出“插入函数”对话框，选择 VLOOKUP 函数，如图 6-83 所示。

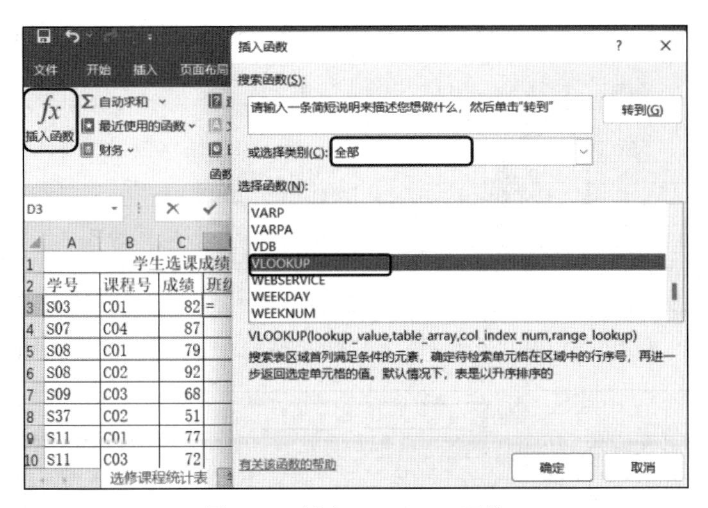

图 6-83　插入 VLOOKUP 函数

单击“确定”按钮，弹出“函数参数”设置对话框，Lookup_value 参数设置为 A3，Table_array 参数设置为“学生班级信息表”中的 A1:B61 数据区域，Col_index_num 参数设置为 2，Range_lookup 参数设置为 FALSE（精确匹配）（见图 6-84），效果如图 6-85 所示。

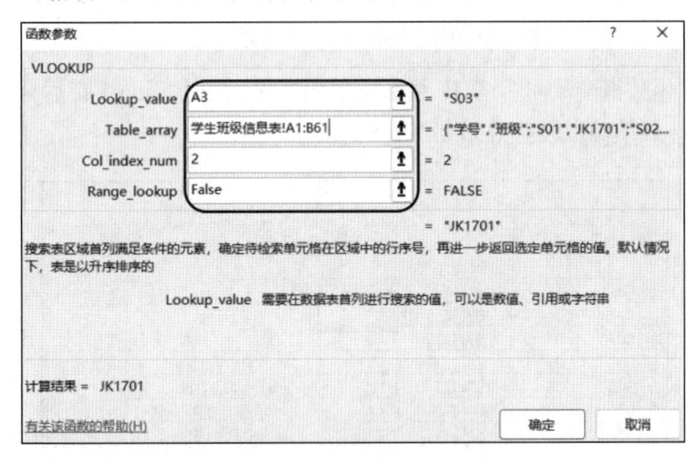

	A	B	C	D	E	F	G	H	I	J
1	学生选课成绩表									
2	学号	课程号	成绩	班级	成绩等级					
3	S03	C01	82	JK1701						
4	S07	C04	87				成绩等级对照表			

选修课程统计表　学生班级信息表　产品销售情况表 ...

图 6-85　利用 VLOOKUP 函数设置“选修课程统计表”中的班级效果图（一）

利用填充柄，复制填充其他学生的班级信息，效果如图 6-86 所示。

④ 选中 E3 单元格，在输入框中编辑 IF 函数如下：

=IF(C3>=80,"A",IF(C3<60,"F","B"))

界面如图 6-87 所示。

D3 =VLOOKUP(A3,学生班级信息表!A2:B61,2,FALSE)

	A	B	C	D	E	F	G	H
1	学生选课成绩表							
2	学号	课程号	成绩	班级	成绩等级			
3	S03	C01	82	JK1701				
4	S07	C04	87	JK1701			成绩等级对照表	
5	S08	C01	79	JK1701			成绩范围	成绩等级
6	S08	C02	92	JK1701			成绩>=80	A
7	S09	C03	68	JK1701			80>成绩>=60	B
8	S37	C02	51	RJ1702			成绩<60	F
9	S11	C01	77	JK1702				

选修课程统计表 学生班级信息表 产品销售情 ...

图 6-86 利用 VLOOKUP 函数设置“选修课程统计表”中的班级效果图（二）

IF =IF(C3>=80,"A",IF(C3<60,"F","B"))

	A	B	C	D	E	F	G	H
1	学生选课成绩表							
2	学号	课程号	成绩	班级	成绩等级			
3	S03	C01	82	JK1701	=IF(C3>=80, "A", IF(C3<60, "F", "B"))			
4	S07	C04	87	JK1701			成绩等级对照表	
5	S08	C01	79	JK1701			成绩范围	成绩等级
6	S08	C02	92	JK1701			成绩>=80	A
7	S09	C03	68	JK1701			80>成绩>=60	B
8	S37	C02	51	RJ1702			成绩<60	F

选修课程统计表 学生班级信息表 产品销售情 ...

编辑 辅助功能: 一切就绪 100%

图 6-87 利用 IF 函数设置“选修课程统计表”成绩等级

此处用到了 IF 函数嵌套，可参考 IF 函数的使用方法，按【Enter】键后，即可完成 E3 单元格成绩等级的计算。成绩等级设置效果如图 6-88 所示。

E3 =IF(C3>=80,"A",IF(C3<60,"F","B"))

	A	B	C	D	E	F	G	H
1	学生选课成绩表							
2	学号	课程号	成绩	班级	成绩等级			
3	S03	C01	82	JK1701	A			
4	S07	C04	87	JK1701			成绩等级对照表	
5	S08	C01	79	JK1701			成绩范围	成绩等级
6	S08	C02	92	JK1701			成绩>=80	A
7	S09	C03	68	JK1701			80>成绩>=60	B
8	S37	C02	51	RJ1702			成绩<60	F

图 6-88 利用 IF 函数设置“选修课程统计表”成绩等级的效果图（一）

通过填充柄完成其他同学成绩等级的设置，如图 6-89 所示。

E3 =IF(C3>=80,"A",IF(C3<60,"F","B"))

	A	B	C	D	E	F	G	H
2	学号	课程号	成绩	班级	成绩等级			
3	S03	C01	82	JK1701	A			
4	S07	C04	87	JK1701	A		成绩等级对照表	
5	S08	C01	79	JK1701	B		成绩范围	成绩等级
6	S08	C02	92	JK1701	A		成绩>=80	A
7	S09	C03	68	JK1701	B		80>成绩>=60	B
8	S37	C02	51	RJ1702	F		成绩<60	F
9	S11	C01	77	JK1702	B			

图 6-89 利用 IF 函数设置“选修课程统计表”成绩等级的效果图（二）

⑤ 选中 H14 单元格，单击“公式”选项卡“函数库”命令组中的“插入函数”按钮，弹出

“插入函数”对话框，在对话框中选择全部函数中的 COUNTIF 函数（参考③），单击“确定”按钮，弹出“函数参数”对话框，并设置参数如图 6-90 所示。

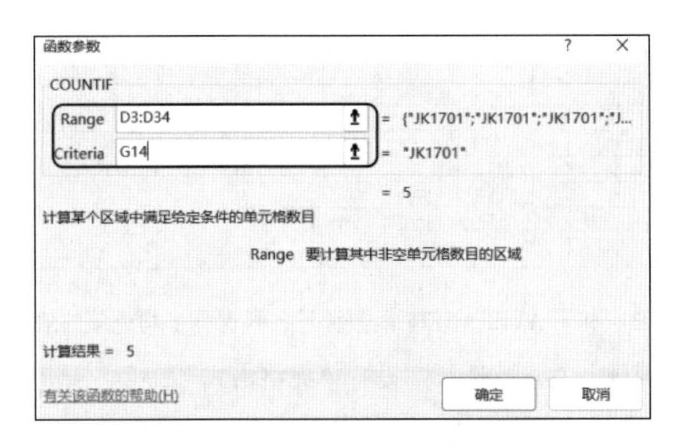

图 6-90 COUNTIF 函数的参数设置

单击“确定”按钮，并利用填充柄获取其他班级人数，效果如图 6-91 所示。

H14 =COUNTIF(D3:D34,G14)

	A	B	C	D	E	F	G	H
12	S15	C02	75	JK1702	B		各班级选课人数表	
13	S16	C03	78	JK1702	B		班级	人数
14	S21	C01	85	RJ1701	A		JK1701	5
15	S22	C02	89	RJ1701	A		JK1702	5
16	S23	C04	83	RJ1701	A		RJ1701	4
17	S28	C02	69	RJ1701	B		RJ1702	5
18	S42	C02	86	WL1701	A		WL1701	7
19	S33	C03	95	RJ1702	A		XA1701	6
20	S34	C04	56	RJ1702	F			

图 6-91 利用 COUNTIF 函数统计各班人数的效果图

⑥ 选中 K14 单元格,单击“公式”选项卡“函数库”命令组中的“插入函数”按钮，弹出“插入函数”对话框，选择 AVERAGEIF 函数（参考③），单击“确定”按钮，弹出“函数参数”对话框，并设置参数，如图 6-92 所示。

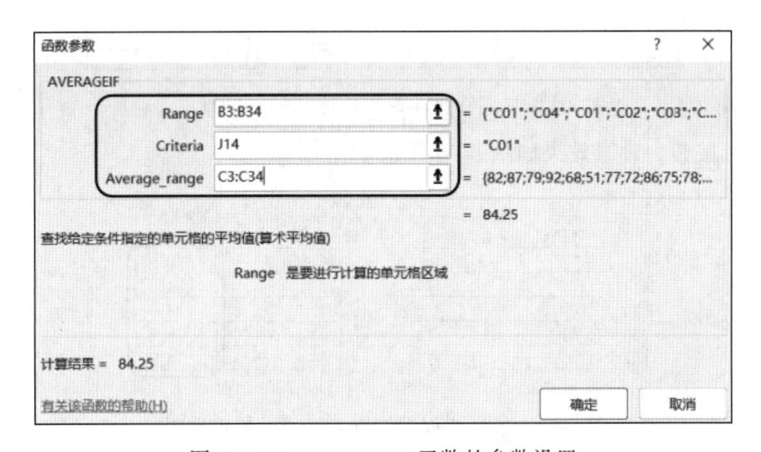

图 6-92 AVERAGEIF 函数的参数设置

单击“确定”按钮，并利用填充柄获取其他课程的平均值，效果如图 6-93 所示。

K14 =AVERAGEIF(B3:B34,J14,C3:C34)

	C	D	E	F	G	H	I	J	K
12	75	JK1702	B		各班级选课人数表			各课程平均成绩	
13	78	JK1702	B		班级	人数		课程号	平均成绩
14	85	RJ1701	A		JK1701	5		C01	84.25
15	89	RJ1701	A		JK1702	5		C02	78
16	83	RJ1701	A		RJ1701	4		C03	78.25
17	69	RJ1701	B		RJ1702	5		C04	74.85714
18	86	WL1701	A		WL1701	7			
19	95	RJ1702	A		XA1701	6			

选修课程统计表 | 学生班级信息表 | 产品销售情...

就绪 平均值: 78.83928571 计数: 4 求和: 315.3571429

图 6-93 利用 AVERAGEIF 函数统计各科课程平均成绩的效果图

选中 K14:K17 数据区域，右击，选择“设置单元格格式”命令，弹出“设置单元格格式”对话框，“分类”选取“数值”，“小数位数”设置为 1，如图 6-94 所示。

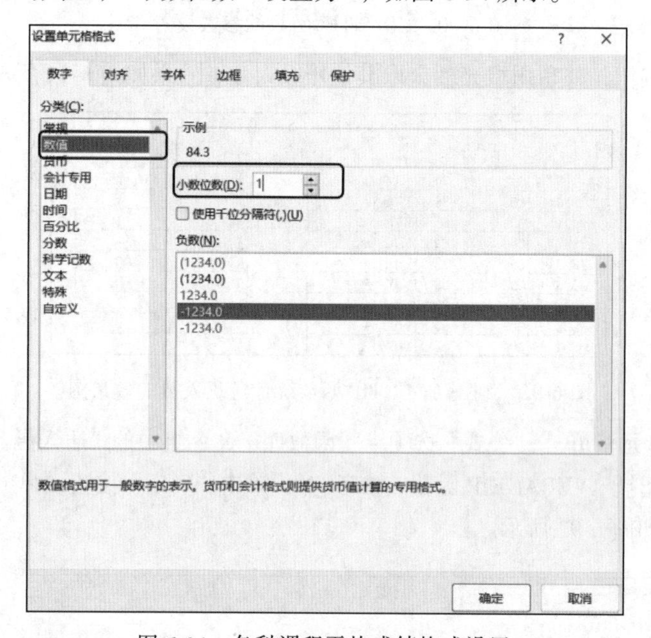

图 6-94 各科课程平均成绩格式设置

单击“确定”按钮，设置效果如图 6-95 所示。

	G	H	I	J	K
12	各班级选课人数表			各课程平均成绩	
13	班级	人数		课程号	平均成绩
14	JK1701	5		C01	84.3
15	JK1702	5		C02	78.0
16	RJ1701	4		C03	78.3
17	RJ1702	5		C04	74.9

图 6-95 各科课程平均成绩格式设置效果图

⑦ 选中 E3:E34 数据区域,单击“开始”选项卡“样式”命令组中的“条件格式”按钮，选择“突出显示单元格规则”中的“等于”命令（见图 6-96），弹出“等于”对话框，“为等于以下值的单元格设置格式”下面设置为“A”，选择“设置为”下拉列表中的“自定义格式”命令，

如图 6-97 所示。

图 6-96 成绩等级条件格式设置（一）

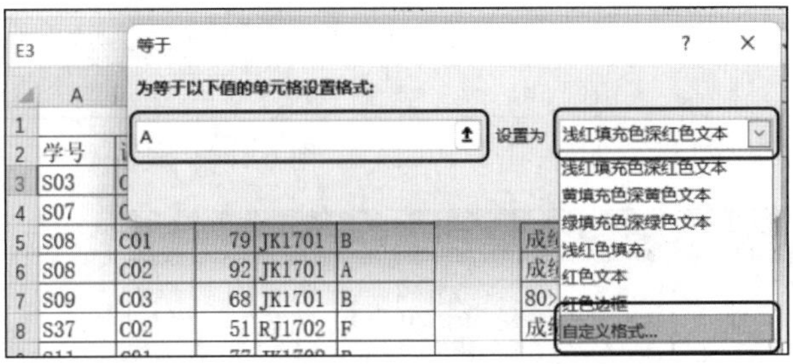

图 6-97 成绩等级条件格式设置（二）

在弹出的“设置单元格格式”对话框中选择“填充”选项卡，在“图案颜色”下拉列表中选择“蓝色，个性色 5，淡色 40%”，如图 6-98 所示。在“图案样式”下拉列表中选择“25%灰色”（见图 6-99），效果如图 6-100 所示。

⑧ 选取 G13:K19 单元格区域，在“开始”选项卡“样式”命令组的“套用表格格式”下拉列表中选择“浅蓝，表样式浅色 2”（见图 6-101），弹出“创建表”对话框，确认“表数据的来源”为“$G$13:$K$19”，选中“表包含标题”复选框，如图 6-102 所示。

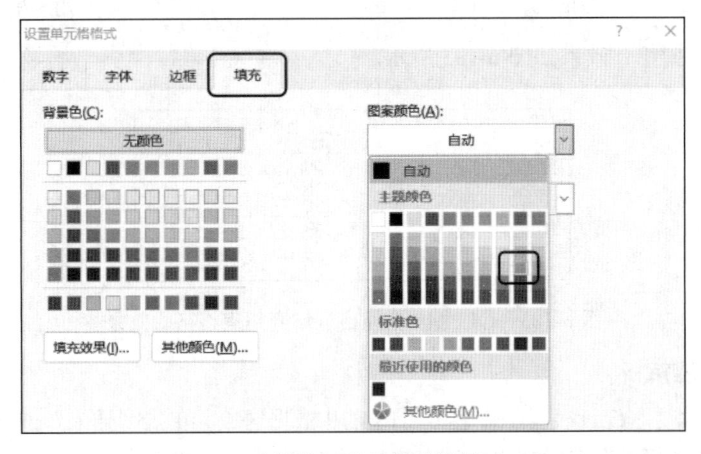

图 6-98 成绩等级条件格式设置（三）

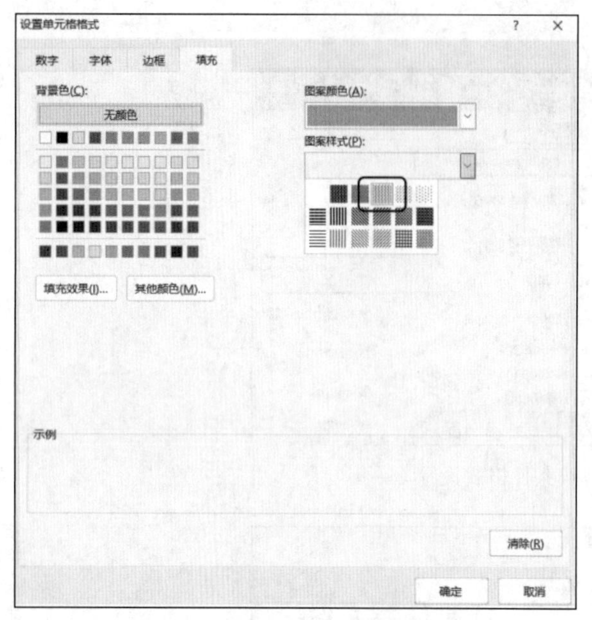

图 6-99　成绩等级条件格式设置（四）

	B	C	D	E	F	G	H
1	学生选课成绩表						
2	课程号	成绩	班级	成绩等级			
3	C01	82	JK1701	A			
4	C04	87	JK1701	A		成绩等级对照表	
5	C01	79	JK1701	B		成绩范围	成绩等级
6	C02	92	JK1701	A		成绩>=80	A
7	C03	68	JK1701	B		80>成绩>=60	B
8	C02	51	RJ1702	F		成绩<60	F
9	C01	77	JK1702	B			
10	C03	72	JK1702	B			
11	C04	86	JK1702	A			
12	C02	75	JK1702	B		各班级选课人数表	
13	C03	78	JK1702	B		班级	人数
14	C01	85	RJ1701	A		JK1701	5

图 6-100　成绩等级条件格式设置效果（部分）

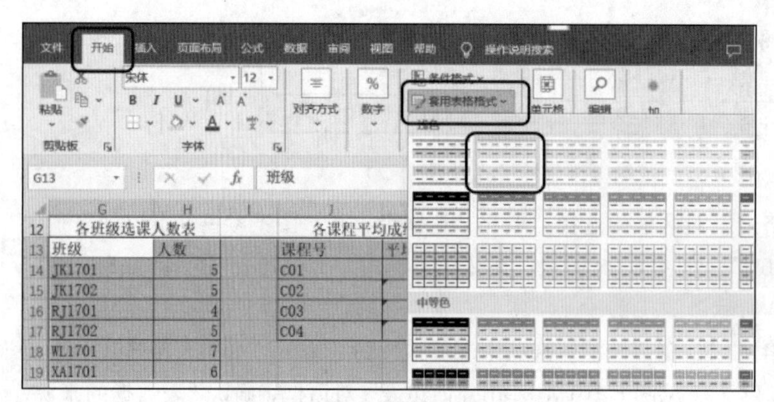

图 6-101　G13:K19 单元格区域套用表格格式设置（一）

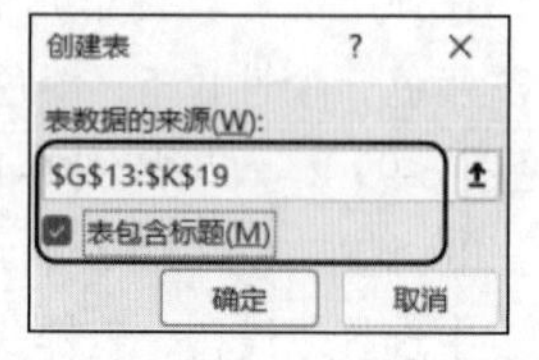

图 6-102　G13:K19 单元格区域套用表格格式设置（二）

单击“确认”按钮，效果如图 6-103 所示。

各班级选课人数表			各课程平均成绩	
班级	人数	列1	课程号	平均成绩
JK1701	5		C01	84.3
JK1702	5		C02	78.0
RJ1701	4		C03	78.3
RJ1702	5		C04	74.9
WL1701	7			
XA1701	6			

图 6-103　G13:K19 单元格区域套用表格格式效果

2．要求②步骤解析

① 选取“选修课程统计表”工作表中 G13:H19 数据区域，单击“插入”选项卡“图表”命令组“插入柱形图或条形图”下拉列表中的“簇状柱形图”按钮（见图 6-104），初步效果如图 6-105 所示。

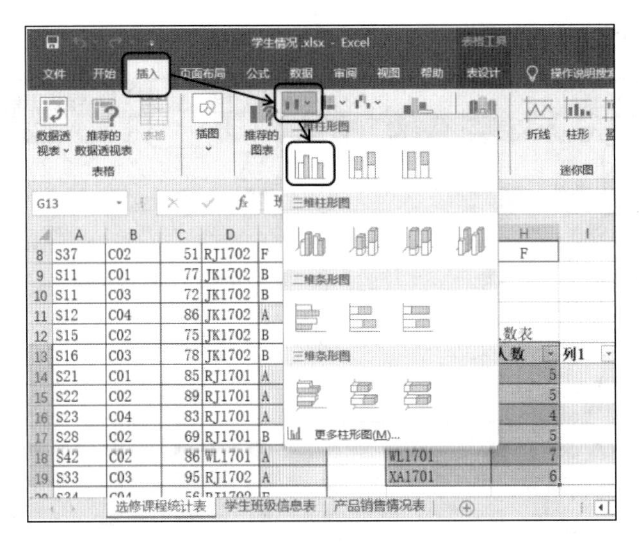

图 6-104　各班人数簇状图插入设置

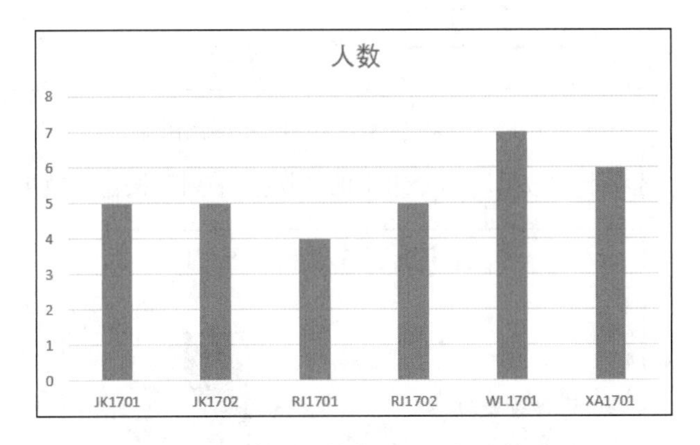

图 6-105　各班人数簇状图的初步效果图

② 选取簇状图中的图表标题“人数”，在标题上单击改为编辑状态，输入新标题“各班选课人数统计图”，效果如图 6-106 所示。

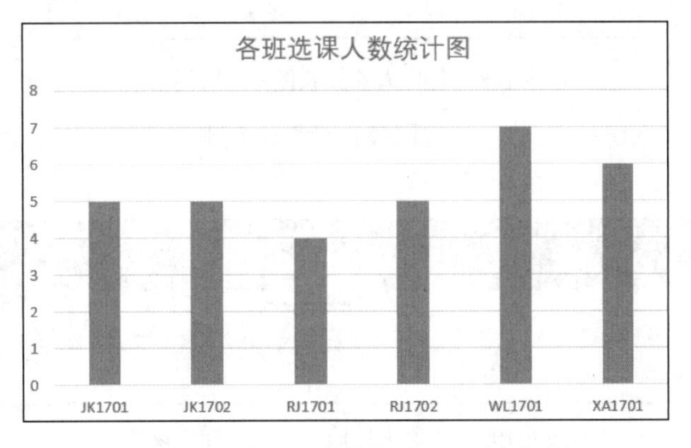

图 6-106　各班人数簇状图——图表标题

单击“图表设计”选项卡“图表布局”命令组中的“添加图表元素”下拉按钮，选择“图例”

→“底部”命令，如图 6-107 所示。

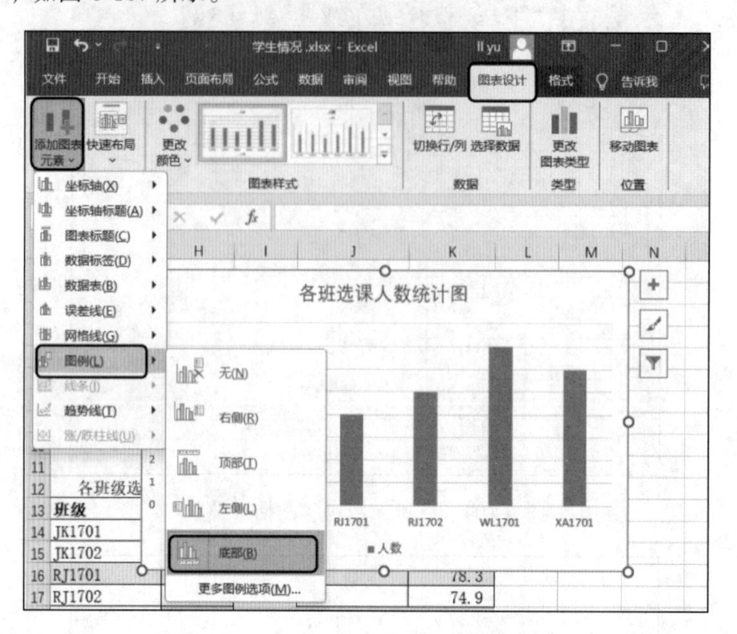

图 6-107 各班人数簇状图——图例添加

单击“图表设计”选项卡“数据”命令组中的“切换行/列”按钮，效果如图 6-108 所示。

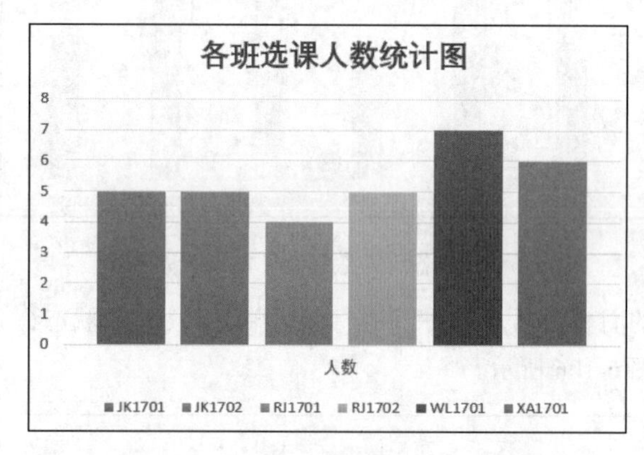

图 6-108 各班人数簇状图——图例切换

选中“各班选课人数统计图”，单击“图表设计”选项卡“图表样式”命令组中的“样式 7”，如图 6-109 所示。

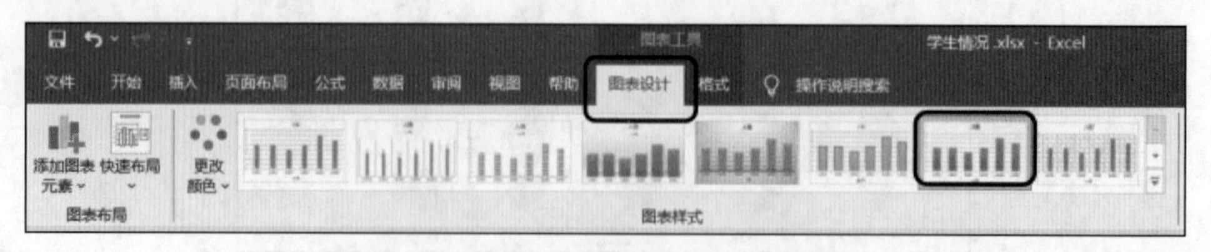

图 6-109 各班人数簇状图——样式设置

选中“各班选课人数统计图”并通过调整大小与移动操作将其移至 G21:K34 单元格区域，如图 6-110 所示。

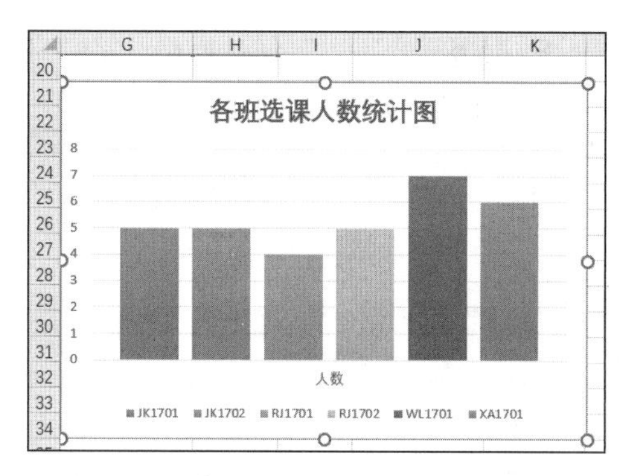

图 6-110　各班人数簇状图——位置移动

3. 要求③步骤解析

① 选取 B2:D34 单元格区域，右击，选择“复制”命令，打开工作表“产品销售情况表”，在 A1 单元格上右击选择“值粘贴”命令，如图 6-111。参考要求①步骤解析完成工作表“产品销售情况”重命名为“学生成绩透视表”，如图 6-112。

图 6-111　学生成绩信息值粘贴设置

	A	B	C	D	E	F
1	课程号	成绩	班级			
2	C01	82	JK1701			
3	C04	87	JK1701			
4	C01	79	JK1701			
5	C02	92	JK1701			
6	C03	68	JK1701			
7	C02	51	RJ1702			
8	C01	77	JK1702			
9	C03	72	JK1702			
10	C04	86	JK1702			
11	C02	75	JK1702			
12	C03	78	JK1702			
13	C01	85	RJ1701			

选修课程统计表　学生班级信息表　学生成绩透视表

图 6-112　学生成绩信息复制粘贴结果图

② 选中表中任意单元格，单击“插入”选项卡“表格”命令组中“数据透视表”按钮，弹出“来自表格或区域的数据透视表”对话框，并通过“表/区域”右侧的拾取按钮选取 A1:C33 数据区域，“选择放置数据透视表的位置”选择“现有工作表”，“位置”右侧拾取按钮选取 E8 单元格，如图 6-113 所示。

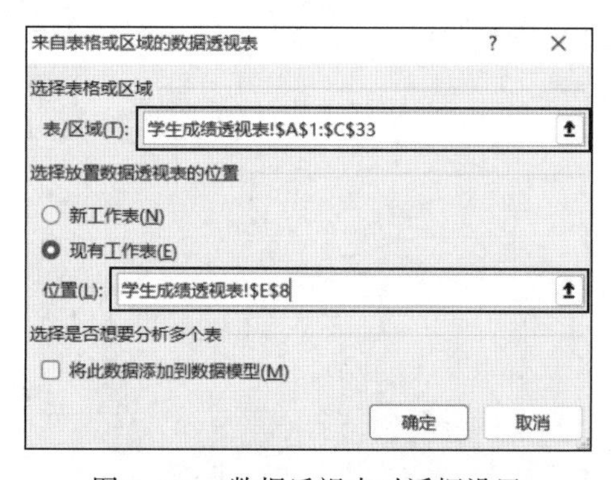

图 6-113　数据透视表对话框设置

单击“确定”按钮，弹出“数据透视表字段”任务窗格，将“班级”拖至行字段，“课程号”拖至列字段，“成绩”拖至值字段，如图 6-114。

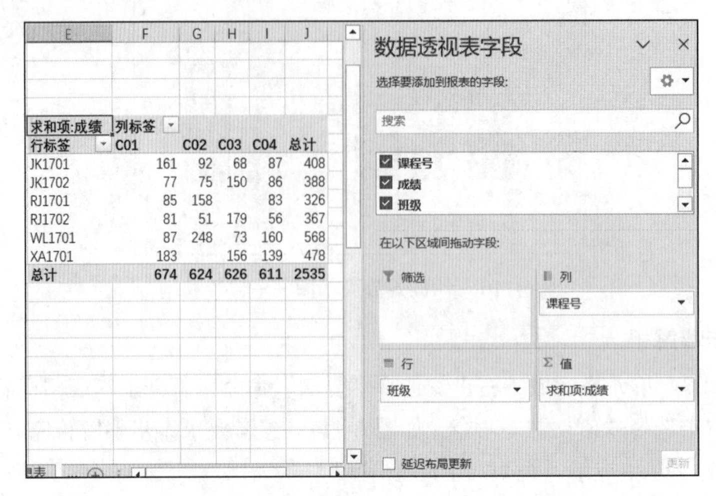

图 6-114 数据透视表字段设置及效果

选中生成的透视表，单击选“设计”选项卡“数据透视表样式”命令组中“浅蓝，数据透视表样式浅色 9”，并在“数据透视表样式选项”命令组中选中“镶边行”和“镶边列”(见图 6-115)，效果图如 6-116 所示。

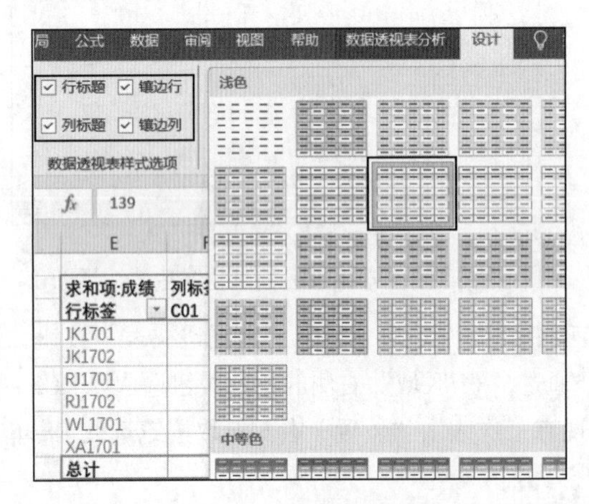

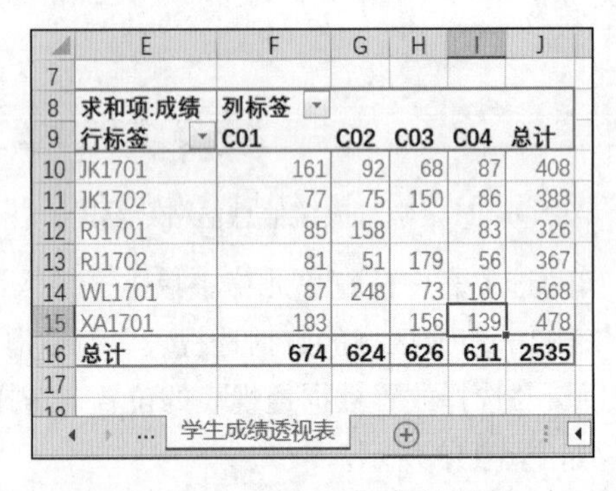

图 6-115 数据透视表样式设置

图 6-116 数据透视表效果图

第 7 章　PowerPoint 2016 综合案例

7.1　PPT 综合案例 1——为领导制作 PPT

7.1.1　案例描述

为领导做 PPT 需要进行全面考虑和分析，他们口才极佳，但决不可能不介意 PPT 的样式。一份美观、稳重、严谨的 PPT 对他们意味着什么，其他人未必能深刻体会。下面将介绍轻松惬意地做出这种 PPT 的方法。

7.1.2　操作步骤解析

1．选择配色方案

花花绿绿的 PPT 绝对不是他们喜欢的类型，但也不要使用过分简单的单色。一般来说，蓝色严谨，灰色优雅，而将颜色加深后气质会更稳重一些，因此，不妨以深蓝色为主色、灰色为辅色构筑配色方案，如图 7-1 所示。

图 7-1　选择配色方案

2．选择字体

宋体无疑是一种保险的字体，严谨、中庸，但笔画太细，字重不足，字号过小时，投影后较细的横笔不清会影响可读性，用于标题又缺乏力度，用之不妥。而“粗宋”字体保留了宋体的严谨，加粗的笔画又让文字更饱满，且有些威严，因此用于标题很合适。但“粗宋”用于小字时，字重过大会导致文字看起来太密，造成视觉拥挤，而使用“微软雅黑”这类字重一般、字形优雅的字体作为正文更为合适。对于非常重要的数据，可以采用字重大、紧凑有力的 Impact 字体。如果希望在 Windows 中添加新的字体，首先需要下载字体文件，然后将其粘贴到字体文件夹 C:\Windows\Fonts 中即可。

◎温馨提示

> 某些厂商提供的字体具有完善的安装程序，此时只需要找到字体文件的安装程序并执行即可打开其安装向导。用户只需要按照字体安装程序提供的向导逐步执行即可将字体安装到 Windows 默认的字体文件夹中。例如，国内著名企业方正集团提供的中文字体即带有完善的安装程序。

为了使页面更加自然美观，通常可为文字添加阴影。在 PowerPoint 中，阴影可分为两类：一类是深色阴影；另一类是浅色阴影。深色阴影的文字看起来像是“浮”在页面上，而浅色阴影的文字看起来则像是从页面“压”下去的而与页面融为一体，如图 7-2 所示。

3．版式设计

当我们交付 PPT 时，领导可能已经没有多少熟悉 PPT 的时间，这时，尽量保留文字是明智之举。但保留文字也意味着不太可能将文字图表化，因此需要利用新颖的版式弥补大量文字的不足，但过于创新、新颖的版式又与稳重的风格要求背道而驰。采用如下纵向贯通的版式是比较合理的选择，如图 7-3 所示。

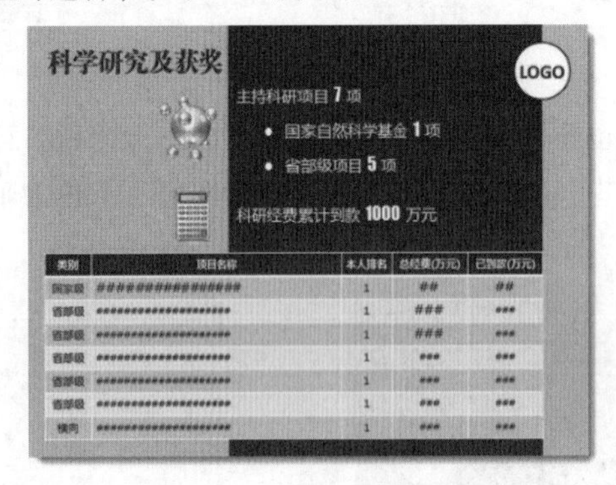

图 7-2　为文字添加阴影

图 7-3　合理的版面设计

因为图表的使用受到限制、页面的版式也已经固定，所以有意识地使用没有背景颜色且可与页面自然融合的 PNG 图标，以保持页面较高的图版率，增强视觉效果。在 PPT 的制作过程中，耗时最长的工作就是搜索合适的 PNG 图标。为找到适合主题的图标，除了使用专用的搜索引擎，还应当以主题为中心广泛联想关键词。例如，对“博士研究生”，可以联想 study、student、doctor、PhD，但考虑到最能代表博士生的博士帽，博士帽又只有在毕业时才会戴，因此最后通过 graduated（毕业）这个词搜索到戴有博士帽的学生图标。同样，对于“资金”主题，首先联想到“数字”，最后使用 calculator（计算器）这个关键词；对于“专利”主题，联想到了“审批”，最后使用了 paper and pen（纸和笔）这个关键词。为了与主题吻合，图标应尽量以灰、蓝、黑为基调，如图 7-4 所示。

4．动画设计

不要在页面中设置过多触发，如果不是特别熟悉 PPT，过多触发会让人手忙脚乱。除非很有把握，否则不要为动画添加任何音效。考虑 PPT 的观众群体，对幻灯片页面的切换方式也应当有足够的警惕。在非常正式的场合，不添加切换动画从而避免犯错。

5. 尾页

尾页简单地写上“谢谢”即可。现在越来越多的 PPT 尾页都会看到“感谢聆听”的字样，制作者可能觉得这四个字比单纯的“谢谢”新颖一些。但据百度百科，“聆听”是指“集中精力认真地听”，指虔诚而认真地听取，带有尊敬的色彩，因此一般表示下级听取上级的意见、报告等。什么情况下可以使用这四个字需要考虑清楚。最后，本页中“谢谢”两个字使用了比较大气的隶书，如图 7-5 所示。

图 7-4 版面设计中图标的选用

图 7-5 结束页的设置

7.2 PPT 综合案例 2——《水浒传》赏析课件的优化

7.2.1 案例描述

小张老师要做一个关于“《水浒传》赏析”的课件，课件的大纲和内容已经准备好，还需要给课件做一些版面、配色、动画等方面的优化。

通过本案例的学习，可以掌握多个主题和自定义主题颜色的应用、幻灯片母版的合理修改、动画和幻灯片切换效果的巧妙应用、幻灯片的放映等知识。

1. 多个主题和自定义主题颜色的应用

① 将第一张页面的主题设为“积分”，其余页面的主题设为“切片”。

② 新建一个自定义主题颜色，取名为“首页配色”。其中的主题颜色如下：

- 文字/背景-深色 1（T）：蓝色。
- 文字/背景-浅色 1（B）：黄色。
- 着色 3（3）：红色（R）为 0，绿色（G）为 150，蓝色（B）为 200。
- 其他颜色采用“积分”主题的默认配色。

③ 再新建一个自定义主题颜色，取名为“正文配色”。其中的主题颜色如下：

- 文字/背景-浅色 1（B）：红色（R）为 255，绿色（G）为 255，蓝色（B）为 230。
- 文字/背景-深色 2（D）：红色（R）为 0，绿色（G）为 0，蓝色（B）为 120。
- 超链接：红色。
- 其他颜色采用“切片”主题的默认配色。

④ 将自定义主题颜色“首页配色”应用到第一页，将“正文配色”应用到其余页面。

2．幻灯片模板的修改与应用

① 对于首页所应用的母版，将其中的标题样式设为“隶书，54 号字”。

② 对于其他页面所应用的母版，删除页脚区和日期区，在页码区中把幻灯片编号（即页码）的字体大小设为 32。

3．设置幻灯片的动画效果

在第二张幻灯片中，按以下顺序设置动画效果：

① 将标题内容“主要内容”的进入效果设置成“翻转时由远及近”。

② 将文本内容“作者简介”的进入效果设置成“旋转”，并且在标题内容出现 1s 后自动开始，而不需要单击。

③ 按先后顺序依次将文本内容“小说取材”“思想内容”“艺术成就”“业内评价”的进入效果设置成“上浮”。

④ 将文本内容“小说取材”的强调效果设置成“陀螺旋”。

⑤ 将文本内容“思想内容”的动作路径设置成“靠左”。

⑥ 将文本内容“艺术成就”的退出效果设置成“飞出到右侧”。

⑦ 在页面中添加“前进”与“后退”的动作按钮，当单击按钮时分别跳到当前页面的前一页与后一页，并设置这两个动作按钮的进入效果为同时“自底部飞入”。

4．设置幻灯片的切换效果

① 第一张幻灯片的切换效果设置为“自左侧立方体”，其余幻灯片的切换效果为“居中涟漪”。

② 实现每隔 5 s 自动切换，也可以单击进行手动切换。

5．设置幻灯片的放映方式

① 隐藏第二张幻灯片，使得播放时直接跳过隐藏页。

② 选择从第四页到第七页幻灯片进行循环放映。

7.2.2 操作步骤解析

1．多个主题和自定义主题颜色的应用

（1）应用多个主题

① 打开初始文档，选中第一张幻灯片，在“设计”选项卡的“主题”命令组中选择“积分”主题，如图 7-6 所示。

图 7-6 选择主题

② 选中第 2～8 张幻灯片，在“设计”选项卡的“切片”主题上右击，在弹出的快捷菜单中选择“应用于选定幻灯片”命令，如图 7-7 所示。

图 7-7　选择“应用于选定幻灯片”命令

（2）新建主题颜色“首页配色”

① 选中第一张幻灯片，单击“设计”选项卡“变体”命令组中的“颜色”下拉按钮，在下拉列表中选择“自定义颜色”命令，如图 7-8 所示。

图 7-8　选择“自定义颜色”

② 在弹出的“新建主题颜色”对话框中，单击“文字/背景–深色 1（T）”后的颜色下拉按钮，在弹出的颜色设置列表框中选择“蓝色”。用同样的方法把“文字/背景–浅色 1(B)”设为“黄色”，如图 7-9 所示。

③ 在“新建主题颜色”对话框中，单击“着色 3（3）”的颜色下拉按钮，在弹出的下拉列表中选择“其他颜色”，弹出“颜色”对话框。在“自定义”选项卡中设置红色（R）为 0，绿色（G）为 150，蓝色（B）为 200，然后单击“确定”按钮，如图 7-10 所示。

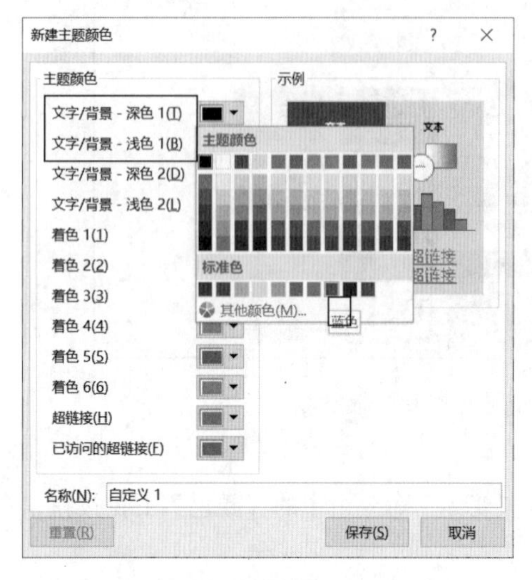

图 7-9 “新建主题颜色”对话框

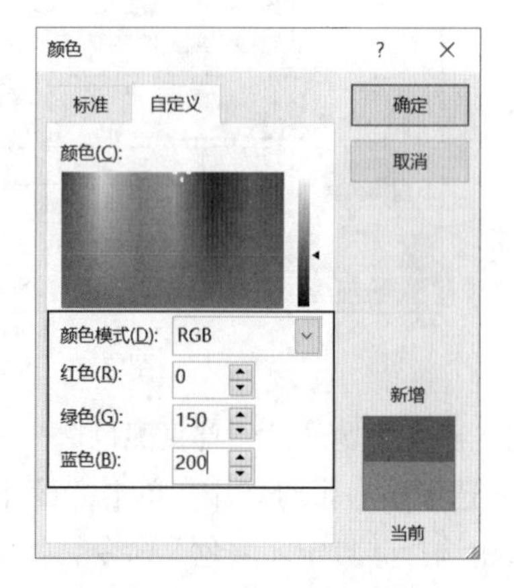

图 7-10 “颜色”对话框

④ 其他颜色采用默认，在“名称”文本框中输入“首页配色”，单击“保存”按钮。

（3）新建主题颜色“正文配色”

与上一步的做法类似，为了使其他颜色采用“切片”主题的默认配色，关键是要先选中应用了“切片”主题的幻灯片，在此可以选中第二张幻灯片，再进行与上一小题类似的操作。

（4）应用自定义主题颜色

① 选中第一张幻灯片，选择“设计”选项卡“变体”命令组中的“颜色”命令，在弹出的下拉列表中选择“首页配色”命令，如图 7-11 所示。

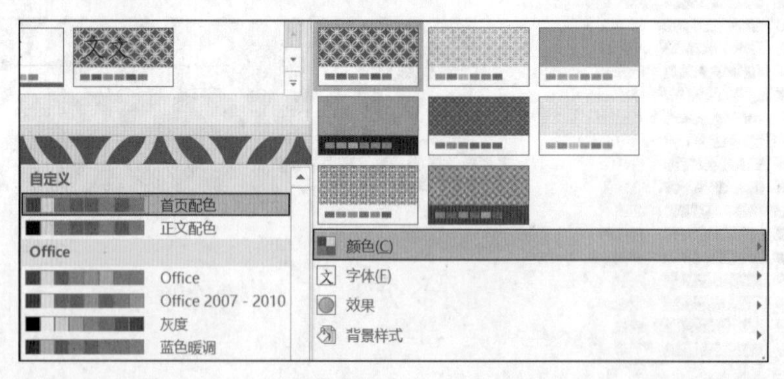

图 7-11 首页配色

② 选中其余幻灯片，在“颜色”下拉列表中选择“正文配色”命令。

2. 幻灯片模板的修改与应用

（1）改首页母版

① 选中第一张幻灯片，单击“视图”选项卡“母版视图”命令组中的“幻灯片母版”按钮，

会自动选中首页所应用的“标题幻灯片”版式母板，如图 7-12 所示。

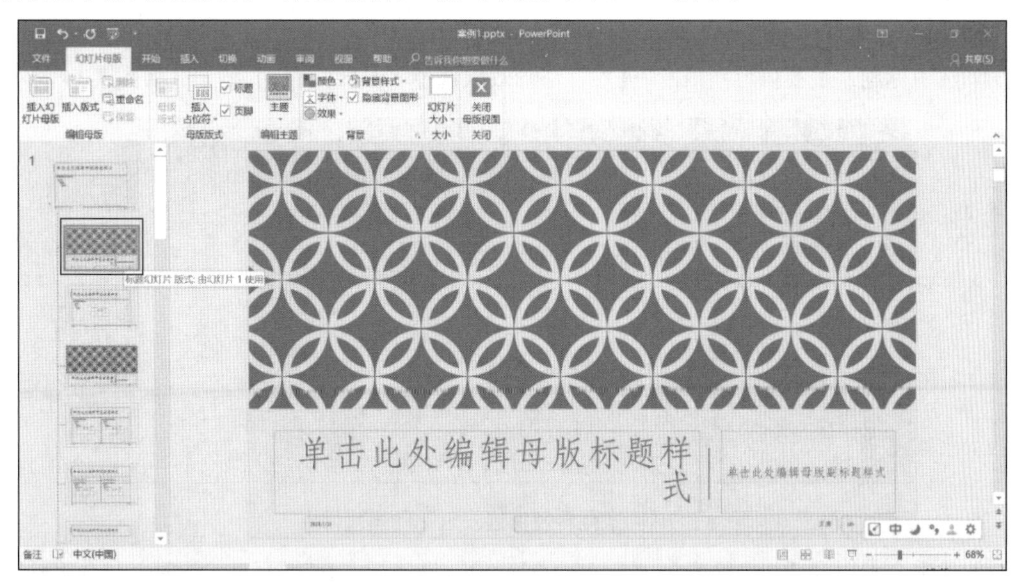

图 7-12　标题幻灯片版式母版

② 在“标题幻灯片”版式母版中选择“标题”，将字体设为“隶书”，字号设置为“54”。

③ 单击“关闭母版视图”按钮。

（2）修改其他页母版

① 选中第二张幻灯片，单击“视图”选项卡“母版视图”命令组中的“幻灯片母版”按钮，会自动选中首页所应用的“标题和内容”版式母板，如图 7-13 所示。

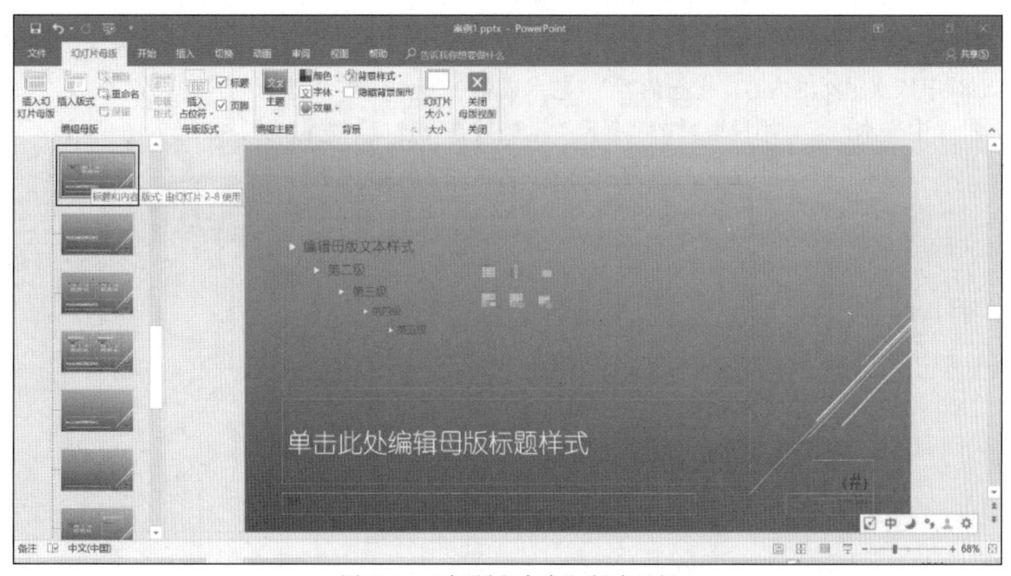

图 7-13　“标题和内容”版式母板

② 删除左下角的“页脚区”和右下角的“日期区”，在“页码区”中把页码的字体大小设为“32”。

③ 单击“关闭母版视图”按钮。

3. 设置幻灯片的动画效果

选中第二张幻灯片，单击“动画”选项卡。

① 选中标题“主要内容”，在“进入”动画效果选择“翻转式由远及近”，如图 7-14 所示。

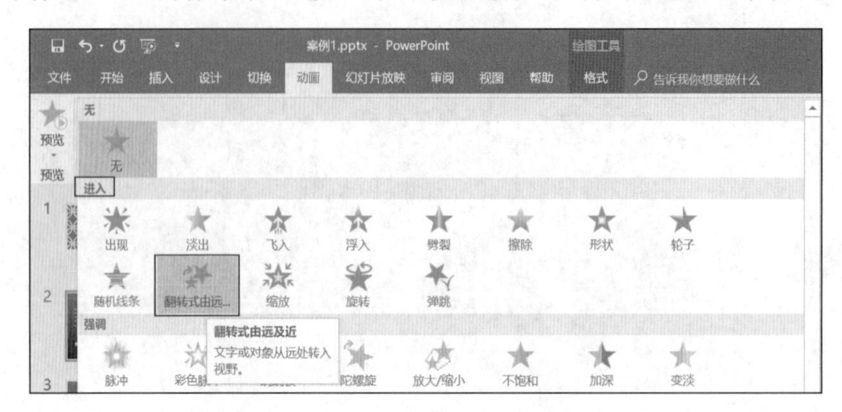

图 7-14 “翻转时由远及近”动画效果

② 选中文本内容“作者简介”，在“进入”动画效果选择“旋转”，在“计时”命令组的“开始”下拉列表中选择“上一动画之后”，“延迟”时间设为 1 s，如图 7-15 所示。

图 7-15 选择“旋转”动画

③ 选中文本内容“小说取材”，在“进入”动画效果选择“浮入”，效果选项选择“上浮”。按先后顺序依次对文本内容“思想内容”“艺术成就”“业内评价”进行同样的设置。

④ 选中文本内容“小说取材”，“强调”动画效果设置成“陀螺旋”，如图 7-16 所示。

图 7-16 选择“陀螺旋”的动画效果

⑤ 选中“思想内容”，“动作路径”动画效果选择“直线”，效果选项选择“靠左”。

⑥ 选中文本内容“艺术成就”，“退出”动画效果选择“飞出”，效果选项选择“到右侧”，如图 7-17 所示。

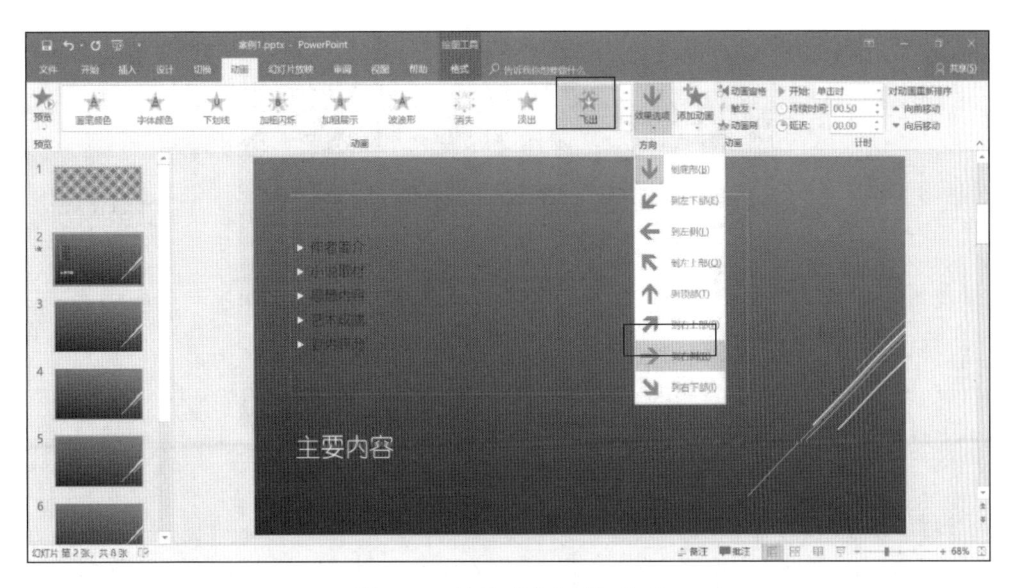

图 7-17 选择“到右侧”选项

⑦ 单击“插入”选项卡“插图”命令组中的“形状”按钮，在“形状”下拉列表的“动作按钮”组单击“后退”按钮，如图 7-18 所示。在幻灯片上拖出合适大小，在弹出的“操作设置”对话框中设置操作链接为“上一张幻灯片”，如图 7-19 所示。用同样的方法添加“前进”按钮，设置超链接为“下一张幻灯片”。

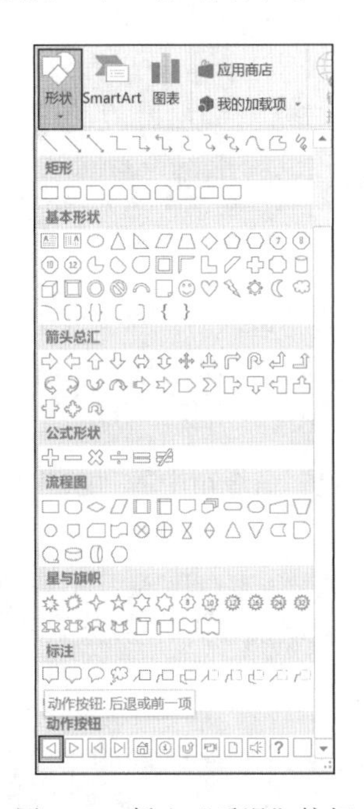

图 7-18 插入“后退”按钮

图 7-19 “操作设置”对话框

⑧ 选中“前进”和“后退”按钮，在“动画”选项卡“动画”命令组中选择“飞入”，在效果选项下拉列表中选择“自底部”。

至此，所有动画效果设置完成，动画界面如图 7-20 所示。

图 7-20　动画效果设置界面

4．设置幻灯片的切换效果

① 选中第一张幻灯片，在“切换”选项卡“切换到此幻灯片”命令组中选择切换效果为“立方体”，在“效果选项”下拉列表中选择“自左侧”，换片方式选中“单击鼠标时”和“设置自动换片时间”复选框，自动换片时间设为 5 s，如图 7-21 所示。

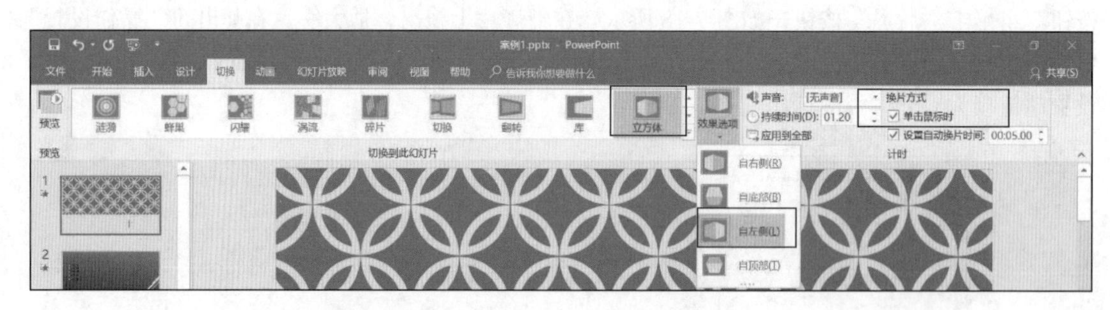

图 7-21　“切换”—立方体—自左侧

② 选中第 2～8 张幻灯片，在“切换”选项卡中选择效果为“涟漪”，“效果选项”设为“居中”，换片方式选中“单击鼠标时”和“设置自动换片时间”复选框，自动换片时间设为 5 s。

5．设置幻灯片的放映方式

① 选中第二张幻灯片，单击“幻灯片放映”选项卡“设置”命令组中的“隐藏幻灯片”按钮，如图 7-22 所示。

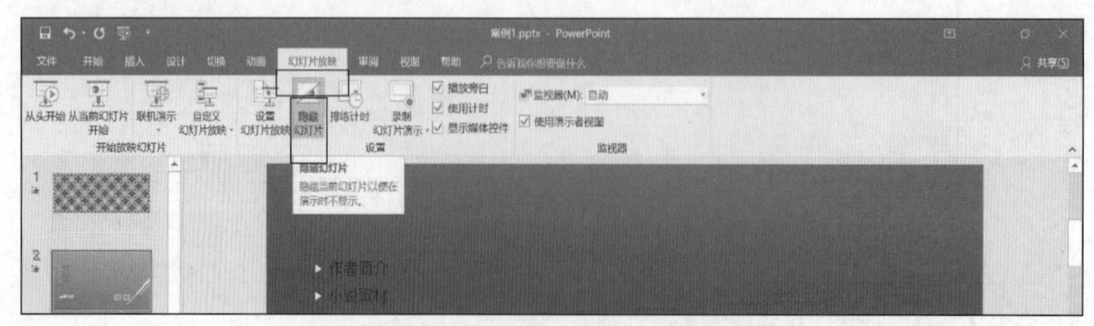

图 7-22　单击“隐藏幻灯片”按钮

② 单击“幻灯片放映”选项卡“设置”命令组中的“设置幻灯片放映”按钮，弹出“设置放映方式”对话框，在“放映选项”区域选中“循环放映，按 ESC 终止”复选框；在“放映幻灯片”区域，设置从 4 到 7，单击“确定”按钮，完成放映方式的设置，如图 7-23 所示。

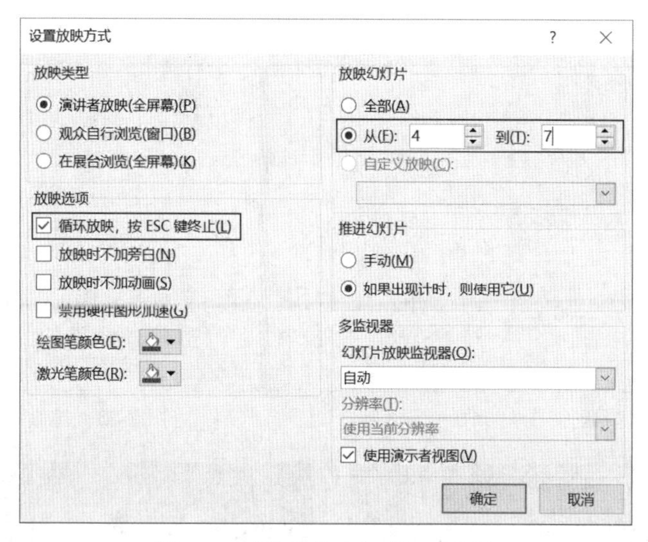

图 7-23　“设置放映方式”对话框

7.3　PPT 综合案例 3——幻灯片版面设计优化

7.3.1　案例描述

PPT 的版面设计是一门学问，良好的版面设计可使一个平庸的文档脱胎换骨。下面对 PPT 排版步骤进行解析，读者可以尝试分析如何修改它们会变得更漂亮。

7.3.2　操作步骤解析

1．排版六原则的使用

排版的六个原则：对齐、聚拢、重复、对比、降噪、留白。如图 7-24 所示，这张 PPT 有两个毛病：一是字数太多，抓不住重点；二是右边没有对齐，使得读者的视线只能一行行地从行首到行尾移动，不能直上直下。

现在根据排版原则对此页面通过以下步骤进行修改：

① 根据“聚拢原则”，将六点分成六个区域。

② 根据“降噪原则”，将每一点分成“小标题”和“说明文字”两部分。

③ 根据“对齐原则”，将每一个部分、每一种元素对齐。

④ 根据“对比原则”，加大“小标题”和“说明文字”在字体和颜色上的差异。

⑤ 根据“留白原则”，留出一定的空白。

经过改造的页面如图 7-25 所示，页面的可读性大幅增加。

2．打造全图型幻灯片

全图型 PPT 是 PPT 类型中视觉性最强的，很多看过这种风格 PPT 的读者通常会第一时间想去模仿这种风格的 PPT。通常情况下，一般的 PPT 变成全图型 PPT，为了能保证全图型 PPT 作品上的文字足够清晰，可以在文字下方陪衬上与图片相同色系的纯色色块，如图 7-26 所示。图 7-26 处于自然环境下，很难辨认，如果修改成图 7-27 所示会豁然开朗。使用同样的原理将图 7-28 处理成图 7-29 所示。

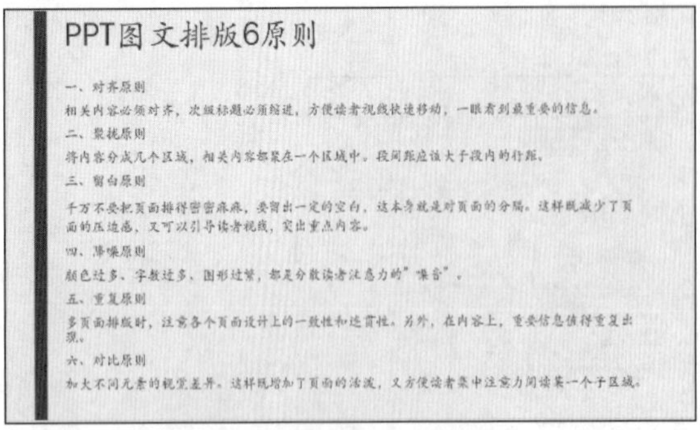

图 7-24　排版原则修饰前

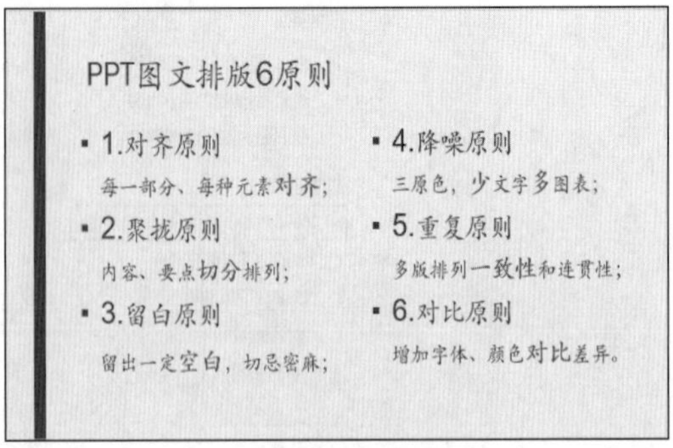

图 7-25　排版原则改动后

图 7-26　全图型幻灯片修改前（1）

图 7-27　全图型幻灯片修改后（1）

图 7-28　全图型幻灯片修改前（2）

图 7-29　全图型幻灯片修改后（2）

另外，在使用全图型页面时要注意排列文字与图片之间的位置。事实证明，文字摆放在图片下方，会比放在图片上更加让人愿意阅读，如图 7-30 和图 7-31 所示。

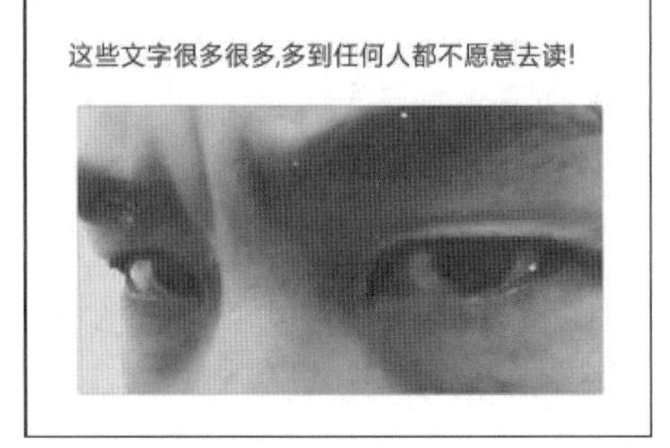

图 7-30　全图型幻灯片修改前（3）

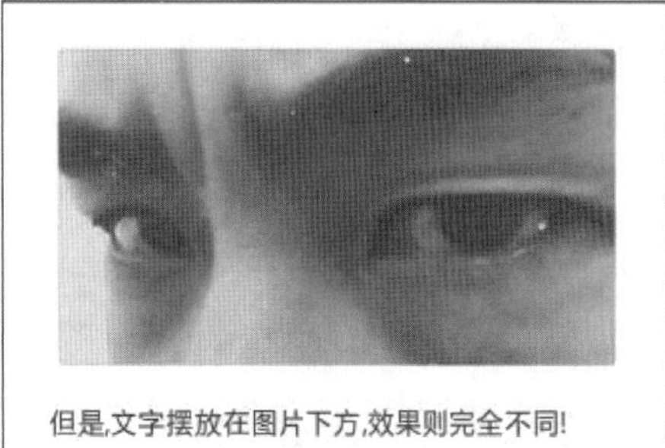

图 7-31　全图型幻灯片修改后（3）

3. 文字精简规则和技巧

PPT 设计中，PPT 设计师对文字的设计坚持两个原则：少、瞟。少：文字是 PPT 的天敌，能删则删，能少则少，能转图片转图片，能转图表转图表。瞟：文字是用来瞟的，不是用来读的，所以，文字要足够大、字体要足够清晰、字距和行距要足够宽、文字的颜色要足够突出。

① 原因性文字：在 Word 中经常使用“因为”“由于”“基于”等词语表述原因，但实际上，强调的却是结果，即“所以”“于是”后面的文字。所以，原因性的文字一般都要删除，只保留结果性文字。

② 解释性文字：在 Word 中经常在一些关键词后面加上冒号、括号等，用以描述备注、补充、介绍等解释性文字，而在 PPT 中，这些文字往往由演示者口头表达即可，不必占用 PPT 的篇幅。

③ 重复性文字：在 Word 中为了文章的连贯性和严谨性，经常使用一些重复性文字。例如，在第一段会讲“××广告有限公司……”，第二段还会讲“××广告有限公司……”，第三段可能还会以“××广告有限公司……”开头。这类相同的文字如果全部放在 PPT 中就变成了累赘。

④ 辅助性文字：在 Word 中还经常使用“截至目前”“已经”“终于”“经过”“但是”“所以”等词语，这些都是辅助性文字，主要是为了使文章显得完整和严谨。而 PPT 需要展现的是关键词、关键句，不是整段的文字，当然就不需要这些辅助性的文字。

⑤ 铺垫性文字：在 Word 中经常见到“在上级机关的正确领导下”“经过 2021 年全体员工的团结努力”、“根据 2022 年年度规划”等语句，这些只是为了说明结论而进行的铺垫性说明，在 PPT 中，这些只要演示者口头介绍即可。

人们常说“文不如字，字不如图”，如图 7-32 所示，如在 PPT 中插入如图 7-33 所示的图片可使得页面瞬间鲜活起来，摆脱满篇文字的枯燥与乏味。

图 7-32　文字型幻灯片修改前

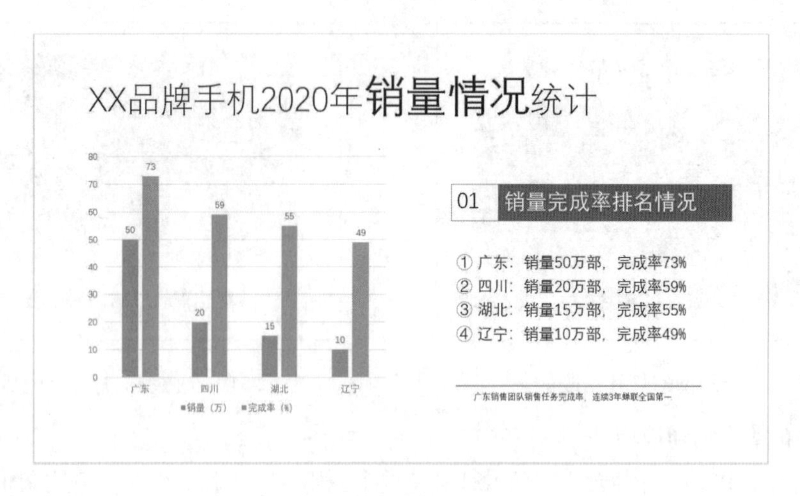

图 7-33　文字型幻灯片修改后

4．图文混排

如图 7-34 所示，优化前的 PPT 页面保留了商务 PPT 的特性，规规矩矩。三张图分别对应图上的三条内容信息。但由于 PPT 排版的问题，使得图片与内容缺乏呼应，页面大有“为了放图而放图”的感觉，缺乏指向性。可以采用如下优化方法：

① 将 PPT 中文本内容区分主次关系，将图片大小调至大小均等。

② 相对应的内容信息则排列至图片下方，使得图片与文字得以相互呼应，强调关系性。

调整后的效果如图 7-35 所示。

图 7-34　图文混排修改前

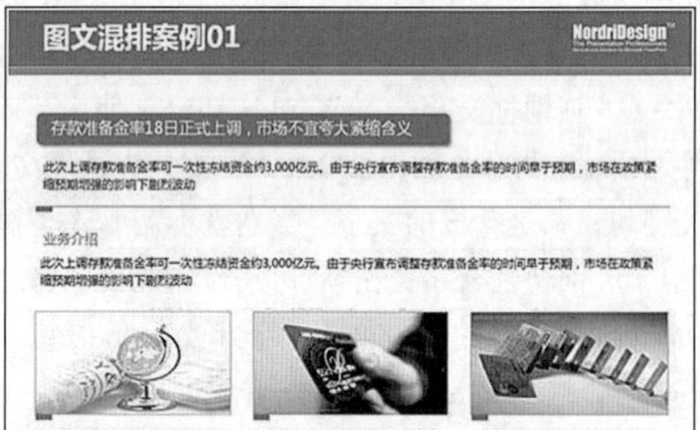

图 7-35　图文混排修改后

5．图表的优化

表格经常用于日常工作中，与柱状图不同的是，表格是数据抽象化的一种表现形式。通常由一行或多行单元格组成，用于显示数字和其他项，以便快速引用和分析。

图 7-36 所示为一则数据图表的案例，数据庞大，表格密集，且阅读到中间时很容易看错行；虽有所设计，但效果却并不理想；虽然突出了关键数据，但也淹没在一片黑白相间的数据中。

➢1 单位概况之学生人数

➢1.4 学生人数

➢学院现有在校生1980人，各专业的人数如表所示。

专业 年份	15	16	17	18	合计
软件工程	77	157	211	244	689
计算机科学与技术	55	73	74	70	272
网络工程	41	73	63	55	232
信息管理与信息系统	69	49	73	61	252
物联网工程	60	63	59	104	286
电子商务	56	70	55	68	249
合计	358	485	535	602	1980

图 7-36　图表修改前

遵循美化 PPT 图表中所运用到的三个设计原则：

① 图表色彩应简洁、简单。

② 保持图表与 PPT 整体风格的一致性。

③ 明晰重点数据。得到的数据图表清晰且容易辨析，大幅改善了原图的不足。

最后优化结果如图 7-37 所示。此图表有如下三处细节设计：

① 去掉了压迫感较强的边框。

② 以灰、白交替的背景填充，代替常规的边框显示。

③ 强化凸显关键数据。

1 单位概况之学生人数

1.4 学生人数

➢学院现有在校生1980人，各专业的人数如表所示。

专业　　年份	15	16	17	18	合计
软件工程	77	157	211	244	689
计算机科学与技术	55	73	74	70	272
网络工程	41	73	63	55	232
信息管理与信息系统	69	49	73	61	252
物联网工程	60	63	59	104	286
电子商务	56	70	55	68	249
数字媒体	60	60	60	60	240
合计	358	485	535	602	1980

图 7-37　图表修改后

◎温馨提示

在 PPT 设计制作中，没有绝对的技巧，多看多做才是捷径。

7.4 PPT 综合案例 4——创新产品展示及说明会 PPT

7.4.1 案例描述

公司计划在“创新产品展示及说明会”会议茶歇期间，在大屏幕上投影向来宾自动播放会议的日程和主题，要求同学们帮助市场部助理小王完成如下要求的演示文件的制作。

案例要求：

① 将素材“PPT 素材.pptx”文件另存为 PPT.pptx。

② 由于第七张幻灯片中内容区域文字较多，请将该页内容区域文字自动拆分为两张幻灯片进行展示。

③ 为了布局美观，将第六张幻灯片中的内容区域文字转换为“水平项目符号列表”SmartArt 图形，并设置该 SmartArt 样式为“中等效果”。

④ 在第五张幻灯片中插入一个标准折线图，并按照表 7-1 中的数据信息调整 PowerPoint 中的图表内容。

表 7-1 产品的信息

年　份	产　品		
	笔记本电脑	平板电脑	智能手机
2018 年	7.6	2.4	5.0
2019 年	6.1	4.7	10.2
2020 年	5.3	6.1	17.8
2021 年	4.5	7.5	25.6
2022 年	2.9	9.2	34.5

⑤ 为第五张幻灯片中的折线图设置“擦除”进入动画效果，效果选项为“自左侧”，按照“系列”逐次单击显示“笔记本电脑”“平板电脑”“智能手机”的使用趋势。

⑥ 为演示文档中的所有幻灯片设置不同的切换效果。

⑦ 为该演示文档创建三个节，幻灯片与节的对应关系见表 7-2，其中“议程”节中包含第一张和第二张幻灯片，“结束”节中包含最后一张幻灯片，其余幻灯片包含在“内容”节中。

表 7-2 幻灯片与节的对应关系

节序号	分节包含的幻灯片	节名称
1	幻灯片 1–2	议程
2	幻灯片 3–7	内容
3	幻灯片 9	结束

⑧ 为了实现幻灯片可以自动放映，为每张幻灯片设置自动放映时间均为 3 秒。

⑨ 删除演示文档中每张幻灯片的备注文字信息。

7.4.2 操作步骤解析

1. 要求①步骤解析

打开 PPT 素材.pptx，选择“文件”→“另存为”命令，如图 7-38 所示。单击“浏览”按钮，在弹出的“另存为”对话框中将“素材”两字删除，单击“保存”按钮，如图 7-39 所示。

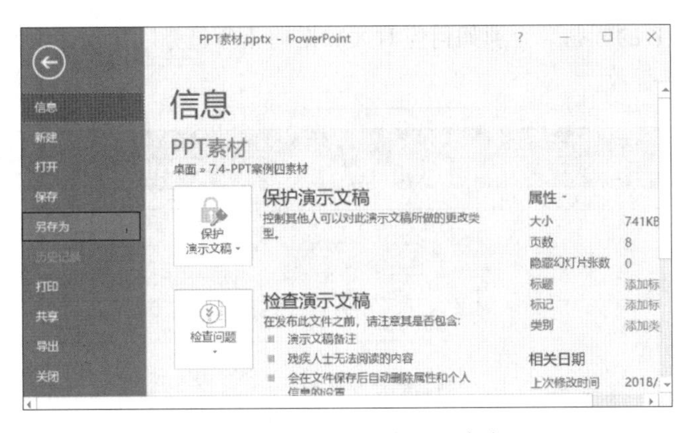

图 7-38　选择“另存为”命令

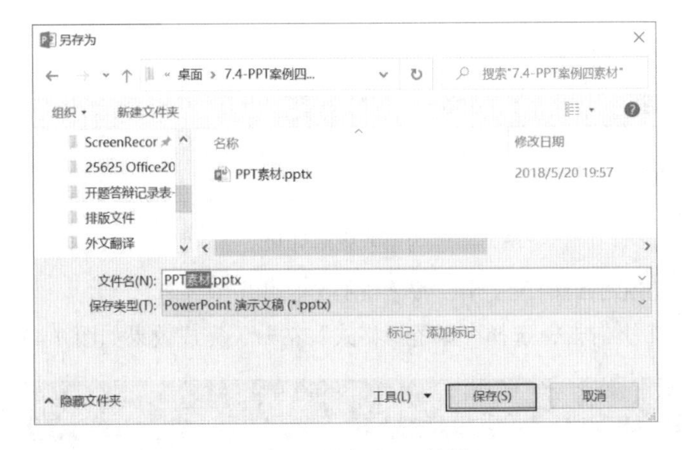

图 7-39　“另存为”对话框

2．要求②步骤解析

① 在左侧的幻灯片缩略图中，将光标放在第七张幻灯片下，按【Enter】键新建一张“标题与文本”版式的空白幻灯片，如图 7-40 所示。

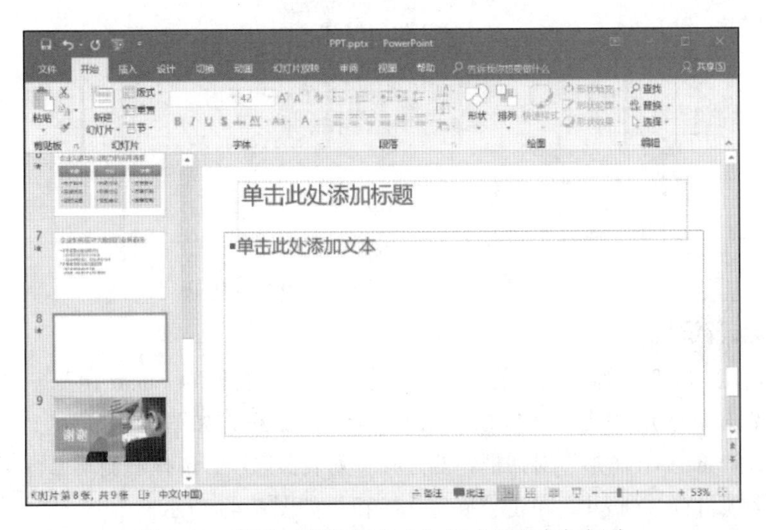

图 7-40　新建“标题与文本”版式的空白幻灯片

② 将第七张 PPT 的标题“企业如何应对大数据的业务趋势”复制、粘贴到第八张空白幻灯片标题处，如图 7-41 所示。

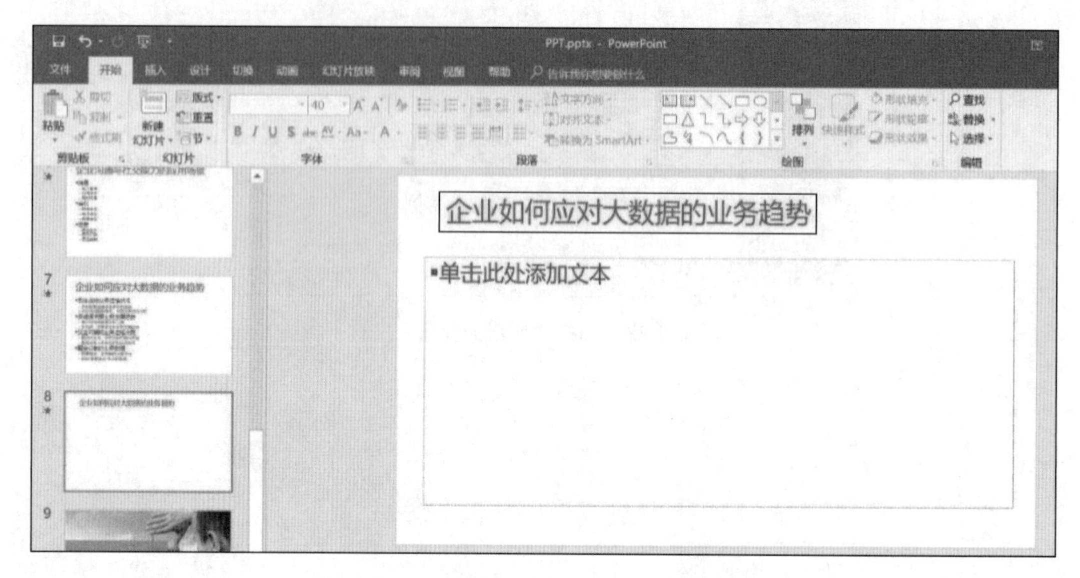

图 7-41　为第八张幻灯片粘贴标题

③ 选中第七张 PPT 的后两段文字，按【Ctrl+X】组合键剪切。

④ 在第八张 PPT 上右击，选择“保留源格式”粘贴，完成效果如图 7-42 所示。

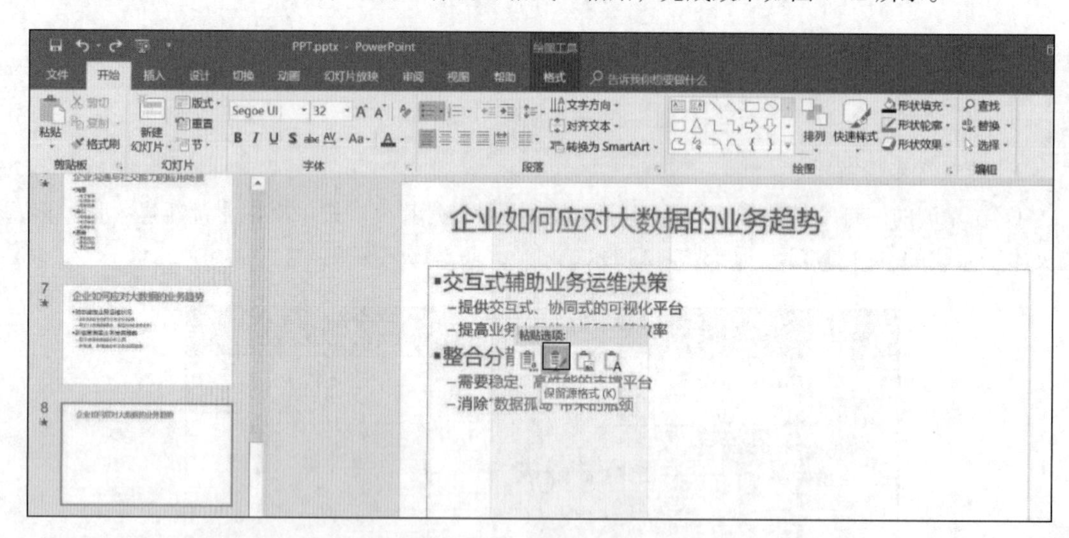

图 7-42　为第八张幻灯片粘贴内容

3．要求③步骤解析

① 选中第六张 PPT 内容版式中的文本，右击，选择“转换为 SmartArt”→“其他 SmartArt 图形”命令（见图 7-43），弹出“选择 SmartArt 图形”对话框，如图 7-44 所示。

② 在“选择 SmartArt 图形”对话框左侧选择“列表”选项，选择右侧第二行第三个 SmartArt 图形，即“水平项目符号列表”，单击“确定”按钮，如图 7-44 所示。

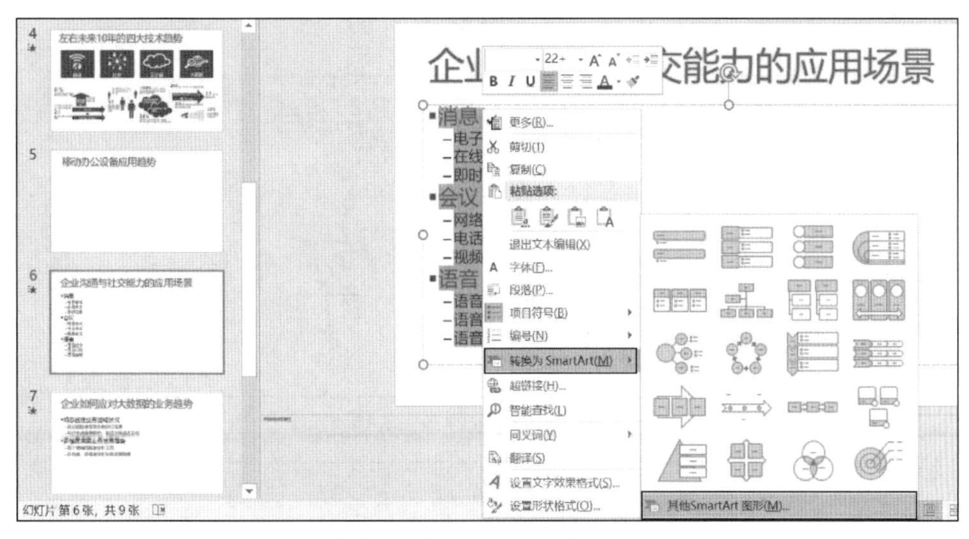

图 7-43 将第六张幻灯片内容转换为 SmartArt 图形

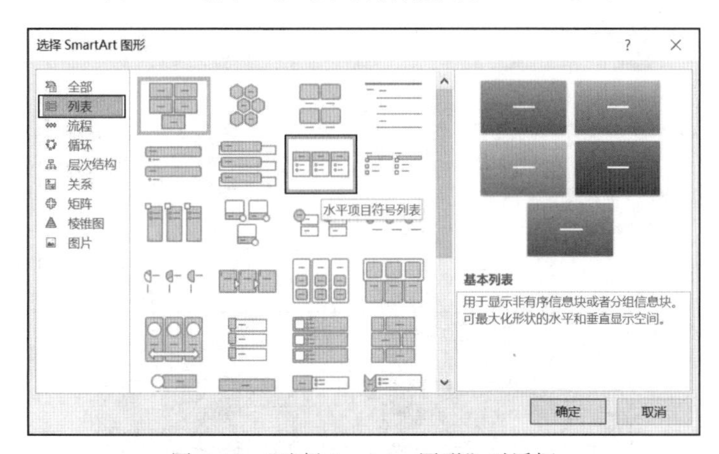

图 7-44 “选择 SmartArt 图形”对话框

③ 选中整个 SmartArt 图形，单击“SmartArt 工具-设计”选项卡，在“SmartArt 样式”命令组中选择“中等效果”，如图 7-45 所示。

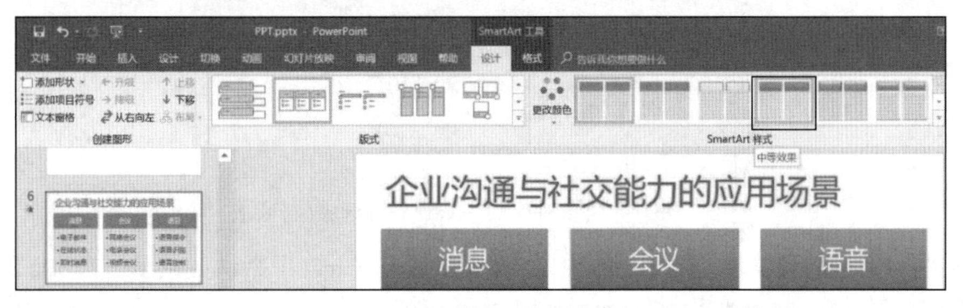

图 7-45 “SmartArt 工具-设计”选项卡——SmartArt 样式

4．要求④步骤解析

① 将鼠标定位到第五张 PPT（见图 7-46），单击“插入图表”按钮，如图 7-46 所示，弹出“插入图表”对话框。在对话框左侧选择“折线图”，在对话框右侧选择第一个折线图，如图 7-47 所

示。单击“确定”按钮后，随即弹出 Excel，如图 7-48 所示。

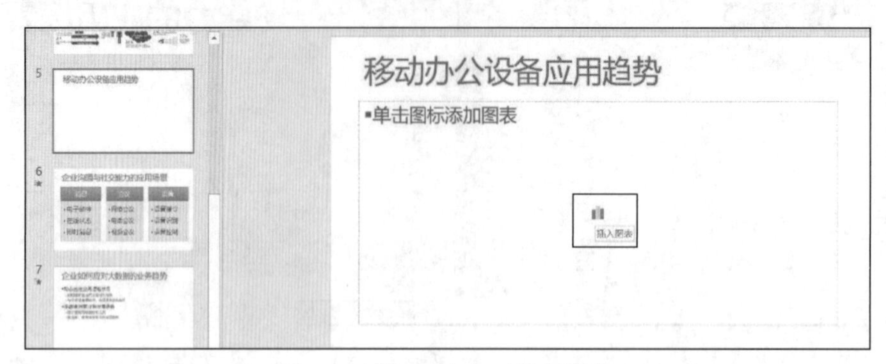

图 7-46　第五张幻灯片插入图表

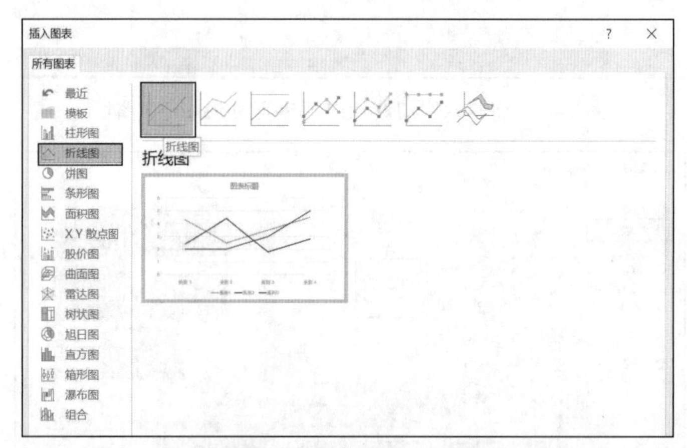

图 7-47　“插入图表”对话框

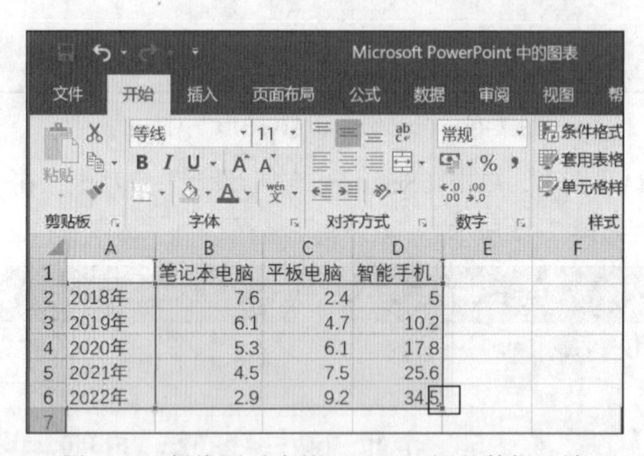

	A	B	C	D	E	F
1		笔记本电脑	平板电脑	智能手机		
2	2018年	7.6	2.4	5		
3	2019年	6.1	4.7	10.2		
4	2020年	5.3	6.1	17.8		
5	2021年	4.5	7.5	25.6		
6	2022年	2.9	9.2	34.5		
7						

图 7-48　折线图对应的 excel——调整数据区域

② 将题目所给的数据填写到 Excel 中，所给的数据比 Excel 中默认区域多一行，需要拖动 D5 单元格的右下角调整图表数据区域大小，如图 7-48 所示。

5．要求⑤步骤解析

① 选中整个折线图，选择“动画”选项卡，在“动画”命令组中选择动画“擦除”效果，如图 7-49 所示。

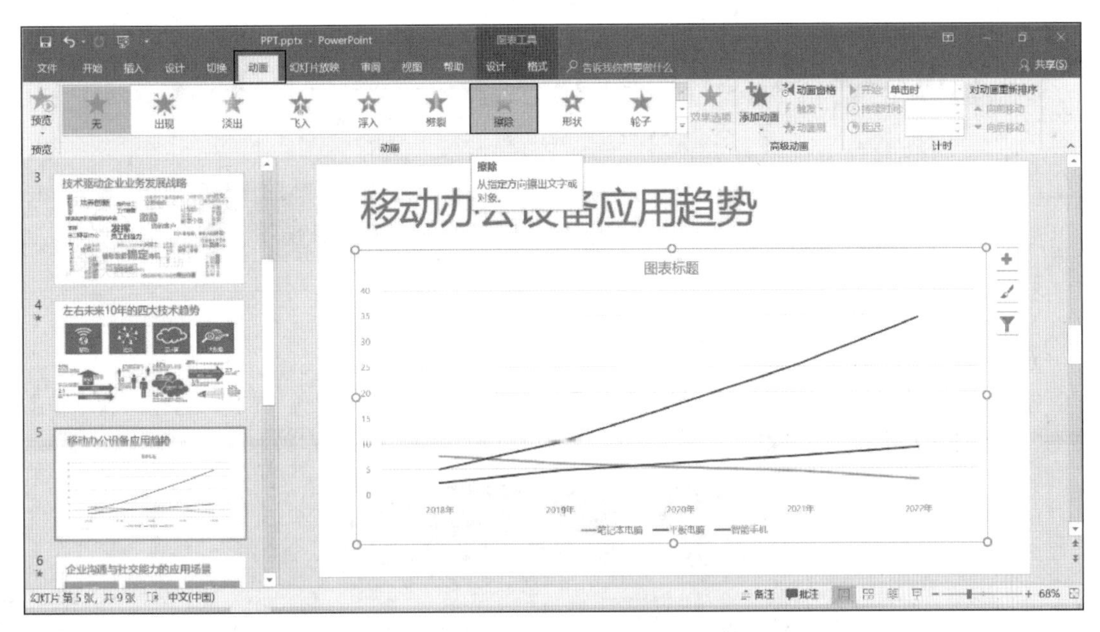

图 7-49　为折线图设置“擦除”动画效果

② 在“效果选项”的“方向”中选择“自左侧”，在“序列”中选择“按系列”，这样播放时每单击一次系列逐个显示，如图 7-50 所示。

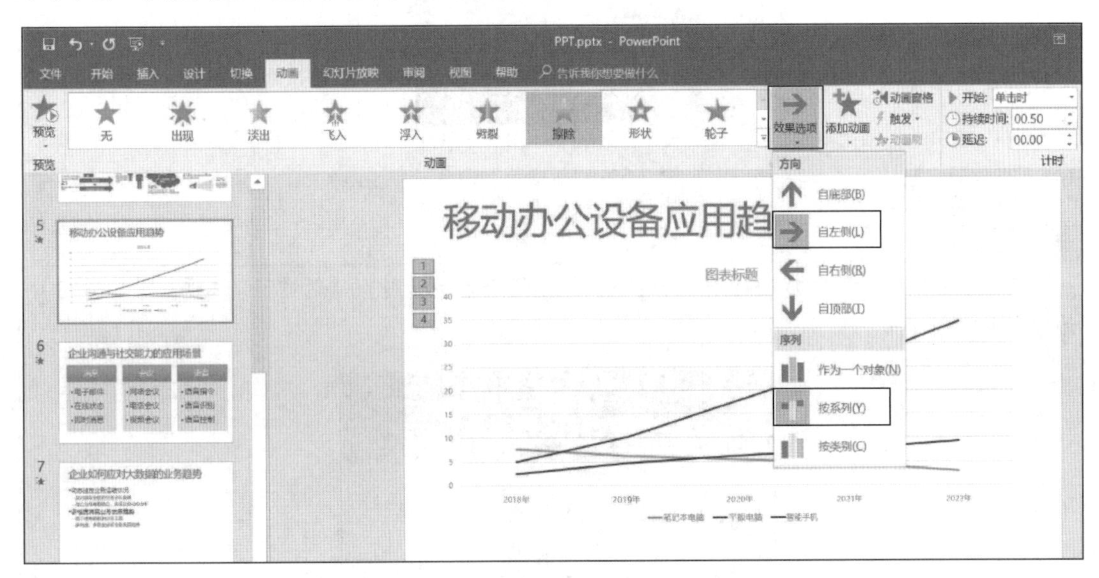

图 7-50　动画效果选项设置

6．要求⑥步骤解析

在左侧的幻灯片缩略图中，选中第一张幻灯片，单击“切换”选项卡，依次为每一个幻灯片设置不同的切换效果，如图 7-51 所示。

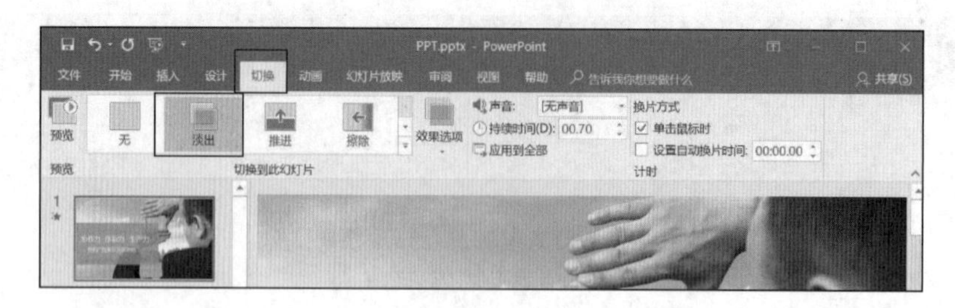

图 7-51　为幻灯片设置不同切换效果

7．要求⑦步骤解析

① 在左侧的幻灯片缩略图中，将光标放到第一张幻灯片的空白处，右击，选择“新增节”命令，如图 7-52 所示。

图 7-52　“新增节”命令

◎温馨提示

在“开始”选项卡“幻灯片”命令组中选择“节”下拉列表中的“新增节”选项（见图 7-53），该方式也可新建节。

图 7-53　从“开始”选项卡中选择“新增节”

② 弹出如图 7-54 所示的“重命名节”对话框，重命名节名称为“议程”，单击“重命名”按钮。

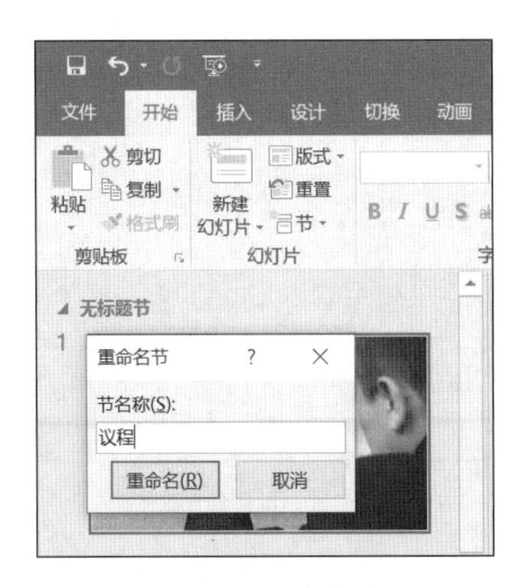

图 7-54　重命名节

③“内容”节和“结束”节的操作和“议程”节相同，在左侧的幻灯片缩略图中，将光标分别放在第三张 PPT 和最后一张 PPT 上，先新增节，再重命名。

8．要求⑧步骤解析

在左侧的幻灯片缩略图中，按【Ctrl+A】组合键选中全部幻灯片，然后选择“切换”选项卡，在“计时”命令组，首先取消选中“单击鼠标时”复选框，接着选中“设置自动换片时间”复选框，在其后将换灯片时间设置为 3 s，如图 7-55 所示。

图 7-55　设置幻灯片的换片方式

9．要求⑨步骤解析

① 选择“文件”→“信息”命令，然后选择“检查问题”中的“检查文档”，如图 7-56 所示。

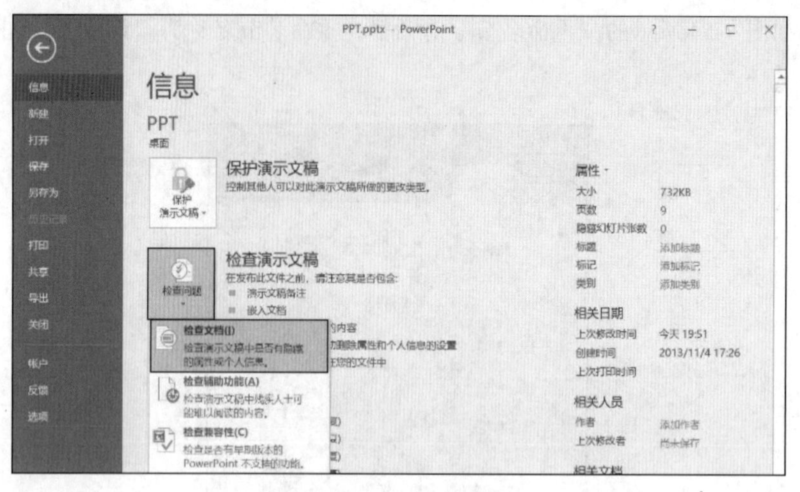

图 7-56 选择“检查文档”

② 单击“检查文档”后，弹出“文档检查器”对话框，仅选中“演示文稿备注”前面的复选框，单击“检查”按钮，如图 7-57 所示。

图 7-57 “文档检查器”对话框

③ 单击“检查”按钮后，会出现“文档检查器”对话框，显示审阅检查结果。单击“演示文稿备注”右侧的“全部删除”按钮，然后单击“关闭”按钮，最后存盘退出。

参 考 文 献

[1] 刘强.办公自动化高级应用案例教程（Office 2016）[M].2 版.北京:电子工业出版社,2023.

[2] 陈芳，陈伟.办公自动化高级应用案例教程[M].北京:北京交通大学出版社,2020.

[3] 教育部教育考试院. 2023 全国计算机等级考试二级教程：MS Office 高级应用与设计[M].北京：高等教育出版社,2023.

[4] 容会,宋浩,王晓亮.计算机应用基础习题与实训指导[M].北京:中国铁道出版社有限公司,2021.

[5] 韩森，刘敏.办公自动化应用案例教程[M].北京:人民邮电出版社,2022.

[6] 宋翔.Word/Excel/PPT 从入门到精通[M].北京:电子工业出版社,2023.

[7] 文杰书院.电脑入门基础教程 Windows 10+Office 2016 版[M].北京:清华大学出版社,2023.

[8] 杨小丽.Excel 数据之美：从数据分析到可视化图表制作[M].北京:中国铁道出版社有限公司,2023.

[9] 张丹珏.办公自动化应用[M]. 2 版.北京:中国铁道出版社有限公司,2021.

[10] 孙秋凤.Office 2016 高级应用真题解析汇编[M].西安:西安电子科技大学出版社,2012.

[11] 林沣，钟明.Office 2016 办公自动化案例教程[M].北京:中国水利水电出版社,2019.

[12] 夏魁良,于莉莉.Office 2016 办公应用案例教程[M].北京:清华大学出版社,2022.

[13] 陈荣旺,蔡闯华,卢荣辉.大学计算机应用教程：Windows 10+Office 2016[M]. 北京:中国铁道出版社有限公司,2021.

[14] 罗俊.计算机应用基础案例驱动教程:Windows 10+Office 2016[M].北京:中国铁道出版社有限公司,2023.

[15] 一线文化.Word Excel PPT 2016 商务办公技能技巧实战应用大全[M].2 版.北京:中国铁道出版社有限公司,2023.

[16] 孙绍涵.PPT 设计思维蜕变[M]. 北京:中国铁道出版社有限公司,2020.

[17] 知心文化.Excel 办公实例精粹[M].2 版.北京:北京大学出版社,2020.

[18] 九天科技.全图解 Word/Excel/PPT 2016 办公[M].北京:中国铁道出版社有限公司,2023.

[19] 林科炯. Excel 2016 办公应用从入门到精通[M].北京:电子工业出版社,2022.

[20] 互联网+计算机教育研究院. Office 2016 三合一职场办公效率手册[M].北京:人民邮电出版社,2019.

[21] 赫亮. Office 2016 高级应用[M].北京:电子工业出版社,2020.

[22] 刘畅. Office 2016 办公应用从入门到精通[M].2 版.北京:中国铁道出版社,2019.

[23] 赖利君. Office 2016 办公软件案例教程[M].北京:人民邮电出版社,2021.

[24] 侯丽梅，赵永会，刘万辉.Office 2016 办公软件高级应用实例教程[M]. 2 版. 北京:机械工业出版社,2022.

[25] 杰诚文化. 新编 Word/Excel/PPT 2016 高效办公三合一[M].北京:机械工业出版社,2023.